国家出版基金项目
NATIONAL PUBLICATION FOUNDATION

国家生物安全出版工程

国家出版基金项目
NATIONAL PUBLICATION FOUNDATION

国家生物安全出版工程

——总主编 李生斌 沈百荣——

国家出版基金项目
NATIONAL PUBLICATION FOUNDATION

国家生物安全出版工程

——总主编 李生斌 沈百荣——

动物、植物与生物安全

主 编 李 桢
副主编 李成涛 曾晓锋

西安交通大学出版社
XI'AN JIAOTONG UNIVERSITY PRESS

图书在版编目(CIP)数据

动物、植物与生物安全 / 李桢主编. — 西安 : 西安交通大学出版社, 2023.12

国家生物安全出版工程

ISBN 978-7-5693-3465-4

Ⅰ.①动… Ⅱ.①李… Ⅲ.①环境动物学②环境生物学—植物学 Ⅳ.①X174②X173

中国国家版本馆 CIP 数据核字(2023)第 189845 号

DONGWU、ZHIWU YU SHENGWU ANQUAN

书　　名 动物、植物与生物安全

主　　编 李　桢

责任编辑 张沛烨

责任印制 张春荣　刘　攀

责任校对 肖　眉

出版发行 西安交通大学出版社

(西安市兴庆南路 1 号　邮政编码 710048)

网　　址 http://www.xjtupress.com

电　　话 (029)82668357　82667874(市场营销中心)

(029)82668315(总编办)

传　　真 (029)82668280

印　　刷 西安五星印刷有限公司

开　　本 787mm×1092mm　1/16　**印张** 24　**字数** 490 千字

版次印次 2023 年 12 月第 1 版　2023 年 12 月第 1 次印刷

书　　号 ISBN 978-7-5693-3465-4

定　　价 268.00 元

国家出版基金项目
NATIONAL PUBLICATION FOUNDATION

国家生物安全出版工程

编撰委员会

参编单位

（以音序排列）

安徽大学
安徽科技学院
百码科技（深圳）有限公司
北京大学
北京航空航天大学
北京警察学院
北京市公安局
滨州医学院
长安先导集团
重庆市公安局
重庆医科大学
大连理工大学
复旦大学
广东省毒品实验技术中心
广州市第八人民医院
广州市公安局
广州医科大学
贵州医科大学
国家生物安全证据基地
国家卫生健康委法医学重点实验室
海南大学
海南医学院
海南政法职业学院
杭州锘崴信息科技有限公司
河北大学
河北医科大学
华大基因
华壹健康技术有限公司
华壹健康医学检验实验室有限公司
华中科技大学
济宁医学院
暨南大学
嘉兴南湖学院
江苏大学
精密微纳制造技术全国重点实验室
空天微纳系统教育部重点实验室
昆明医科大学
南京医科大学
南通大学
宁波市公安局
清华大学
山东第一医科大学
山东农业大学
山西医科大学
陕西省司法鉴定学会
陕西省医学会
陕西省医学会生物安全分会
上海交通大学

上海市公安局
深圳大学
深圳华大基因科技有限公司
深圳市公安局
司法鉴定科学研究院
四川大学
四川大学华西医院
四川省公安厅
苏州大学
西安城市发展(集团)有限公司
西安交通大学
西安交通大学学报(医学版)第九届编辑委员会
西安人才集团
西安市第三医院
西安市公安局
西安碳桢科技有限公司
西北工业大学
香港城市大学
新乡医学院
烟台大学
烟台市公安局
烟台市公共卫生临床中心
烟台业达医院
扬州大学
云南大学
云南省公安厅
浙江大学
浙江警察学院
中国电子技术标准化研究院
中国法医学会
中国疾病预防控制中心
中国科学院
中国科学院大学
中国人民公安大学
中国人民解放军军事科学院
中国人民解放军军事医学科学院
中国人民解放军空军军医大学
中国刑事警察学院
中国研究型医院学会
中国医科大学
中国医学科学院
中国政法大学
中华人民共和国公安部
中华人民共和国最高人民法院
中华人民共和国最高人民检察院
中南大学
中山大学
珠海市人民医院

国家出版基金项目
NATIONAL PUBLICATION FOUNDATION

《动物、植物与生物安全》

编委会

主　编

李　桢

副主编

李成涛　曾晓锋

编　委

（按姓氏笔画排序）

王尚文　昆明医科大学
曲一泓　海南医学院
李　桢　昆明医科大学
李成涛　复旦大学
李树华　昆明医科大学
张　桓　昆明医科大学
张冬先　昆明医科大学
张瑞林　昆明医科大学
钟树荣　昆明医科大学
崔　文　济宁医学院
曾晓锋　昆明医科大学

国家生物安全出版工程

丛书总策划

刘夏丽

丛书总编辑

刘夏丽　李　晶　赵文娟

丛书编辑

刘夏丽　李　晶　赵文娟

秦金霞　张沛烨　郭泉泉

肖　眉　张永利　张家源

序 一

FOREWORD

国家生物安全出版工程

生物安全关注并解决全球、国家和地方规模的相关难题。这种跨学科的生物安全政策和科学方法，建立在人类、动物、植物和环境健康之间相互联系之上，以有效预防和减轻生物安全风险影响；同时提供一个综合视角和科学框架，来解决许多超越健康、农业和环境传统界限的生物安全风险。

面对全球生物安全风险的不断演变，我国政府高度重视生物安全体系建设，将生物安全纳入国家安全战略，积极推进多学科交叉整合和相关法律法规的制定与完善。生物安全内容涵盖了人类学、动物学、微生物学、植物学、基因组学、信息学、法医学、刑事科学、环境科学、人工智能、微纳传感、生物计算以及社会学、经济学等学科领域，主要用于调查和解决与生物安全风险相关活动、生物技术、药物滥用，以及生物威胁等问题，在确保全球公共卫生和安全方面发挥着至关重要的作用。因此，由国家出版基金资助，国家卫生健康委员会法医学重点实验室和国家生物安全证据基地牵头，联合西安交通大学、四川大学、中国科学院等 90 余所知名大学、科研机构的 200 余位专家共同编写了“国家生物安全出版工程”丛书。丛书共分10卷，包括《生物安全证据技术》《生物安全信息学》《生物安全多元数据与智能预警》《动物、植物与生物安全》《人类遗传资源保护与应用》《生物入侵与生态安全》《生物安全相关死亡的处理与应对》《生物安全威胁防控实践与进展》《实验室生物安全及规范管理》《法医微生物与生物安全》。

丛书统筹考虑国家生物安全涉及的各个要素间的关系，以生物安全证据为核心，探索生物安全智能分析、控制与预警应用，涉及相关技术、工具、算法等领域，包括生物溯源、生物分子分型、生物安全证据技术、生物威胁、死亡机制、遗传资源等方面。本项目首次较为系统地对生物安全证据方法、技术、标准以及教育科研等方面的研究进行了梳理，跟踪国内外生物安全证据与鉴定技术、科研、实验、标准的最新动向，为国家生物安全证据相关管理政策、技术标准的制定和立法评估等提供了技术支撑，也将成为在生物安全证据、司法鉴定、法医微生物等领域的新指南；有助于解决生物安全领域的争议或者纠纷事件，提供生物证据和预警依据，提升国家生物安全的防控能力，筑牢国家生物安全的防火墙。同时，书中关于建立微生物基因组分型的方法和技术，也将为确保全球公共卫生和生物安全方面发挥至关重要的作用。

丛书的编撰和出版，对于加快国家生物安全技术创新、保障生物科技健康发展、提升国家生物防御能力、防范生物安全事件、掌握未来生物技术、竞争制高点和有效维护国家安全具有重大意义。丛书审视当前国家生物安全的新特点，汇集整理了当今相关领域重要的研究数据，为后续研究提供了权威、可靠、较为全面的数据，为国家生物安全战略布局和进一步研究提供了重要参考。

在丛书编撰过程中，编写人员充分发挥了自己的专业优势，紧密结合国内外生物安全的最新动态，借鉴国际生物安全治理的经验，探讨了我国生物安全面临的风险与挑战，提出了切实可行的政策建议和管理措施。丛书不仅反映了我国生物安全领域的最新研究成果，也凝聚了所有编写人员的心血和智慧。

“国家生物安全出版工程”丛书的出版，不仅对提高全社会的生物安全意识、加强生物安全风险管理、促进生物技术健康发展具有重要意义，而且对推动我国生物安全领域的学术交流和人才培养、提升国家生物安全科技创新能力也将发挥积极作用。

我们期待这套丛书的出版能够为政府部门、科研机构、教育机构、法律司法机关以及广大读者提供一部了解生物安全、关注生物安全、参与生物安全的权威读本，为推动我国生物安全事业的发展、构建人类命运共同体贡献一份力量。

是为序。

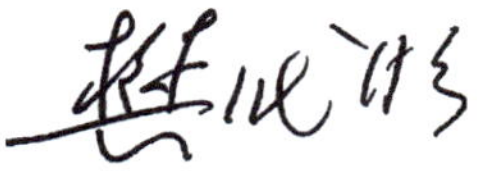

2023 年 12 月 30 日

樊代明，中国工程院院士，美国医学科学院外籍院士，法国医学科学院外籍院士。

序 二

FOREWORD

国家生物安全出版工程

生物安全是当今世界面临的重大挑战之一。它是健康－农业－环境的系统协同和演变的基础。应对生物安全的挑战，涉及人类、动物、植物、微生物、生态、科学、社会、立法、治理和专门人才等多个层面。为了应对这一挑战，我们亟须深入研究和了解生物安全及其相互作用因素之间的关联性、独立性、复杂性，并推动科学、技术和社会的协同发展，共同治理未来全球范围面临的生物安全风险。

“国家生物安全出版工程”丛书是一套包含 10 卷书的权威著作，涉及《中华人民共和国生物安全法》核心以及相关学术界的最新理论研究，旨在为读者提供全面的生物安全知识和研究成果。丛书涵盖了生物安全领域的多个层次，从遗传和细胞层面到社会和生态层面，从科学技术交叉融合到社会发展需要，凝聚了众多专家、学者的智慧贡献，致力于创新研究、跨学科和跨国合作及知识的交流和传播。

在新突发感染性疾病以及未知疾病等生物安全背景下，分子遗传和细胞层面的研究对于我们理解病原体的特性、传播途径和防控策略至关重要。“国家生物安全出版工程”丛书中的《生物安全证据技术研究》《生物安全信息学》和《生物安全多元数据与智能预警》分卷为读者提供了数据、信息和智能等最新技术在生物安全应对中的应用，帮助我们更好地预测、识别和应对生物安全威胁。在社会层面，生物安全问题不仅仅是对科学技术的挑战，更关系到社会发展，《动物、植物与生物安全》《人类遗传资源保护与应用》《生物入侵与生态安全》分卷探讨了生物安全与社会经济发展、生态平衡和人类福祉的关系，为我们建立可持续发展的生物安全框架提供理论指导和实践经验。《实验室生物安全及规范管理》《生物安全相关死亡的处理与应对》《生物安全威胁防控实践与进展》《法医微生物与生物安全》分卷则从具体的应用实践角度讨论生物安全在不同领域和社会生活中的具体问题及其应对措施。

科学技术交叉融合是推动生物安全领域创新的重要动力。“国家生物安全出版工程”丛书的编撰涉及生物学、信息学、医学、法学等多个学科的交叉，旨在促进不同领域之间的合作与交流，推动科学技术在生物安全领域的应用与发展。生物安全问题既是挑战，也是机遇。解决生物安全问题需要培养专业人才，提升国家的科技创新能力，推动新质生产力形成生物安全国家战略科技力量。

“国家生物安全出版工程”丛书为生物安全相关领域的人才培养提供了重要的参考和教材蓝本，可帮助读者了解生物安全领域的前沿知识和技能，培养创新思维和综合能力，为国家的生物安全事业贡献人才和智慧。在国家层面，生物安全已经成为国家战略的重要组成部分。保障国家安全和人民生命健康是国家的首要任务，而生物安全作为其中的重要方面，需要得到高度重视和有效管理。“国家生物安全出版工程”丛书将为政策制定者和决策者提供科学依据和政策建议，推动国家生物安全能力的提升和规范化建设。

生物安全学科作为新时代的重要学科方向，发展迅猛、日新月异。本套丛书是国内这一领域的一次开创性努力。由于我们在这一新领域的知识和视野有限，编写方面的疏漏和不当之处在所难免，恳请广大读者提出宝贵意见和建议，以期将来再版时修正。期待“国家生物安全出版工程”丛书的问世能促进生物安全知识的传播与交流，激发科技创新和社会发展的活力，推动国家生物安全事业迈上新的台阶。希望读者能够从中受到启发和获益，为构建安全、可持续的生物安全环境而共同努力！

2023 年 12 月

李生斌，国家卫生健康委法医学重点实验室主任，国家生物安全证据基地主任，欧洲科学与艺术学院院士。

沈百荣，四川大学华西医院疾病系统遗传研究院院长。

前 言

PREFACE

在世界范围内相继发生的重大生物安全事件，引起了全球各国的高度关注。2019 年，新型冠状病毒感染在全球蔓延，对世界各国人民的生命健康安全和社会经济发展都造成了巨大威胁。我国政府进一步认识到生物安全的重要性，感受到加快生物安全立法的紧迫性，从而加快了生物安全法的立法进程。

为维护国家安全，防范和应对生物安全风险，保障人民生命健康，保护生物资源和生态环境，促进生物技术健康发展，推动构建人类命运共同体并实现人与自然和谐共生，我国于 2018 年 9 月开始对生物安全法的制订进行专项立项及研究论证，历时 2 年，在 2020 年 10 月 17 日，《中华人民共和国生物安全法》经第十三届全国人民代表大会常务委员会第二十二次会议审议通过，自 2021 年 4 月 15 日起施行，标志着我国国家生物安全正式立法。

随着我国法治建设的不断加强，我国动植物生物安全的各项工作也需要不断推进。目前我国尚缺乏一本动物、植物生物安全方面的专业书籍，因而本专著的编撰就成为我国动物、植物生物安全法治建设的一种迫切需要。基于我国当前的形势，国家有关部门组织全国专家开始编撰国家生物安全方面的系列专著，以期为我国相关工作的有序开展提供指导。面对我国生物安全问题的诸多挑战，相关书籍的编辑就成为一种必然。《动物、植物与生物安全》的编撰和出版在当今具有重要的战略意义。

这本《动物、植物与生物安全》隶属于国家生物安全出版工程项目，涉及的研究领域广泛，包括动物与植物生物安全概述，动物疫病的生物安全，有毒动物的生物安全，实验动物的生物安全，生物多样性与有毒植物的生物安全，致幻植物的生物安全，动、植物毒素的生物安全，植源性毒品的生物安全，毒蕈的生物安全，热带地区有毒动、植物的生物安全及国外动、植物的生物安全等内容。

本专著的构思最早于2020年7月就已经开始，经过3年多的不懈努力，如今终于编撰完成。本书既适用于法律工作者、科研工作者、法医工作者、高校本科生和研究生以及实验室工作人员，也适宜于广大普通民众阅读。希望本书的编撰和出版，能够为我国动物与植物的生物安全工作提供一定的指导和帮助。

编　者

2023年5月

目录

CONTENTS

第 1 章
动物、植物与生物安全的概述

生物安全是指国家有效防范和应对危险生物因子及相关因素威胁,生物技术能够稳定健康发展,人民生命健康和生态系统相对处于没有危险和不受威胁的状态,生物领域具备维护国家安全和持续发展的能力。随着科技的发展,全球化进程的加速,动、植物的种群发展也突破了原有模式,进而带来了生物安全问题,使得动、植物生物安全成为世界性安全和发展的基本问题之一[1]。

目前世界各国都面临着生物安全问题的巨大挑战,发达国家对生物安全提出了一系列的明确要求。我国为了维护国家安全,防范和应对生物安全风险,保障人民生命健康,保护生物资源和生态环境,促进生物技术健康发展,推动构建人类命运共同体,实现人与自然和谐共生,于 2020 年 10 月制定颁布了《中华人民共和国生物安全法》(简称《生物安全法》)。该法律的诞生,对于我国生物安全防控具有重要意义[2-4]。

本章主要对生物安全的基本概念,动物、植物生物安全的相关问题进行简要阐述。

1.1 生物安全的基本概念

20 世纪 80 年代中期,生物安全问题就已在国际上引起了关注。1992 年联合国环境与发展大会上签署的《生物多样性公约》中,该问题又被专门提出。近年来,随着科技的发展,国与国之间的交流增多,我国愈发重视生物安全问题。2016 年 8 月,习近平总书记在全国卫生与健康大会上发表重要讲话,要树立"大卫生""大健康"的观念。该理念的提出,也让我国生物安全的理念有了一次更大的飞跃,为我国科学认识生物安全、促进疾病预防控制及保障人类健康等多个方面提出了更高的定位和要求,做出重要的指导。

1.1.1 生物安全的研究内容

生物安全的研究内容涵盖了生物安全体系、自然生物资源、重大疾病防控、人类遗传资源、毒品药品滥用、动物植物安全等多个方面。从较深层次来讲,生物安全的研究内容不仅包括了生物技术研究、开发及应用所造成的危害,同时也包括了由于转基因生物及跨国越境转移等因素所造成的对生物多样性、生态大环境和人类大健康所产生的潜在不利影响,以及各类转基因活生物体被释放到环境中后,对生物多样性所构成的潜在性风险与威胁。

从生物医学领域来说,生物安全研究所要解决的问题无所不在,其研究内容涉及更为宽广的层面,诸如与医学理论和生物技术相关的生物医学特征识别、生物安全医学技术、微生物实验室安全、人类遗传资源保护、动、植物应用与人类健康、生物入侵与生态安全、生物安全问题引发死亡的处置等多个方面。由此说来,生物安全的研究内容还应当包括应对当今生态破坏和健康威胁现状,所采取的一系列有效防御和有力控制。

随着自然资源的不断消耗,人类赖以生存的生态环境正在遭受着前所未有的挑战,世界各国也在加强生物安全建设工程,其研究内容不但包括生物安全体系、重大疾病防控、人类遗传资源、毒品和药品滥用、动物和植物安全等多个方面,而且涉及新发、突发传染病的防控,外来入侵生物威胁、抵御,以及影响人类健康的生物技术安全和实验室安全等内容。除此之外,由于转基因生物及动、植物跨境转移,地区原有生态系统、种群分布等也出现了潜在风险。

近年来,我国已充分认识到生物安全所面临的危险,认识到为改变这一现状而采取有效防控措施的紧迫性和必要性,由此我国也制定了一系列行之有效的应对措施,如针对生物技术研究及开发活动,实行分类管理;根据对公众健康及生态环境等所造成危害程度,将生物技术研究及开发活动进行分级,制订不同的管理措施;根据不同行业、不同领域涉及生物安全的内容不同,制定了涉及传染病防控、动、植物生物安全、实验室生物安全等的法律、法规[5-6]。

1.1.2 《生物安全法》的历史背景及意义

1.1.2.1 《生物安全法》的历史背景

我国《生物安全法》的立法,经历了一个较长的历史时期,最早可以追溯到中华人民共和国成立之初。当时还没有形成系统的生物安全防控体系,只是从与公众关系较为密切的动、植物安全、食品安全制定了管控标准及条例,守护我国人民的健康安全。

在动、植物安全方面,我国对动、植物检验、检疫进行了规范化管理。通过完成大量前期工作,并形成一系列规范性管理制度的基础上,自 1954 年开始,国家先后制定并颁布了《输出输入植物检疫暂行办法》《中华人民共和国进出口动、植物检疫条例》《中华人民共和国野生动物保护法》《中华人民共和国进出境动、植物检疫法》《中华人民共和国进出境动、植物检疫法实施条例》等，同时结合时代的发展与要求，对相应的法律、条例进行了多次修订，以期从法律角度保障我国的动、植物安全。

在食品安全方面，我国进行了相应的规范化管理，以期对广大人民最基本的生命健康安全给予保障。从1953年的《清凉饮食物管理暂行办法》开始，《食品卫生管理试行条例》《中华人民共和国食品卫生管理条例》《中华人民共和国食品卫生法》先后出台。进入21世纪，随着生命学科的发展，转基因食品的出现，国家又适时颁布了《转基因食品卫生管理办法》《中华人民共和国食品安全法》，并于2015年、2021年对《中华人民共和国食品安全法》进行了两次修订，对食品安全进行管理。

近年来，全球生物安全形势愈加复杂，生物安全问题受到了世界各国的广泛关注。前期的法律、法规并不能完全满足现有需求，为了对后期生物安全问题管理提供法律支撑，我国将生物安全立法提到了重要的议事日程之中。2015年，我国颁布了《中华人民共和国国家安全法》（简称《国家安全法》），该法律明确规定了政治、文化、科技及太空等11个领域的国家安全任务，是保护国家安全的一部重要法律。在2020年2月，我国决定把生物安全正式纳入《国家安全法》体系。针对国家安全和生物安全，系统规划了“如何建设国家风险防控及治理体系”，探究了“如何全面提高国家的风险防控与治理能力”，形成了国家生物安全的核心思想。2020年10月，经第十三届全国人民代表大会常务委员会第二十二次会议通过，《中华人民共和国生物安全法》正式颁布。

1.1.2.2 《生物安全法》的意义

《生物安全法》是生物安全领域的一部基础法律，是为了“维护国家安全、防范和应对生物安全风险、保障人民生命健康、保护生物资源和生态环境、促进生物技术健康发展、推动构建人类命运共同体、实现人与自然和谐共生”而专门制定的一部专门法律，对于“保护自然生态环境、促进社会经济发展和保障人类健康幸福”等方面，具有举足轻重的作用。《生物安全法》既贯彻落实了国家的生物安全精神，又落实了国家生物安全观和国家生物安全的战略思想，它是维护国家安全、保障人类健康和保护生态环境的一部重要法律，填补了生物安全领域的基础性法律空白，全面提高国家的生物安全治理能力。同时，《生物安全法》也是《国家安全法》的特别法，它从生物安全的角度对国家安全的内容进行了重要的补充，不仅为维护国家生物安全明确了方向，也为《国家安全法》增添了新的法律要素。

从《生物安全法》本身来说，它在所涉及的领域之内指导和统领了其他若干的特别法，如《中华人民共和国进出境动、植物检疫法》《中华人民共和国野生动物保护法》等。

这些特别法使《生物安全法》的思想和内容得到了进一步的充实和细化。《生物安全法》中所涉及的违法犯罪的定罪量刑，都被写入了《中华人民共和国刑法》之中。

《生物安全法》系统建立了由中央国家安全机构进行统筹的协调机制。过去，我国生物安全的管理体系十分庞杂，有 100 多部条例、地方行政法规、技术规范以及指南，存在涉及管理范围也比较广泛（包括转基因控制、实验室安全、生物资源开发、人类资源保护、生物入侵与生物多样性保护、疾病防控以及伦理管理等），涉及部门多（包括科技部门、农业部门、林草部门、生态环境部门、海关机构以及卫生健康部门等）的问题。而该法在制度建设、能力建设和法律责任等方面，都做了相应的规定，通过责任明晰、任务划分到位，实现各部门之间的高效协作。

1.1.3 动物及植物生物安全的意义

动物及植物自然资源的生物多样性，是人类社会赖以生存和不断发展的基础。人类的衣食住行及物质文化的不断发展，都与生物多样性密切相关。随着社会生产力水平的不断提高和人类文明的不断进步，生物多样性所依赖的动、植物自然资源范围也在悄然发生着变化。当今全球经济贸易的互融互通在一定程度上直接或间接加速了动、植物资源的生态失衡，其结果必然损害人类健康。正是基于当今生态环境的不断破坏，动、植物的生物安全问题也被提上日程。

我国目前存在着较多的生物安全问题，其中动、植物生物安全问题占到了一个极为重要的比例，常见动、植物的生物安全问题，包括实验动物生物安全、有毒动物生物安全、疫病动物生物安全、有毒植物生物安全、致幻植物生物安全、毒品生物安全、毒蕈生物安全及热带有毒动、植物生物安全。高度重视动、植物生物安全，积极探索动、植物安全防控与应对举措，是我们今后必须面临的重要课题。关于动、植物生物安全的意义及其防控问题，会在本书的后续章节中予以详细阐述。

1.2 生物多样性与生态保护

随着当今科学技术的不断进步，环境安全和生态保护已经成为世界各国高度专注的问题。“生物多样性”也不再只是一个环保的概念，而是涉及自然与文化多层面融合的“生命共同体”问题。生物多样性与动、植物生态安全已经成为社会的主流，世界各国的生态保护任务任重而道远。

1.2.1 生物多样性的概念

生物多样性（biodiversity）是指一定范围内多种多样的活的有机体（动物、植物、微生物）有规律地结合所构成的一种稳定的生态综合体。联合国环境规划署在 1993 年进行的《全球生物多样性评估》项目中，将生物多样性定义为“生物及其所组成的生物系统的总体多样性和变异性”。可见，生物多样性是描述自然界多样性程度的一个概念，其研究范畴包括了遗传多样性、物种多样性和生态多样性等多个层次。近年来，生物多样性又融入了“人类与文化”“生态与文明”及“生物多样性保护”等新的重要理念。

生物多样性概念的提出，具有一个较长的历史发展时期。自从 20 世纪以来，随着世界人口的持续增长和人类活动范围的不断增加，人类社会遭遇到了一系列前所未有的难题，面临着人口、资源、环境、粮食和能源五大危机。这些问题的解决，都与生态环境的全面保护及自然资源的合理应用密切相关。第二次世界大战之后，国际社会在发展经济的同时也开始关注生物资源的保护问题，并且在拯救珍稀濒危物种和防止自然资源过度利用等方面开展了不少的工作。

1948 年，联合国和法国政府创建了世界自然保护联盟（International Union for Conser-Vation of Nature，IUCN）。1961 年，世界野生生物基金会成立。1971 年，联合国教科文组织提出了著名的“人与生物圈计划”。1980 年，由 IUCN 等国际自然保护组织编制的《世界自然保护大纲》正式颁布。该大纲提出了“要把自然资源的有效保护与资源的合理利用有机地结合起来”这一观点，这对世界各国生态资源的保护起到了极大的推进作用。

20 世纪 80 年代以后，生物多样性理念更加深入人心。人们在开展自然保护的实践中逐渐认识到，自然界中的各个物种之间以及生物与周围环境之间，都存在着十分密切的联系，自然保护仅着眼于对物种本身进行保护是远远不够的。要想拯救珍稀濒危物种，不仅要对所涉及物种的野生种群进行保护，还要对它的栖息地加以保护。就是在这样的历史背景下，生物多样性的概念便应运而生了。

1.2.2 生态保护与发展规划

不论从国际组织还是从中国政府方面，都对当前的生态保护问题十分重视，并且提出了一系列的生态保护发展规划。从国际生态保护发展规划方面来看，确定了“国际生物多样性日”主题，通过了《2011—2020 年生物多样性战略计划》等。从中国生态保护发展规划方面来看，制定了《中国生物多样性保护战略与行动计划（2011—2030 年）》及“联合国生物多样性十年中国行动方案”，并于 2021—2022 年协助国际组织召开了《生物多样性公约》第十五次缔约方大会（COP15）。

1.2.2.1 国际生态保护规划

2010 年 9 月，联合国第 65 届大会决议宣布，从 2011 年至 2020 年为“联合国生物多样性十年”，希望各成员国采取行动，推动与实现 2020 年全球生物多样性保护目标。2010 年 10 月，《生物多样性公约》第十次缔约方大会会议（COP10）在日本爱知县举办，会议通过了《2011—2020 年生物多样性战略计划》。该战略计划中的 5 个战略目标及 20 个纲要目标被统称为“爱知生物多样性目标”,其宗旨是激励所有国家和利益相关方在“联合国生物多样性 10 年”期间采取措施,推动目标的实现。

2016 年,“国际生物多样性日”的主题定为“生物多样性主流化,维持人类的生存与生计”。时任联合国秘书长的潘基文在当年的致辞中呼吁,“生物多样性是 2030 年可持续发展议程中的一个贯穿各领域的重要内容,世界各国必须将生物多样性纳入重要的议事日程,必须在生物多样性管理方面取得进展。”

2019 年 9 月,世界生态环境部与《生物多样性公约》秘书处共同发布了《生物多样性公约》第十五次缔约方大会(COP15)的会议主题,即“生态文明,共建地球生命共同体”。这一主题的提出,旨在倡导和推进全球生态文明建设,强调人与自然是生命共同体,强调尊重自然、顺应自然和保护自然,努力实现《生物多样性公约》所提出的“到 2050 年实现生物多样性可持续利用和惠益分享,实现人与自然和谐共生”的美好愿望。

1.2.2.2 我国生态保护规划

我国是世界上生物种类最多的国家之一,也是世界上生物多样性资源最丰富的国家之一。我国拥有包括森林、灌丛、草甸、草原、荒漠、湿地等陆地生态系统以及黄海、东海、南海等海洋生态系统。同时,我国的生物遗传资源丰富,也是水稻、大豆等重要农作物的起源地,其植物栽培的规模也居世界第一。一个国家物种拥有的数目及其特有程度,可以作为该国生物多样性的评定标准。国际组织对全球 12 个生物多样性比较丰富的国家进行排序,我国排在第 8 位,其他国家包括巴西、哥伦比亚、厄瓜多尔、秘鲁、墨西哥、刚果(金)、马达加斯加、印度、马来西亚、墨西哥和印度尼西亚。

我国是生物多样性大国,而且具有灿烂的历史和文化。截至 2019 年第 43 届世界遗产大会,我国共有的 14 处自然遗产,其中 6 处具有生物多样性特征。自 2016 年起的连续 4 年间,我国列入《世界遗产名录》的有湖北神农架、青海可可西里、贵州梵净山、黄(渤)海候鸟栖息地 4 项自然遗产,其“突出的普遍价值”均符合生物多样性标准。我国云南省地处我国的西南部,是全球 34 个生物多样性热点地区之一,也是我国生物多样性最丰富的地区。同时,云南省也是我国生物多样性保护实践卓有成效的地区。

我国高度重视并推动生物多样性全球进展,是最早加入联合国《生物多样性公约》的国家之一,在国际上率先成立了生物多样性保护国家委员会。为了统筹全国生物多样性保护工作,我国发布和实施了《中国生物多样性保护战略与行动计划(2011—2030 年)》和“联合国生物多样性十年中国行动方案”。中国各地区和各部门也将“生物多样性保护”纳入有关的规划之中,积极推动生物多样性的保护工作。

我国重视生物多样性建设的研究成果,创办了相应期刊,《生物多样性》是我国 1993

年创办的综合性学术刊物(月刊)。该刊物由中国科学院生物多样性委员会、中国植物学会、中国科学院植物研究所、中国科学院动物研究所和中国科学院微生物研究所主办,由中国科学院主管。该期刊主要刊登生物多样性基本理论和应用研究的原创性学术论文,内容囊括了具有新观点和前瞻性的综述、国家和地方的重大生态工程研究及其对生物多样性保护及可持续利用的影响及风险评估。此外,该刊物也包括了外来物种入侵对本地生物多样性的影响及其监控措施等重要内容。

1.2.2.3 云南地区生物安全保护

云南省因其“独特的地理位置、复杂的自然环境、高度密集的自然景观和从热带谷地到高山寒带完整的生态系统系列”,被公认为我国最具生物多样性的省份和地区,也是具有全球意义的生物多样性关键地区。云南的生物多样性,主要体现在动、植物重要类群分布集中、至今仍然保存着许多珍稀以及特有的或古老的生物类群。云南省面积仅占全国的4.1%,但各类群生物物种数均接近或已经超过全国的50%,是我国乃至全球生物多样性最突出的地区之一。云南素有“动、植物王国”和“物种基因库”的美誉,这也是云南昆明成为COP15大会举办地的背景原因。

2019年1月1日起,《云南省生物多样性保护条例》正式施行。这是我国第一部生物多样性保护的地方性法规。2020年5月22日,云南省发布了我国第一部生物多样性方面的“白皮书”,即《云南的生物多样性》,同时还发布了《生物多样性保护倡议书》。为了应对我国土地利用改变、生物资源过度开发、气候变化、环境污染、外来物种入侵等方面的干扰和威胁,该倡议书呼吁“云南是中国生物多样性最丰富的省份,是我国重要的生物多样性宝库和西南生态安全屏障;保护生物多样性是全社会共同的责任,需要我们每个人付诸行动,从我做起,从现在做起,从身边的小事做起。”

作为保护生物多样化的标杆性地区,云南切实担负起了维护区域、国家乃至国际生态安全的重大职责,人与自然和谐共生在彩云之南正在从远景变为现实。经过多年的不懈努力,云南建成了“中国西南野生生物种质资源库”,并率先实施了“极小种群物种保护行动”等行动计划,建立了各类自然保护区166个,使得全省90%的典型生态系统得到了有效保护。此外,以亚洲象、滇金丝猴及西黑冠长臂猿等为代表的全省85%的重要物种,也得到了相应的保护。

1.2.2.4 COP15国际大会

2019年初,时任国务院副总理韩正在北京主持召开中国生物多样性保护国家委员会会议时强调指出,“生物多样性,是人类赖以生存和发展的基础。加强生物多样性保护是生态文明建设的重要内容,是推动高质量发展的重要抓手”。他还表示,2020年《生物多样性公约》第十五次缔约方大会在我国昆明举办,国家会积极做好这次大会的筹备工作,全面履行东道国义务，确保举办圆满成功并具有里程碑意义的缔约方大会。

联合国《生物多样性公约》秘书处执行秘书伊丽莎白·穆雷玛(Elizabeth Maruma)于2021年初在昆明考察COP15筹备工作时表示，“在生物多样性保护和生态文明建设上，中国能为世界提供许多值得借鉴的经验。我们选择在云南昆明办会，是希望邀请全球朋友来到云南，亲眼见证中国生态文明建设的成果，见证生物多样性给云南人民带来的幸福感，同时也希望中国云南能为全球生物多样性保护提供新的思路。”

COP15是联合国首次以生态文明为主题召开的全球性会议，中国作为COP15东道国，高度重视COP15的筹备工作，认真履行了义务，与国际社会携手努力，加强双、多边合作。生态环境领域的专家们认为，COP15大会关于“生态文明:共建地球生命共同体”这一主题，对于引导国际社会保护生物多样性的政治意愿和推进全球生态文明建设具有重要的推动作用，对于努力达成《生物多样性公约》提出的“到2050年实现生物多样性可持续利用和惠益分享和实现人与自然和谐共生美好远景”也具有良好的引领作用。

1.3 动物生物安全

动物生物安全的研究内容涉及动物疫病生物安全、有毒动物生物安全及实验动物生物安全等多个领域。如何在现有的条件下最大限度地发挥生物安全防控的优势，如何对动物疫病、有毒动物及实验动物的生物安全问题进行高效的控制与管理，是我国当今亟待解决的问题。

1.3.1 动物疫病生物安全

动物疫病(animal epidemic diseases)通常是指发生在人和动物的具有可传染性疾病的统称。动物疫病的传播一般需要具有动物传染源、病原体、传播媒介以及可在动物间传播的多种条件，且其病原体可在动物体内生存并繁殖。动物疫病只有在一定条件下才能传播给人类，导致人类患病甚至死亡。

1.3.1.1 动物疫病

动物疫病是一种动物性传染病，它是需要采取预防、控制、扑灭或净化等措施才能根除的传染病，对人与动物双方都是有害的。动物疫病的基本特征是能通过直接接触传染或间接接触(通过生物或非生物的传播媒介)互相感染，从而造成该病的流行。动物疫病的流行过程，遵循着“从个体感染发病发展到群体感染发病”的过程。根据动物疫病对人体健康的危害程度，《中华人民共和国动物防疫法》中将动物疫病分为一类动物疫病、二类动物疫病和三类动物疫病。

一类动物疫病(共11种)是指对人与动物危害严重，需要采取紧急、严厉的强制预防、控制、扑灭等措施的疫病，如口蹄疫、猪水疱病、非洲猪瘟等。二类动物疫病（共 37 种）是指可能造成重大经济损失，需要采取严格控制、扑灭等措施以防止扩散的疫病，如狂犬病、布鲁氏菌病及炭疽等。三类动物疫病（共 126 种）是指常见多发的、可能造成重大经济损失的并且需要控制和净化的疫病，如大肠杆菌病、类鼻疽、弓形虫病等。从这三类动物疫病的比较来看，一类动物疫病的危害性最大。

1.3.1.2　疫病动物

疫病动物是指那些可以导致动物疫病的动物，常见的疫病动物包括猪、马、牛、羊、狗、鸡、鸭、兔、蜜蜂、鱼类及贝类等。一般情况下，疫病动物多数是指那些为满足人类需求从自然界捕获的且能传播一定疾病的动物，即我们常说的野生动物。野生动物是一类常见的疫病动物，它们是没有经过人工繁殖和人工饲养的动物，是具有一定"野生特性"的自然界动物，也是可以在人与动物之间传播疾病的动物，给人类健康带来巨大的威胁。

2020 年 2 月 24 日，第十三届全国人大常委会第十六次会议审议通过了《全国人民代表大会常务委员会关于全面禁止非法野生动物交易、革除滥食野生动物陋习、切实保障人民群众生命健康安全的决定》（以下简称《决定》），切实扩大了野生动物的法律管理范围，确立了全面禁止交易和食用野生动物的制度。我国刑法是最具威慑力的法律，加强和完善野生动物的刑法保护，这对于避免野生动物传播疾病风险和落实相关《决定》内容具有重要的意义。

1.3.1.3　人畜共患疾病与生物安全

如前所述，动物疫病是发生在人和动物之间的具有可传染性疾病的统称，而野生动物所致疫病在疾病的传播中占有较高的比例，野生动物生物安全的本质是使人类的生命财产、生存环境以及可能产生的健康风险被控制在某种可被接受的范围的一种状态。野生动物非法交易、外来生物入侵、自然环境污染以及现代生物技术的研发等，都有可能造成人畜共患疾病的传播或动物传播性疾病的暴发。

所谓人畜共患疾病，是指由源自除人以外的其他动物物种的病原体感染所引起的人类疾病。虽然一些疾病（例如狂犬病等）的传播力度不强，但对于被感染者而言却往往是致命的。一些人畜共患疾病则更有可能在全世界范围内广泛传播并且大规模流行，例如鼠疫、霍乱以及流感等。世界上还有许多其他疾病的广泛流行，也与野生动物（或者牲畜）之间有着紧密的联系。

与野生动物密切接触是感染人畜共患疾病的必要条件，诸如狩猎、屠宰和买卖野生动物之类的活动，都使人类极易感染来自野生动物或牲畜体内的病原体。在一些国家，因蝙蝠体大肥硕、肉嫩味鲜而备受人们的青睐，人们将其捕捉后做成餐桌上的美味佳肴，但他们往往忽略了在这个过程中蝙蝠抓捕者往往十分容易被蝙蝠所携带的病原体感染，蝙蝠食用者也同样不能幸免。

在某些国家的市场上，还会有专门售卖（或烹调加工）活体野生动物的场所，以供人类购买后烹调食用。人们还会通过种种当今便利的交通运输方式，将野生动物从一地带往另一地。正是这些野生动物的买卖方式，使得“将人畜共患疾病从边沿地区带入城市”成为可能。可以说，野生动物与人畜共患疾病之间存在着某种极为密切的关系，这在疫病感染的发生概率也有所提示。因此，野生动物的生物安全防控工作势在必行。

世界各国的研究人员正在积极探索如何预防人畜共患疾病的暴发，并已获得了一些研究成效。目前已经达成的共识是，生态系统的保护和自然栖息地的恢复，可以确保动物无须在人类居住的地方觅食和生存，从而可以减少人与野生动物的接触，减少动物疫病的发生。我们政府在公共卫生方面所采取的必要投资与监督手段，在人畜共患疾病防控方面起到了关键性的作用[11-14]，如颁布《中华人民共和国野生动物保护法》，从法律层面禁止一切野生动物的交易行为，这对预防人畜共患疾病的暴发具有重要意义。

1.3.2 有毒动物生物安全的概述

有毒动物广泛分布于自然界，目前已发现的有毒动物有三十多类数百种之多，广泛分布于陆地、海洋、高山、低谷、森林、草地、农田、沼泽等多种环境。有毒动物生物安全的研究内容，包括有毒动物及其毒素、有毒动物中毒原因及有毒动物生物安全与防控等多个方面的研究内容。

1.3.2.1 有毒动物及其毒素

有毒动物是指某一类体内含有可以导致人体中毒甚至死亡的有毒物质的动物；动物毒素是指由动物产生的用来捕食或自我防卫的有毒物质。有毒动物主要是通过咬、噬、蜇等行为方式，把自身毒素输入人体导致其中毒，也可因被当作食物或药物而进入人体后引起人体中毒甚至死亡。毒鱼、蟾蜍、毒蛇及蜘蛛等，都是较为常见的可以引起人体中毒的有毒动物[9]。

有毒动物所含的毒素成分相当复杂，有些至今尚未清楚。动物毒素导致人体中毒的毒性机制，主要包括对毒素接触局部作用、对神经系统作用、对心血管系统作用、对血液系统作用和对器官功能作用等 6 个方面。动物毒素大多是有毒动物毒腺所制造的并以毒液形式注入其他动物或人体的蛋白类化合物，其中含有多种酶类。根据毒素的生物效应，动物毒素可分为神经毒素、细胞毒素、心脏毒素、出血毒素、溶血毒素、肌肉毒素及坏死毒素等。不同种类的动物所制造的毒素种类和生物效应均有不同，如蜂毒和蝎毒主要含有神经毒素，蛇毒所含的毒素类型则因蛇的种、属不同有很大的差异。动物毒素的其他组分，还包括了各种抗凝血剂、脂类、糖苷和甲酸等。

1.3.2.2 有毒动物中毒原因

有毒动物导致中毒的情况，最多见的是意外中毒，同时也可以有自杀或他杀中毒的情况，这时就需要法医工作者针对不同的死亡发生情况进行死亡原因分析和死亡性质判定[10]。

1. 意外中毒

有毒动物引起人体中毒的原因，最常见的是意外中毒，如食入有毒动物引起的意外中毒。有毒动物并非全身均有毒性，常为某个器官或某种组织具有毒性，如河豚的肝脏、卵巢及血液，以及鳖鱼的肝脏等。当人们误食了上述动物的含毒器官，往往会出现中毒。

药用动物使用过量，也是有毒动物意外中毒的常见原因。中药中有许多将有毒动物作为药物使用的记载，如六神丸中的蟾酥和治疗肝癌的斑蝥素，分别是从蟾蜍和斑蝥中提取的成分，如果使用不当或服用过量，就会导致人体中毒甚至死亡。

动物咬伤也是一种常见的意外中毒方式，常见于野外活动中被虫、蛇等咬伤，或者是被蜂及蝎蜇伤，或被海洋中的海蜇等刺伤。

2. 自杀或他杀中毒

在日常生活中，有时也可见利用有毒动物进行自杀或他杀的情况。国内有服用斑蝥虫体实施自杀、以蛇毒进行皮下注射自杀死亡的案例报道，亦有将有毒动物制成毒酒或隐匿混入食品及药品中使他人中毒的报道。

1.3.2.3 有毒动物生物安全的概述

有毒动物的生物安全防控工作极为重要，其中一个重要的环节就是使人们应对有毒动物有一个清楚的认识。出于日常生活中对肉品食用和中医治疗的需要，人们较多与有毒动物打交道，故而与有毒动物关系密切。

1.3.3 实验动物生物安全的概述

实验动物(laboratory animals)是为了满足科研、教学、医疗、鉴定、诊断及生物制品生产而专门培育的可供实验所用的动物，它们的作用已经在多个领域，特别是医学领域得到了广泛的证实。随着科学技术的不断发展，我国每年繁殖的实验动物数量和种类也在日益增多。实验动物的生物安全问题不仅直接影响到生态环境的安全，也威胁到人类健康，因而引起人们的高度关注。

1.3.3.1 实验动物涉及的生物危害

实验动物的大规模饲养和繁育，对实验动物管理及生物安全及带来了越来越高的风险。伴随着我国实验动物的使用种类与培育数量的迅速增加，实验动物的标准和质量也必须随之提高。动物实验室最常见的生物安全问题是动物实验过程中所产生的各种潜在性生物危害因素，主要包括感染性病原体危害、动物性过敏原危害、实验动物排泄物危害和实验室废弃物危害等。如若处理不当，不仅会危害实验操作人员和实验动物本身的安全，而且会污染实验室的内、外环境和公共场所，进而对社会环境和人类健康造成危害。

1. 感染性病原体危害

感染性病原体可以通过形成感染性病原体气溶胶对人体产生危害。生物气溶胶是一种在动物实验中常见的生物危害，是指含有生物性粒子的气溶胶。生物性粒子可以是细菌、真菌、病毒及毒素等，具有一定的感染性或致敏性。被感染的动物可通过呼吸或排泄，释放含有细菌、真菌、病毒及毒素的生物气溶胶。当实验人员在饲喂动物、换笼清洁、动物采血或动物解剖时，动物所产生的生物气溶胶就会进入人体并产生危害。

2. 动物性过敏原危害

动物性过敏原是一种通过生物气溶胶传播的生物危害因素，包括动物毛发、皮屑和分泌物等。动物性过敏原进入空气后形成动物性过敏原气溶胶，通过人体接触引起实验人员的过敏反应，其典型症状有鼻炎、皮疹和哮喘等，不仅引起咳嗽、呼吸急促等急性症状，还会导致慢性哮喘，且症状可以长期持续，进一步加重机体损害。

3. 实验动物排泄物危害

动物的排泄物中常常含有感染性病原体而对人体造成危害，因此需要对实验动物的排泄物进行定期清理。当饲养室的实验动物密度过大或更换垫料不及时，便会产生高浓度的氨气，引起动物室的氨气浓度增加。人们长期在高浓度的氨气中工作可引起呼吸系统的疾病，同时皮肤和眼睛也会受到强烈的刺激。实验动物排泄物往往使饲养人员或实验人员罹患各种疾病，包括慢性鼻炎、上呼吸道感染及眼结膜炎等病症。

4. 实验室废弃物危害

实验室废弃物包括感染性废弃物、病理性废弃物和损伤性废弃物三大类。感染性废弃物包括感染性实验动物或实验性病原微生物的废弃物；病理性废弃物包括实验动物尸体组织等废弃物；损伤性废弃物包括使用后的注射针头及手术刀片等锐器。如果对于这些在实验过程中产生的各类废弃物不加以处理或者处理不当，将会给实验人员及外部环境带来风险。

5. 动物实验其他危害

动物实验中所存在的安全隐患还有很多，较为常见的是被动物咬伤、化学、物理和生物学等危害，种类繁多。因此，动物实验中的安全防护还应该包括防止感染和外伤的发生，以及防火、防毒、防爆、防触电和防辐射等多个环节。

1.3.3.2 动物实验的生物安全与防护

动物实验造成的生物危害，已经引起了医学工作者的极大关注。在制订生物安全防控措施方面，应当从实验室规程的制订、实验设备的设置、实验设施的规划、个人防护用品的使用、感染动物的管理以及生物危害的评估等多个方面着手。动物实验过程中有许多重要的原则，其中动物实验室“三保护”原则、实验动物尸体焚烧原则和动物实验室规范管理原则，是动物实验生物安全与防护的重要保障。

1. 动物实验室“三保护”原则

生物安全动物实验室的设计基础，主要是必须做到“三保护”原则。“三保护”原则，指的是对人、对实验动物和对实验环境的保护，其核心是要保护实验人员免受感染、过敏、中毒或被动物抓挠、撕咬致伤等各种相关危害。为了达到动物实验室的“三保护”原则，必须通过将实验环境、实验设施、实验设备及实验素质有效地结合起来以实现。为此，在生物安全防护中应包括实验室规程与操作技术、实验室安全设备以及实验室建筑设计的完成和运行管理规程的实施，同时也应极大提升实验人员的实验保护科研素养。

建立高质、有效的动物实验室建筑设施，这对实验人员和实验环境的保护都至关重要。在动物实验室设计时，应确保该实验室处于一种“实验动物无法逃逸、非实验室动物（如野鼠、昆虫等）不能进入”的严密状况。动物实验室的合理设计，包括了实验空间和进出通道的设计，这些既要符合动物实验的需要，也要符合人体及环境保护的需求。特别应该注意的是，必须坚决杜绝使各种实验动物与自然界动物发生接触的可能。

2. 实验动物尸体焚烧原则

暴露于生物危害中的实验动物，常常对实验者的人体安全有着极大的隐患。实验动物尸体剖检及相关操作，应在生物安全柜中进行。实验人员需戴面罩和手套，穿戴防护服并使用其他特殊的防护装备。实验动物解剖检查的桌面应为不锈钢材质，以便于彻底清洗和灭菌杀菌。所有接触过生物试剂的动物尸体都应置于特定的容器中，同时注明实验动物物种、生物危险性质、实验日期、用药名称与剂量、主要负责人姓名及联系方式等内容。实验动物尸体必须统统进行高温焚烧处理，经高压灭菌处理过的动物废弃物，也都应当进行高温焚烧处理。用于感染性微生物实验的动物尸体及其使用物品，需要按照相关规定进行严格、特殊的处理。

3. 动物实验室安全管理规范

动物实验室安全管理规范包括全面建立防御意识、建立安全管理组织、制订安全规章制度、贯彻安全管理规章等几个方面。动物实验后废弃物无害化处理的相关规定，也应该包含在动物实验室的管理规范这个层面。动物实验后废弃物的无害化处理，包括废弃物的集中管理、污水的无害化处理、污物的无害化处理，其中也包括专人处置与管理、分类收集与管理、规范化无害处理等多个重要环节。

1.3.3.3　国内外实验室生物安全现状

1. 我国实验室生物安全现状

根据所操作生物因子的危害程度和采取的防护措施，将生物安全防护水平分为4级，用以表示动物实验室的相应生物安全防护水平[7]。原中国军事医学科学院于20世纪80年代初期建立了第一个BSL-3实验室（生物安全实验室，biosafety laboratory，BSL）。目前我国最高级别的生物安全等级实验室是2018年投入运营的中国科学院武汉国家生物安全实验室。可以说，这是国内首家也是目前唯一的一家BSL-4实验室。因为各级生物实验室的安全运行必须有严格的规范化管理和制度管理机制做保障，我国在实验室管理方面，相继出台了一系列的相关规定，包括《实验室生物安全通用要求》《病原微生物实验室生物安全管理条例》《病原微生物实验室生物安全环境管理办法》等。生物安全实验室的建立以及相关实验室规定的出台，为我国动物实验的规范化管理明确了思路，也为病原微生物的研究和生物安全工作的推进提供了重要的保障。

2. 国际实验室生物安全现状

实验动物的生物安全问题，越来越受到各国政府及其相关部门的高度重视。在世界范围内，目前比较公认的生物安全实验室分为BSL-1、BSL-2、BSL-3和BSL-4四类。从生物安全的角度来看，BSL-1和BSL-2为基础实验室，而BSL-3和BSL-4为高级实验室。建立这些实验室的目的，是确保实验人员在进行动物实验和微生物处理时不被感染，同时也防止有害的病原体被释放到外部环境中去而造成实验环境的污染[7-8]。世界上不少国家对生物安全实验室的管理和运行都发布了一系列的相关政策或法规，这些政策或法规为微生物实验室的安全运行提供了可靠的依据和保障。目前世界各国都在为本国的实验室建设竭尽全力，而美国则是当今世界上拥有BSL-4实验室数量最多的国家[4]。

1.3.3.4　实验动物生物安全要求

虽然国际权威组织制定了实验动物及动物实验生物安全的相关标准，但控制生物危害的程序和方法还是被许多其他因素所影响。我国从自身国情和绿色发展的理念出发，建立了自己的实验室标准，并制定了相关的生物安全要求。2017年5月18日，由中国医学科学院医学实验动物研究所起草了《实验动物动物实验生物安全通用要求》（以下简称《生物安全通用要求》）。该要求的起草和此后的规范性实施，为我国动物实验生物安全工作起到了积极的推动作用。

《生物安全通用要求》规定了动物实验生物安全相关的动物管理要求、从业人员资质要求和实验动物质量要求，以及风险评估和风险控制的具体要求。这里所指的实验动物质量要求，主要是指用于实验的动物应当来源于具有实验动物生产和繁育合法资质的生产单位，并能出具相关的资质证明，同时应附有微生物和寄生虫检测的合格证明，实验动物必须体格健康，并定期系统进行人畜共患病监测作为保障。

动物实验从业人员要求，主要是指能遵守实验动物和生物安全的相关法律法规，具有人事岗位的专业教育及培训背景，符合从业人员健康要求，获得实验动物从业人员岗位证书或相关专业水平证明，经过专门技能等级培训，掌握良好的动物实验室设施及设备技能，具有动物实验风险评估和风险控制的知识和技能，并具有良好的动物实验能力。这里提到的“具有良好的动物实验能力”，主要是指具有多种动物实验的职业胜任能力，包括对实验动物认知能力、对实验动物饲养能力、对实验动物养护能力、对实验动物的实验操作能力、对实验动物的信息采集能力、对动物实验结果的分析能力、对实验室设施设备掌握能力以及对实验室生物安全的防护能力等多个层面。

1.4 植物生物安全的概述

我国目前存在着较多的生物安全问题，其中植物生物安全占到了一个较为重要的比例。当今世界各地分布的有毒植物大约有数千种，而我国有毒植物约有 1300 种，其中以毛茛科、大戟科、茄科、天南星科及豆科的有毒植物种类最多。

1.4.1 有毒植物与生物安全

我国的有毒植物多集中分布于亚热带常绿阔叶林区和热带雨林区，如云南、四川、广西、广东及福建等地，其他如青藏高原和西沙群岛等地区，也分布有重要的有毒植物。有毒植物因种属、产地、采摘时间及所在部位的不同，其毒性呈现出较大的差异。有毒植物中的毒性成分具体可分为非蛋白氨基酸、蛋白质类化合物、生物碱、萜类化合物、苷类化合物、酚类及其衍生物等几大类。

由于有毒植物中所含活性成分的化学结构不同，人体中毒反应和常见中毒症状也会有所不同。有毒植物导致人体中毒的常见表现主要有以下几个方面[9]：①消化系统可表现为恶心、呕吐、腹痛、腹泻等，严重者可出现呕血、便血等；②神经系统可表现为头痛、头晕、烦躁、谵妄、共济失调、肌肉强直，严重者出现抽搐、昏迷等；③呼吸系统可表现为胸痛、咳嗽、喘息、发绀等。④循环系统可表现为心悸、胸痛、胸闷、气短、面色苍白、口唇苍白、全身无力、肢端发绀，严重者出现心律失常和心力衰竭等；⑤皮肤黏膜可表现为皮肤红肿、瘙痒、丘疹、水疱等，部分植物汁液或飞毛可使人致敏，出现皮肤红斑、斑疹、丘疹等；⑥泌尿系统可表现为腰痛、水肿、少尿、无尿、血尿、蛋白尿等；⑦其他可表现为造血系统及生殖系统的相应损害。

特别应该注意的是，当人体发生中毒反应时，上述的所有系统的所有症状并不是都会出现，而且不同毒物造成的中毒程度也会有所不同，症状差异较大，甚至可能出现完全相反的不同症状。中毒症状是毒物与人体相互作用的一个复杂过程，年龄、性别、健康状况与个体差异等，都可能影响中毒的发生和发展。一般来说，婴幼儿、老年人及体弱有病的人对毒物较敏感，妇女在妊娠期、授乳期或更年期对毒物亦较敏感，当发生中毒时其中毒症状一般也都较健康的成年人更为严重。

1.4.2 蕈类与生物安全

蕈类通称蘑菇，是一类大型、高等的真菌。由于一些特定的原因，不少学者还是将蕈类放到有毒植物的范畴中去加以研究。基于上述情况并出于对有毒动、植物及其生物安全问题进行研究的需要，本书特别将蕈类及其生物安全防控的内容放在有毒植物的章节中重点讨论。

1.4.2.1 蕈类的分类

蕈类结构简单，没有根、茎、叶等器官，一般不具有叶绿素等色素。蕈类大致可以分为食用蕈、药用蕈、木腐蕈和毒蕈四个大类，人们日常接触较多的其实还是那些食用蕈。食用蕈的种类较多，味道鲜美，是一类大家比较喜爱的食物，它不仅能满足人们对美味的追求，而且还能补充我们身体所需的营养成分。有的蕈类还被人们作为保健品或药用植物，在日常生活中或医疗中较多加以使用，成为人们普遍公认的药用蕈。人们较为推崇的药用蕈当属灵芝了，灵芝的价格虽然昂贵，但由于人们普遍认为其药用价值极高，故还是被人们广泛使用。木腐蕈一般不能食用也不会引起中毒，而毒蕈正如它的名字一样是一种有毒的蕈类，食用后可以引起急性中毒导致死亡。

1.4.2.2 蕈类生物安全

由于毒蕈种类较多，形态特征复杂，具有不同的地域特征，因此常有因误食毒蕈而引发中毒甚至死亡的事件[9,15]。毒蕈的外观有时与可食蕈类极其相似，在野外杂生的情况下极难分辨，容易造成人们的误摘和误食而导致中毒，我国毒蕈中毒的发生率呈逐年上升趋势。

毒蕈的毒性作用有强有弱，其引起的机体反应也有所不同。同样的毒蕈，有的人食用后并无症状，而有的人食用后却出现严重的中毒症状，甚至发生死亡。有的毒蕈毒性虽小，但进食过多仍可发生严重中毒；有的毒蕈毒性非常强，误食中毒后一旦出现临床症状其实已属中毒晚期，极易导致快速死亡。此外，同样的毒蕈所引起的临床症状也有所不同，有人出现消化系统症状，有人出现神经系统症状，也有的人可能出现循环系统症状或其他症状。

正是由于上述情况的存在,极易引起人们对毒蕈中毒的判断不当,从而导致延误毒蕈中毒的诊断和抢救时间,甚至发生死亡。目前大多数毒蕈中毒尚无特效的诊断方法,也缺乏针对性的救治措施,毒蕈中毒的抢救成功率也相对较低,导致毒蕈死亡率居高不下。因此,毒蕈中毒的生物安全防范仍然是当今的一项极为重要的任务,应当引起人们的高度重视。

1.4.3 毒品与生物安全

毒品是指那些具有毒性的、能够使人形成瘾癖并被国际禁毒公约和国家有关禁毒法律列入专门管制的与违法犯罪行为有关的毒害性物质。当今世界上人们所滥用的毒品不少都来源于植物,即它们的有效成分是从植物中提取并加工而成的[16,17]。正是出于此类的原因,本书将毒品及其生物安全的内容放在有毒植物的章节中加以讨论。

1.4.3.1 毒品的分类

我国刑法将毒品分为两大类,一类是麻醉药品(如鸦片、海洛因、吗啡、大麻、可卡因及杜冷丁等),另一类是精神药品(如甲基苯丙胺、摇头丸、安眠酮及三唑仑等)。前者对人体中枢神经系统具有抑制或兴奋等作用,经服用后极易使人产生生理依赖并形成瘾癖;后者经服用后能产生兴奋、抑制和致幻作用,使人产生极强的心理和生理依赖。

1.4.3.2 毒品生物安全

近年来,吸食毒品的人员数量增长迅速,尤其是吸食新型毒品的人员明显增加。毒品滥用问题已经成为全球性公害,严峻复杂的国际形势为我国的禁毒工作带来了巨大的挑战。为了遏制不断泛滥的毒品危害,我们应当充分认识当今世界禁毒斗争的艰巨性和复杂性,做好长期禁毒的准备,综合现实存在的各方面问题,制订出符合我国国情的禁毒策略。只有制订和采取出面临当前各种严峻的形势所作出的具有可操作性的防范、监管和打击举措,才能有效地降低毒品犯罪所带来的社会危害,带来稳定的社会环境,减少毒品对人民健康的危害。

新精神活性物质是一种人工合成的致幻剂,又被称为"实验室毒品"。这类新型毒品不同于通常人们所了解的海洛因、大麻等"传统毒品",也不同于冰毒、摇头丸等"合成毒品",因为它们具有更大的成瘾性和迷惑性[16]。由于新型毒品的制造工艺简单,原材料相对容易获取,制毒利润也相对较高,导致我国近年来地下制毒事件增多,新型毒品的传播和蔓延十分迅猛。如今流行的新精神活性物质具有极大的迷惑性,极易被青少年所滥用,这已成为对社会健康发展的巨大危害。

新精神活性物质的名目繁多,其外观多类似"奶茶""邮票""跳跳糖""娜塔莎""浴盐""阿拉伯茶"及"蓝精灵"等,多出现在娱乐场所。由于这些新型毒品都被加上了不易分辨的精美包装，种类繁多，形态各异，往往容易被人们所忽视。不少不法分子采取隐蔽的作案手段，借助网络技术和现代物流业的发展，使毒品犯罪活动更趋隐蔽，因而对毒品犯罪的打击难度极大。当今传统毒品及新型毒品的滥用及其生物安全问题，值得引起我们足够的重视。

1.4.3.3 致幻植物生物安全

人类使用致幻植物的历史悠久。致幻植物(hallucinogenic plants)是所有体内含有致幻成分的植物的总称，当人们食用之后可产生幻觉。目前世界上含有致幻成分的植物有上千余种。从对人类精神方面产生的作用来看，最常使用的致幻剂是那些给人带来欢乐和愉悦感受的物质，大多来源于大麻及醉藤等。当今也有不少犯罪分子利用致幻物质实施犯罪活动，对社会的安宁造成了极大的危害。多少年来，人类认识致幻植物的深度与广度一直不足，其原因是部分致幻植物的致幻成分与作用机理尚不明确，加之致幻植物的种类划分至今尚无公认的定论，致使致幻植物的研究陷入困境。

随着科学技术的不断进步，科学家们正在逐步揭开致幻植物的神秘面纱。越来越多的致幻植物，以及由致幻物质引发的食品安全、生物安全和生态安全等问题，在今天又得到了重新审视。致幻植物的滥用不仅可危害人民的生命健康，还可给整个社会带来巨大的打击。虽然我国明令禁止致幻剂的任何非医疗用途，并制定了严格的安全防范措施，但是当今不可逆转的经济全球化进程仍然凸显着致幻物的潜在危害。全面加强致幻物以及致幻植物的生物安全防控，仍需要从全球和全方位的角度去加以防范与实施。

1.4.4 药用植物生物安全

植物是中医药发展的基础条件，药用植物的相关研究对于中医药的长足发展具有积极的作用。世界上以植物作为基础药物用于临床治疗的例子不计其数，药用植物也为现代医药提供了有效的治疗保障。中医药治疗中的药用植物的应用与生物安全防控，已经成为当今国家和政府普遍关注的重点。虽然传统中药具有较大的医学应用和发展潜能，但如果使用不当，仍会对机体造成一定的危害。为了能够更好地阐明传统中药的药用效果，防止因中药治疗不当造成人体危害及生物安全问题，我们有必要对中药特性加以阐述并在此基础上对中药实践中的生物安全问题加以阐述。

1.4.4.1 中医药理论及药用植物的特性

1. 中医药基础理论

中医基础理论是对人体生命活动和疾病变化规律的概括，主要包括阴阳、五行、运气、脏腑、经络等学说，以及病因、病机、诊法、辨证、治则、治法、预防及养生等内容。前述的阴阳、五行、运气、脏腑、经络学说，被称为“中医五大理论学说”。通过对中医理论的学习，可以很好地帮助我们了解中医药实践中所出现的生物安全问题。中药在中国古籍中通称“本草”。中药是以中医理论为基础，用于防治疾病的一些植物、动物、矿物及其加工品。随着当今中医药资源的不断开发和研究，许多民间药物也被归入到了中药的范畴。

2. 中药所面临的生物安全问题

中药所面临的生物安全问题，主要包括中药配伍中的生物安全问题、中药剂量与生物安全问题、中药应用中的“以毒攻毒”法则运用与生物安全问题等。

（1）中药配伍与生物安全。按照中医理论，疾病的发生和发展往往是错综复杂和瞬息万变的，常表现为虚实并见、寒热错杂、数病相兼，故单用一药是难以兼顾各方的。临床上往往需要同时使用两种以上的药物，才能达到更好的治疗效果。药物间的配合使用，使得药与药之间可发生某些相互作用，如有的能增强或降低原有药效，有的能抑制或消除毒副作用，有的则能产生或增强毒副反应。因此，在使用两味以上药物时必须有所选择，这就是提出中药配伍相关概念的基础。

前人把单味药的应用同药与药之间的配伍关系称为药物“七情”，即单行、相须、相使、相畏、相杀、相恶、相反。在“七情”之中，除单行者外的其余六个方面都是讲配伍关系的。①单行：即指不需配伍，单用一味药即可治愈疾病。如清金散就是单用一味黄芩，可以治肺热咳血的病症。②相须：即指将性能功效相类似的药物配合应用，以增强原有疗效。如石膏与知母配合，能明显增强清热泻火的治疗效果；大黄与芒硝配合，能明显增强攻下泻热的治疗效果；全蝎与蜈蚣同用，能明显增强止痉定搐的作用。③相使：即指在性能功效方面有某些共性，或性能功效虽然不相同，但是治疗目的一致的药物配合应用，而以一种药为主，加另一种药为辅，以期提高主药的疗效。如补气利水的黄芪与利水健脾的茯苓配合时，茯苓就能提高黄芪补气利水的治疗效果。④相畏：即指一种药物的毒性反应或副作用，能被另一种药物减轻或消除。如生半夏和生南星的毒性，能被生姜减轻或消除。⑤相杀：即指一种药物能减轻或消除另一种药物的毒性或副作用，如生姜能减轻或消除生半夏和生南星的毒性或副作用。⑥相恶：即指两药合用，一种药物能使另一种药物的原有功效降低甚至丧失，如人参恶莱菔子，因莱菔子能削弱人参的补气作用。⑦相反：即指两种药物合用，能产生或增强毒性反应或副作用。

药物配伍应用的主要形式，除单行外的上述六个方面其变化关系可以概括为四项：①有些药物因产生协同作用而增进疗效，是临床用药时要充分利用的；②有些药物可能互相拮抗而抵消、削弱原有功效，用药时应加以注意；③有些药物则由于相互作用，而能减轻或消除原有的毒性或副作用，在应用毒性药或烈性药时必须考虑选用；④一些药物因相互作用而产生或增强毒副作用，属于配伍禁忌，原则上应避免配伍使用。基于上述情况可知，从单味药到配伍应用是通过很长的实践与认识过程逐渐积累和丰富起来的。

药物的配伍应用，是中医用药的主要形式。药物按一定法则加以组合并确定一定的分量比例，制成适当剂型，即为方剂。方剂是药物配伍的发展，也是药物配伍应用的高级形式。

中药配伍的医学实践必然会存在着一定的生物安全问题，值得引起人们的广泛关注。我们必须对各种药用植物以及各种药用有效成分进行研究，同时弄清它们之间的相互影响关系，才能最大程度避免因中药配伍所引发的生物安全问题。

（2）中药剂量与生物安全。尽管中药绝大多数来源于植物，安全剂量范围较大，用量也不像化学药品那样严格，但药物用量得当与否也是直接影响药效发挥和评价临床效果好坏的重要因素之一。药量过小起不到治疗作用而贻误病情，药量过大则戕伐正气，引起不良后果或造成不必要的浪费。关于中药剂量该如何使用，如何采用最小的药物剂量来达到最好的治疗效果，同样也关系着一定的生物安全问题。因此，我们对中药剂量的使用必须采取科学和谨慎的态度。

中药剂量是指临床应用时的分量。它主要是指每味药的成人一日量，其次指方剂中每味药物之间的比较分量，也称相对剂量。中药用量得当与否，是直接影响药效的重要因素之一。中药的计量单位有重量市制（斤、两、钱、分、厘）和公制（千克、克、毫克）；中药的数量单位如“生姜三片、蜈蚣二条、大枣七枚、芦根一支、荷叶一角、葱白两只”等。自明清以来，我国普遍采用 16 进位制的“市制”计量方法，即 1 市斤 =16 两 =160 钱。自 1979 年起，我国对中药生产计量统一采用公制，即 1 公斤 =1000 克 =1000000 毫克。

一般来讲，确定中药的剂量时应考虑以下几方面的因素。①药物性质与剂量的关系：剧毒或作用峻烈的药物应严格控制剂量；开始时用量宜轻，逐渐加量，中病即止。一般来说，花、叶、皮、枝等量轻质松及性味浓厚或作用较强的药物用量宜小，性味淡薄、作用温和的药物用量宜大；干品药材用量宜小，鲜品用量宜大（一般为干品的 4 倍）；过于苦寒的药物不能久服和过量，以免伤及脾胃。②剂型、配伍与剂量的关系：同样的药物入汤剂比入丸散剂的用量要大，单味药使用比复方中应用剂量要大。③年龄、体质、病情与剂量的关系：一般老年、小儿、产后妇女及体质虚弱的人，都要减少用量。一般 5 岁以下的小儿使用成人药量的 1/4，而 5 岁以上的儿童按成人用量的减半量服用。此外，病情轻、病势缓及病程长者用量宜小；病情重、病势急及病程短者用量宜大。④季节变化与剂量的关系：夏季发汗解表药及辛温大热药不宜多用；冬季发汗解表药及辛热大热药可以多用；夏季苦寒降火药用量宜重；冬季苦寒降火药则用量宜轻。

（3）中药应用中的“以毒攻毒”法则及其生物安全问题。中医很早就有“以毒攻毒”的治疗方法，如认为毒陷邪深，非攻不克，以药物治之，可直达病所，起到“攻坚蚀疮、破瘀散结、消肿除块”之效。其实质是指在保证用药安全的前提下，应用适量的有毒药物来治疗病情较重、顽固难愈的各种疾病，如恶疮、肿毒、疥癣、瘰疬及癌肿等。历代医家及民间流传治疗癌症的方药，大多都属于这一类。

尽管中医药治疗在长期医学实践中发挥了极强的治疗作用，但也出现了不少急性毒物中毒甚至造成死亡的案例。笔者认为，必须谨记“是药三分毒”，药物的大量或长期使用都会造成肝肾功能不同程度的损伤，在使用药物时要给予极大的重视。

1.4.4.2　中医药应用中的生物安全问题

作为中医药治疗的药物，部分药用植物的确有各种的毒性作用，那么我们应该如何看待和处理中药的毒性作用呢？到底哪些中药种类属于毒性药物，其毒性成分的组成和药用注意事项是什么？中医药治疗所使用的药用植物的毒性作用有哪些，它们所导致的临床表现如何？如何预防和杜绝药用植物的毒性反应？如何抢救和处理因药用植物的使用而发生的中毒情况？如果这些问题在中医药治疗时未能得到高度的重视和有效的解决，那么就会酿成极大的因药物治疗所引起的人体危害。

1. 充分认清药物毒性

中医药应用中的生物安全问题，主要体现在以下方面。①不少医务人员或普通民众并不熟知有关中药中毒的专业知识或一般常识；②一些中药生产单位和药物使用者并未关注其生产的中药毒性是否超标，也未重视中药的临床毒性作用；③有的中药内并未标明其中所含的药物成分或有毒成分；④普通民众普遍存在“中药毒副作用小、安全性高”的片面认识；⑤许多患者或民众错误地认为只有“偏方”才能治大病，导致“盲目使用某种中药”的现象。以上情况，导致中药所致的急性或慢性中毒的情况频频发生，有的甚至危及患者的生命。

中药的毒副作用是历代中医都十分关注的，我们也必须重视和警惕中药的毒副作用。《神农本草经》将中药药物分为上、中、下三品，并指出“下品多毒，不可久服”。唐代《新修本草》中的药物，均注明了药物的“有毒”与“无毒”。明代《本草纲目》中记载有将47 种有毒中药分为大毒、有毒、小毒和微毒四种，其中毒性中药 381 种。《本草纲目》还列出了毒草类专篇，并对某些有毒中药如水银及曼陀罗花等进行考证和修订。

目前人们已对上百种中药的化学结构、药理作用和毒理机制进行了研究，明确了中药有毒成分主要分为以下几类。①生物碱类（含氮的有机碱）：广泛存在于乌头、曼陀罗、钩吻、马钱子、天南星等。②苷类：如强心苷，小剂量使用有强心作用，大剂量可使心脏出现中毒症状，有夹竹桃、万年青、铃兰等；氰苷类，分子中含有氰，水解后可以生成氢氰酸，存在于苦杏仁、桃仁等中；皂苷类，对局部有刺激作用，有的还有溶血作用，存在于木通、三七及商陆等中。③毒蛋白类：含有细胞原浆毒，可以损害肝、肾器官的实质细胞，存在于苍耳子、蓖麻子等中。④萜类与内酯类：毒性作用发生于消化系统和神经系统导致眩晕、惊厥等,存在于马桑、苦楝等中。⑤亚硝酸类:中毒表现为消化道及中枢神经系统症状,存在于瓜蒂、白果、细辛、甘遂等。

中医典籍中也不乏那些专门针对疾病治疗的各种药物中毒的专方和专论阐述内容,如东晋《肘后备急方》中有"治卒中诸药毒救解方",论述了诸药毒的解救方法。唐代《外台秘要》中设有"解诸药草中毒方"。明代《证治准绳》指出,服用丹石剂后的中毒表现为皮疹紫暗、皮肤瘙痒、搔损成瘢、痛楚难忍等。对于中药药毒的治疗作用,清代《外科大成》《医宗金鉴》《疡医大全》等都有记述。中华人民共和国成立以后,我国卫生管理部门多次制定和修订了《关于医疗用毒药、限制性剧毒药管理规定》,并列出了毒性中药及中成药品的药物名单。《中华人民共和国药典》的 1977 年版至 2020 年版,都对有毒中药进行了标注。

每一位医务工作者必须清楚地认识到中药的安全界限,明确每一种常用中药的毒副作用,以及如何控制和消除这些毒副作用对机体所带来的不利影响,特别是在给患者开出药方时,更是应该熟悉每种常用中药的毒性作用和常用剂量,药物使用应严格以《中华人民共和国药典》为准绳,这是一个极为重要的基本原则。

2. 合理使用药用植物

对于那些有毒的中药植物的使用,我们应该严格按照标准剂量使用,而且一般不能长期服用。我们不仅应该合理使用那些有毒的中药如巴豆、马钱子、半夏、重楼及乌头等,而且更应该加大对有毒的入药植物的研究力度。有的有毒中药前人早就有所总结,我们应当对此加以温习。应用不同的加工方法或炮制手段去处理某些中药药物,可以减轻该药的毒性而保存其药性。在当今科技高度发展的社会中,我们更应采取先进的科技手段来合理加工和处理那些可以入药的药用植物,使那些具有药用成分的有毒中草药在避免人体中毒的基础上发挥出最大的治疗功效。

3. 注重未来发展趋势

现代药物的研发和生产具有严格的程序和标准,药物使用必须有明确的药物成分以及药理和毒理研究资料作为依据,比如必须有临床的双盲研究和中药生产的 GMP 标准作为药物使用的研究支撑[9-10]。当这些要求真正落实到中药的临床使用时,人们才发现了许多新的问题。中药导致慢性肝炎、急性肝衰竭或急性肾衰竭的报道已经见于国内外医学研究报告,关于含马兜铃酸中药所致肾脏毒性作用的报道也相继出现在国外医学杂志上,这就形成了所谓的"马兜铃酸"事件。由于后来国际上相继出现了"中草药性肝病"和"中草药性肾病"的概念与定义,更是使得我国大量的中药材及中成药外销相继被欧美国家所禁止。这一点,不得不引起我们国人的警醒与反思。

在科学技术不断发展的今天,如何合理地发挥中医药治疗的效用,如何对药用植物的安全性能进行严密的把控,在让中医药在发挥药用功效的同时最大程度保障人的生命健康和安全,已经作为一个艰巨任务摆在了我们的面前。可以明确的一点是,在今后的工作中我们只有普遍认识药用植物的毒性、充分掌握药用植物的药用适宜症和药物治疗特征,同时充分考虑药物毒性对人体的各种损害,才能科学合理地将药用植物的治疗作用发挥到其应有的极致。中医药要长期生存和发展,人们必须对中药的各种毒副作用加以研究。总而言之,中医药治疗应用中的生物安全防控问题不容忽视。

（李桢）

参考文献

[1] 王革. 今天我们为什么要关注生物安全[N]. 光明日报,2020-04-16(16).

[2] 刘光宇,付宏,李辉,等. 面向国家生物安全治理的情报工作研究[J/OL]. 情报理论与实践: 1-13[2020-11-23]. http: // kns. cnki. net / kcms/detail /11. 1762. G3. 20201010. 1142. 003. html.

[3] 刘光宇,付宏,李辉. 情报视角下的国家生物安全风险防控研究[J/OL]. 情报杂志: 1-7(2021-05-13)[2021-05-26]. http://kns. cnki. net/kcms/detail/61. 1167. G3. 20210511. 1423. 020. html.

[4] 高德胜,周笑宇. 美国《国家生物安全防疫战略》文本解读及其对我国生物安全建设的启示[J]. 求是学刊,2002(2):14-22.

[5] 何蕊,田金强,潘子奇,等. 我国生物安全立法现状与展望[J]. 第二军医大学学报,2019,40(9):937-944.

[6] 全国人民代表大会常务委员会. 中华人民共和国环境保护法[EB/OL]. (2014-04-24)[2019-07-09]. http://fgs. mee. gov. cn/fl/201811/t20181129_676283. shtml.

[7] 秦川. 实验动物学词典[M]. 北京:中国质检出版社,2015.

[8] 钱军, 孙玉成. 实验动物与生物安全[J]. 中国比较医学杂志, 2011, 21(Z1): 15-19.

[9] 刘良. 法医毒理学[M]. 5 版. 北京:人民卫生出版社,2016.

[10] 丛斌. 法医病理学[M]. 5 版. 北京:人民卫生出版社,2016.

[11] 董慧凝,颜静. 基于生物与生态安全的《野生动物保护法》修改建议[J]. 北方工业大学学报,2020,32(5):6-14.

[12] 莫菲. 比较法视野中的实验动物伦理与安全法治模式——兼谈实验动物法与中国特色动物保护法体系建设的关系[J/OL]. 法学评论. (2021-04-21)[2021-05-

26]. http://kns.cnki.net/kcms/detail/42.1086.D.20210421.0855.008.html.

[13] 于文轩,宋丽容. 论生物安全法的风险防控机制[J]. 吉首大学学报:社会科学版,2021,42(1):19-24.

[14] 包佳涵,化国宇. 论我国生物安全风险防控和治理体系建设[J]. 广西警察学院学报,2021,34(2):50-59.

[15] 陈学国,常靖,邹波,等. 常见毒蕈毒素中毒与检测技术研究进展[J]. 刑事技术,2020,45(6):622-629.

[16] 李桢. Drug abuse and forensic toxicology[M]. 昆明:云南科技出版社,2021.

[17] 牛何兰,任周阳,陈彦奇. 总体国家安全观视域下的云南边境毒品问题分析[J]. 云南警官学院学报,2018(6):1-7.

第 2 章
动物疫病与生物安全

生物安全本质，是指在生物安全领域，人类的生命、财产、生存环境以及可能产生的风险被控制在可接受范围的一种状态[1-6]。非法交易野生动物、外来生物入侵、环境污染以及现代生物技术的研发和应用等，都有可能造成动物传播性疾病暴发的风险，即疫病。疫病是指发生在人、动物和植物之间的具有可传染性的疾病的统称[6-8]，一般多由寄生虫、细菌及病毒等引起。动物疫病在疫病的发展中具有极为重要的地位和影响，本章结合生物安全问题对其加以阐述。

2.1　动物疫病的生物安全

动物疫病是一类在动物间传播的疾病，它对人与动物双方都有害，是需要采取预防、控制、扑灭或净化等措施才能根除的传染病。动物疫病的传播，一般具有动物传染源、病原体、传播媒介及可在动物间传播的自然条件，且其病原体可在动物体内生存繁殖，部分动物疫病在一定条件下能传播给人，导致人体患病甚至死亡。

2.1.1　动物疫病的分类

根据动物疫病对养殖业生产和人体健康的危害程度，1997 年制定的《中华人民共和国动物防疫法》规定管理的动物疫病分为三类，这三类动物疫病的具体病种名录，由国务院兽医主管部门制定并公布。2022 年 6 月 29 日发布的《中华人民共和国农业农村部公告 第 573 号》，重新修订更新了三类动物疫病名录。

2.1.1.1 一类动物疫病

一类动物疫病包括口蹄疫、猪水疱病、非洲猪瘟、尼帕病毒性脑炎、非洲马瘟、牛海绵状脑病、牛瘟、牛传染性胸膜肺炎、痒病、小反刍兽疫、高致病性禽流感等11种。

2.1.1.2 二类动物疫病

二类动物疫病包括以下37种。

多种动物共患病(7种):狂犬病、布鲁氏菌病、炭疽、蓝舌病、日本脑炎、棘球蚴病、日本血吸虫病。

牛病(3种):牛结核病、牛传染性鼻气管炎(传染性脓疱外阴阴道炎)、牛结节性皮肤病。

绵羊和山羊病(2种):绵羊痘和山羊痘、山羊传染性胸膜肺炎。

猪病(3种):猪瘟、猪繁殖与呼吸综合征、猪流行性腹泻。

马病(2种):马传染性贫血、马鼻疽。

禽病(3种):新城疫、鸭瘟、小鹅瘟。

兔病(1种):兔出血症。

蜜蜂病(2种):美洲蜜蜂幼虫腐臭病、欧洲蜜蜂幼虫腐臭病。

鱼类病(11和):鲤鱼春季病毒血症、草鱼出血病、传染性脾肾坏死病、锦鲤疱疹病毒病、刺激隐核虫病、淡水鱼细菌性败血症、病毒性神经坏死病、传染性造血器官坏死病、流行性溃疡综合征、鲫造血器官坏死病、鲤浮肿病。

甲壳类病(3种):白斑综合征、十足目虹彩病毒病、虾肝肠胞虫病。

2.1.1.3 三类动物疫病

三类动物疫病分为以下126种。

多种动物共患病(25种):伪狂犬病、轮状病毒感染、产气荚膜梭菌病、大肠杆菌病、巴氏杆菌病、沙门氏菌病、李氏杆菌病、链球菌病、溶血性曼氏杆菌病、副结核病、类鼻疽、支原体病、衣原体病、附红细胞体病、Q热、钩端螺旋体病、东毕吸虫病、华支睾吸虫病、囊尾蚴病、片形吸虫病、旋毛虫病、血矛线虫病、弓形虫病、伊氏锥虫病、隐孢子虫病。

牛病(10种):牛病毒性腹泻、牛恶性卡他热、地方流行性牛白血病、牛流行热、牛冠状病毒感染、牛赤羽病、牛生殖道弯曲杆菌病、毛滴虫病、牛梨形虫病、牛无浆体病。

绵羊和山羊病(7种):山羊关节炎/脑炎、梅迪－维斯纳病、绵羊肺腺瘤病、羊传染性脓疱皮炎、干酪性淋巴结炎、羊梨形虫病、羊无浆体病。

马病(8种):马流行性淋巴管炎、马流感、马腺疫、马鼻腔肺炎、马病毒性动脉炎、马传染性子宫炎、马媾疫、马梨形虫病。

猪病(13种):猪细小病毒感染、猪丹毒、猪传染性胸膜肺炎、猪波氏菌病、猪圆环病毒病、格拉瑟病、猪传染性胃肠炎、猪流感、猪丁型冠状病毒感染、猪塞内卡病毒感染、仔猪红痢、猪痢疾、猪增生性肠病。

禽病(21种):禽传染性喉气管炎、禽传染性支气管炎、禽白血病、传染性法氏囊病、马立克病、禽痘、鸭病毒性肝炎、鸭浆膜炎、鸡球虫病、低致病性禽流感、禽网状内皮组织增殖病、鸡病毒性关节炎、禽传染性脑脊髓炎、鸡传染性鼻炎、禽坦布苏病毒感染、禽腺病毒感染、鸡传染性贫血、禽偏肺病毒感染、鸡红螨病、鸡坏死性肠炎、鸭呼肠孤病毒感染。

兔病(2种):兔波氏菌病、兔球虫病。

蚕、蜂病(8种):蚕多角体病、蚕白僵病、蚕微粒子病、蜂螨病、瓦螨病、亮热厉螨病、蜜蜂孢子虫病及白垩病。

犬猫等动物病(10种):水貂阿留申病、水貂病毒性肠炎、犬瘟热、犬细小病毒病、犬传染性肝炎、猫泛白细胞减少症、猫嵌杯病毒感染、猫传染性腹膜炎、犬巴贝斯虫病、利什曼原虫病。

鱼类病(11种):真鲷虹彩病毒病、传染性胰脏坏死病、牙鲆弹状病毒病、鱼爱德华氏菌病、链球菌病、细菌性肾病、杀鲑气单胞菌病、小瓜虫病、黏孢子虫病、三代虫病、指环虫病。

甲壳类病(5种):黄头病、桃拉综合征、传染性皮下和造血组织坏死病、急性肝胰腺坏死病、河蟹螺原体病。

贝类病(3种):鲍疱疹病毒病、奥尔森派琴虫病、牡蛎疱疹病毒病。

两栖与爬行类病(3种):两栖类蛙虹彩病毒病、鳖腮腺炎病、蛙脑膜炎败血症。

2.1.2 动物疫病流行的基本环节

动物疫病的被感染者一般是本种动物或非本种动物(节肢动物、其他种野生动物等),甚至可以是人类。可传给人的动物疫病有多种,包括鼠疫、狂犬病、疯牛病、禽流感、血吸虫病、出血热、疟疾、埃博拉出血热、钩端螺旋体病、朊毒体病(含克雅病、牛海绵状脑病、羊瘙痒症等)、尼帕(Nipah)病毒性脑炎、人欧利希氏体病、森林脑炎、乙型脑炎、亨德拉(Hendra)病毒性脑炎、猫抓病、兔热病、蜱传回归热、恙虫病、炭疽、莱姆病、布鲁氏菌病等。

动物疫病的基本特征是能直接通过接触传染或间接地通过媒介物(生物或非生物的传播媒介)互相传染,从而构成该病的流行。动物疫病的流行过程,也是从个体感染发病发展到群体感染发病的过程。传染病在畜群中蔓延流行,必须具备3个相互连接的条件,即传染源、传播途径及易感动物。当这3个条件同时存在并相互联系时,就会造成动物疫病的发生。掌握动物疫病流行过程的基本条件及其影响因素,有助于我们制订正确的防疫措施,控制传染病的蔓延或流行。

2.1.2.1 疫病传染源与病原携带者

1. 疫病传染源

疫病传染源是指机体内有某种传染病的病原体寄居、生长、繁殖,并能排出体外的动物个体。疫病动物能排出病原体的整个时期,称为传染期。动物受感染后,可以表现为两种状态,即有症状的患病动物和无症状的病原携带者。患病动物是重要的传染源,不同病期的病畜其作为传染源的作用会有所差异,不同传染病的传染期长短不同。前驱期和症状明显期的患病动物具备疾病症状,且可排出病原体,其传播作用最大;潜伏期和恢复期的病畜亦具有传染源的作用,随动物疫病种类不同而有差异。各种动物疫病的隔离期,就是根据传染期的长短而制定的。为了控制传染源,对病畜原则上应隔离至传染期终结为止。

2. 病原携带者

病原携带者(pathogenic carrier)是指外表无症状但携带并能排出病原体的动物。病原携带者可根据动物疫病的致病源,分为带菌者、带病毒者或带虫者等。病原携带者一般分为潜伏期病原携带者、恢复期病原携带者和健康病原携带者三类。①潜伏期病原携带者:是指感染后至症状出现前即能排出病原体的动物。一般而言,潜伏期病原携带者的病原体数量较少,一般不具备排出条件,尚不能起到传染源的作用,但狂犬病、口蹄疫和猪瘟等疫病动物在潜伏期后期能够排出病原体,可起到传染源的作用。②恢复期病原携带者:是指在临诊症状消失后仍能排病原体的动物。一般而言,恢复期病原携带者的传染性已逐渐减少或消失,但猪气喘病及布鲁氏菌病等疫病动物在恢复期仍能排出病原体,可起到传染源的作用。③健康病原携带者:是指过去没有患过某种传染病但却能排出该种病原体的动物。一般认为,健康病原携带者是隐性感染的结果,通常只能靠实验室方法检出。健康病原携带者可成为下列疾病的重要的传染源,如巴氏杆菌病、沙门氏菌病、猪丹毒和马腺疫等。

2.1.2.2 疫病传播途径与疫病传播媒介

1. 疫病传播途径

疫病传播途径(route of transmission of diseases)是指病原体由传染源排出后经一定的方式再侵入其他易感动物所经的途径。研究传染病传播途径的目的,在于切断其途径以阻止病原体传播。疫病传播途径可分为垂直传播和水平传播两大类。①垂直传播:即从母体到其后代两代之间的传播。②水平传播:即传染病在群体之间或个体之间以水平或横向的方式进行传播。水平传播在传播方式上,又可分为直接接触和间接接触传播两种。直接接触传播是指病原体通过传染源与易感动物直接接触(如交配、舐咬等)而引起的传播方式。以直接接触为主要传播方式的传染病为数不多,在家畜中狂犬病具有典型代表性。通过直接接触而传播的传染病,其流行特点有明显的链锁状特征,方便进行溯源。间接接触传播是指病原体通过传播媒介使易感动物发生传染的方式。

2. 疫病传播媒介

从传染源将病原体传播给易感动物的各种外界环境因素,称为疫病传播媒介。疫病传播媒介可能是生物,也可能是无生命的物体。大多数传染病,如口蹄疫、牛瘟及猪瘟等,以间接接触为主要传播方式,同时也可以通过直接接触传播。以这两种方式都能传播的传染病,也称为接触性传染病。间接接触传播的病原体,具备对其传播媒介和传播媒介所处的环境有一定抵抗力的特征。间接接触一般通过如下几种途径传播。

(1)飞沫传播。指通过散于空气中带有病原体的微细泡沫而散播的传染,所有的呼吸道传染病主要都是通过飞沫传染。飞沫传染主要是通过飞沫、飞沫核或尘埃为媒介而传播的。虽然空气不适于任何病原体的生存,但病原体在飞沫中短时间内可存活。常见的飞沫传染疾病有口蹄疫、牛肺疫、结核病、马立克氏病、猪气喘病、猪流行性感冒及鸡传染性喉气管炎等。被飞沫传染的病畜呼吸道积聚着带病原体的渗出液,当机体发生咳嗽或打喷嚏时,气流从呼吸道喷射出来,这时可把带着病原体的渗出液以形成飞沫的形式飘浮于空气中,抵抗力差的易感动物吸入呼吸道后就会发生感染。

(2)尘埃传播。指从传染源排出的分泌物和排泄物等散布在外界环境的病原体附着物因空气流动,造成病原体随尘埃在空气中飘扬,当抵抗力差的易感动物将其吸入后就会发生感染,这种感染途径称为尘埃传染。尘埃传染的传播作用比飞沫要小,但是尘埃传染的传染时间和空间范围比飞沫传染要大,可以随空气流动转移到别的地方。只有少数在外界环境耐受力较强的病原体,才能耐受环境因素的破坏,从而传播疫病。借尘埃传播所引起的传染病,有结核病、炭疽、痘、气肿疽及破伤风等。

(3)消化道传播。指以消化道为主要侵入途径的传染病,其传播媒介主要是被污染的饲料和饮水,如口蹄疫、牛瘟、猪瘟、鸡新城疫、结核病、沙门氏菌病、炭疽及鼻疽等都属于消化道传染疾病。当传染源的分泌物、排出物和病畜尸体及其流出物污染了饲料、牧草、饲槽、水池、水井、水桶或车船、畜舍等,最终会辗转污染饲料及饮水,从而传给易感动物。因此,在防疫上应特别注意防止饲料和饮水的污染,防止饲料仓库、饲料加工场所、畜舍、牧地、水源及有关人员的污染,做好相应的防疫消毒卫生管理。

(4)土壤性病原微生物。指随病畜排泄物、分泌物或其尸体一起落入土壤而能在其中生存很久的病原微生物。土壤性病原微生物的耐受性好、传播性强,故对于由土壤性病原微生物类动物疫病致死的动物排泄物、分泌物及其尸体一定要妥善处置。

2.1.2.3 疫病易感性

疫病易感性(susceptibility to epidemic diseases)是指相对于某种传染病病原体感受性

的程度大小。易感性的高低与病原体的种类和毒力强弱、畜体的遗传特征和特异免疫状态等内在因素相关。易感性强，则抵抗力差；易感性弱，则抵抗力强。人们通常以畜群中易感个体所占的百分率，推测传染病传播的流行程度。此外，外界气候等环境条件、饲料及饲养管理卫生条件等因素，都可能直接影响到畜群的易感性，影响到病原体的传播。

疫病是否流行、其流行强度和维持时间，取决于该疾病的潜伏期、致病因子的传染性、动物群体中易感动物所占比例和易感动物群体的密度。畜群免疫性并不要求畜群中的每个成员都有抵抗力，如果有抵抗力的动物百分比高，它们接触病原体后出现疾病的危险性就小，那么一般就只会出现少数散发的病例。此外，发生疫病流行的可能性不仅取决于畜群中有抵抗力的个体数，而且也与畜群中个体间接触的频率有关。

接种疫苗可降低群体易感动物的密度，从而获得集体免疫，因而接种疫苗获得免疫力是至关重要的，但全部动物都接种疫苗也不太现实。据研究，当畜群中有70%~80%的动物对疫病有抵抗力，疫病就不会大规模暴发，从而解释了为什么不是100%的易感动物都进行免疫接种，畜群就能获得良好的保护作用。当新的易感动物引进已通过免疫接种的畜群时，畜群集体免疫性会降低，甚至会发生疫病的流行。同样，在疫病流行后，畜群整体免疫性提高，但随时间推移，幼畜的出生量增加，易感动物的比例也会逐步增加，这就又可能引起疫病的流行。

2.1.3 动物疫病流行的原因

2.1.3.1 野生动物源感染

野生动物是多种动物疫病的来源，保护野生动物及其生活环境可预防动物疫病的发生。在现代医学所认知的人类传染性疾病中，超过60%的疾病来源于野生动物。偷猎、驯养、贩卖、食用野生动物或将野生动物用于动物实验等，都有引发动物疫病的风险。野生动物源感染的原因有多种，其中以将野生动物用于餐饮业最为严重，因为餐桌上的野生动物大都非法获得而没有经过检验检疫。野生动物常常被毒饵猎杀，并以不卫生的方式运输、销售，在加工野生动物的过程中感染野生动物源性病毒的概率也很大，因此接触和食用野生动物的行为，会增大野生动物所携带的细菌、病毒等传染性病原体感染人类的风险。食用野生动物易造成食品安全事故，并加大了已知和未知动物疫病的感染风险。例如，重症急性呼吸综合征(SARS)的起源可能与加工野生果子狸相关。严禁非法食用野生动物，是保障食品安全和公共卫生的必然选择和重要举措。

多数野生动物并不具备分解某些污染物的能力，当这些污染物长期积存于野生动物的体内，再随着野生动物被人们食用，极易导致人类的感染。许多动物体内存在着内源性毒性物质，盲目食用也会对人的健康和生命造成危害。此外，野生动物源性疾病对于公共卫生存在着严重威胁。从SARS事件和埃博拉病毒事件可知，野生动物疾病与人类的健康有着直接的关系。

野生动物是许多病毒的携带体，容易导致疫病的发生，严重危害公共健康。如黄热病毒属于虫媒病毒，其储存宿主为非洲和南美洲热带雨林中的猴子，经过埃及伊蚊等趋血伊蚊叮咬再传播给其他动物，引起了动物黄热病，当人由于狩猎进入自然疫源地被带病毒的伊蚊叮咬后，再形成人—伊蚊—人之间循环感染，从而导致人类黄热病的发生。

野生动物非法交易与食用对人类健康和公共卫生安全有着严重的威胁，将某些野生动物栖息地进行人工保护的圈养方式，有望解决现存的部分问题。这种圈养方式，不仅可以更好地保护野生动物的动物福利并保护野生动物，而且还可以有效控制野生动物与人类的接触。

某些野生动物在人工干预的环境下不易繁殖，那么如何实现保护野生动物栖息地的圈养方式，就需要完善法规、法律和管理体制。同时，应该尽一切所能发挥野生动物保护组织和协会的作用，号召公众一起参与到保护野生动物的活动中来。需要注意的是，近年来我国部分地区禽流感的蔓延，除了与周边国家和地区疫情严重及候鸟携带病毒等外因有直接关系之外，也与我国养禽业高度分散的经营方式和不科学的饲养方式有关（畜禽混养的饲养方式明显增加了病毒重组变异和传播的可能性），这些都应当通过人工控制来加之改善。

2.1.3.2　外来生物入侵

外来生物入侵和现代生物技术的研发应用不仅使动物疫病的风险增大，也对生态系统稳定、动、植物物种及其遗传资源稳定、公众健康和生命安全造成损害。随着本土物种遗传资源及其结构的改变，动物疫病发生的安全风险增大，对公众健康产生不确定性危害。

生物物种的不当利用，导致了环境健康受损的风险。外来生物物种一旦在本地建立种群并演变为入侵物种，那么就必将对本地的农、林、牧、渔产业造成影响，进而影响人类的生命安全和身体健康。由于现代生物技术的滥用，目前已出现生态风险转变为现实损害的现象。比如说，当抗除草剂转基因作物的外源基因逃逸到野生近源种群导致“超级杂草”的出现，破坏了生态平衡、生物多样性，引发了动物种群及其结构的改变，使动物疫病的生物安全风险增大。

生态风险会对公众健康造成不同程度的负面影响，从其风险源的角度可以将生态风险分为以下几类。①生物物种和生物遗传资源利用的风险：野生动、植物资源的不当利用及人类对动、植物栖息地的不断挤压，导致了动、植物物种的消亡。②生物遗传资源的破坏：人类对生物遗传资源的不当获取和利用，造成了生物多样性的减损。③外来生物入侵的风险：入侵的外来物种大多具有生态适应能力强、繁殖能力强和传播能力强等特点，其入侵必然会打破既有的生态平衡，威胁遗传资源赖以存在的特定自然生态条件，甚至对赋存其中物种的安全产生负面影响。④现代生物技术研究的风险:现代生物技术能够通过导入外源基因控制生物体性状的表达,导致了以往技术水平下难以想象的风险。

由于存在着风险源的广泛性和多样性,环境健康风险也呈现出复杂和多样性,从而导致环境健康问题日益凸显,严重破坏生态平衡和生物多样性,引发动物种群的结构改变。上述结果使得动物疫病存在着大暴发的潜在性风险,即传播性动物生物安全风险明显增大。例如,农作物外源基因的引入可能会引发毒性或过敏等非期望效应;抗生素抗性基因进入人体会使生物对抗生素产生耐性。

2.1.3.3 人类自身"入侵"行为

人类自身的"入侵"行为,引起动物疫病的风险较大。随着现代科技的迅速发展,地球上的时空距离被缩小了。交通工具的广泛使用以及便捷程度的提高,使得国际交往日益频繁便利,人类自身的生产和生活范围也逐渐扩展并趋于频繁,这直接导致野生动物的生存环境发生"萎缩"。人类的这些"入侵"行为,包括人类生产生活地域的"扩张"、自然环境的污染以及环境生物种群结构的破坏,都使原有的自然生态平衡被破坏,这在某种程度上同样会使动物疫病发生流行。

由于人类大规模进行开发活动,野生动物的生存栖息地逐渐缩小,野生动物食物链也被严重破坏,这就迫使它们从森林深处迁移到森林边缘的农村、果园和牧场觅食,结果与人类和家养动物发生了密切的接触。这样,以野生动物为宿主的病毒就可以传播给家养动物或直接传染给人类。曾经使马来西亚100多人丧命的尼帕病毒感染,就是因为当地人砍伐森林造成森林面积缩小,导致动物栖息地被破坏和食物不足,迫使狐蝠从传统的森林迁移到森林边缘附近的果园觅食,并在果园附近养猪场的猪圈上方筑巢。狐蝠的尿液及唾液等排泄物和分泌物中含有尼帕病毒,猪在食入沾染了狐蝠的尿液或狐蝠咀嚼过的果实后感染,成为该病毒的储存和扩增宿主,随后猪再把疾病传染给与其接触的饲养人员,导致尼帕病毒的疫情。

生态平衡破坏可以直接导致野生动物病毒疾病传播,也可以使原有病毒的毒力增强,同时也会促进病毒的变异和重组,产生新的突变株。这些病毒在致病性、抗原性、传播途径和感染宿主的类型等方面发生的改变,导致一些毒株跨越物种屏障而感染人类。动物病原体本是寄生于动物,因为人与动物处于不同的进化阶段,人类对这些动物源性病原微生物缺乏免疫力,所以当人感染这些动物疫病后,其传染过程、传播方式、流行过程及临床表现等与动物感染后并不完全相同。如啮齿动物感染森林脑炎等病毒后往往没有症状,鼠患鼠疫后表现为淋巴系统的受损和致死性的败血症,并不发生肺鼠疫,而人感染后则发生腺鼠疫、败血症以及肺鼠疫。鼠疫杆菌在人群中通过空气飞沫传染引起肺鼠疫流行,但在动物之间不发生空气飞沫的传播。牛、马患炭疽常发生败血症,人患炭疽则主要是皮肤型炭疽。

2.1.3.4 温室效应

温室效应使全球气候普遍变暖，迫使鸟类及蚊虫迁徙，其迁徙活动会将携带的微生物传播到其他地区，为蚊虫等传播媒介和中间宿主提供了理想的种群扩增环境，从而促进虫媒病毒疾病的流行。如西尼罗河病毒流行的地区，原来主要分布在气候干燥、气温高的南半球非洲，因温室效应加剧，位于北半球的美国部分地区的气候也变得干燥、炎热，故而也频繁发生了西尼罗河脑炎，且传播范围不断扩大。美国西南部州暴发的汉坦病毒肺综合征的原因也是由于气候变暖，温暖的气候导致该地区的鹿鼠大量繁殖，当它们将野外的食物消耗完毕之后，饥饿的鹿鼠便涌向人类家庭寻找食物，从而将汉坦病毒带入人类社会，导致了汉坦病毒肺综合征的流行。

2.1.3.5 环境污染

环境污染对动物疫病的风险也日益增大。污染物质的浓度和毒性会随着时间推移自然降低，这种现象叫作环境自净。如果排放的物质超过了环境的自净能力，环境质量就会发生不良变化，从而发生环境污染，危害人类健康和生存。环境污染会给生态系统造成直接或间接的破坏和影响，比如沙漠化及森林被破坏会给人类社会造成间接的危害，有时这种间接的环境效应的危害比当时造成的直接危害更大，也更难以消除。目前在全球范围内都不同程度地出现了环境污染问题，包括大气环境污染、海洋污染及城市环境污染等。

随着经济和贸易的全球化，环境污染也日益呈现国际化趋势，当今出现的危险废物越境转移问题就是这方面的突出表现。环境危险废物形式多样，包括化肥及农业污染液（杀虫剂、除草剂等化学物质），生活中的噪音、污水及垃圾，交通工具排出的废气和噪音，人类生产中造成的矿山废水、废渣、工厂生产噪音、电磁辐射、废烟、废气、废水、废渣等。这些环境危险废物均可对环境造成污染，从而引起生态污染。生态污染可降低人体免疫防御功能，使人体易受到各种微生物的攻击，另一方面也会增加人与感染因子接触的机会。

如前所述，环境的破坏导致野生动物栖息地受影响，使野生动物的食物链受到破坏，野生动物进入人类生活圈导致外来病原体摄入人体的可能性增加。再者，多数野生动物不具备分解污染物的能力，污染物长期积存体内，人们食用后极易导致中毒，如重金属在野生动物体内的蓄积。部分野生动物还具有将病原体摄取并在其体内浓缩的功能，导致动物疫病暴发的危险。上海市曾经暴发甲型肝炎的原因，是含有甲型肝炎病毒（hepatitis avirus，HAV）的粪便未经无害化处理便被直接排入江河，继而流入海洋，HAV 被毛蚶摄取并在其体内浓缩，当人因食用未煮熟的携带 HAV 的毛蚶后被感染致病，导致短时间内近 32 万人集中发病。

针对环境污染严重问题，生物安全防控必须及时、到位。应当建立一种有节制的、可持续的及和平共处的人与自然环境的关系，以保持自然界生态平衡。减少因生态环境破坏导致动物病原体向人类转移,从源头上制止病原体导致的疾病,势在必行。首先,在制定大规模开发规划时必须组织各类专业人员,深入系统地考察当地动物疫病的流行情况,根据自然疫源地的调查资料科学有序地进行开发,尽量减少对野生动物栖息地的破坏,这一切,都有助于减少动物疫病的发生。其次,严禁捕杀、驯养、运输、贩卖、加工和食用野生动物,加强病原体的生态研究,建立和健全动物疫病的监视系统。在动物疫病流行过程尚未波及人类时,及时掌握流行病学规律,做出前瞻性的预测、预报,及时预防和阻断疫病的发生。再者,应加强边境卫生检疫,对那些在国外已经发现而我国尚未发现的新发病毒病如埃博拉出血热、尼帕病毒性脑炎及西尼罗河脑炎等,特别加强国境卫生检疫,防止传染源的输入。最后,动物疫病的预防和控制工作,需要在加强国际合作的基础上进行,包括在疫情公开、疫情通报及普及疫情防控办法等多个方面开展工作。

2.1.4 动物疫病的生物安全防控

我们从保护环境及保护野生动物方面入手,预防动物疫病的传播。为了抵御将来可能发生的类似灾害,每个公民都应反思自己的行为方式,倡导生态文明、科学健康和环保的行为方式和消费模式,是我们当今生物安全的生态发展趋势。动物疫病的发生、流行与环境变化有密切关系,病原变异也与环境变化特别是环境污染关系密切。动物疫病进入人类社会,与野生动物进入人类社会密切相关。

2.1.4.1 动物源性病毒

动物源性病毒病因为动物及其传播媒介种类繁多、分布广泛,从生态学上看又不可能将其彻底消灭,所以防治新发病毒病应以防为主,防患于未然。预防动物疫病的策略,主要有免疫接种疫苗预防和生态性预防两种方法。除研制和改进常规疫苗外,其他新型高效的防治措施也应提上日程。

回顾历史,免疫接种对控制动物源性病毒病做出了伟大的贡献。牛痘活疫苗的出现使全球在 1978 年消灭了天花,脊髓灰质炎疫苗的使用使我国在 2000 年成为无脊髓灰质炎区域。目前其他疾病如麻疹、乙型脑炎、甲型肝炎、乙型肝炎及黄热病等许多病毒病,也因预防接种而得到了有效的控制。但是病毒性疫苗也有一些缺陷,新发现的传染病往往未能及时研制出疫苗,主动免疫预防显得比较困难。即使是已有的疫苗也是需要多次注射,仍然还具有接种后有副反应、接种价格高等缺点。此外,由于病毒易变异且很多病毒尚不为人们所认知,因此并不是所有动物源性病毒病都能顺利地研发出有效的预防疫苗,例如艾滋病至今尚无有效的预防疫苗。

2.1.4.2 人体抵抗力

人们对部分动物疫病的病原体没有任何免疫力,这就使病毒病特别容易迅速蔓延。许多野生动物携带的病原体(病毒)往往是人类尚未知晓的,或是毒性极强、致病性很高的。由于人们对其没有任何免疫力，一旦发病很难及时采取有效的防控措施。还有，经济的全球化、国际间人员的流动和物流的不断增加，致使发生在一地的传染病随之迅速蔓延到其他国家或地区的危险性也在增加。

艾滋病和近年发生的 SARS 及禽流感就是典型的例子。据有关资料，艾滋病自 1981 年在美国首次被发现后便在全球迅速蔓延，在短短 20 余年中累计已波及 199 个国家和地区，累计感染人数已达 7000 余万例。近几年疫情呈持续上升趋势，虽然国际社会和世界各国艾滋病的防治工作力度不断加大，但防治措施仍落后于疫情的发展。首例 SARS 于 2002 年 11 月出现后，在短短几个月的时间里波及全球 33 个国家和地区。近两年在东亚、东南亚及我国禽类中出现的人禽流感，至今仍在各地时有暴发。2020 年新型冠状病毒感染的全球暴发，更是一个典型的例子。截至 2022 年 11 月，全球累计确诊的新冠感染人数已经达到 6.3 亿例，死亡人数达到 658 万例。

2.1.4.3　机体病理改变

由于动物疫病病原体的抗原对于人类都是未接触过的，一旦感染后启动了机体的免疫反应，免疫反应就可能带给机体严重的病理损伤，呈现出各种病理改变。回顾 2003 年 SARS 流行时，患者的临床过程很凶险，特别在每一个新出现的疫区都集中出现了一些危重病例。动物源性传染病常存在一个特定的环境，动物与病原体之间有一个较长的接触过程，以达到一定的动态平衡。这个特定的环境表面上很平静，其实对人类具有很大的潜在威胁。

动物疫病传入人类社会后容易被人们忽略其流行病学因素。一旦人类患病就束手无策，造成机体免疫反应增加和病理性损伤。20 世纪 50 年代后期在广州某中学，就有学生因郊外感染钩端螺旋体后延误诊治的沉痛教训。近 30 年出现的新型传染病多数是动物源性疾病，人类却没有过多的认知，无论在治疗和预防领域都相对空白，再加上动物疫病容易蔓延、临床过程凶险等特点，给人类社会带来极大的危害和恐慌。

2.1.4.4　动物疫病治疗

人感染动物疫病后的诊疗情况非常复杂。首先，同一种动物可以是多个病的传染源，如鼠可以是肾综合征出血热、钩端螺旋体病、鼠疫等疾病的传染源。其次，接触感染源后，人体存在个体差异，基础疾病不同、机体抵抗力不同、机体状态不同等，会引发不同的临床表现。再次，同一种动物可以是多个病的传染源，多个病之间有单独作用、相加作用、相乘作用和拮抗作用，对机体的毒害作用情况也存在差异。最后，即使是治疗过程也是非常复杂的，细菌、螺旋体、立克次体等引起的疾病都有对应的敏感抗生素，必须进行针对性治疗。

动物疫病的病原体复杂，会给临床诊断带来困难。有些动物病常常有多种动物作为一种病的传染源，使得动物疫病的情况变得更加复杂。如自然感染鼠疫的啮齿动物有

164 种以上的动物传染源；自然感染森林脑炎的动物除哺乳类外，还有许多种鸟类作为传染源；Q 热立克次体能存在于大砂土鼠、细趾黄鼠、雀、燕等多种动物体内；除家畜外，羚羊、黄鼠、砂土鼠体内有布鲁氏杆菌的存在。

病毒、朊毒体等病原引起的疾病往往缺乏特效治疗，因此，对症治疗就显得更为重要。很多病毒尚不为人们所认识，再者病毒易发生快速变异，且易产生耐药性，给治疗带来了巨大挑战。所以在调查与治疗这些动物传染病时，应该全面调查某地区的动物传染源，以便能采取有效的措施，出现新的动物源性传染病，须追寻传染的源头。

2.2 禽流行性感冒的生物安全

禽流行性感冒(avian influenza)简称"禽流感"。禽流感由 A 型流感病毒引起，属于正黏病毒科 RNA 病毒，主要有两种表面抗原，即血凝素和神经氨酸酶[9]，两者都是毒株亚型命名的依据。由血凝抑制试验和神经氨酸酶活性抑制试验对禽流感病毒(avian influenza virus)进行亚型的分类，有 16 种血凝素(H 亚型，H1 ~ H16)和 9 种神经氨酸酶(N 亚型，N1 ~ N9)将禽流感病毒分为 144 种可能的病毒亚型。在不同亚型间，不会出现交叉保护现象。

人类感染的禽流感多是由甲型流感病毒亚型引起，被国际兽疫局定义为甲类传染病，又称真性鸡瘟或欧洲鸡瘟。人感染后的症状主要表现为高热、咳嗽、流涕、肌痛等，多数还伴有严重的肺炎，严重者因心、肾等多种脏器衰竭导致死亡，病死率高。此病可通过消化道、呼吸道、损伤皮肤和眼结膜等多种途径传播，区域间的人员和车辆往来是传播本病的重要途径。2013 年 3 月 31 日，我国上海市和安徽省发现 3 例人感染 H7N9 禽流感病例，其中 2 人抢救无效死亡。目前国内外尚没有针对 H7N9 禽流感病毒的疫苗。

2.2.1 禽类患禽流行性感冒的概况

1960 年，1000 多只普通燕鸥在南非死亡，这是第一次发现禽流感引发的高死亡率案例，经查病原体为 H5N3 型禽流感病毒。目前发现人类感染最常见的为 H5N1 亚型禽流感。根据联合国环境规划署迁徙物种公约工作组公布的技术文件，H5N1 亚型禽流感的源头来自集中饲养的家禽，极端的饲养环境造成病毒的变异。鸟类贸易、滥用疫苗、交通运输等人类活动，也对禽流感病毒的变异有着推动的作用。

野外研究结果显示，绝大多数罹患禽流感的野生鸟类，都是在迁徙、越冬和繁殖的过程中与人类饲养的家禽有近距离的接触。除候鸟在迁徙中携带和传播禽流感病毒的途径外，还有牲畜的运输、家禽和笼鸟运输、合法或非法的鸟类贸易，以及人类的交通等，这些都会导致禽流感病毒进入饲养家禽环境并发生蔓延，产生严重的后果。鸡对流感病毒非常敏感，感染后发病快，很快就会发生死亡；相对来说，鸭、鹅感染后其抗病能力较高，病发后死亡率低。目前人们应对禽流感的主要手段，是对染病以及可能染病的家禽集体屠杀，然后进行消毒深埋等无害化处理，以免病毒扩散进而影响人类。

2.2.2　人类患禽流行性感冒的概况

2.2.2.1　临床症状

人类患禽流行性感冒，潜伏期在7天以内，一般为1～3天。

以H5N1病毒感染为例，感染者多呈急性起病，早期表现类似普通型流感，主要为发热，体温大多持续在39℃以上，热程1～7天，一般为3～4天，可伴有流涕、鼻塞、咳嗽、咽痛、头痛、肌肉酸痛和全身不适等症状。部分患者可有恶心、腹痛、腹泻、稀水样便等消化道症状。多数轻症病例预后良好，重症患者病情发展迅速，可出现肺炎、急性呼吸窘迫综合征、肺出血、胸腔积液、全血细胞减少、肾衰竭、败血症及休克等多种并发症，重症患者可有肺部实变体征等。治疗中那些体温持续超过39℃的严重患者，可发生死亡。

此外，H7N7感染者症状较轻，大多数患者只出现眼结膜炎，少数患者伴有温和的流感样症状；H9N2感染者仅引起一过性的流感症状，尚无死亡病例报道。

2.2.2.2　疾病预后

多数轻症病例预后良好，不留后遗症。某些病例（特别是H5N1感染者）病情发展迅速，进而出现重症肺炎、急性呼吸窘迫综合征、肺出血、胸腔积液、全血细胞减少、多脏器功能衰竭、败血症及休克等情况，可导致死亡。1997年香港18例H5N1感染者中有8例为轻度上呼吸道感染症状，4例出现重症肺炎，6例救治无效死亡。

2.2.3　禽流感的传播途径

2.2.3.1　接触传播

野生水禽和滨鸟，是禽流感病毒最主要的原始储藏库。野生水禽在感染禽流感病毒后通常没有明显症状，其体内的抗体水平也达不到可检测水平。大规模养殖的商品禽类与被感染野禽类接触是禽流感暴发的重要原因，常导致某些禽流感呈季节性暴发。世界范围的鸟类贸易也是禽流感病毒传播的重要途径，合法的鸟类贸易会依照相关法规进行严格的动物防疫检查，传播疾病的机会相对较少；但在非法的鸟类贸易过程中，鸟类可能通过交通运输、活禽市场以及接触人居环境，将禽流感病毒引入人类社会并造成病毒的扩散。

候鸟是禽流感病毒重要的传播者。将家禽和候鸟隔离，以免出现交叉感染是控制禽流感传播的有效手段。我国不少饲养家禽的农场都挂有巨型网，以防止带病毒的候鸟感染家禽。另外，欧洲部分国家要求农场把禽鸟移入室内饲养，这亦是从传播途径环节断绝家禽与野禽之间的接触。尽管家禽移入室内会使它们的活动空间减少，以致影响禽肉的质感，但这总比因禽鸟染病而导致需要消灭全体家禽所带来的损失要小得多。

2.2.3.2 环境传播

野生水禽排泄物中，可能会有多个亚型的病毒长时间存在。比如在感染禽流感的野鸭栖息过的湖泊或水池中，可以直接检测到禽流感病毒。因此养殖禽类接触野生禽类的环境，会间接造成疾病的传播。非法的鸟类贸易，尤其是野生鸟类的走私活动未受动物防疫部门的监控，而捕捉、贩运、销售及食用野生鸟类的行为会造成患病野生禽类的生活环境与人类社会密切交叉，这些都会导致禽流感病毒通过环境传播实现病毒的跨地域流动，甚至造成病毒在禽类与人类之间的传播。

2.2.4 禽流感病毒的分类及特点

2.2.4.1 禽流感病毒的分型

禽流感病毒属正黏病毒科甲（A）型流感病毒属，有包膜，常为球形，直径为 80 ~ 120nm，平均为 100nm。初代病毒多为丝状体，长短不一，长可达 4000nm。病毒基因组为 RNA。禽流感病毒依据其外膜血凝素（HA）和神经氨酸酶（NA）蛋白抗原性的不同而有许多亚型。目前已从禽类鉴定出 16 个 HA 亚型 9 个 NA 亚型。H5 和 H7 亚型对禽类具有高度的致病力，可引起禽类重症流感的暴发流行，其次为 H9 和 H4 亚型。

2.2.4.2 禽流感病毒特点

禽流感病毒具有血清亚型多，传染性强，分布广，有一定的宿主特异性，变异速度快的特点。

禽流感病毒外膜 HA 受体结合中心部位氨基酸的突变，可能会改变其宿主的特异性。与其他甲型流感病毒一样，禽流感病毒的变异方式主要有两种，即抗原性漂移和抗原性转变。近来通过对香港 1997 年的 18 株 H5N1 以及 1999 年的 H9N2 禽流感病毒加以分析，发现其中均不含人类及猪等哺乳动物的基因片段，说明其并未进行基因重组，即禽流感病毒能直接传播给人类。若感染了人类的禽流感病毒和人流感病毒在人体细胞中发生了重组并获得人体基因片段，具备了对人类细胞的亲嗜性，那么此种病毒就将可能引起全球流感的暴发。

在自然条件下，存在于口腔、鼻腔和粪便的禽流感病毒由于受到黏液的保护而具有很强的耐受力，如病毒在粪便中可存活 1 周，在水中可存活 1 个月，在有甘油保护的情况下可保持活力 1 年以上，在 pH <4.1 的条件下也具有较长的存活期。禽流感病毒对低温抵抗力较强但对热比较敏感，于 -20℃ 或真空干燥下可长期存活，在 56℃ 加热 30 分钟、60℃ 加热 10 分钟、65 ~ 70℃ 加热数分钟、100℃ 加热 2 分钟时，均可使病毒灭活。阳光直射 40 ~ 48 小时或用紫外线直接照射，可迅速破坏禽流感病毒的传染性。禽流感病毒对乙醚、氯仿及丙酮等有机溶剂均敏感，故常用消毒剂如氧化剂、稀酸、月桂硫酸钠、漂白粉

和碘剂等易将其灭活。

禽流感病毒(AIV)具有较强的变异性。AIV 有 8 个基因组片段,禽流感病毒的血凝素(HA)蛋白前体裂解为 HA1 和 HA2,它们在病毒入侵细胞及决定病毒致病力等方面起着关键作用。低致病力禽流感病毒在 HA 裂解位点上只有 1 个或 2 个碱性氨基酸,均为精氨酸,这种结构只能被存在于呼吸道和消化道内的精氨酸特异蛋白酶识别并裂解。所以,这类病毒一般只在呼吸道和消化道内局部繁殖。高致病力禽流感病毒 HA 裂解位点具有多个碱性氨基酸,可被机体大多数组织细胞内的蛋白酶识别并裂解,具有广泛的嗜细胞性。这类病毒一旦进入机体就会迅速扩散,导致全身多个器官受损而发病死亡。

神经氨酸酶(NA)是流感病毒包膜上重要的糖蛋白,由 4 个亚基组成四聚体。主要结构包括胞浆尾部、跨膜区、杆部和球状头部 4 个部分,其中头部具有水解酶活性,可水解感染细胞表面糖蛋白末端的神经氨酸与相邻糖基的 α2 糖苷键。NA 可以破坏细胞膜上的病毒特异性受体,使病毒从感染细胞膜上释放;NA 可以防止新生病毒的自身凝集,导致病毒扩散并增强其感染能力;NA 还可促进病毒从呼吸道黏液向周围组织扩散;NA 可影响宿主细胞对 HA 的裂解活性,而 NA 与 HA 之间的关系平衡会影响到流感病毒对靶细胞的感染与释放;NA 与纤溶酶原结合需要在 NA 的 C 末端包含 Lys;NA 可以通过其他途径影响流感病毒的致病性,增加 NA 上糖基化位点,可导致 H5N1 亚型流感病毒对鸡的致病性增强。

2.2.5 禽流感的生物安全防控

2.2.5.1 监测及控制传染源

加强检测和检疫是防止禽流感病毒(特别是高致病性禽流感病毒)传播的有效措施,良好的饲养管理也能够有效地避免禽流感感染。

非 H5、H7 的低致病力禽流感暴发早期,可在疫区实施常规化的血清学检查和卵黄抗体检测,并严格进行传染源隔离和环境消毒。此时应特别注意加强对来自动物疫情流行国家或地区的运输工具的防疫消毒,禁止旅客携带或邮寄相关动物及其产品入境,坚持禽类全进全出的饲养方式。

而一旦发现高致病性禽流感疫情,则必须按照动物检疫法的有关规定进行处理。早期进行快速诊断,若确诊为高致病性毒株如 H5、H7 型,应对病禽群进行严格隔离、封锁、扑杀及销毁,对禽场进行全面清扫、清洗和彻底消毒。目前采取的措施是扑杀疫源地 3 公里范围内所有禽场的全部禽群,并对 5 公里范围内的禽群进行强制免疫,养殖人员和所有相关人员做好防护工作并加强监测。当工作人员中出现流感样症状时,应立即将其隔离并报告疫情,同时进行流行病学调查,防止病情恶化和疫情扩大。在隔离治疗患者的同时,应采集患者的鼻、咽部分泌物、漱口液、痰或气管吸出物和血清,送至指定的实验室进行病毒分离和抗体检测，尽快明确诊断。

2.2.5.2 切断传播途径

禽流感是一种急性呼吸道感染性疾病，要特别注意尽量避免直接接触病死的禽和畜。戴口罩、勤洗手、室内勤通风、注意营养、保持良好体质，均是人类预防流感等呼吸道传染病的有效方式。一旦人感染禽流感病毒，应立即对禽类养殖场、市售禽类摊档、屠宰场及患者所在单位及家庭进行彻底消毒，对死禽及禽类废弃物进行销毁或深埋。医院收治禽流感感染患者应做好门诊和病房的隔离消毒，防止患者排泄物及血液污染院内的环境及医疗用品。医护人员要做好个人防护，接触禽流感患者时应戴口罩、戴手套、穿隔离衣，接触感染者后应洗手。

国家应加强实验室禽流感病毒毒株和检测标本的管理，那些进行禽流感病毒分离的实验室应达到 P3 级标准。各操作人员应严格执行操作规范，防止医院感染和实验室的感染及传播。

2.3 牛海绵状脑病的生物安全

牛海绵状脑病(bovine spongiform encephalopathy，mad cow disease)又称疯牛病，是一种传染性海绵状脑病，可引起成年牛发生神经系统疾病，是可传递性中枢神经系统变性疾病的常见类型。该病自 1986 年在英国首次发现以来，逐渐在世界范围内蔓延，它对养牛业、牛的相关制品产业造成巨大威胁。

2.3.1 牛海绵状脑病的概况

当疯牛病传染给人类后，就称为克雅氏症(creutzfeldt－jakob disease，CJD)，俗称人类疯牛病，广泛存在于世界各国。人感染疯牛病多在中年以后发病，以进行性痴呆、肌阵挛、锥体束或锥体外系损伤症状为主要临床表现，发病后数月至 1 年死亡。病理上以大脑海绵状变性、神经细胞脱落及星形胶质细胞增生为主要表现。

疯牛病是一种由朊蛋白感染引起的疾病，以中枢神经系统退化为主要特征，是一种慢性、致死性、传染性、食源性的人畜共患病。疯牛病的病原为朊病毒(prion)，因其没有核酸，没有病毒的形态，因而它不是传统意义上的病毒，而是具有传染性的蛋白颗粒，因此也被称为朊蛋白或疯牛病因子[10]。这种病毒对各种理化因素抵抗力极强，许多足以杀死病毒及其他微生物的化学药物或物理因素(如紫外线、λ 射线)对该病毒均无效，普通的烹调温度、冷冻和干燥等措施也无法将朊病毒杀死。138℃高温维持 1h 后，该病原对实验动物仍有感染力。

2.3.2 牛海绵状脑病的传播途径

2.3.2.1 饲料传播途径

饲料传播途径,是指使用了被污染的肉骨粉等饲料导致疯牛病传播的途径。1993年英国研究者通过对比实验,证实疯牛病的主要传播方式是饲喂被朊病毒污染的肉骨粉。随后的研究显示,肉骨粉加工工艺的缺陷和饲料质量监督部门的忽视,导致了疯牛病随着动物饲料链传播并扩散到世界各地。自20世纪90年代疯牛病在英国暴发后,各国政府分别针对本国情况制定了相关的法律法规,杜绝在反刍动物饲料中添加和使用动物饲料。如英国早在1996年就开始实行"肉骨粉禁喂措施",禁止用哺乳动物蛋白饲喂一切家畜和鱼。

2.3.2.2 跨种属传染途径

疯牛病这类传染性海绵状脑病在同类动物中传染比较容易(即所需致病因子量较小,潜伏期短),而在不同种属的动物之间传染就相对比较困难(所需致病因子的量较大,潜伏期较长),这种现象称为种属屏障(speices barrier)。疯牛病一旦成功地从一个种属的动物传染给另一种属的动物,在后一种动物之间的传染就相对容易,潜伏期也缩短。牛和羊朊病毒相近,它们都与人朊病毒亲缘关系较远,牛和人朊病毒相近,它们都与羊朊病毒亲缘关系较远。一旦羊朊病毒突破羊-牛间的种属屏障传播给牛,鉴于牛和人朊病毒的相似性,牛朊病毒很容易突破牛-人间的种属屏障传播给人。

朊病毒184、203、205位氨基酸残基在结构上非常保守,但其序列上保守性较差,这些残基可能与朊病毒的种属屏障密切相关。这几个位点在此前疯牛病的实验研究中,都曾以不同方式被提及。因此,疯牛病在不同物种间传播的难易程度,除了取决于物种间的亲缘关系,还取决于不同物种朊病毒结构上的相似程度,尤其是朊病毒上几个关键的与结构相关的氨基酸残基位点。随着更多的实验验证,更多物种的朊病毒结构被测试解明,疯牛病跨物种间的传播的规律将会得到更多、更具体的细化。该规律对疯牛病的防治,具有重要的方向性指导意义。

2.3.2.3 不明确的传染途径

在英国,虽然肉骨粉在20世纪末就被禁止用于反刍动物的饲料,但在其后的10年间,在新出生的动物中仍然出现了疯牛病的病例。这说明,除了饲料传播途径之外,可能还有其他未被证实的传染传播途径。通过研究观察,目前还不能完全排除疯牛病患病动物以其分泌液、排泄物在环境、空气中进行水平传染的感染途径,甚至不能排除其具有垂直感染途径的可能。

2.3.3 人类疯牛病的流行病学概况

2.3.3.1 人类疯牛病的发病情况

人类疯牛病又称新变异型克－雅氏症，是由朊病毒蛋白（prion protein，PrP）感染所致。PrP 系单基因编码的糖蛋白，由 253 个氨基酸组成（鼠为 254 个氨基酸组成）。在 N 末端的附近由富有脯氨酸和甘氨酸的短肽 5 次反复。正常中枢神经细胞表面也存在朊蛋白（PrPc），位于人的第 20 号染色体短臂上，可译框架由一个外显子组成，分子量为 30～33kD，其空间构象主要为 α－螺旋结构，蛋白酶 K 可以溶解。

异常 PrP 被称作为 PrPsc，它与 PrPc 截然不同，分子量为 27～30kD，其空间构象近 40% 为 β 层状折叠，PrPsc 数次的集结形成直径为 10～20nm，长度 100～200nm 的结构，与疯牛病相关原纤维和朊蛋白质粒相关，不能被蛋白酶 K 所消化。PrPsc 大量沉积于脑内，能摧毁机体自身的中枢神经系统，造成大脑广泛的神经细胞凋亡、脱失，形成海绵状脑病。

2.3.3.2 人类疯牛病的临床表现

本病多发生在 40 岁以上人群，以 55～74 岁患病者最多，75 岁后发病率突然下降，85 岁以上极少发病。研究表明，家庭中有相同病例者占 30%。平均发病年龄 48 岁，平均病期数 63 个月。

人类疯牛病患者的前驱症状包括纳差、疲劳感、情绪抑郁、睡眠欠佳、表情淡漠等，有时还有幻觉、妄想等；逐渐出现记忆缺损、视力模糊或减退等症状。发病期，病情进行性恶化，主要的表现为进行性痴呆，可出现小脑、锥体及锥体外症候，常见明显的肌阵挛，肢体强直、无力、震颤和舞蹈样动作，构音障碍或失语，共济失调等。终末期症状进一步恶化则呈昏迷状，各种肌阵挛及僵直消失。绝大部分患者于发病后 1 年内死亡，少数可存活 2 年或以上。

人类疯牛病呈持续进展直至死亡，可在宿主间传递感染，潜伏期可长达数年或数十年。病理改变可见海绵状变性、神经细胞脱失、淀粉样斑块和星形胶质细胞增生。实验室检验发现朊病毒抗血清染色阳性，但无炎性反应，亦无包涵体；干扰素治疗无效。

2.3.3.3 人类疯牛病的病理学改变

从大体检验来看，人类疯牛病患者脑萎缩的特点是对称性大脑萎缩。病程长的人类疯牛病患者，脑重量减轻，脑沟变宽，脑回变窄。切面脑皮质萎缩，脑室呈对称性扩大。脑干、小脑、脊髓外观基本正常。镜下主要可观察到海绵状变性、神经细胞脱失、胶质细胞增生和淀粉样斑块等改变。

1. 海绵状变性

人类疯牛病患者的海绵状变性，主要表现为在大脑灰质深层在神经细胞或胶质细胞周围（极少出现在神经细胞内）出现直径 1 ~ 2μm 的小空泡（圆形、椭圆形、不规则形），小空泡相互融合后的直径可达 50μm。小空泡早期主要出现在大脑灰质中，严重者延及大脑灰质全层，甚至会累及纹状体、脑干以及小脑分子层。海绵状变性多与神经细胞脱失、星形胶质细胞增生并存。急性发病、进展迅速的人类疯牛病患者的海绵状变性较重；慢性发病、进展缓慢患者的海绵状变性较轻。即使慢性发病、进展缓慢的人类疯牛病患者，其大脑白质、海马角、穹隆和视神经的病变也极轻微。

2. 神经细胞脱失

病程越长的人类疯牛病患者，其神经细胞脱失现象也越重，具体表现为脑灰质神经细胞呈弥散性脱失，以枕叶尤为突出，第 3 层和第 5 层较为明显；尾状核、壳核、带状核、丘脑背内侧核、前核、外侧核细胞的脱失较重。苍白球、丘脑下核、乳头体的改变轻微，海马 Sommer 区不受侵犯。小脑颗粒层细胞脱失程度重于浦肯野细胞；偶可见齿状核轻微改变；慢性发病、进展缓慢者浦肯野细胞可有鱼雷样结构形成。脑干桥核神经细胞亦有脱失改变；红核、黑质、网状核及脑神经核正常。脊髓前角细胞脱失不明显，前角细胞可呈现单纯性萎缩，染色质溶解或凝集。

3. 胶质细胞增生

人类疯牛病患者的星形胶质细胞增生明显，那些慢性发病、进展缓慢者的胶质细胞增生尤为明显。星形胶质细胞增生程度并非与神经细胞脱失相平行，有时尚可见到胞浆不规则的星形胶质细胞。小胶质细胞增生、胶质结节和神经细胞被吞噬现象很不明显。

4. 淀粉样斑块

淀粉样斑块常发生于有 15 个月散发性人类疯牛病患病者及家族性人类疯牛病患者，主要出现在小脑分子层，其次是齿状核、顶叶、海马、杏仁核、Coll 核、三叉神经脊核和脊髓后角。淀粉样斑块中心部由大小不等的、无结构或颗粒状、被 PAS 着染的物质组成，可被刚果红染色。

5. 电镜改变

人类疯牛病患者的神经细胞胞浆内出现染色体减少或消失、脂褐素堆积、髓鞘变薄及轴浆空泡化，以及神经细胞突起的终末端及突触膜间隙不清，突触小泡明显减少。星形胶质细胞增生，星形胶质细胞的胞浆内可见大量的次级溶酶体，偶可见到罗森塔尔纤维（Rosenthal fiber），淀粉样斑块由 7 ~ 10nm 大小、放射状物质组成。

结合以上表现，取患者中枢神经系统的病理切片，使用 PrP 抗血清为一抗（该抗体可特异性结合朊蛋白，并可判断其分布情况），可用于诊断患者所患是否为朊蛋白感染所致克雅氏病。

2.3.4 人类疯牛病的生物安全

基层监管力量薄弱，认识和宣传不到位，抽检样品的数量少、覆盖面窄，也是疯牛病致病的原因。人类疯牛病的生物安全，包括杜绝在反刍动物饲料中添加和使用动物饲料。虽然各国均有法规禁止此类行为，但仍存在一些监管不到的隐患。如仍有部分养殖户仍然有着在自配饲料中添加鱼粉、骨粉的习惯；有些不良养殖户为提高反刍动物出栏率，在反刍动物饲料中继续使用动物源性饲料产品；在鱼粉中掺加血粉、羽毛粉、肉骨粉等的产品掺杂作假现象仍然存在；部分饲料生产企业在生产畜禽饲料的同时，共用一套生产线生产反刍动物饲料，存在交叉污染的可能；牛羊骨和畜禽骨未完全分开存放而存在交叉污染的情况。上述种种情况，均有造成疯牛病流行的可能。因此，对饲料中牛羊源性成分（疯牛病传染因子）进行监控，打击在反刍动物饲料中添加牛羊源性成分的违法行为，切断其传播途径，防范疯牛病通过饲料传播的风险，是疯牛病防控的重要手段。

2000 年以来，我国虽然未发生疯牛病疫情，但是我国动物源性饲料产品的生产、经营、进口和使用等环节仍存在不少问题，在这些问题和习惯没有得到根本改变之前，我国仍然存在着疯牛病发生的传播途径。

在医疗中，须严格处理人类疯牛病患者的脑组织、血和脑脊髓以及与患者组织体液接触或用过的手术器械、敷料及其废弃物，要采取严格消毒措施。手术器械消毒可在高压 132℃ 60 分钟或 10% 次氯酸钠溶液浸泡 60 分钟，共 3 次；或 1mol/L 氢氧化钠溶液浸泡 30 分钟，共 3 次。敷料和尸检病理组织以焚烧处理为宜，取血注射器和针头宜用一次性制品，用后应做严格销毁焚烧处理为妥善。医护接触病人尤其取血、注射或手术时要戴手套，并避免皮肤黏膜损伤造成感染的风险。

2.4 狂犬病的生物安全

狂犬病（rabies）俗称疯狗病，因其特征性病状表现为恐水，也称恐水病，致死率几乎达到 100%，系狂犬病毒（rabies virns，RV）及狂犬病相关病毒所引起的人、多种野生动物和多种动物共所致的急性传染病，人兽共患，多见于犬、狼、猫等肉食动物，人多因被病兽咬伤而感染。该病的临床特征是患兽出现极度的神经兴奋和意识障碍，继而出现局部或全身麻痹导致死亡。世界卫生组织对狂犬病的评估调查结果显示，全球有许多个国家和地区发生过该种疾病，因患狂犬病每年造成的死亡人数超过 5 万人以上，其中 95% 以上发生在亚洲和非洲国家，儿童是狂犬病毒危害最大的群体。

2.4.1 动物患狂犬病的概况

狂犬病可危害多种哺乳类动物，几乎所有的恒温动物对该种病毒的易感性都很强，其中狗、狐狸、猫、豺狼、袋鼠、鼠的易感性较强。病毒的传播途径多种多样,可通过舐咬方式直接接触传播,也可污染周围环境从而实现间接传播。

2.4.1.1 动物患狂犬病的临床表现

狂犬病的潜伏期与病毒的毒株、侵入的部位、动物的种类等因素有关,但多为1~3个月,短的不足10天,甚至也有长达数年的报道,毛皮动物狂犬病多为狂暴型。狂犬病感染后的临床表现如下。

(1)犬猫。平均潜伏期20~60天,大多数病例集中为30~90天,最短的15天会出现临床症状。感染初期大多数不会表现出明显的临床症状,病毒主要侵犯呼吸系统胃肠道和中枢神经。发病后以狂暴性居多,多出现行为失常、焦躁不安、尖叫、乱撞、攻击,也可迅速死亡。

(2)鹿。潜伏期短的数日,长的数月。临床表现3种类型:①兴奋型。发病突然、不安、尖叫、乱撞、攻击,迅速死亡,病程1~2天。②沉郁型:表现为离群呆立,两耳下垂,头颈震颤,步伐蹒跚或卧地不起,流涎,最后死亡,病程3~5天。③麻痹型。病鹿后躯麻痹无力,步行摇晃或呈母兽排尿样姿势站立,最后因呼吸中枢麻痹或高度衰竭死亡,病程较长。

(3)狐。潜伏期1~8周,临床表现多为兴奋(狂暴)型,发病时躲在暗处,继而兴奋,狂暴攻击人和动物,咬笼、尖叫甚至自咬,到后期流涎、躯体麻痹、倒地不起,最后昏迷死亡。病程短,1~2天,死亡率几乎为100%。

(4)貉。感染后多喜暗处,沉郁、厌食、运动迟缓,对外界反应敏感,易惊恐不安,随后出现兴奋、狂暴,攻击,尖叫、乱撞。疾病后期舌下垂,流涎,躯体麻痹,倒地不起,窒息死亡。急性病程2~3天,亚急性病程约1周,死亡率几乎为100%。

2.4.1.2 动物患狂犬病的诊断

1. 动物患狂犬病的形态学改变

动物患狂犬病有较为明确的临床表现和解剖学改变。解剖时,可见心外膜及心内膜有出血点;肝大,膈面有硬币大的坏死灶;部分患畜脾萎缩;胃内空虚或充满异物(纸片、毛等),部分患畜胃黏膜高度发炎、出血,甚至出现溃疡灶;十二指肠亦可有溃疡处,肠内有红褐色内容物,黏膜充血;空回肠黏膜呈浆液性渗出增加或局部性出血,呈血肠样,肠系膜血管充盈;膀胱排尿困难,可充满尿液;脑膜充血、瘀血和出血。光学显微镜下,海马和大脑皮质锥体细胞的细胞质内可见明显的嗜酸性内基氏小体,平均直径3~10μm,呈圆形或卵圆形,边缘整齐。本病诊断主要通过临床症状、病史和解剖特征,并可将动物狂犬病脑组织样品进行狂犬病毒的实验室检验确认。

2. 动物患狂犬病的实验室检测方法

(1)直接免疫荧光检测。本法是世界卫生组织和动物卫生组织所认证的狂犬病实验室诊断的“金标准”。对疑似患病动物进行脑干、小脑或者海马角的涂片染色观察,进行结果判定。

(2)狂犬病荧光抗体病毒中和试验(FAVN)。本法是定量测定,通过对动物/人免疫接种后狂犬病中和抗体水平的检测,评价暴露前或者暴露后的免疫效果。先将疑似/易感动物的血清稀释并与稀释好的标准攻击毒株(cvs－11)中和,待中和后,再加入稀释好的 BHK－21 细胞,此时未被中止的病毒将会在 BHK－21 细胞上复制,细胞培养 3 天后,用 80% 的冷丙酮于－20℃固定 1 小时以上,用荧光抗体孵育、检测并计算血清对病毒的半数中和稀释度。

(3)狂犬病中和抗体的竞争 ELISA 检测。本法是对动物体内的血清中和抗体效价进行测定,用于免疫检测,具有安全、准确及快速的优点。狂犬病 ELISA 检测试剂盒,得到了世界动物卫生组织的认可和推荐。

(4)狂犬病毒反转录聚合酶链式反应(RT－PCR)检测法。本法的优点是具有高通量、高灵敏度和高特异性的特点,可以应用于大规模样品的初步筛选,并且其结果可直接用于核酸序列的分析;该检测结果直观,易于判定。该方法也适用于从不适宜组织学检测或病毒分离的腐败样品中检测病毒核酸,但其结果不能直接作为确诊的依据,仅可作为参考。

(5)狂犬病毒荧光定量反转录聚合酶链反应(FQ－PCR)快速检测法。本法是在 RT－PCR 的基础上发展起来的一种方法,其优点是快速检测、准确定量、高特异性、高灵敏度、交叉污染率低,可以采用一步荧光定量 RT－PCR Taqman 法和两步荧光定量 RT－PCR 法检测狂犬病毒基因,在进行结果判定时,阳性结果的 Ct 值应小于 32,并且一定要出现典型的扩增曲线,表明其中存在狂犬病毒。

(6)金标试纸法。关于狂犬病抗原抗体中的检测应用,世界卫生组织报告中指出,当血清抗体浓度达到 0.5IU/mL 以上时,疫苗接种才能达到有效保护。金标试纸法由于不直接接触狂犬病毒,因此在一般的实验室均可以用其对血清抗体进行检测,其特点是快速、便捷。要注意的是,该试纸只适合用于犬猫等动物的狂犬病毒血清抗体检测。

(7)乳鼠南内接种试验(MIT)。本法是一种简单易于操作的诊断方法,该方法由世界卫生组织专家委员会认可,主要应用于狂犬病毒的分离、毒力强弱的测定、抗体水平的检测和疫苗效果的评价。本方法的缺点是试验周期较长,且仅依靠动物发病的症状并不能确定其为狂犬病毒感染,要辅助电镜和免疫荧光法做特异性鉴定,才能加以确定。

2.4.1.3 动物患狂犬病的防控

1. 家养动物狂犬病的防控

对家养犬、猫进行疫苗接种是防止预防狂犬病的最简单、有效方法，犬、猫主人应主动对犬进行定期的疫苗注射，每年 1 或 2 次；公共场所对家养动物进行拴养，既可防止家养犬、猫伤人，也可避免其他流浪犬猫带来感染；对家养犬、猫及时进行绝育，减少流浪犬、猫的出生数量，也能为犬、猫避免子宫蓄脓、卵巢囊肿等疾病；对抗体不达标的动物，应及时补充注射疫苗，以降低犬、猫对狂犬病毒的易感性，从根本上预防和控制狂犬病的发生和流行。

2. 野生环境动物狂犬病的防控

尽可能地对疫区的有暴露风险的动物进行疫苗接种，是控制毛皮动物狂犬病最为有效的方式。狂犬病毒在动物体内既能引起体液免疫，又能引起细胞免疫。接种狂犬病毒疫苗，用可用于狂犬病的预防。接种疫苗时可根据动物种类、个体大小和重量调整使用剂量，如鹿可以每年春季接种鹿狂犬病灭活疫苗，公梅花鹿每头注射 2.5 ~3.5mL，母梅花鹿每头注射 2.5mL；公马鹿每头注射 4.0 ~5.0mL，母马鹿每头注射 3.0 ~4.0mL。

3. 狂犬病的其他防控处理

狂犬病的其他防控处理，包括患病动物妥善处置和制度管理。①患病动物妥善处置：防控部门对于检测出患狂犬病或者带毒的犬猫，应按照动物重大疫病防控方法，进行及时捕杀处理。②制度管理：饲主应积极响应国家制定的对犬猫进行强制性免疫接种的法规，从根本上消灭传染源；建立严格的兽医卫生制度，禁止外来犬、野生动物进入饲养场；饲主引入新种源时，对新种源接种疫苗并隔离观察；人被不明动物舔咬后，进行疫苗接种，必要时进行狂犬病毒检测。以上种种管理制度的落实，可以从根本上杜绝狂犬病从动物传至人类。

2.4.2 人类患狂犬病的概况

人类感染狂犬病毒后的特点之一，为潜伏期长短不一。患者大多数在 3 个月以内发病，超过半年者占 4%~10%，超过 1 年以上者约 1%，文献记载最长 1 例达 10 年。影响潜伏期长短的因素，包括年龄（儿童较短）、伤口部位（头、面部发病较早）、伤口深浅（深者发病早）、病毒入侵数量及毒株的毒力、受伤后是否进行了正规的扩创处理和接种狂犬病疫苗预防等。其他如外伤、受寒、过度劳累等，均可能加速狂犬病的发病。

2.4.2.1 人类患狂犬病的临床表现

人类患狂犬病的临床表现可分为狂躁型（脑炎型）及麻痹型（静型）两型，在我国狂躁型病例较为多见，麻痹型病例报道较少。狂犬病的整个病程，包括前驱期在内，狂躁型平均 8 天，麻痹型为 13 天。狂躁型狂犬病的病变主要发生在脑干、颈神经或更高部位中枢神经系统;麻痹型狂犬病的病变则局限于脊髓和延髓,因而造成临床症状的差异。

1. 前驱期

在前驱期,狂躁型及麻痹型的症状相似。本期持续 1 ~2 天,很少超过 4 天以上。在兴奋状态出现前,大多数患者有低热、嗜睡、周身不适、食欲缺乏等症状,少数有恶心、呕吐等症状;头痛(枕部多发)、背腰痛等;对声、光、风、疼痛等刺激过度敏感,并有吞咽困难和咽喉紧缩感。约有 80% 的病例,在病毒繁殖刺激感觉神经元时有发痒、麻木、刺痛或蚁走虫爬的感觉异常。

2. 兴奋期或痉挛期

(1)狂躁型狂犬病。本病患者的兴奋期一般持续 1 ~3 天。患者出现高度兴奋状,对水、风、音响、光亮、触动等刺激非常敏感,可诱发咽肌痉挛、呼吸困难等;因声带痉挛,出现吐字不清,声音嘶哑,甚至失音;可表现出极度恐怖、有大难临头的预兆感。部分患者会有恐水的特殊性症状(不一定每例均有),典型者饮水、见水、闻流水声,或仅提及饮水时就可引起严重咽喉肌痉挛,出现流涎或向四周喷吐。

患者在咽肌痉挛发作时极度痛苦,每次发作后仍烦躁不安;发作过程中无法饮水和进食,伴辅助呼吸肌痉挛和呼吸困难、缺氧;甚至出现抽搐状态,伴有大汗和脱水现象。

在此期间,患者的表情痛苦、焦急,但神志大多清楚,极少攻击人。随着兴奋状态的增长,部分患者可出现精神失常、谵妄、幻视、幻听、冲撞嚎叫等症状。因狂躁型狂犬病病程进展很快,患者多在发作中死于呼吸衰竭或循环衰竭。

(2)麻痹型狂犬病。本病患者的兴奋期一般持续 4 ~5 天。患者以高热、头痛、呕吐、咬伤处疼痛开始;继则出现肢体软弱、腹胀、共济失调、部分或全部肌肉瘫痪、尿潴留或大小便失禁等;可呈横断性脊髓炎或上升性脊髓麻痹表现,临床上无兴奋期、无恐水症状和吞咽困难。

(3)昏迷期或麻痹期。患者的昏迷期一般持续 6 ~18 小时,狂躁型、麻痹型的患者在此期间表现不易区分。患者在昏迷期痉挛停止,暂趋安静,有时尚可勉强饮水吞食,反应减弱或消失,转为弛缓性瘫痪,其中以肢体软瘫最为多见;眼肌、颜面部及咀嚼肌瘫痪,表现为斜视、眼球运动失调、下颌下坠、口部不能闭合和面部缺少表情;有失音、感觉减退、反射消失、瞳孔散大等。在本期中患者的呼吸逐渐变为微弱或不规则,并可出现潮式呼吸、脉搏细速、血压下降、心音低钝、四肢厥冷,最终可因呼吸和循环衰竭而迅速死亡。

3. 并发症

狂犬病患者并发症可发生在中枢神经系统、自主神经系统、呼吸循环系统及泌尿系统等,不同个体可出现不同的症状。中枢神经系统出现颅内压增高、下丘脑受累引起抗利尿激素分泌过多或过少,可引起尿崩症;自主神经系统出现功能紊乱引起高血压、低血压、心律失常,如室上性心动过速、心动过缓,甚至停搏、体温过低等;呼吸功能障碍表现为兴奋期过度通气和呼吸性碱中毒；咽喉肌痉挛可以导致进行性缺氧；神经系统、呼吸系统功能障碍引起的其他并发症，表现为充血性心力衰竭、急性肾衰竭、上腔静脉血栓形成、呼吸系统继发性感染及泌尿系统继发性感染等。本病一旦出现典型症状体征，生存的可能性极小，病死率近 100%，极少数的患者可治疗成功、恢复。

2.4.2.2　人类患狂犬病的诊断

1. 临床及病理诊断

我国的狂犬病患者多为狂躁型，可观察到其部分或全部的临床表现。结合病史和剖检特征综合分析可做出初步诊断，确诊则需要进行实验室检查。因狂犬病毒对神经组织有强大的亲和力，主要通过神经逆行向中枢传播。病毒一般不入血，所以病原体检验需要提取脑脊液或脑组织。

以死者脑组织或咬人动物死亡后的脑组织做病理切片，用 Seller 染色及直接免疫荧光法检查，若可检见内基氏小体，则患病率可达 70%。光学显微镜下，海马和大脑皮质锥体细胞的细胞质内可见到明显嗜酸性的内基氏小体。内基氏小体平均直径 3 ~ 10μm，呈圆形或卵圆形，边缘整齐。法医病理学鉴定时，提取待检人脑组织做成病理切片，检查神经细胞内是否有明显可见的嗜酸性内基氏小体。如果结果为阳性，再根据流行病学和临床症状即可判断是否确诊。

2. 实验室检查

(1)血清中和抗体或荧光抗体测定。这种方法对未注射过疫苗、抗狂犬病血清或免疫球蛋白的患者有诊断价值。其缺点是在病程第 8 天前不易测出。接种过疫苗的患者，如中和抗体效价超过 1∶5000 时，对诊断狂犬病仍有价值，因仅注射疫苗者其抗体放价较低。

(2)狂犬病毒抗原检测免疫荧光试验。本法的可靠性可达 95% 以上，应用荧光抗体检查脑组织涂片、角膜印片、冷冻皮肤切片中的病毒抗原，发病前即可获得阳性结果。快速狂犬病酶链免疫吸附诊断法，可用于检测脑组织中狂犬病毒抗原，只需肉眼观察或酶标仪测定结果即可，如阳性反应显示橘黄色，阴性反应则无色，甚为快速简便。

(3)其他实验室检测方法。如直接免疫荧光检测、狂犬病荧光抗体病毒中和试验、狂犬病中和抗体的竞争 ELISA 检测、狂犬病毒反转录聚合酶链式反应(RT - PCR)检测法、狂犬病毒荧光定量反转录聚合酶链式反应(FQ - PCR)快速检测法、金标试纸条、乳鼠脑内接种试验(MIT)，以及电镜和免疫荧光法，均可做出特异性诊断。

某些狂犬病病例因其潜伏期长，再加上咬伤史不明确，早期狂犬病常被误诊为神经症；发病后症状不典型者，有时易误诊为精神病、破伤风、病毒性脑膜炎及脑型钩端螺旋体病；麻痹型狂犬病患者肢体瘫痪时可误诊为脊髓灰质炎或吉兰 - 巴雷综合征，但狂犬病肌肉痉挛为间歇性发作，主要发生在咽肌；严重的神志改变、昏迷、脑膜刺激征、脑脊液改变。临床转归等有助于本病与病毒性脑膜炎等神经系统疾病的鉴别,免疫学抗原、抗体检测、病毒分离等也可协助做出狂犬病的确切诊断。

2.4.2.3 人类患狂犬病的防控

1. 预防接种

为保证安全,人在被犬、猫、狼等动物咬、抓伤或舌舔后,都应注射狂犬病疫苗。从注射第一针疫苗算起,约 3 周产生抗体,1 个月左右达高峰,故要求咬伤后 2 天内即开始注射。接触狂犬病毒后,机体的体液免疫和细胞免疫具有一定的保护作用,同时免疫介导的损害和狂犬病的发病有关,脑组织中可见由抗体、补体及细胞毒性 T 细胞介导的免疫性损害。

人类的狂犬病疫苗主要有以下几种。①人二倍体细胞疫苗(HDCV):系采用正常人胚肺的成纤维细胞 WI - 38、MRC - 5,接种病毒株,经超速离心浓缩、灭活、冻干燥后制成。每支 1mL,肌内注射。HDCV 不含任何神经毒因子和任何外源动物杂质,具有高免疫原性和良好的耐受性,其缺点在于 HDC 不太容易培养,疫苗的价格非常昂贵。②地鼠肾细胞疫苗(PHKCV):系将 SAD 狂犬病毒固定毒适应到地鼠肾细胞上生产灭活的疫苗,安全有效,副作用少,但需多次接种。轻度咬伤者于当天、第 7 天、第 14 天各肌内注射 2mL,重度咬伤者于当天、第 3 天、第 7 天、第 14 天和第 30 天各肌内注射 2mL。我国的 PHKCV 于 1980 年获得卫生部批准的生产文号,是世界上累计生产量最大的狂犬病疫苗。③非洲绿猴肾细胞(Vero 细胞)疫苗:该疫苗无论用作暴露前人体免疫或暴露后处理,均可获得很好的免疫效果且稳定性极好(中和抗体阳性率达 100%),其价格亦较 HDCV 便宜。我国从 1995 年开始进行色谱纯化的人用 Vero 细胞疫苗的研制。制备过程中使用的病毒株是适应到 Vero 细胞的狂犬病毒(CTN - 1)。目前国内已有多家单位研制成功并获得生产文号,使用 Vero 细胞,已累积生产 1 亿剂脊髓灰质炎疫苗,可以逐步取代现行的 PHKCV。

2. 免疫血清的应用

免疫血清的使用是一种被动免疫方法,应与疫苗联合应用,有可能更大概率地防止狂犬病发病。免疫血清可干扰宿主的主动免疫,影响抗体生成。因此,对严重犬类咬伤者,如我国 5 针注射狂犬病疫苗者应在完成末次接种后的第 10 天、20 天和 29 天时再给予激发量疫苗,触发回忆反应,产生大量抗体。咬伤创面深、广或发生在头、面、手、颈等处,且咬人动物确有狂犬病存在者,都应立即注射高效免疫血清一剂。

常用的免疫血清制品有抗狂犬病马血清与人抗狂犬病免疫球蛋白两种。①抗狂犬病马血清:我国生物制品研究所生产,每支 10mL(100U/mL),成人剂量 2000U(2 支),儿童剂量则按其体重每公斤注射 40U。抗狂犬病马血清经皮试阴性后方可应用,1/2 剂量做局部伤口处注射,另 1/2 剂量肌内注射。使用时,应一并做好抢救过敏性休克措施的准备。②人抗狂犬病免疫球蛋白:1 次注射剂量为按每公斤体重注射 20U。

2.4.3　狂犬病的病理病因

狂犬病毒属于弹状病毒科(rhabdoviridae)狂犬病毒属(*lyssavirus*)。病毒形态似子弹,直径 75～80nm,长 175～200nm,整个病毒表面呈蜂窝状的六角形结构,内层为核壳,含 40nm 核心,外层为致密的包膜,表面有许多丝状突起,突起物远端为杵状。病毒的基因组为负链单股 RNA,基因组全长 11932(11938)个核苷酸,其中约 91% 的核苷酸参与编码五种已知的结构蛋白,即糖蛋白(GP)、包膜基质蛋白(M2P)、壳体基质蛋白(M1P)、核蛋白(NP)和转录酶蛋白(LP)。病毒基因组 RNA 与 180 个 NP 分子结合成核糖核蛋白(ribose nucleoprotein,RNP),使 RNA 受到良好的保护而不被降解,同时也为基因组的复制和转录提供结构基础。M2P 是狂犬病毒最小的结构蛋白,它可连接病毒外膜及膜上 GP 和核壳。GP 是一种典型的跨膜糖蛋白,能与乙酰胆碱受体结合使病毒具有神经毒性,同时可诱发宿主体内产生中和抗体和刺激细胞免疫,因而对狂犬病毒的攻击有保护作用。NP 为狂犬病毒的群特异性抗原,可使机体产生补体结合抗体。NP 诱生的抗狂犬病毒保护力是由各种细胞因子(如抗体、单核因子和淋巴细胞等)参与的相互作用产生的,还能对中和抗体有促进作用。狂犬病毒 GP 和 NP,还可能诱导机体产生干扰素。

从人与动物中所分离病毒的毒力强,潜伏期长,能在涎腺中繁殖,各种途径感染后均可使动物发病。人多因被病兽咬伤,其伤口、黏膜接触到带有狂犬病毒的体液而感染;感染后病毒首先在接触处的横纹肌细胞内小量繁殖,通过和神经肌肉接头的乙酰胆碱受体结合,侵入附近的周围神经;其后病毒沿周围神经的轴索向心性扩散,在到达背根神经节后,开始大量繁殖,然后侵入脊髓,再波及整个中枢神经系统;最终病毒侵犯脑干、小脑等部位的神经元,亦可在扩散过程中终止于某部位,形成相应的临床表现。狂犬病毒还可向周围神经离心性扩散,从而侵入各组织与器官,尤以涎腺、舌部味蕾、嗅神经上皮等处病毒最多,最终形成感染源。

狂犬病患者的呼吸肌和吞咽肌痉挛,是由于迷走神经核、吞咽神经核及舌下神经核的受损引起的;唾液分泌和出汗增多则受交感神经被刺激影响;心血管系统功能紊乱则是有迷走神经节、交感神经节和心脏神经节受损引起。

2.4.4　狂犬病的生物安全防控

狂犬病是所有传染病中最凶险的病毒性疾病,当前对狂犬病还缺乏有效的治疗方法。因此,所以必须大力加强预防工作,广泛开展防治狂犬病基本知识的宣传,迅速控制携带狂犬病毒动物的蔓延和流行。临床上曾应用多种新药(如干扰素 α、阿糖腺苷、转移因子)和大剂量人抗狂犬病球蛋白进行治疗,均告失败。强调对被猫狗咬伤者应进行及时预防性治疗[11-12],对发病后患者以对症综合治疗为主。

狂犬病的防控还应加强传染源管理。对家庭饲养动物、饲养者应进行登记，做好犬只的预防接种。防控部门应切实做好流浪动物的管理，当发现狂犬时应设法捕获并隔离观察 10 天，如不死亡则非狂犬。如出现症状或死亡时应取脑组织检查，并做好终末消毒和犬只的深埋或焚毁。

医疗机构应做好被猫狗咬伤者的局部伤口处理。因狂犬病毒易被紫外线、甲醛、50%~70% 乙醇、氯化汞和季胺类化合物如苯扎溴铵等灭活，不易被苯酚和甲酚皂溶液杀灭，故被咬伤后可用20% 肥皂水或0.1% 苯扎溴铵及清水冲洗。如系非贯穿伤口，可用注射器插入伤口内冲洗，再用双氧水反复清洗伤口。除紧急止血外，不应对伤口进行缝合、包扎，应同时给予狂犬病疫苗接种和抗狂犬病免疫血清（在伤口内滴注、伤口周围浸润注射或体内注射），并按需要给予破伤风抗毒素、抗菌药物以及相应的对症支持治疗。

治疗时，对症支持并避免刺激患者，是十分必要的。免疫接种的医护人员应尽快完成对症支持治疗，防止唾液等污染，病室要阴暗、避光、安静，避免刺激性食物。对狂躁、痉挛患者可用镇静剂，如苯巴比妥或地西泮；注意维持营养及水、电解质平衡、补钾和纠正酸碱平衡失调；维护患者心血管系统及呼吸系统功能；呼吸衰竭是狂犬病患者死亡的主要原因。必要时，可采用气管切开、人工呼吸器等措施维持呼吸，纠正呼吸衰竭。虽然狂犬病患者的病死率极高，但仍有存活的希望，应积极对患者进行救治。

2.5 其他人畜共患动物疫病的生物安全

在人类与动物生存的空间中存在着多种致病性细菌，这些致病性细菌能在动物与人类间相互传播。人类一旦违背了自然规律，改变了人类和生物界的正常秩序，就可能成为这些致病性细菌传播的环境，为致病性细菌扩大了传播范围，或加速人类与动物之间致病性细菌的传递。了解动物与人类共患病，对指导我们如何进行防治有着深远的意义，是人类公共卫生不可缺少的一环。人畜共患细菌性疾病较多，这里仅列出以下几种。

2.5.1 炭疽的生物安全

炭疽（anthrax）是由炭疽杆菌（bacillus anthracis）引起的一种急性、热性和败血性传染病，人及各种家畜和野生动物均可感染。炭疽杆菌为革兰氏阳性菌，有荚膜，在体外的适宜温度（12 ~ 42℃）时，可形成芽孢，有较强的抵抗力，在一般条件下能存活数年到十多年。

炭疽呈地方性流行，夏季高温季节及洪水暴发后易发生。该病主要经消化道感染，其次是被带菌昆虫叮咬或皮肤接触感染，亦有吸入带菌灰尘经呼吸道感染的。

草食动物感染炭疽后平均潜伏期为 1 ~5 天，急性发作者 1 ~2 天死亡。病畜发病后突然倒地，体温急剧上升到 40℃以上，呼吸困难，可视黏膜呈蓝紫色；全身战栗，口鼻孔出血。病畜死亡后尸体迅速胀气，呈煤焦油样，脾脏肿大2～3倍。病程较长者，在患畜体表各部，如喉、颈、胸前、腹下、肩胛、乳房等部位皮肤，直肠及口腔黏膜发生炭疽痈。食肉动物感染炭疽后，多发生胃肠炎和咽峡炎，猪感染后有明显的咽喉肿胀和淋巴结肿胀症状。

人感染炭疽有三种类型。①皮肤炭疽：多由皮肤接触感染，表现为初有红肿小块，后为无痛性麻木丘疹，再为浆液性血样水疱，结痂、红肿；病灶周围淋巴结肿大、疼痛，并伴有头痛、关节痛、呕吐、乏力等现象。②肺炭疽：因吸进炭疽芽孢污染的尘土而引起，表现为病情急骤、发热、恶寒、咳嗽、咯血、呼吸困难等。③肠炭疽：常因吃食炭疽病畜肉所致，发病突然，表现为发热、呕吐、腹泻、腹痛、腹胀、便血等。以上三种类型炭疽，均可继发败血症及脑膜炎。

对疑似炭疽动物不宜解剖检验，应采取血样涂片或做封闭采样送检。一旦确诊，应进行疫区封锁、深埋死尸、消除污染物、彻底消毒，疫区人员、健畜紧急预防接种。

2.5.2 破伤风的生物安全

破伤风（tetanus）又名“强直症”“木马症”，是由破伤风梭菌（clostridium tetani）经伤口感染引起的急性中毒性传染病。破伤风梭菌有菌体和鞭毛两种抗原，有多个血清型。对破伤风各种动物均有易感性，其中单蹄兽最易感。动物感染常见于各种创伤、阉割、断脐、锯角、锯茸及断尾等。

破伤风潜伏期为1天至数月不等，一般为1～2周。感染者一般体温正常，呼吸困难，常窒息死亡，部分动物死亡前有体温升高。患畜主要表现为肌强直，通常从头部开始。

单蹄兽动物感染破伤风后，病初咀嚼和吞咽缓慢，运步强拘，随后全身肌强直反应，咀嚼吞咽困难、牙关紧闭、流涎，眼睑半闭、瞬膜露出、瞳孔散大，两耳竖立，全身强直、尾根高举，行走困难，易跌不起，如木马状。

牛感染破伤风后，表现为反刍和嗳气停止、腹肌紧缩、弓背，头颈和双耳水平伸直，四肢外撑、尾竖起、运步强拘，双目怒睁，流涎、吞咽困难，有应激反应，胃肠可出现胀气，便秘尿少，终因呼吸障碍死亡。

人主要经伤口感染破伤风（尤其是锈铁钉深部穿刺伤），平均潜伏10天，早期症状是牙关紧闭、张口困难、伤口附近局部肌肉痉挛、颈背发硬。随后出现全身肌肉抽搐、发热、大汗淋漓；面部及全身性肌肉收缩、角弓反张，应激敏感性加强，刺激后可加重抽搐发作。最后因呼吸肌痉挛或伴发肺炎死亡。

破伤风的预防应抓好免疫接种，防止外伤感染。

2.5.3 布鲁氏菌病的生物安全

布鲁氏菌病（brucellosis）是由布氏杆菌（brucella）引起的人畜共患传染病，临床表现为生殖器官和胎膜发炎，可引起母畜流产、不育和各种组织的局部病灶。布氏杆菌属有6个生物种和19个生物型。多数动物易感，包括家畜和野生动物等。羊、牛、猪为特易感动物，危害较大的有马耳他布鲁氏菌、流产布鲁氏菌和猪布鲁氏菌。本病可以从消化道、呼吸道、生殖道及破损皮肤感染，潜伏期为2周至几个月不等。

母牛感染布鲁氏菌病后主要表现为流产，常伴有胎衣不下和子宫内膜炎，流产前数日有分娩症状和生殖系统炎症征兆，阴道黏膜出现粟粒大红色结节，并排出灰白色黏液；公牛则表现为睾丸炎及附睾炎，阴茎时有红肿，局部淋巴结肿胀，配种能力降低；病牛还会出现关节炎症状。猪、绵羊和山羊有流产、乳腺炎、支气管炎、关节炎及滑液囊炎、睾丸炎等症状；马、狗、骆驼、鹿及多种野生动物均有病例报道，症状基本相同。鸡、鸭等家禽感染者有腹泻和虚脱，产蛋量下降，间或出现麻痹症等表现。

人感染布鲁氏菌病主要源于患病动物，尤其是高度接触动物的人群。狗及某些宠物为布氏杆菌隐性感染传播，尤其要警惕。人感染布鲁氏菌病主要临床表现为体温呈波型热、盗汗、全身不适、关节炎、神经痛、肝大、脾大、睾丸炎及附睾炎等。孕妇易流产，当出现急性和亚急性感染时常有菌血症，慢性布病感染者通常无菌血症，但感染可持续多年。目前发现部分长期从事动物繁殖配种的工作人员，老年时常出现不自觉颤抖的神经症状及关节炎反应。应提醒从事动物繁殖配种的工作人员，特别注意自我保护。要定期预防注射并随时检测，淘汰阳性感染动物，做好消毒灭菌工作。

2.5.4　结核病的生物安全

结核病（tuerculosis）是由结核分枝杆菌引起的人、畜、禽共患慢性传染病，可侵及许多脏器，以肺部结核感染最为常见，故感染肺部的结核病又称肺结核。结核分枝杆菌为革兰氏阳性菌，主要有牛型、人型、禽型、冷血动物型及鼠型。据报道，结核病可感染约50余种哺乳动物，25种禽类，而且能在人类和多种动物之间相互传播。结核病的潜伏期从十多天到数年，传染途径主要是呼吸道和消化道，动物交配也可引起感染，牛是易感动物之一。

人结核病临床表现常为干咳、有痰、易疲劳、消瘦、贫血及淋巴结肿大。严重时可发生全身性结核即粟粒样结核，在肺部、胸膜、腹膜等部位遍布豌豆至鸽蛋大小的灰白色或黄色粟粒样结核结节，谓之“珍珠病”。牛结核病除了肺部改变外，牛的乳房、肠道、生殖道及脑部等处均可出现病灶。猪很少出现临诊症状，肺结核时表现为咳嗽、呼吸困难、黏膜苍白、消瘦、发育停滞；经消化道感染时，可在扁桃体和颌下淋巴结产生病灶，肠道有病灶时则发生下痢。马肺结核有咳嗽、鼻漏、进行性消瘦等表现。鹿结核病症状与牛基本相同。羊结核病症状不明显，仅消瘦和咳嗽。猴肺结核主要表现为咳嗽、呼吸困难、肝大、脾大、局部淋巴结肿大、消瘦，肠结核有间歇性腹泻。禽结核病多为内脏结核，仅表现为贫血、消瘦、产蛋减少，肠结核时有腹泻，关节结核可出现跛行。

据世界卫生组织统计,仅 2022 年全球有 1060 万新发结核病患者,发病率为 133/10 万。中国是全球 30 个结核病高负担国家之一,2022 年结核病患者数居世界第三位,仅次于印度、印度尼西亚。人感染动物结核病多由牛型结核杆菌所致,特别是儿童饮用带菌生牛奶被感染。一般肺结核病人早期常感疲劳无力、胃纳不佳,继而出现消瘦,下午或劳动后体温升高、面颊潮红、夜盗汗,病情严重时有持续高热,咳嗽、吐黏痰、有时痰中带血,严重时大量咯血,合并支气管炎时兼有胸闷痛、气急、心悸等。

结核病的防治要保证个人卫生,做好卡介苗接种,禁食结核病畜禽,尤其在农村,农民应改变陋习,切记禁食严重结核病畜所谓之“珍珠肉”。鲜奶应加热消毒后饮用。

2.5.5 皮肤霉菌病的生物安全

皮肤霉菌病(derma tomycosis)是由多种皮肤霉菌引起的人畜共患皮肤传染病,以损害皮肤、毛发、羽毛、指(趾)甲、蹄等为特征,可形成癣斑,表现为脱毛、脱屑、渗出、痂皮及痒觉等改变。对人类产生危害的主要为表皮癣菌属,对人、畜、禽均有危害的为小孢霉菌属和毛癣菌属。患病动物在局部皮肤上出现圆形或不规则圆形可相互融合的癣斑,使动物毛发脱落、表皮粗糙、脱屑、渗出和结痂,亦有丘疹和水疱,发生角质化和炎症。

马感染皮肤霉菌病,主要发生于头部、眼耳周围、颈、胸等处。牛在头部眼鼻周围、颈、肛门等处出现病灶,严重时全身大片弥散性融合,亦有皮肤红斑、小结节、小水疱及渗出形成结痂的情况。禽类等可在冠部、肉髯等无毛处形成灰白色小结节,可蔓延至全身,侵入呼吸道和消化道后形成黄色干酪样覆盖物。狗、兔、猪多发于耳爪、头皮等部位,破裂处有渗出形成结痂、脱屑,有显痒感。其他野生动物如熊、熊猫、猴等在全身均能出现明显症状、痒感强烈。皮肤霉菌病能引起动物瘙痒、不安宁、饮食减少、贫血、消瘦而造成继发感染。

人感染皮肤霉菌病主要表现在头部、手指甲和足部,有渗出、结痂、脱屑等症状。可取病料镜检确诊,镜下可见皮肤霉菌菌丝及孢子。

皮肤霉菌病的防治,应该注意个人和公共卫生,动物饲养场地应定期消毒,病畜应隔离治疗。

(张桓)

参考文献

[1] 谢贵平. 全面提升国家生物安全治理能力[N]. 安徽日报,2020-07-07(6).
[2] 尹西明,陈劲,苗争鸣. 发挥新型举国体制优势,全面提升生物安全治理能力[N]. 科技日报,2020-07-10(5).
[3] 程炜. 推动国家生物安全风险防控和治理体系建设[N]. 学习时报,2020-06-26(1).

[4] 黄选洋,潘雪男,LONGLEY E. 生物安全——保护家禽健康的关键[J]. 国外畜牧学(猪与禽),2020,40(6):60-63.

[5] WANG S J,TANG Q Q,YA H Y,et al. Study on the optical and biological properties in vitro of IR808-PEG-FA[J]. Journal of Biomedical Materials Research:Part A,2020,108(9):1816-1823.

[6] 李艳伟,曾其莉,江永忠,等. 生物安全实验室新型冠状病毒污染现状初步调查[J]. 公共卫生与预防医学,2020,31(3):19-21.

[7] 于文轩,杨胜男. 环境法视域下的生物安全风险规制[J]. 中国环境管理,2020,12(3):114-120.

[8] LIU Y S,PENG D L,YANG J,et al. Laboratory diagnostics within a modular hospital at the time of Coronavirus disease 2019 (COVID-19) in Wuhan[J]. Clinical chemistry and laboratory medicine,2020,58(7):1077-1080.

[9] 沈振宏. 禽流感的流行、诊断和防控[J]. 现代畜牧科技,2021(10):103-104.

[10] BETT C,ANDREWS O,DAVID M A,et al. Eliminating spiked bovine spongiform encephalopathy agent activity from Heparin[J]. Emerging Infectious Diseases,2020,26(10):2478-2480.

[11] 叶盛恒. 狗狂犬病临床症状及预防[J]. 畜牧兽医科学,2020(21):142-143.

[12] MA X Y,MONROE B P,CLEATON J M,et al. Public veterinary medicine: public health: rabies surveillance in the United States during 2018[J]. Journal of the American Veterinary Medical Association,2020,256(2):195-208.

第3章
有毒动物与生物安全

有毒动物是指体内具有分泌某种毒素的功能，或者体内含有某种被人食用后经过代谢分解可形成有毒代谢中间产物的物质，从而可以直接或间接导致人体中毒甚至死亡的动物。从狭义上来讲，有毒动物是指能够对人体健康和安全产生严重危害的动物种类。而从广义上来讲，有毒动物是能够导致生态环境严重破坏，影响人类生存以及改变气候环境等有重大威胁的动物种类。

3.1 有毒动物生物安全概述

由动物产生或本来具有用来捕食或自我防卫的有毒物质，称之为动物毒素。动物毒素是大分子类蛋白质物质，按成分结构分为蛋白质多肽、甾体及其衍生物、生物碱和其他如烷基酚衍生物等几类，属于天然毒素。动物毒素主要通过动物的咬、噬、蜇等行为输入人体，也可因被当作食物或药物食用进入人体，从而引起人体中毒甚至死亡。地球上有数千种动物携有毒素，其中最毒的毒蛇能在几秒钟内令被咬者浑身剧痛，几分钟后便可摧毁其神经系统和肌肉组织导致死亡。据不完全统计，全世界每年因被毒蛇咬伤而中毒的人有170多万，其中4万多人死亡。因此，有毒动物的生物安全是人类生存的基础，也是生物安全的重要组成部分，加强有毒动物的生物安全与防控意义重大。

3.1.1 常见的有毒动物种类

常见的有毒动物包括毒蛇、有毒蜘蛛、蜂类、毒鱼类、斑蝥、毒蛙及昆虫等。有些动物单独对人体的危害不大，甚至还成为人类餐桌上的美食（如小龙虾），但此类动物对周围环境生态的破坏和影响很大,所以从广义上将这类动物也归结为有毒动物。

就我国而言,幅员辽阔,跨寒、温、热三带,自然条件复杂多样,动物种类繁多,其中已发现的有毒动物有 30 多类,几百种之多,隶属于动物界的 6 个动物门,广泛分布于高山、森林、低谷、陆地、草地、农田、海洋及沼泽等各种环境中。脊索动物门中的毒鱼、蟾蜍、毒蛇以及节肢动物门中,毒蜘蛛是较为常见的引起人体中毒的有毒动物。其他动物门中的有毒动物也不少,如腔肠动物门中的水母、环节动物门中的地龙、软体动物门中的织纹螺及棘皮动物门中的海葵等。另外,有些动物体内器官含有某种生理活性物质,当它们大量进入人体后,也能产生中毒症状。有些动物在生活环境中产生某种有毒物质,但离开该环境后则无毒,如海蜇生活在海水中可释放毒素,但离开海水后很快失去毒性[1]。有毒动物种类繁多,现将其进行大致分类。

3.1.1.1 自身具备毒性类动物

1. 爬行动物

(1)毒蛇。蛇的种类很多,其中相当一部分无毒。能产生毒素的蛇类主要有海蛇、蝰蛇、眼镜蛇和响尾蛇四类。毒蛇的有毒成分为一种由毒蛇毒液腺分泌的毒液,味道腥臭,成分非常复杂,主要含毒蛋白。我国目前有毒蛇 50 余种,其中对人有生命危害的剧毒毒蛇主要有眼镜蛇、海蛇、蝰蛇及蝮蛇等,大多分布在长江以南地区。

不同蛇毒造成的中毒表现有所不同。眼镜蛇毒中毒后常表现为昏睡、胸闷、肌无力、面部肌肉麻痹、瘫痪及呼吸困难等症状,最终可因循环系统衰竭而死亡。海蛇中毒后多表现为周身肌肉疼痛,以及躯干、颈部及臂部僵直,偶发肾功能衰竭。蝰蛇中毒后表现为中枢神经麻痹和循环系统衰竭,可出现全身出血,严重者可导致死亡。蝮蛇中毒后局部皮肤出现红肿、剧痛、水疱、血疱和组织坏死脱落,难以愈合。

(2)有毒蜥蜴。全世界 6000 多种蜥蜴中,已知的有毒蜥蜴有两种,它们分别是分布于美国西南部到墨西哥西北部的钝尾毒蜥和分布于墨西哥到危地马拉太平洋沿岸的珠毒蜥。北美洲的这两种毒蜥均属于爬行纲蜥蜴目毒蜥科毒蜥属。人被毒蜥蜴咬伤后可造成伤口疼痛、肿胀,并可引起休克及中枢神经抑制,但相对较少发生死亡。

2. 两栖动物

具有代表性的两栖类有毒动物主要包括箭毒蛙、蟾蜍(即蝾螈),其毒素主要成分为生物胺、蛋白质、多肽以及生物碱等。箭毒蛙中的青蛙毒素含有可致命的生物碱,是所有有毒物质中毒性最强的毒素,可导致心律不齐和心搏停止;蟾蜍中的蟾蜍毒素为甾体化合物,主要能够产生心脏毒性;蝾螈中的蝾螈毒素含有多种生物碱,可导致中枢神经兴奋、癫痫、瞳孔散大及呼吸困难,中毒者最终可因心律不齐及呼吸麻痹而死亡[2]。

3. 鱼类

(1)豚毒鱼类。约有 80 余种,其中河豚味道最美,其肝脏和卵巢含毒最高,毒性最大，若去除不净，虽经烹饪依然可保持毒性。人摄入该毒素1～2mg即可死亡。中毒者表现为手指麻木、恶心、呕吐、肌肉麻痹、血压升高、言语困难、神志不清、呼吸衰竭而死亡。

(2)胆毒鱼类。包括草鱼、青鱼及鲑鱼等淡水食用鱼，鱼肉无毒，胆汁有毒，其毒性物质为鱼胆毒素。人体中毒后，可损伤胃、肝，造成肝大、触痛、全身黄疸、少尿无尿并发血尿，严重心律失常，全身抽搐，昏迷，肝、肾损伤而死亡。

(3)卵毒鱼类。包括我国西南、西北、长江以南的数十多种鲤科、鲇科鱼类，其毒性物质主要为球朊型蛋白质，主要含毒部位为卵巢和卵。中毒后可引起胃肠症状、运动失调、全身抽搐、昏迷、偶有呼吸衰竭而死亡。

(4)肉毒鱼类。包括福建以南海域的鳝科等鱼类，其毒性物质为雪卡毒素，主要分布于鱼肉之中。肉毒鱼类外表看上去和普通食用鱼相似，且颜色艳丽多彩。中毒后，嘴及手指有刺痛感，皮肤瘙痒，对温度有相反感觉，中毒严重者失去活动能力，很少致死。

4. 腔肠动物

有毒的腔肠动物包括有水母、水螅、海蜇及珊瑚等，其毒素主要为毒蛋白，接触皮肤后一般导致机体产生疼痛及心脏毒性，严重者甚至发生死亡。

5. 昆虫

(1)胡蜂、蜜蜂。胡蜂、蜜蜂蜇伤会引起机体过敏性休克、呕吐、心悸、呼吸困难、局部红肿、疼痛和组织坏死。

(2)蚂蚁。叮咬后会导致机体产生灼烧感，伴红肿、瘙痒，出现脓疱、溃疡，形成瘢痕。

(3)斑蝥。毒性物质为斑蝥素，摄入过多会导致皮肤发疱，出现溃疡、呕吐、便血，严重者可损伤心、肾，或肾衰竭而死亡。

(4)蝎子。蝎毒与蛇毒毒性类似，甚至更强。机体被蝎子蜇伤导致中毒后，会引起局部疼痛、水肿、全身发烧、出汗、骚动、流口水、头疼、胸腹疼、神志不清、呼吸困难、短暂失明、呼吸紊乱、心脏衰竭而死亡。

(5)蜈蚣。机体被蜈蚣攻击导致中毒后局部有烧灼、疼痛及红肿，可引起淋巴结炎。

(6)蜘蛛。机体被蜘蛛咬伤导致中毒后可出现运动瘫痪、肌无力、呼吸急促、语言困难，进一步局部组织坏死，出现溶血危象而死亡。

3.1.1.2 可产生有毒代谢中间产物的动物

这类动物主要包括含高组胺鱼类，常见于海产鱼中的青皮红鱼类，如竹荚鱼、金枪鱼、秋刀鱼、鲭鱼、鳄鱼、沙丁鱼、鲐鱼、朝鲜方鱼、鲥鱼、鳊鱼等以及河产鱼中的鲤鱼。这类鱼含有较多的组氨酸，经细菌作用脱羧基而产生组胺。每克鱼肉中含1.6～3.2mg组胺，当每100克鱼肉中含组胺200mg时，人食用后就会引起机体中毒（人的中毒量为1.5mg/kg）。此外，草鱼、青鱼、鲢鱼、鳙鱼（胖头鱼）和鲤鱼等鱼类的鱼胆有毒，含有组胺、胆盐及氰化物。

3.1.1.3 会破坏生态环境的动物

生态系统是经过长期进化形成的，系统中的物种经过成百上千年的竞争、排斥、适应和互利互助，才形成了现在相互依赖又互相制约的密切关系。一个外来物种引入后，有可能因不能适应新环境而被排斥在系统之外；也有可能因新的环境中没有相抗衡或制约它的生物，这个引进种可能成为真正的入侵者，打破平衡，改变或破坏当地的生态环境，从而严重破坏生物多样性。我国分别在2003年、2010年、2014年和2016年，分4批次发布了《中国外来入侵物种名单》，共71个物种，其中涉及动物类31种，从非洲大蜗牛、福寿螺、牛蛙到红火蚁、克氏原螯虾（即小龙虾）、美洲大蠊和松树蜂等，共涵盖了两栖类、爬行类、鱼类及昆虫类等多个动物种类。

外来入侵动物进入我国的途径主要分为三种：第一种是无意引入，一般是随国际贸易无意进入我国；第二种是有意引进，包括作为观赏物种引进的巴西龟，以及作为养殖品种引入的福寿螺及牛蛙等，它们由于扩散速度快、繁殖力极强，结果大面积、单一化、高密度地入侵我国沿海地区；第三种为自然入侵，这种入侵不是人为原因引起的，而是通过水体流动或由昆虫及鸟类的传带，使得动物幼虫、卵发生自然迁移，从而造成生物危害所引起的外来物种入侵。

3.1.2 有毒动物的毒性作用机制分类

有毒动物毒性作用的发挥，主要是依靠其体内的毒素进入人体后，通过不同的作用机制造成人体相应组织器官功能障碍。目前已经发现的毒素作用机制和途径，主要包括以下几种。

3.1.2.1 神经毒素类

含有神经毒素的动物，主要有箭毒蛙、蝾螈、蟾蜍、臭蛙及眼镜蛇等。箭毒蛙里的神经毒素最强，主要为类固醇类生物碱，活性非常强烈，作用靶点为人体内各种离子通道，中毒者症状主要表现为神经肌肉麻痹后引起呼吸肌麻痹，从而导致呼吸循环衰竭死亡。该类毒素一般中毒过程迅速，常在中毒后短时间内发生死亡。蝾螈皮肤分泌的蝾螈素，作用于中枢神经系统的靶点，可导致中毒者中枢神经系统过度兴奋，出现惊厥、癫痫样发作及抽搐等，最终因呼吸麻痹而死亡。蛇类的神经毒性作用机制，主要是通过选择性阻断神经肌肉接头，作用于突触后间隙与乙酰胆碱竞争受体，阻断神经肌肉的传导；或者作用于突触前间隙，抑制/促进乙酰胆碱的释放，从而引起相应的毒性作用效应。

3.1.2.2 血液循环毒素类

含有血液循环毒素的动物代表以蛇类为主，特别是蝰蛇、尖吻蝮蛇、五步蛇和银环蛇，除此之外有毒蜘蛛类的毒素中也含有血液循环毒类的蛋白和多肽。血液循环类蛇毒多为作用于人凝血系统和纤溶系统的蛋白质，是凝血因子Ⅹ激活剂、凝血因子Ⅺ激活剂、直接凝血酶原激活剂、凝血因子V激活剂、间接凝血酶原激活剂以及凝血酶样酶。这些毒素通过作用于凝血和纤溶系统导致损伤,从而引起大出血或血栓栓塞。有些蛇类既具有神经毒素也具有血液循环毒素,如眼镜蛇毒素、眼镜王蛇毒素及蝮蛇毒素。

3.1.2.3 心脏血管毒素类

含有心脏血管毒素类的动物有蜈蚣、毒蝎、蛎敌荔枝螺、蚁类、胡蜂及金箭斑足蟾等,其导致中毒的机制是通过其中的活性蛋白作用引起心肌收缩增强,导致室上性心动过速、室性心律失常、血管扩张和血压下降,严重可引起休克,甚至导致死亡。

3.1.2.4 过敏毒素类

许多有毒动物的毒素能引起过敏反应,如毒蚁、蜘蛛、螨、黄毒蛾及毒蜂等。其毒性作用机制为蛋白质、多肽等物质进入人体后作为强烈的致敏原,引起各种类型的变态过敏反应,严重者甚至导致过敏性休克死亡。过敏反应的局部表现为叮咬或接触的部位出现红肿、疼痛、皮肤瘙痒、荨麻疹以及其他类型的皮疹等,全身表现可有呼吸道阻塞症状、微循环障碍症状以及中枢神经系统症状[3]。呼吸道阻塞症状多由喉头水肿、气管和支气管痉挛及肺水肿引起,表现为胸闷、心悸、喉头有堵塞感、呼吸困难及脸色涨红等,伴有濒危感、口干、头昏、面部及四肢麻木;循环障碍症状由微血管广泛扩张所致,表现为面色苍白、烦躁不安、畏寒、冷汗、脉搏微弱及血压下降等;中枢神经系统症状由脑部缺氧所致,表现为意识障碍、抽搐及大小便失禁等。

3.1.3 有毒动物导致中毒的原因

有毒动物所含毒素成分相当复杂,有些至今尚未清楚。动物毒素的毒性机制主要体现在对人体局部作用、对神经系统作用、对消化系统作用、对心血管系统作用、对血液作用和对器官组织作用6个方面。有毒动物引起人体中毒的原因,主要有以下几种情况。

3.1.3.1 意外中毒

1. 误食中毒

误食中毒即食入有毒动物性食物引起的中毒,包括将含有天然有毒成分的动物或动物的某一器官当作食物,或者原为可食用的动物食物,在某些环境条件下产生大量有毒成分(如食用不新鲜蛤鱼导致组胺中毒),其中误食有毒动物中毒是最常见的原因[4]。

2. 药用过量

许多国家都有将有毒动物作为药用的记载,如中医将蟾酥、斑蝥、土鳖虫、五花蛇等,可用于治疗痈疽、顽癣、瘰疬、狂犬咬伤、经闭、癥瘕、疔疮等病症。这些药物在适宜用量范围内效用颇佳,一旦超量或使用不当便会导致中毒或死亡。此外,民间流传的偏方、单方,若误信误用也常导致中毒或死亡。

3. 动物咬伤

在野外活动过程中如被毒蛇和毒蜈蚣咬伤,或被蜂类及毒蝎蜇伤,或被海洋中的鬼毒鲉、赤虹等刺伤,相应毒素会通过咬、蜇、刺等行为进入人体而引起中毒。

3.1.3.2 其他情形中毒

这里所指的其他情形中毒,主要是指利用动物毒素以进行他杀或自杀为目的中毒情形。他杀中毒和自杀中毒常为主观故意行为,因此用量都比较大,易导致中毒死亡,这属于暴力性中毒死亡。①他杀中毒:有意将有毒动物制成毒酒或隐匿混入食品及药品中使他人中毒。如国内有将斑蝥投入菜汤或混入食物中投毒的案例,国外有用斑蝥素混入冰激凌投毒杀人的报道。此外,也有多例利用银环蛇咬伤他杀的事件报道。②自杀中毒:口服斑蝥酊、斑蝥虫体,以及蛇毒皮下注射等。

3.2 常见有毒动物的生物安全

3.2.1 毒蛇类

3.2.1.1 毒蛇概述

蛇属脊索动物门脊椎动物亚门爬行纲有鳞亚纲蛇目。世界上蛇类约有 2700 种,其中毒蛇 600 余种,分别隶属于 12 科约 400 属。我国的蛇类资源丰富,已知蛇类近 200 种,其中毒蛇 50 多种,隶属于眼镜蛇科、海蛇科、蝰蛇科等。我国各省均有蛇的分布,但大部分蛇种集中于长江以南的热带与亚热带地区,海蛇分布于近海区域[1]。

毒蛇是有毒动物中危害较大的一类,蛇类引起的中毒占有毒动物中毒的首位。毒蛇中毒性较大的有眼镜蛇、眼镜王蛇、银环蛇、金环蛇、蝰蛇、尖吻腹(五步蛇)、蝮蛇、竹叶青、烙铁头及海蛇等。毒蛇的毒器由高度特异的管状或沟状长而尖的牙齿、毒腺和连接两者的毒腺导管三部分组成。当毒蛇咬人或动物时,其毒腺受到挤压,毒腺分泌的毒液迅速通过毒牙导管或牙沟在皮肤破口处注入人体内。我国每年毒蛇咬伤患者人数高达 10 万人次,死亡率为 5% ~ 10% ,眼镜王蛇咬伤死亡率更是高达 90% 以上。

眼镜王蛇是世界上体形最长的毒蛇,最长可达 5.5m。眼镜王蛇的毒液毒性不算最强,但量却很大,咬一口就可含毒素 200 ~ 500mg,而这种毒素对人的致死量仅需 12mg。如人一旦被眼镜王蛇咬伤,会很快出现呼吸衰竭,1 分钟后便发生死亡。眼镜王蛇喜欢生活在潮湿环境中,以鸟、蜥蜴和其他小型哺乳动物为食,但它们最喜欢的食物是蛇,包括小型蟒蛇及眼镜蛇等。眼镜王蛇的拉丁名字翻译过来就是“食蛇之蛇”,这种体型巨大的毒蛇能吞下比自己身体还要大的猎物。然而这种蛇往往生活在热带雨林中,日常它们与人类接触并不算多,所以每年发生的眼镜王蛇伤人事件并不多见。

与个头最大的眼镜王蛇相比，眼镜王蛇的“小表弟”——普通眼镜蛇，实际更具危险性。普通眼镜蛇在印度次大陆最为常见，这种蛇每年平均咬伤15000人左右，而且因其生性好斗常常主动攻击人类。普通眼镜蛇的毒牙不算很大，但能释放大量毒液。在准备攻击猎物时，普通眼镜蛇会将身体的前1/3部分挺直，松开柔软的肋骨和皮肤，形成特有的斗篷形态，使之好像一下子变大了许多。猎物一旦被普通眼镜蛇咬伤，其神经系统就会遭到破坏，神经活动被阻断，导致呼吸衰竭。这种蛇还会根据猎物的大小，调整毒液的用量。

在印度尼西亚南部，生活着一种能远距离喷射毒液的蛇——喷毒眼镜蛇。和其他毒蛇一样，喷毒眼镜蛇也是通过中空牙齿喷射毒液，但能将毒液喷射很远，且精确度令人震惊，几乎可以说是百发百中。更要命的是，这种蛇会反复攻击一个目标。

3.2.1.2 毒蛇致人中毒的机制

蛇毒(snake venom)外观为透明、微黄色的蛋清样黏稠液体，有特殊腥味，含水量为65%~80%，内含多种生物活性物质，主要为低分子毒性蛋白质、多肽、多种酶(大多为水解酶，如卵磷脂酶A、抗凝血酶、透明质酸酶、肽链酶、蛋白酶及外切酶)、脂类及钙、锌等一些无机离子等组成，最主要的毒性是蛋白质和多肽，占干燥蛇毒的85%~90%，整体呈微酸性。蛇毒经真空冻干处理后，会变为松脆易碎的半透明固体，可保存多年。

蛇毒可以分为神经毒素及血液循环毒素。神经毒素主要存在于眼镜蛇、金环蛇、银环蛇及海蛇的毒液中。血液循环毒主要存在于蝰蛇及尖吻蝮蛇中，其种类繁多，成分复杂，主要作用于心血管系统。

1. 神经毒素

神经毒素(neurotoxin)具有选择性神经肌肉阻断作用，引起横纹肌弛缓性瘫痪，其作用机制可能有两种方式：①作用于突触后运动终板上的烟碱型乙酰胆碱受体，阻止乙酰胆碱与乙酰胆碱受体结合，从而阻断神经肌肉的神经递质传导；②作用于运动神经突触前膜，通过抑制线粒体的氧化磷酸化，阻止突触小泡释放乙酰胆碱，从而阻断神经肌肉传导。神经毒素还可作用于自主神经系统，如抑制颈动脉窦化学感受器，使缺氧加重，导致呼吸衰竭；兴奋肾上腺髓质，释放肾上腺素，使血压升高；使胃肠平滑肌先兴奋后抑制，产生肠麻痹；作用于延髓，抑制血管运动中枢，引起外周血管扩张和血压下降；抑制呼吸中枢，引起呼吸衰竭。神经毒素还作用于中枢神经系统，引起意识障碍、抽搐及脑神经损害(第Ⅲ、Ⅳ、Ⅶ对脑神经等)。

2. 血液循环毒素

血液循环毒素包括以下几种。①凝血毒素：如蝰蛇毒、眼镜蛇毒及银环蛇毒均能激活凝血因子X，使凝血酶原变成凝血酶。五步蛇、蝮蛇及竹叶青蛇毒具有凝血酶样酶，可直接使纤维蛋白原变成纤维蛋白，加速血液凝固，甚至产生弥散性血管内凝血(DIC)。

②抗凝血毒素:该类蛇毒可溶解纤维蛋白原或抑制纤维蛋白活性,促使纤溶酶原变成纤溶酶;阻抑凝血因子V活性,阻抑凝血酶形成导致凝血功能障碍,引起全身出血。③出血毒素:蝰蛇和蝮蛇毒中含有出血毒素,可损害毛细血管内皮细胞及细胞间质,使毛细血管通透性改变,引起出血。④溶血毒素:蝰蛇和眼镜蛇毒的磷脂酶A可使卵磷脂变成溶血卵磷脂,溶解红细胞膜,引起溶血症。磷脂酶A还可损害微血管壁产生肺出血,甚至引起休克肺。⑤心脏毒素:眼镜蛇毒可使心脏先兴奋后抑制,最后失去收缩性而导致心搏骤停。⑥细胞毒素:蛇毒可引起细胞溶解、蛋白质分解及组织坏死。释放组胺和血管活性物质引起血压改变,产生中毒性休克。海蛇毒主要破坏骨骼肌细胞,引起肌红蛋白尿和高钾血症[5]。

3.2.1.3 人中蛇毒后的症状

人被毒蛇咬伤处多位于身体暴露部位,如肢体末端,中毒症状主要与毒蛇种类有关,与毒量、毒液吸收量、吸收速度、被咬者年龄和体重等因素也有一定关系。重症患者多因呼吸麻痹、循环衰竭或急性肾衰竭死亡。

1. 局部症状

人被含神经毒素类毒蛇(如银环蛇)咬伤后,局部症状较轻,肿胀不明显,仅有蚁咬样微痛、麻木感、轻度红肿,麻木感呈向心性扩散,严重时可致肢体瘫痪。被血液循环毒素及混合毒素类毒蛇(如眼镜蛇)咬伤后局部症状较重,咬伤部位3~5分钟后即出现明显红肿疼痛,随后红肿明显加剧,组织因出现坏死,变紫黑色,坏死迅速向四周蔓延,常有皮下出血及局部淋巴结肿大、压痛及触痛等。

2. 全身症状

被神经毒素类毒蛇咬伤后0.5~3小时,伤者常出现头痛、眩晕、流涎、恶心、腹痛、胸闷、气促、眼睑下垂、视力模糊、复视、幻视症状,可有听、嗅、味感觉异常或消失,以及声音嘶哑、舌麻痹、言语不清、吞咽困难、牙关紧闭、共济失调或全身瘫痪等中毒症状,病情发展迅速。重者可发生昏迷或休克,经数小时或数日,多因呼吸麻痹和循环衰竭而死亡。

被血液循环毒素类毒蛇咬伤后2小时,伤者出现全身中毒症状,表现为畏寒、发热、恶心、呕吐、全身肌肉酸痛、心悸、胸闷、烦躁不安、谵妄、全身多发性出血、便血、尿血、黄疸、贫血、血压下降、休克等。重者可在咬伤后数小时内发生心、肾衰竭或中毒性休克死亡。

被混合毒素类毒蛇咬伤的伤者,具有神经毒素与血液循环毒素双重中毒症状。被眼镜蛇咬伤后,可于数分钟内死亡。被海蛇咬伤可引起横纹肌麻痹,引起肌红蛋白尿及急性肾小管坏死,中毒者最后死于急性肾衰竭。

3.2.2 蜘蛛类

蜘蛛属节肢动物门蛛形纲蜘蛛目动物。全世界已知蜘蛛有3万多种,对人类有毒的蜘蛛约 130 种。蜘蛛的神经毒素分子量大,不能透过血脑屏障,因而对中枢神经系统几乎没有影响,多作用于运动和感觉等外周神经系统。溶血毒素能造成血管内溶血、血小板减少,导致皮肤局部坏死。混合型蜘蛛毒既有神经毒,也有溶血毒,主要见于捕鸟蛛。中毒后表现为局部红肿、疼痛,严重时局部坏死。全身可有软弱无力、恶心、呕吐,可出现肌痉挛、溶血性血红蛋白尿及呼吸困难等。有毒蜘蛛种类较多,现对毒性最强的几类毒蜘蛛进行介绍。

3.2.2.1 悉尼漏斗网蜘蛛

澳大利亚是毒蜘蛛的乐园,那里总共生活着约 22 种毒蜘蛛,堪称世界上毒蜘蛛种类分布最多的地方。悉尼漏斗网蜘蛛是毒性最强的蜘蛛之一,这种蜘蛛得名于它们制造的形状各异的漏斗形洞穴,它们长着光滑的黑色脑袋和茶褐色身体,最引人注目的是它们巨大的螯角。一般蜘蛛的螯角大多像钳子,而悉尼漏斗网蜘蛛的螯角却像匕首,为了能让“匕首”刺进猎物体内,它们往往使尽全力向下猛击,如果一次攻击不成还会反复进行多次攻击,力量之大足以刺穿人的脚指甲。

悉尼漏斗网蜘蛛是世界上唯一无法用抗毒血清对付的蜘蛛,一旦被它们咬伤,即使是成年人也不能保证能生还。悉尼漏斗网蜘蛛在咬人时会释放一种强效毒素,并可在 2 分钟内到达人的循环系统,严重时 15 分钟就可致人死亡。这种毒素首先会引起刺痛、流口水、流眼泪、出汗、呕吐、腹痛等症状,2 小时后大部分症状可减退,但接着会出现呼吸困难。

悉尼漏斗网蜘蛛的雄蛛和雌蛛都携带剧毒,但两者之间的毒液成分、生活习性稍有不同,相较而言雄蛛比雌蛛对人类更为危险。一是因为雄蛛更活跃,经常走出洞穴,因此与人相遇的概率更高;二是因为雄蛛毒液的毒性更强。雄蛛的毒性较雌蛛更强,也因为它们常年离开洞穴在外面游荡,需要更强大的防卫武器,而雌蛛不喜欢“抛头露面”,多数时间都蛰伏在洞穴里以躲开捕食者,因而不需要那么强的毒性。不过当雌蛛冒险出洞时其毒性就会变强,这是它们的防御机制使然,也是长期进化的结果。

3.2.2.2 黑寡妇蜘蛛

黑寡妇蜘蛛是闻名世界的剧毒蜘蛛之一,其毒性甚至比响尾蛇还要毒 15 倍。黑寡妇蜘蛛主要分布在地中海沿岸,其致人畜死、伤的事件屡见不鲜。在我国黑寡妇蜘蛛主要分布于新疆和云南等地,近年来随着人类生活范围的逐渐扩大,人、畜被黑寡妇蜘蛛咬伤、咬死的报道也多次发生。

人被黑寡妇蜘蛛咬伤后,中毒的局部症状主要表现为伤口处有针扎感,伤口及附近皮肤可能呈苍白色、或红色或起荨麻疹,会出现局部疼痛或压痛,剧痛会在被咬后约 5 分钟内迅速向腹部、大腿、腰部等处扩散,同时可能出现腹胀、肠梗阻现象;全身症状主要包括乏力、视力模糊、恶心呕吐、呼吸急促、发热、抽搐以及特征性的足跟部烧灼感等,同时容易引起心肌损伤,心肌酶可发生不同程度的升高,严重病例血压先升高后降低,出现中毒性休克的状态。

3.2.2.3 赤背蜘蛛

赤背蜘蛛的名字来源于其身体上的那条醒目的红色缎带,其腹部有条纹或者沙漏图形。与“臭名昭著”的黑寡妇蜘蛛存在近亲关系。在澳大利亚,赤背蜘蛛的伤人事件比蛇和其他动物伤人事件的总数还要多,每年大约有 1000 人被其咬伤,对人类构成了巨大的威胁。赤背蜘蛛的毒性比较强,多数人被咬伤中毒后常出现淋巴结肿大、头痛、恶心以及颤抖等症状,严重者可出现痉挛、昏迷和呼吸衰竭[6]。

3.2.3 蜂类

蜂类属膜翅目昆虫,有蜜蜂、黄蜂(又称胡蜂)、大黄蜂和竹蜂等,造成的危害多为蜜蜂和黄蜂蜇伤中毒。蜂毒由工蜂的毒腺分泌,通过位于尾部的螯器官,在刺入人体时将毒液注入。小剂量蜂毒可治疗多种疾病,但超量的蜂毒成分可使人中毒死亡。

3.2.3.1 杀人蜂

在北美大陆,有一种膜翅目蜜蜂科的不同种类杂交所产生的蜂,因其性情暴躁易怒、凶残狠毒,因此被称为“杀人蜂”。杀人蜂原产于非洲,1956 年,巴西科学家急于培养一种产蜜量更高的蜜蜂,于是引入非洲蜜蜂与欧洲蜜蜂进行杂交。不料部分非洲蜜蜂从实验场地逃跑,再与当地的蜜蜂杂交后便产生了杀人蜂。由于没有天敌,杀人蜂的种群数量急剧增加。

杀人蜂一旦受到打扰,为了保护蜂巢、蜂后和幼蜂,便会群起而攻之,而震动、闪亮的物体如珠宝、深色服装等对它们来说都是“危险信号”,都能激怒它们,从而引发它们的攻击行为。杀人蜂蜇人时会释放一种信息素,又叫气味信号。这种气味信号会很快引来更多的杀人蜂,通常蜂巢内半数成员都会出动。如果不慎招惹了杀人蜂,大约会被 2 万只杀人蜂围绕着展开攻击。它们最远能追出 1000m,此后 8 小时里蜂群始终处于激奋状态,蜂巢附近 1000m 地之内的任何活物都会遭到攻击。

其实杀人蜂的毒性与欧洲蜜蜂没什么差距,它的可怕之处就在于每次参与攻击的数量太多,造成被蜇对象短时间摄入大量蜂毒。人一旦遍体被蜇就会产生对蜂毒的过敏性反应,发生过敏性休克,具体表现为喉部肌肉紧缩、血压下降,如果救治不及时,就会导致死亡。

3.2.3.2 蜂类致人中毒机理

人类中蜂毒的原因多为意外,比如野外活动时不慎激惹蜂群被蜇伤,也有在采集野蜂蜜时操作不当而引起蜇伤。蜂毒属神经毒素和血液毒素,具有显著的亲神经特性以及出血和溶血等作用。蜂毒中约有 40 种不同组分,包括肽类、酶类和生物胺。其中主要为毒肽类，是26个和18个氨基酸残基的溶血毒肽(melittin)和蜂毒神经肽(apamin)，其他还有阿度拉平、镇静肽及四品肽等。除毒肽外，尚有磷脂酶A与磷脂酶B、葡萄糖苷酶、酸性磷酸单脂酶、透明质酸酶、组胺、5-羟色胺、乙酰胆碱及缓激肽等。

蜂毒中的磷脂酶A与磷脂酶B，它们都能作用于细胞膜而加重溶血，引起继发性急性肾小管坏死及肾小管内蛋白管型形成，导致急性肾衰竭而死亡；蜂毒中的蛋白多肽进入人体后可引起过敏反应，导致过敏性休克而死亡。

大鼠静脉注射蜂毒的半数致死量为6mg/kg。每次蜜蜂蜇伤约放出0.1mg的蜂毒，通常把500~1000g蜂蜇伤所注入人体的蜂毒量当作致死量。

3.2.3.3 人类中蜂毒后的症状

人被蜂蜇伤的局部症状主要为剧烈疼痛及灼热感，继而出现红肿及水疱，少数可引起出血及组织坏死。被群蜂蜇伤症状较重者，当时可昏厥。敏感体质易引起过敏性休克，出现荨麻疹、口舌麻木、口唇及眼睑水肿、喉头水肿、恶心、呕吐、腹痛、排稀水样便、呼吸困难、心率增快，严重者可因休克或呼吸衰竭致死。

毒素被机体吸收后，可引起发热、畏寒、头晕、全身剧痛、烦躁不安、痉挛、昏迷、黄疸、肝功能损害，体温可升高到39℃(多数在8小时后)，伴有恶寒、血压下降、脉搏加快(可达120次/分)、剧烈头痛、呼吸困难、发绀、肺水肿等，溶血严重者可出现溶血性黄疸及肾功能损害，表现为血红蛋白尿、尿少、无尿等，常因呼吸衰竭和急性肾衰竭死亡。

3.2.4 有毒鱼类

有毒鱼类是指会导致机体中毒的鱼类，种类主要包括豚毒鱼类、肉毒鱼类、胆毒鱼类、血毒鱼类和刺毒鱼类等5种。

3.2.4.1 肉毒鱼类的生物安全

肉毒鱼类外表看上去和普通食用鱼一样，且颜色艳丽多彩。其毒素被称为“雪卡”毒素，是一种脂溶性物质不溶于水，对热作用十分稳定，是一种外因性和积累性的神经毒素。肉毒鱼类在某个海域有毒，但到了另外海域却可以无毒，所以极易被人误食。人类误食中毒后出现胃肠道症状、心血管系统症状以及感觉和运动障碍，也可以出现肌肉疼痛和极度疲劳等现象，随后由于呼吸麻痹而死亡。

3.2.4.2 豚毒类的生物安全

豚毒类是指含有河豚毒素的河豚，如虎纹河豚、条纹河豚及星河豚等。河豚泛指硬骨鱼纲豚形目及豚科的各属鱼类，因其外形似“豚”，常在河口一带活动，江、浙一带俗称其为“河豚”，山东则称“艇巴”，河北叫“腊头”，广东称“乖鱼”或“鸡抱”，广西则叫“龟鱼”。其肉味鲜美、营养丰富，是一种名贵的高档水产品，被誉为“菜肴之冠”。河豚的卵巢、肝脏、肾脏、眼睛及血液中含有剧毒，处理不当或误食，轻则中毒，重则丧命。

河豚体表光滑无鳞，有的体表有小棘，身体呈粗短纺锤形，前部钝圆，后部渐狭小，无腹鳍，头扁，口小，上下颌各有二齿，鳃孔狭小，臀脊两鳍位于近尾部。我国沿海地区盛产河豚，常见的河豚为虫纹东方豚和铅点圆豚两种。每年春夏之交，大批河豚由外海进入内海，溯游至江河产卵，因此沿海各省、长江中下游、汉江及珠江等江河中均可见。

河豚的危险性是由误食河豚或食用不当引起的河豚毒素中毒。已知可引起中毒的毒素有河豚毒素（tetrodotoxin，TTX）、河豚酸（tetrodonic acid）、河豚素（tetrodonine）和河豚肝毒素（hepatoxin）4 种，河豚所含毒素主要为河豚毒素和河豚酸，前二者均为水溶性。河豚毒素是一种天然剧毒毒素，是毒性最强的非蛋白类神经毒素之一，具有独特的结构特性及对钠离子通道高亲和力专一阻断作用的特性。河豚各部位内脏或组织的毒性大小，依次为卵巢 > 肝 > 血 > 眼球 > 鳃 > 皮 > 精巢 > 肌肉，新鲜和洗净的鱼肉一般无毒。如果河豚死后较久，其内脏毒素会浸入肌肉，但少数几种河豚（如双斑东方豚及条纹东方豚）在产卵期，鱼肉中也含少量毒素。河豚体内的毒素常随季节变化而有差异，比如冬春季为河豚的繁殖季节，各器官组织毒性增强。河豚毒素的结构相当稳定，日晒、盐腌和一般烹煮均不能使其破坏。

河豚毒素进入人体产生类似箭毒样作用，最主要的毒性是对随意肌（包括呼吸肌）进行性麻痹，选择性地与神经和肌肉细胞膜表面钠离子通道上的蛋白质结合，阻断钠离子通过，从而影响神经肌肉间兴奋性的传导，使神经肌肉呈麻痹状态。河豚毒素对中枢神经系统和末梢神经产生的麻痹作用，会使中毒者舌尖、口唇及肢端发麻；继而麻痹运动神经，使肢体无力，甚至软瘫；然后麻痹血管运动中枢，导致血压下降、脉搏迟缓；最终麻痹呼吸系统，导致中毒者呼吸衰竭而死亡。河豚毒素还可作用于胃肠黏膜引起急性胃肠炎。因河豚毒素一般不直接侵害心肌，所以中毒者呼吸停止后，心脏仍能持续搏动相当长的时间。

人中河豚毒后的潜伏期长短与进食量、胃内空盈情况及机体状态等因素有关，一般约为半小时至 3 小时，重症病例进食后 10 分钟即有明显的中毒症状。人在中毒后最初表现为上腹部不适、恶心、呕吐、腹泻等胃肠症状；随后逐渐出现面色苍白、头晕，舌尖、口唇和肢端有蚁爬样麻木感，眼睑下垂、四肢无力、步态蹒跚、共济失调，甚至出现瘫痪等神经症状。严重者大量流涎、体温下降、言语不清、呼吸浅慢而不规则、瞳孔散大、昏迷、全身青紫色，但神志清醒。循环系统症状多表现为各种心律失常如心动过缓、室性期前收缩，重者可致血压下降，心电图检查示房室传导阻滞。重度中毒患者如不及时抢救，多在 1 ~ 6 小时内死于呼吸麻痹，最快的可在发病后 10 分钟死亡，中毒 8 小时仍存活者一般可望恢复。曾有两人分食 2 条共重约 2 公斤未去除卵巢的鲜河豚，10 分钟后两人均面色苍白、全身青紫、四肢厥冷、痛觉消失，随后昏迷、呼吸浅促、脉搏细弱，3 小时后均发生死亡。

3.2.4.3 胆毒鱼类的生物安全

有毒鱼类分两类，一种为具有毒器的刺毒鱼，如鲶鱼；另外一种为没有毒器，但体内某种组织含有毒素，又可分为卵毒鱼类、肝毒鱼类、胆毒鱼类及河豚毒鱼类等多种。我国主要淡水经济鱼类如青鱼、草鱼、鲤鱼等鱼类的胆汁内含有毒素，称为鱼胆毒素，这类鱼称为胆毒鱼类。

鱼胆（fish bile）作为药用已有2000多年的历史，许多民间单方、偏方认为鱼胆可以治疗近视、支气管炎或高血压病等，故常有使用不当引起中毒甚至死亡者。因鱼胆毒素耐热，且不易被乙醇破坏，故生吞、熟食或以酒冲服鲜胆等方式均可造成中毒。在我国，吞服青鱼胆、草鱼胆造成中毒的病例较为多见，主要分布在我国长江以南的各省市。

将草鱼胆汁给大鼠灌胃后，可导致大鼠血压持续性下降；大鼠静脉注射草鱼胆汁提取物，可导致其平均动脉压、心率、每搏输出量及心输出量均明显降低。从草鱼胆汁中分离出主要毒性成分为鲤醇硫酸酯钠（Sodiumcyprinol sulphate），对大鼠心肌有选择毒性作用，主要靶器官为心、肾，对肝也有损害；大鼠腹腔注射鲤醇硫酸酯钠后，可出现心肌缺血、心电不稳、ST段抬高或T波倒置，心率、呼吸呈先加快后逐渐变慢的表现。鱼胆及鲤醇硫酸酯钠中毒的早期死因为心源性休克或循环衰竭。

因鱼胆毒素主要损害心及肾，会导致中毒者心肌损伤和血压下降，且因肾血流灌注量降低而致肾损伤，并使肾对毒素敏感性增加。鱼胆毒素及其代谢物由肾排泄，会引发中毒者急性中毒性肾病，最终导致其因急性肾衰竭而死亡。

误食鱼胆中毒者最初均有胃肠症状，具有发展快、变化大、死亡率高（高达30%）的特点。中毒的潜伏期一般在5～12小时，最短为0.5小时，最长达14小时。早期主要表现为腹痛、呕吐及腹泻，一般持续1～2天。中毒者有肝、肾损害，溶血反应及神经系统症状发生率分别为60%、40%、20%和10%。中毒后2～3天出现肝大、触痛及全身黄疸；3～6天可出现少尿甚至无尿，并伴有血尿、蛋白尿和管型尿等，个别病例有面部、下肢或全身性水肿。少数病人可因急性溶血反应出现便血、呕血、皮肤出血点、血红蛋白尿，甚至休克。神经系统方面，患者可有头晕、头痛、神志不清、嗜睡、躁动、全身抽搐、昏迷、尿素氮（BUN）升高，二氧化碳结合力降低及高钾血症。中毒严重者可出现心律失常、窦性心动过速、窦性心动过缓、房室传导阻滞、低血钾及心肌损害。重症病例可死于急性肾衰竭、急性肺水肿或中毒性心肌炎。

3.2.4.4 刺毒鱼类的生物安全

刺毒鱼类是一种具有毒棘和毒腺的鱼类，其毒腺细胞能分泌毒液，由毒棘注入人体后会引起局部疼痛和机体中毒，甚至危及生命。这类鱼以石头鱼和鬼鲉为代表。

1. 石头鱼

石头鱼属毒鲉鱼族，因其像玫瑰花一样长有刺，且有毒，故学名“玫瑰毒鲉”。石头鱼毒性很强，它的“致命一刺”被描述为给予人类最疼的刺痛。石头鱼平时喜欢躲在海底或岩礁下，将自己伪装成一块不起眼的石头。如果有人不留意踩着了石头鱼，它就会毫不客气地立刻反击，脊背上锐利的背刺会轻而易举地穿透鞋底刺入人体脚掌，并向外发射出致命剧毒，使人很快中毒并一直处于剧烈的疼痛之中。

石头鱼为自古闻名的鱼中珍品，它的眼睛很特别，长在背部而且特别小，眼下方有一深凹；通身光滑无鳞，嘴形弯若新月，鱼脊灰石色，隐约露出石头般的斑纹；圆鼓鼓的鱼腹白里泛红，尾部扁侧稍窄；身长只有30cm左右，身体厚圆而且有很多瘤状突起，好像蟾蜍的皮肤；体色通常以土黄色和橘黄色为主，但会随着环境不同而复杂多变，可像变色龙一样通过伪装来蒙蔽敌人，从而使自己得以生存。石头鱼常蛰伏在海底石堆中时，活像一块石头，不易被发觉。

2. 鬼鲉

鬼鲉生活在太平洋热带沿海水域，毒液的毒性丝毫不亚于石头鱼，因其毒烈如蝎子，故又俗称海蝎子。这种动物虽然形象丑陋，面目可憎，但体色鲜艳，且能随环境改变，这是它们对环境适应性进化的结果，是一种极为有效的伪装。

鬼鲉的鳃盖上长有长而锐利的毒棘，每边各6根，第一背鳍上的第5、6根棘刺也有毒。鳃盖上的毒棘为皮肤所盖，只露出前端部分。棘的正、反两面各有刺沟一条，沿每条沟有一梨形腺组织，较宽的一端连接棘刺的基部。当鬼鲉的毒刺受到挤压时，毒腺的腺细胞便会被挤破，毒液进入刺沟，流进人或动物的体内，就像在皮下注射了一针毒剂。人如果不小心踩在鬼鲉身上而被刺伤，初期会感到烧灼般的剧痛，如果不及时治疗，将引起晕厥、发热、麻木、呕吐、呼吸急促，严重时可导致死亡。

3.2.5 斑蝥

3.2.5.1 斑蝥概述

斑蝥又名斑猫、斑蚝、鸡公虫及盘蝥虫，属节肢动物昆虫纲鞘翅目芫菁科，我国大部分地区均有分布。芫菁科昆虫南方大斑蝥或黄黑小斑蝥的干燥体可作为中药，于夏、秋二季捕捉，闷死或烫死，晒干，炮制成中药，具有破血逐瘀、散结消癥、攻毒蚀疮的功效，主要用于癥瘕、经闭、顽癣、瘰疬、赘疣、痈疽不溃及恶疮死肌等。

斑蝥体长1.5~3cm，翅2对，背部有黑斑纹，腹部黑色。体有臭气。多生长在丘陵、山坡、河床沙地及荒漠等地。国内以安徽、河南及广西分布较多。斑蝥的栖息环境较独特，因成虫为植食性，幼虫为肉食性，所以成虫多生长在寄主植物上，而幼虫多集中在蝗卵密度大的地方。斑蝥成虫寄主极为广泛，不仅有农业经济作物，而且还有大量的野生植物及杂草等。

斑蝥体内的主要毒性物质为斑蝥素，其含量占体重的1%～1.2%。纯斑蝥素为无色、有光泽的斜方形小片结晶。

3.2.5.2 斑蝥毒性作用机制

斑蝥及其制剂可用于治疗肝炎、癌症及多种皮肤病等，但滥用、误用和超大剂量食用可引起中毒，甚至死亡。较常见中毒原因是有口服或皮肤涂抹含斑蝥或斑蝥素引起中毒死亡的，有误将斑蝥作为中药土鳖虫而致中毒死亡的，有误作堕胎药或治疗月经不调等引起中毒死亡的。

斑蝥素对皮肤、黏膜及胃肠道均有较强的刺激作用，可引起皮肤红斑、水疱，甚至坏死。临床上皮肤斑贴试验的主要成分就是斑蝥素。斑蝥素经皮肤及黏膜吸收后，主要作用于泌尿系统，肝、肾变性坏死和引起尿路炎症；口服后可引起急性胃肠炎而腹痛、呕吐甚至休克；重症病例可死于周围循环衰竭。

斑蝥混悬液给大鼠灌胃后血流动力学发生变化，其左室舒张末压呈下降趋势；心率在低剂量组加快，而大剂量组减慢；呼吸频率先快后慢；大鼠死亡时，呼吸比心跳先停止，提示在斑蝥致中毒发生死亡时，呼吸抑制作用不可忽视。大鼠发生斑蝥急性中毒后血中炎细胞增高，肾、肝细胞变性坏死明显，淋巴器官（胸腺、淋巴结及脾）淋巴细胞变性坏死显著，胃、肠、膀胱等黏膜有出血、坏死。急性斑蝥中毒对淋巴组织具有免疫抑制作用，其中毒靶器官为肾、肝和淋巴器官。

3.2.5.3 人在发生斑蝥中毒后的临床症状

发生斑蝥中毒者常在口服斑蝥制品10分钟至2小时出现症状。首先出现剧烈胃肠症状，中毒者口腔、咽喉有烧灼感，口腔黏膜出现水疱及溃疡，牙龈出血，吞咽困难，并伴有恶心、呕吐、流涎、腹痛、腹泻等临床表现，重症患者可发生高热、心律失常、血压下降及休克等，在1～15小时内死于周围循环衰竭。吞服斑蝥虫体中毒者，呕吐物中混有血液及黏液，可检见斑蝥残躯及碎翼。

人在口服斑蝥制品2～4小时后，可发生泌尿系统症状，有腰痛、尿频、尿急、尿道烧灼感、排尿困难、尿少，尿内出现蛋白和红细胞，甚至肉眼血尿。严重者可因急性肾衰竭而死亡。中毒者有时会出现生殖器官兴奋现象，如阴茎勃起、子宫收缩出血、流产等。皮肤接触斑蝥素可致局部皮肤潮红，有烧灼感，继而形成充血、水疱及溃疡，严重者口、舌、咽黏膜溃烂。斑蝥素侵入眼内可引起流泪、剧烈灼痛、眼睑水肿及结膜溃疡。

3.2.6 蟾蜍

蟾蜍是两栖纲无尾目蟾蜍科的动物，俗称癞蛤蟆。我国最常见的有中华大蟾蜍、花背蟾蜍、黑眶蟾蜍等。蟾蜍可作药用，如以其耳后腺及皮肤腺所分泌的白色浆液经收集加工制成的蟾酥，就是一种强心中药，含蟾酥的成药有六神丸、蟾酥丸及金蟾丸等。但蟾蜍所分泌的这种白色浆液中含有蟾蜍毒素，人若经伤口接触达到一定入血量时，即可发生中毒。

3.2.6.1 蟾蜍毒性作用机制

蟾蜍分泌液中有蟾蜍配基、蟾蜍毒素、蟾蜍精、蟾蜍胺，以及肾上腺素、去甲肾上腺素、胆固醇等30多种成分，其主要毒性成分为蟾蜍配基和蟾蜍毒素，两者基本结构及对心脏的作用与洋地黄相似，均兴奋迷走神经及直接作用于心肌，但作用不强，易引起心率变慢及心律失常，如室性心动过速及心室颤动等。蟾蜍配基和蟾蜍毒素尚有刺激胃肠道、催吐、局部麻醉及引起惊厥的作用，它们的局部麻醉作用比可卡因大几倍。此外，蟾蜍分泌液中含有的儿茶酚胺化合物及胆固醇等物质，具有收缩血管升高血压的作用。

3.2.6.2 中毒后的常见临床症状

人在误食蟾蜍后，一般半小时至1小时会出现症状。①消化系统：发生频繁的恶心、呕吐。有的病例有腹痛、肠鸣、腹泻、稀水样大便，吐泻严重者可致脱水。②神经系统：表现为头晕、头痛、口唇及四肢麻木、抽搐、嗜睡、出汗、膝反射迟钝或消失。患者神志多清楚，严重者可因阿斯综合征而发生惊厥。③循环系统：有胸闷、心悸、窦性心动过缓（偶有心动过速）、心律不齐，重者可发生心房颤动、心室纤颤或血压下降导致休克等，甚至出现阿斯综合征而致急性死亡。心电图示ST段斜形下垂、T波低平或倒置并可相互融合，与洋地黄样ST段及T波改变相似。中毒中晚期，患者呼吸不规则，口唇青紫，甚至发生呼吸衰竭。重度蟾蜍中毒患者，从发病到死亡时间短促，多为1~4小时。

（张冬先）

参考文献

[1] 刘良. 法医毒理学[M]. 5版. 北京：人民卫生出版社，2016.
[2] 周安寿. 常见有毒动物中毒[J]. 中国临床医生，2003(6)：57-58.
[3] 吕秋敏，赖仞. 动物毒素及相关药物研究进展[J]. 药学进展，2015，39(12)：897-904.
[4] 梁醒财，侯清柏，谢立璟，等. 中国有毒动物的现状与研究[C]. 第八届亚太医学毒理学大会暨全国中毒控制与救治论坛论文汇编，中华预防医学会会议论文集，2009：

58 -66.
[5] 徐强,曹丽君,马金萍,等.松树蜂形态及危害特点的研究[J].环境昆虫学报,2018,40(2):299 -305.
[6] 王诺琦,张莉,杨秀颖,等.动物类有毒中药“毒”的历史认识及现代研究[J].医药导报,2019,38(11):1425 -1430.
[7] 秦凯波,郑毅.食蚊鱼的入侵现状和危害研究[J].绿色科技,2017(8):10 -11.
[8] 伍江.黑寡妇蜘蛛咬伤中毒治疗[J].医疗装备,2015,28(10):125 -126.

第4章
实验动物与生物安全

实验动物在生命科学与医学研究中的重要作用，已经随着科学技术的进步与发展越发凸显出来。与国外发达国家的实验动物使用量所不同的是，我国的实验动物使用量有成倍增长的趋势。我国许多研究机构和社会机构也投入了大量人力、物力和财力，来构建越来越多的大型动物实验设施用以科学实验。当今，由实验动物所带来的生物安全问题已经凸显，它明显地影响到了生物多样性、生态环境和人类健康[1-2]。因此，实验动物的生物安全问题已经受到国内外的高度重视。

4.1 实验动物的种类

实验动物（laboratory animals）主要是指以医学、药学、生物学或兽医学等的科研、教学、医疗、鉴定、诊断以及生物制品制造等需要为目的而驯养、繁殖和育成的动物。随着实验动物科学的发展，实验动物的分类方法愈来愈细，并更加科学化。实验动物的分类依据遗传学控制原理、微生物学控制原理及我国实际情况三个原则分为三类[3]。

4.1.1 按遗传学控制原理进行实验动物分类

4.1.1.1 近交系动物

近交系动物一般称为纯系动物，是采用兄妹交配（BXS-brother sister）或亲子交配（PXO-parent xoffspring，父母与子女交配）连续繁殖20代以上所培育出来的纯品系动物，一般以小鼠为典型代表。把啮齿类动物同胞兄妹连续交配达20代以上的品系，其近交系数可达99.8%；用亲子（父女、母子）连续交配20代以上达到近交目，其近交系数可达

99%。很多学者认为,必须用年轻的双亲同其子女交配,而且亲子交配不能同兄妹交配混用。近交系培育多用于做小鼠的纯种培育,这是因为较大动物的纯种培育很难获得成功,且其低成功率往往会造成经济负担。

4.1.1.2 突变系动物

突变系动物(maiant strain animals)是保持有特殊突变基因的品系动物,也就是正常染色体的基因发生了变异且具有各种遗传缺陷的品系动物。生物在长期繁殖过程中子代突变发生变异,其变异的遗传基因等位点可遗传下去,或即使没有明确的遗传基因等位点,但经过淘汰和选拔后仍能维持稳定的遗传性质,这种能保持遗传基因特性的品系,称为突变品系。在小鼠和大鼠中,通过自然突变和人工定向突变,已培育出很多突变品系动物。

4.1.1.3 杂交群动物

杂交群动物(hybrid animals)也称杂交一代动物或系统杂交动物,它是指两个近交系动物之间进行有计划交配所获得的第一代动物,简称 F1 动物。一般只用子一代(F1),有时也用子二代(F2)。例如由 C57BL/6J 和 DBA/2 小鼠交配后培育的第一代为 DBF1 或 *D*-2B6F1,C57L/J 和 A/He 交配后的第一代为 LAF1。

4.1.1.4 封闭群动物

封闭群动物(closed colony animals)是指一个动物种群在5年以上不从外部引进其他任何品种的新血缘,由同一血缘品种的动物进行随意交配,在固定场所保持繁殖的动物群。一般对群的大小、封闭年月及繁殖结构等均有明确规定。封闭群动物可分为起源于近交系但并不进行兄妹交配的维持群和不起源于近交系而亦不进行兄妹交配的维持群。也就是在这固定的一群动物中,有的可能有近交关系,有的则无近交关系,但都要避免兄妹交配,也要避免亲子、表兄妹、侄伯之间相互交配,保持其一定的遗传差异。常见的封闭群动物主要有 DdN 小鼠、惠斯脱(Wistar)大鼠、各研究所长期自行繁殖的昆明种(瑞士种)小鼠、青紫兔、新西兰白兔、大白耳兔及豚鼠等。

4.1.2 按微生物学控制原理进行实验动物分类

为了更好地阐述实验动物的生物安全问题,我们将实验动物按照微生物控制原理进行如下分类。

4.1.2.1 悉生动物

悉生动物(cnotobiotes animals)是指机体内带着已知微生物(动物或植物)的动物。此种动物原本是无菌动物,系人为地将指定微生物丛投给其体内,例如使大肠杆菌定居在无菌小鼠体内,在进行微生物检查时仅能检出大肠杆菌。亦有人工投给两种以上的已知微生物。悉生动物一般可分为单菌、双菌、三菌或多菌动物。此种动物同无菌动物一样是放在隔离器内饲育的,但因其带有已知的微生物,故隔离器内有微生物及其代谢产物的污染。例如,人工投给的微生物除可在饮水中增殖外,还能在隔离器内放出大量的氨气。

4.1.2.2 无特定病原体动物

无特定病原体动物(specical pathogen free animal,SPF)是指机体内无特定的微生物和寄生虫存在的动物,简称 SPF 动物。由于用疫苗和药物进行预防及治疗,或用淘汰带病原体动物来做出 SPF 动物的方法并不实用(既浪费时间,又难保确实能除去病原体),所以一般会先培育出无菌动物或悉生动物后,再把其转移到有封闭系统(barrier system)的设施中进行饲育繁殖。

原则上,SPF 动物的室内是不允许存在病原体的,但在封闭系统环境中,难免有非病原性微生物逐渐进入动物体内,故亦有人把这个转移过程称为"通常动物化"。SPF 动物的祖先是无病原体动物,按理来说无病原体动物的子宫内和卵中应该是无病原体的,然而有些病原体是通过亲代传给胎儿的,因此在做选择之前必须充分考虑这个问题。

4.1.2.3 清洁普通动物

清洁普通动物(clean conventional animal,CCV)亦称最低限度疾病动物或称清洁动物,是来自封闭系统的 SPF 动物。它们被饲养在设有两条走廊的温、湿度恒定的普通设施中,其垫料、饲料及用具等均经过高压灭菌。饮水 pH 值为 2.5 ~ 2.8,鼠盒上带过滤帽,空气亦经过一定的过滤,工作人员穿干净服装操作。此类动物的微生物控制标准基本与 SPF 相同,不同之处为血清病毒抗体检查虽然可以允许检出一定滴度的抗体,但不允许动物出现临床症状和脏器的病理变化和自然死亡。

4.1.2.4 普通动物

普通动物(conventioal animals)是指未经积极的微生物学控制,普遍地饲养在开放卫生环境里的动物。普通动物的垫料和食物不经高压消毒,饮水为自来水,不喂青饲料。该类动物具有一定的健康要求,比如应排除肺炎病毒、沙门菌和链球菌感染,不应有蛲虫等寄生虫寄生。普通动物只能供教养和一般性实验,不适用于研究实验。

4.1.3 按我国实际应用进行实验动物分类

国外将实验动物分为五级或四级,以用于不同的实验。在我国,1980 年 10 月,中华医学杂志编委会在北京召开了医学科研设计座谈会,本次会议根据我国具体情况对实验动物进行了分级,并对各类实验动物进行了规范。

4.1.3.1 实验动物分级

Ⅰ级实验动物：用于教学示教的动物。该类实验动物应没有能传染给人的各类疾病，如结核、假结核、痢疾、伤寒沙门菌感染，出血性黄疸钩端螺旋体病，淋巴细胞脉络丛脑膜炎病毒感染，皮肤霉菌病及体外寄生虫病等。

Ⅱ级实验动物：用于一般动物实验的动物。该类实验动物在一般实验动物室内繁殖饲养，种系清楚，不杂乱，也没有动物所特有的疾病，如脱脚病（鼠痘），流行性腹病毒、致死性肠道病毒、出血性败血性巴斯德菌、支气管败血性传代菌感染，丝虫病、球虫病、蠕虫（除蛔虫外）病等。

Ⅲ级实验动物：即所谓的无特定病原体动物。除Ⅱ级标准外，动物为剖腹产或子宫切除产动物。它们均按纯系要求繁殖，在隔离器内或层流室内饲养，只有一些不致病的细菌丛，没有各种致病的病原体。

Ⅳ级实验动物：即无菌（germ free，GE）动物，是在全封闭无菌条件下饲养的纯系动物，动物体内外不带有任何微生物和寄生虫（包括绝大部分病毒）。

4.1.3.2 实验动物分类

实验动物可分为普通实验动物、清洁实验动物、无特定病原体实验动物、无菌实验动物和悉生实验动物。普通实验动物要求必须不带有人畜共患病原体及体外寄生虫；清洁实验动物要求在普通实验动物的基础上，还须不带有动物传染病的病原体；无特定病原体实验动物要求在清洁实验动物基础上还须不带有干扰实验的微生物；无菌实验动物要求不带有任何用现有方法可以检出的微生物；悉生实验动物要求在无菌动物体上植入一种或数种已知的微生物。

4.2 实验动物涉及的生物安全问题

生物安全实验室的各种常见生物危害，比如动物实验过程中会产生各种潜在的生物危害因素，这些问题若处理不当，不仅会危害操作人员和实验动物的安全，也会污染实验室内的环境，危害实验室外的公共卫生，进而对环境和社会造成危害[4-8]。

4.2.1 实验室内的生物危害形式

4.2.1.1 生物气溶胶

生物气溶胶是一种常见的生物危害，是指含有生物性粒子的气溶胶。生物性粒子可以是细菌、真菌、病毒或毒素等，也可以是致敏花粉、霉菌孢子、蕨类孢子、唾液和昆虫排泄物等。生物气溶胶除具有一般气溶胶的特性以外，还具有传染性和致敏性等特征。生物气溶胶无处不在，难防难控，可自然发生也可以人为产生。受感染的动物可通过呼吸或排泄释放生物气溶胶，当实验人员处理实验动物（如病原感染处理、饲喂、换笼、采血和解剖等）时，也会产生生物气溶胶。在动物生物安全实验室内所涉及的生物危害气溶胶，大致可归纳为感染性病原体气溶胶和动物性过敏原气溶胶两大类。

1. 感染性病原体气溶胶

为了研究病原微生物的生物学特性，经常需要在动物生物安全实验室内针对病原微生物进行操作。在人畜共患病的研究中，人们发现仅20%的实验室感染可以追踪到源头，其余80%的感染事件无法确定具体原因。研究者认为，未知具体原因的感染事件中，很大一部分可能是吸入了感染性病原体的气溶胶。实验室常规操作以及玻璃容器破碎、注射器误操作和离心管破碎等意外事故，在发生时多引起病毒气溶胶的产生。

2. 动物性过敏原气溶胶

动物性过敏原是另一种可通过空气传播的生物危害，包括动物毛发、皮屑、分泌物和尿液等。动物性过敏原进入空气形成气溶胶，可通过呼吸、皮肤接触和眼部接触等引起实验动物从业人员的过敏反应，即实验动物过敏症（laboratory animal allergy，LAA）。LAA的典型表现有鼻炎、哮喘、眼睛痒和皮疹等。动物性过敏原不仅会在暴露于相关环境时引起环境污染，还会使从业人员在接触实验动物时导致哮喘，出现咳嗽、呼吸急促等急性症状，也会出现诸如慢性哮喘等，可持续数月甚至数年。

国外的研究表明，实验动物从业人员中有3/4的人有过过敏症状，约1/3的人被诊断为LAA，约1/10的人的症状可能会进一步发展为哮喘。动物性过敏原气溶胶通常具有较宽的粒径范围，已被发现遍布整个动物实验设施。大鼠和小鼠的过敏原颗粒直径主要在6～18μm，而兔的过敏原颗粒直径≤2μm。动物实验设施内过敏原浓度的提高，与较低的湿度、较高的动物密度、实验人员活动类型（如更换笼具、打扫卫生）和动物操作相关。房间内负压状况，有利于降低过敏原的浓度。

4.2.1.2 实验动物排泄物

实验动物排泄物中常常含有实验研究的感染性病原体、抗微生物药物或耐药菌株等，因此需采用消毒剂浸泡及高压灭菌的方法定期清理。动物排泄物的长期堆积易产生生物气溶胶，同时动物排泄物还会产生有害气体（如氨气）。当饲养室饲养动物的密度过大、垫料更换及粪便清理不及时的时候，均会引起饲养室的氨气浓度增加。特别是大动物排泄物较多，更易产生高浓度的氨气。人如果长期生活在高浓度的氨气环境中，可引起呼吸系统疾病，如慢性鼻炎、气管炎及支气管炎等，皮肤和眼睛受到强烈刺激也会引发皮肤炎及眼结膜炎等疾病。根据国家标准，实验动物环境设施内氨气浓度不应高于$14mg/m^3$。因此，动物生物安全实验室应保证足够的通风量和换气次数、合理的饲养密度，还应定期更换垫料、清理粪便。

4.2.1.3　实验废弃物

实验废弃物可归纳为感染性废弃物、病理性废弃物和损伤性废弃物三类。感染性废弃物包括接触过或潜在接触过实验动物或病原微生物的实验废弃物；病理性废弃物包括质粒、细胞、单克隆抗体、临床组织样本、实验动物组织及尸体等废弃物；损伤性废弃物包括使用后的注射针头、刀片等锐器。实验过程中产生的废弃物若不妥善处理将污染外部环境，给实验人员带来感染风险。

4.2.2　实验动物疫病

我国每年培育的实验动物数量巨大，动物的种类及品系也越来越多。例如小鼠和大鼠是首先按实验要求严格进行培育的实验动物，其次有地鼠类、豚鼠等，其他啮齿类动物及鹌鹑等动物亦已经实现了实验动物化。

4.2.2.1　实验动物疫病的概念

实验动物疫病是指病毒、细菌、真菌和寄生虫等按照相应的渠道，由外界进入实验动物体内，并在其机体内生长、繁殖、扩散，使得实验动物体的正常生理功能受到损害而发生的疾病。患病动物可以将病原体传给其他同类健康动物，造成疾病在新的个体中再次出现。

实验动物疫病，涵盖了实验动物传染病和实验动物寄生虫病两大类。

(1)实验动物传染病。由真菌、细菌和病毒等病原微生物引起的具有传染性的疾病，被感染者往往具有一定的潜伏期和临床表现。

(2)实验动物寄生虫病。由寄生虫寄生在实验动物体的一定部位而引起的寄生虫病，其特点是该致病因子是活的寄生虫虫体，有时可以经过一定的潜伏期后才发病，被寄生者出现具有相应特征的临床表现。

实验动物也可以来源于野生动物或是家畜，将其通过定向培育形成不同的品种和品系。虽然这类动物被驯养后生活在环境条件优良，甚至是“基本不存在病原微生物”的环境之下，但事实上它们仍然具有“自身携带某种病原微生物”的特点。这样的实验动物常常携带多种病原微生物，具有各自不同的易感病原微生物特征，因此极易造成疫病的暴发和流行。作为将野生动物或者家畜家禽专门化培殖养育而成的实验动物，它们包括了各种品种和品系，种类差异造成了具有多方差异的易感性。为方便饲养，这类动物普遍以群体形式存在。以上种种情形，使得实验动物疫病暴发和流行的概率增大。

尽管实验动物是根据科学研究需要而在实验室条件下，有目的、有计划地进行人工驯养繁殖及科学培育的动物，但很多实验动物毕竟是来源于野生动物或是家畜，因此部分实验动物仍然保留野生动物的特点，如不同程度地带有细菌、病毒和寄生虫等。除此之外，实验动物还有一些自身共性的特点，如生物学特性明确、遗传背景清楚、表型均一、对刺激敏感和反应一致等，这些动物特征在实验动物疫病的传播中也许起到了一定的作用，也使动物疫病的特征具有不同的表现。

4.2.2.2 实验动物疫病的危害

国内外报道的实验动物微生物种类包括细菌、病毒和真菌等，已达200多种。当病原微生物进入实验动物体内，有的可引起实验动物发病，表现出临床症状和病理改变，甚至死亡；有的在实验动物体内呈隐性感染，虽然不一定引起死亡，但可影响动物自身的稳定性和反应性，使它们的生理、生化及免疫学指标发生改变；有的病原宿主广泛，属于人畜共患病原，可同时引起人和动物的疫病，更具有危险性。

实验动物疫病分为下面几个类型。

(1)对自然宿主、人和其他动物均有较强致病性的实验动物疫病。引起此类实验动物疫病的病原属于人畜共患病原，例如狂犬病病毒、淋巴细胞脉络丛脑膜炎病毒、沙门菌、志贺菌、结核分枝杆菌、致病皮肤真菌以及弓形虫等。

(2)对自然宿主致病性强的实验动物疫病。引起此类实验动物疫病的病原有鼠痘病毒、兔出血症病毒、多杀巴斯德菌、鼠棒状杆菌及泰泽氏菌等，常造成实验动物疫病的暴发流行，甚至毁灭整个实验动物群。

(3)对自然宿主致病性弱，但可传染给人引起致死性感染的实验动物疫病。引起此类实验动物疫病的病原对自然宿主实验动物的致病能力非常弱小，但是却可以传染给从事实验动物科研和生产的人员，严重影响人的健康甚至危及人的生命，例如猴疱疹病毒(B病毒)及肾综合征出血热病毒等。

(4)对自然宿主无致病性，但可引起其他动物致死性感染的实验动物疫病。引起此类实验动物疫病的病原对自然宿主实验动物无致病能力，但是却可以传染给其他动物，造成其他动物的发病和死亡。例如，松鼠猴疱疹病毒可引起绒猴产生致死性淋巴瘤。

(5)对自然宿主有一定致病性的实验动物疫病。引起此类实验动物疫病的病原，可造成此类疫病在自然宿主实验动物群体中的流行而影响动物的健康，并对研究工作产生严重的干扰，例如小鼠肝炎病毒、仙台病毒、鼠支原体等。

(6)对自然宿主、人和其他动物均无明显致病性的实验动物疫病。引起此类实验动物疫病的病原对自然宿主实验动物、人以及其他动物都没有明显的致病能力，但是此类病原却可以污染生物制品、肿瘤移植物和细胞培养物等。

4.3 动物实验的生物安全

世界各国急需建立一套规范的实验室生物安全标准和技术规范，为未来可能面对的未知病毒所带来疾病的预防、诊断和研究提供可靠的实验室生物安全屏障。

4.3.1 动物实验的生物安全制度

4.3.1.1 国际实验室生物安全法律法规及标准

国际上一些国家和组织均对生物安全实验室的管理和运行发布了一系列法规。1984 年美国出版的《微生物与医学生物实验室安全》(*Biosafety in Microbiological and Biomedical Laboratories*)一书,是美国实验室生物安全实践和政策的基石,被国际公认为实验室生物安全的"金标准"。作者在该书中,首次提出了将病原微生物和实验活动分为四级的概念。1983 年,世界卫生组织(WHO)发布了《实验室生物安全手册》(第一版),对微生物危险等级、实验室物理防护等级、标准实验室操作、个人防护、意外事故应对方案和应急程序等进行了明确的规定。欧洲经济共同体(European Economic Community,EEC)颁布的 93/88 委员会指令,将对人有致病性的微生物危险等级进行了分类,同时对相关工作人员的免疫预防问题做出了相应的规定。此外,加拿大颁布了《加拿大生物安全标准与指南》(*Canadian Biosafety Standard*)及《加拿大生物安全手册》(*Canadian Biosafety Handbook*)等相关规定。这些法规、制度及手册的编撰,为微生物实验室的安全运行提供了可靠的依据[9-10]。

4.3.1.2 我国有关动物实验生物安全的法律法规及标准

虽然国际权威组织制定了实验室的生物安全标准,但在实际应用中如何有效控制生物危害由其他许多相关因素共同决定。如实验室所研究的病原体和当地法规等,均与有效控制生物危害有极大的关系。我国非常重视实验室生物安全制度建设,参照国际标准和我国实际情况,相继出台了一系列适用于我国的实验室生物安全法律、法规及标准。

2004 年,国务院颁布了《病原微生物实验室生物安全管理条例》,这是我国关于实验室生物安全管理和病原微生物管控的主要强制性法律法规,该法规分别于 2016 年、2018 年进行了两次修订。2006 年,为进一步规范病原微生物实验活动,卫生部颁布了《人间传染的病原微生物名录》,详细规定了各种病原体的不同实验操作规范,规定了包括动物感染实验在内的各种实验都需要在对应等级的生物安全实验室内进行。之后,国家卫生健康委员会于 2023 年 8 月又颁布了《人间传染的病原微生物目录》,使原《名录》废止。此外,卫健委(原卫生部)、环境保护总局、建设部、国家市场监督管理总局和国家标准化管理委员会等多个国家部门,先后出台了《可感染人类的高致病性病原微生物菌(毒)种或样本运输管理规定》《病原微生物实验室生物安全环境管理办法》《生物安全实验室建筑技术规范》《微生物和生物医学实验室生物安全通用准则》《兽医实验室生物安全要求通则》和《实验室生物安全通用要求》等一系列文件和技术标准。这些法律法规的制定,为我国生物安全实验室的建造、运行和管理提供了强有力的技术指导和参照标准[11-18]。

4.3.2 实验室生物安全现状

4.3.2.1 国际实验室生物安全现状

根据世界卫生组织推荐的标准,依据病原体的特性、具有特殊的建筑结构和封闭设备(安全警示和设备)的生物学实验室可分为生物安全1级(BSL-1)、生物安全2级(BSL-2)、生物安全3级(BSL-3)和生物安全4级实验室(BSL-4)。这些实验室的主要目的是保护研究人员在处理微生物病原体时不被感染,同时防止有害病原体释放到外部环境中。

BSL-1和BSL-2通常被称为基础实验室,而BSL-3和BSL-4被指定为高级生物安全实验室,其中BSL-4也被称为最高封闭实验室,是最严格和最安全的防止生物扩散的生物学实验室,专用于那些经空气传播、具有高致死性且无有效治疗方法的致病微生物的研究试验场所。

BSL-4实验室在建筑设计、管理和操作程序上,有着极为严格的要求。根据相关要求,BSL-4实验室必须为独立建筑,配备严格的安全控制和附属保障系统,对环境保持负压以防止微生物外泄;必须有严格的封闭系统,包括控制人员出入的气密门、高效空气过滤器和独立的机械通风系统等。BSL-4实验室必须配备双门高压锅,所有实验室物品(包括废水、废气和废物)必须经现场彻底消毒灭菌后才能排放,必须配备3级生物安全柜及正压通风工作服。

美国位于德特里克堡的美国陆军传染病医学研究所(U. S. Army Medical Research Institute of Infectious Diseases,USAMRIID)就拥有6个BSL-4实验室。2019年8月,美国疾病控制与预防中心(Centers for Disease Control and Prevention,CDC)认为,USAMRIID没有完善的系统来净化实验室的废水,因而下令临时关闭USAMRIID。经过USAMRIID的整改及CDC的实地考察评估,该研究所已于2020年3月27日全面恢复运行[19]。

4.3.2.2 我国实验室生物安全现状

20世纪80年代,中国军事医学科学院建立了第一个现代BSL-3实验室,用于研究流行性出血热病毒的传播机制。目前,我国有的动物实验设施的层次、规模和硬件配备已经与发达国家相比肩。在大学、研究机构、医院和研发中心等地,运营着1000多个BSL-2实验室。2018年投入运营的中国科学院武汉国家生物安全实验室,是目前国内最高级别的生物安全等级实验室。实验室的安全运行必须有制度做保证,生物安全实验室的建立及相关规定的出台,为病原微生物的研究提供了便利和保障[20]。

4.3.3 实验室生物安全方面存在的问题

目前,实验室生物安全方面存在的问题主要包括实验动物需求不断增大、实验室管理制度不够健全、实验废弃物处理不够规范和实验动物管理不当等多个方面，这里做逐一进行阐述。

4.3.3.1　实验动物需求不断增大

当今实验设施规模的扩大和数量不断增多，导致人们对实验动物的需求不断地增大，对实验室标准的要求也在不断提高。当今实验动物的饲养（尤其是啮齿类实验动物）和动物实验的进行，大多是以高度密集化的方式进行，所采用的独立通气式笼具使得单位空间饲养量比常规饲养方式提高了近两倍。在我国，实验动物生产和使用的种类、数量迅速增加的同时，实验动物的标准和质量也需要逐渐提高。

实验动物的生产和供应，必须朝着专业化和规模化的方向发展。但我国实验动物的微生物检测手段、检测水平以及实验动物的微生物质量，与西方发达国家还有一定距离。如大部分啮齿类实验动物的使用质量如今还一直停留在清洁级水平，SPF 级动物的供应量和使用比例还相对较低。此外，国家标准中实验动物微生物和寄生虫检测病原种类和检测方法与国外相比还存在着较大的差距。大规模地繁育和使用实验动物，也给实验动物的生物安全管理带来越来越多的风险和挑战。

4.3.3.2　实验室管理制度不够健全

每个实验室虽然有安全管理制度，但有的规定可能只是流于形式。比如工作中没有具体的实施负责人，实验室人员分工不明确，岗位责任不清晰，管理不到位。在实验室购进并使用先进仪器设备时，没有相应的认领和防护措施；未对实验人员进行有效的实验前培训，导致有的实验操作人员未能准确按照实验作业指导进行实验，安全意识淡薄，责任心缺乏，在实验操作过程中对于实验用品的使用及仪器设备的管理中并没有给予高度重视。这些问题，都会给实验室安全埋下隐患。

4.3.3.3　实验废弃物处理不够规范

实验废弃物处理不够规范，必然造成环境污染。实验人员在实验过程中需要用到一些生物药品和大量的实验耗材，如果未配备相应的实验室废液、废弃物处理系统，对实验过程中所产生的废弃物就只能采用简单的处理方法。比如将固体废弃物直接倒入垃圾桶，将废液、废渣直接倒入水池中用水流冲走，这样不仅容易造成废弃针头及破裂的器皿等伤及人，而且废弃液中的强酸、强碱和有机溶液还会腐蚀下水管道使其发生腐蚀破裂，废弃液直接流入地下，也会造成环境的直接污染。同时，实验过程中使用一些具有刺激性气味的溶液时，若没能按规定在通风橱中进行操作，还会导致刺激性气味扩散在整个实验室内或楼道，这样不仅严重影响实验人员的安全和健康，还会给公共环境造成污染。

4.3.3.4　实验动物管理不当

自然科学的研究和教学工作对动物实验的依赖性极强，往往需要使用鼠、犬、鸡、猪、羊甚至更高级别的动物(如树鼩或猴类等)来开展实验。大部分实验动物是自繁自养的，但也有些实验动物是从农村、农贸市场或养殖场采购的。如果实验动物在购买渠道中发生人畜共患疾病，那么实验操作人员在不知情并且缺乏防护措施的情况下，对动物进行触摸、采血、采尿及采集粪便，就容易被感染，进而发生实验动物疫病。

4.4 实验动物生物安全管理策略

生物危害控制措施包括修建合格的生物安全设施、制订相应的规章制度和标准操作规程、加强实验人员健康管理和安全培训。妥善处理生物危害因素，是保障实验人员安全和健康、保护动物和自然环境重要的一环。

关注动物生物安全实验室中的潜在生物危害，是生物安全工作的核心内容之一。如不妥善处理，必将对实验人员、周围环境及人群构成严重威胁，一旦发生事故，将严重影响相关机构的声誉和公信力。妥善处理好生物危害因子，确保生物安全是一项长期建设工程，其中涉及的环节很多，环环相扣，任何一个环节出现问题，都可能带来风险。在实验室的设计和建设方面，要严格参照国家法律法规及标准执行，并加强后期实验室的验收及定期考核，制定完善的规章制度、标准操作规程和风险应急预案，同时必须不断加强实验人员的培训和管理。我们必须从各种教训中不断吸取经验，不断完善动物生物安全实验室管理体系和风险防范体系。唯有如此，才能彻底有效地消除生物危害隐患[1-2]。

4.4.1 修建合格的生物安全设施

生物安全实验室发展至今已经历了 4 个时期，即初步认识的“萌芽期”(1826—1949 年)、生物安全实验室分级管理的“形成期”(1949—1983 年)、生物安全实验室仪器设施和管理体系规范化的“成熟期”(1984—2004 年)和 2004 年至今的“繁荣期”。高等级生物安全实验室，是烈性传染性疾病预防控制、科学研究和诊断治疗、疫苗及药物研发的重要技术平台。生物安全实验室，尤其是高等级生物安全实验室在建筑建设、区域划分等方面，都存在一些特殊的要求。

生物安全领域面临的严峻形势促进了生物安全的相关研究，其中传染病病原体的检测、疫苗及治疗药物的研发等，均需要高等级的生物安全实验室。高级生物安全实验室应建设在独立的建筑物内，若与其他实验室共用建筑物，则至少应在独立隔离的区域内设置。高级别生物安全实验室区域通常划分为防护工作区和辅助工作区。生物安全三级实验室防护工作区通常包括主实验室操作区、缓冲区、防护服更换区等；生物安全四级实验室防护区除了包括上述区域外，还应包括化学淋浴间、防护走廊等，而这些都是存在较高生物安全风险的区域。高级别生物安全实验室内未经处理的空气在任何情况下都严禁外排，且要求防护区内房间维持负压、有序的压力梯度和定向气流。

1997 年 4 月，我国某医科大学人体解剖教研室因环境设施不符合国家标准要求及动物实验室的管理出现问题（野鼠可以进出动物实验室），导致实验人员出现流行性出血热。由此证明，修建合格的生物安全设施并配备专业的设备和控制装置，是确保动物实验室生物安全的首要条件。应根据拟研究的病原及拟开展的实验操作，参照《人间传染的病原微生物名录》确定拟建设的动物实验室等级。实验室的设计和建设，应该严格参照国家标准并经多方专家共同商讨论证，避免安全漏洞。不同物种和不同水平的实验动物，应遵循"单独饲养"的原则。实验室的设置，应分为若干相对独立的功能单元。

实验区域应配备受控访问系统，只允许被授权人员进入。实验室的关键安全设施，如生物安全柜、高效过滤器、高压灭菌器、熏蒸灭菌器、污水处理系统、互锁气密门、动物负压饲养装置及负压解剖台等，应该严格按照国家标准进行配置，并应在使用过程中定期检修、维护或更换。暖通系统是动物设施内一个复杂但非常重要的部分，它对于压力、温度和湿度的控制至关重要。我们不仅应尽量采取"一备一用"的原则以确保可靠性，同时也要兼顾"易维护性"和"节能性"开展工作，同时应满足各类动物的饲养要求。

动物实验室应配备对讲系统和视频监控系统，只有这样，才能使生物安全实验室的管理人员和实验人员保持顺畅的沟通，及时解决和纠正各种存在的问题。动物实验室必须设有不间断电源系统，以防止突然断电给实验人员带来暴露风险，给实验室设备造成损坏，并确保实验人员能够安全撤离。动物生物安全实验室修建完成后，还必须通过相关部门验收后才可投入使用。

4.4.2　严格控制"四流"

在生物安全实验室的修建中，"人流""物流""水流""气流"是生物安全实验室内外交互的所有流动性事件。对这"四流"进行严格把关，是控制实验室生物安全的关键环节。

4.4.2.1　人流

根据实验室空间的大小，每次仅允许特定数目的实验人员进入，以减少对实验室内气流的影响。实验结束后，实验人员外出到实验室外的过程应该是一个"逐级减污"的过程。首先应在核心区向外层防护服喷洒消毒剂，等待足够的消毒时间，然后再在内缓冲间脱去外层防护服，最后在外缓冲间脱去内层防护服。实验人员必须完成淋浴，再离开实验室。

4.4.2.2　物流

带入实验室的物品应该通过传递窗经紫外线照射或者熏蒸消毒后再行传入，以避免对实验室或实验对象造成污染。若需传入感染性物质，应对传递物进行"双层包装"，即对外表面进行充分消毒后再传入实验室，并在生物安全柜内打开。对于涉及病原感染的实验,所有操作(如换笼、注射和取样)必须在生物安全柜中进行。试验过程中产生的试验废弃物应使用高压灭菌袋打包,经高压灭菌后再拿出实验室。

对于感染性废弃物,要随时放入盛有适宜消毒液的防碎裂容器中浸泡,以进行污染清除处理。消毒液在使用时应该新鲜配制,然后把消毒液及废弃物置于合适的容器内进行高压灭菌处理。可重复使用的运输容器应防渗漏,并附带密封的盖子。在操作锐器(如注射器针头、刀片等)时,应小心谨慎防止意外发生。使用完毕时,应放入专用的利器盒中,进行高压灭菌后再行处理。

4.4.2.3 水流

实验室的供水设置应该是“两路水源独立供水系统”,以避免因管路故障而影响供水的需求。应当利用压力泵和止回阀提供由实验室外向实验室内的稳压单向水流,防止倒流污染。给水管检修阀门,都应当设置在实验室以外的设备管道层等安全区以内,以方便对给水管道进行检修。实验室产生的废水应引入污水处理罐,经过高压蒸汽灭菌或化学消毒后再行排出。

4.4.2.4 气流

实验室的进气和排气,均应配备高效过滤器。从外部缓冲间到核心工作区的每个房间都应形成阶梯式的压力梯度,以保证从外向内的定向气流流动。房间内的气流通常采用“上送下排”的通风模式,使气流的运送做到“均一、无死角”。为了防止瞬间正压的可能性,实验室供气通常使用定风量系统,排气可使用变风量系统。

4.4.3 加强外来动物的检疫和隔离

标准规范的动物实验是保证科学实验和高校实训课程顺利开展的关键。2001 年,某地区发生了因使用质量不合格的实验动物以及动物实验不规范,最终造成鼠源性人畜共患病流行性出血热的感染与传播。2006 年,由于某个体户养殖和贩运不合规范的实验动物,导致几十名教学科研人员集体感染流行性出血热。2010 年,某大学师生的布鲁氏菌感染案例,也是因使用了未经检疫的动物所导致的。因此,除对实验动物的生产许可证及质量合格证进行监管外,还需要实行抽样隔离观察及病原微生物状况的分析处理。

实验动物检疫隔离的具体要求,可以从以下几个方面展开。

(1)对于养殖场自繁自养的动物,要有严格的免疫程序,不仅养殖场要符合规范,而且实验动物要科学饲养管理,定期消毒。实验动物要定期或不定期进行人畜共患传染病的检疫检测(如对实验羊进行布鲁氏杆菌病检测),将不适合做实验动物的动物进行剔除,确保实验动物健康和实验人员的人身安全。

(2)对于购买的实验动物(如禽、猪、小白鼠、犬、兔等),应严格进行实验动物卫生监督。要对购买养殖场有所了解,保证无人畜共患病的发生,严格坚持传染病的筛查工作。

(3)对新入采购单位的实验动物要隔离饲养一周并进行检疫检测,无疾病检出时,方可进入实验室使用。如果实验动物在实验过程中不予处死而需要循环使用时,在动物被送回饲养场后必须能够健康生长并符合动物福利原则。

(4)为了能给实验教学提供安全的实验动物,必须提高饲料质量,注意消毒,专人护理,保证实验动物无疾病。在饲养过程中要按时给动物进行疾病免疫,及时淘汰病、弱、伤、残个体,动物处理时要进行安全无害化处理。

4.4.4 制订科学的标准操作规程及风险应急预案

生物安全实验室应成立管理小组,制订一套通用的实验室运行管理标准操作规程及风险应急预案。其中,风险应急预案应包括意外事故处置指挥部的组织、人员职责与分工、意外事故的处理以及紧急响应程序等。在实验准备阶段,研究人员还应针对拟开展的实验研究制订一套详尽具体的标准操作规程和风险应急预案。随后,应由课题负责人、实验室生物安全负责人及专家组评审判断实验的科学性、可行性和安全性,只有通过评审才可开展实验。在动物实验过程中,研究人员必须严格遵守规程及预案操作。若操作规程确需进行修订,需经会审审批通过后方可执行。

实验室管理小组在制订应急预案中,应建立符合实验室现状和技术水平的实验动物应急预案,协调处理一些实验过程中发生状况的相关事项,将生物安全危害降到最低。当所使用的实验动物有疑似人畜共患病(如禽流感、结核病、狂犬病等)发生时,应及时向生物安全领导小组汇报,并立即向上级主管部门逐级汇报。相关工作人员要立即进行消毒防护处理,相关的实验动物及废弃物等要立即进行无害化处理,实验室必须进行彻底的消毒灭菌。在实验过程中若有操作人员受伤的情况(如被犬、猫、鼠等动物咬伤),要及时正确做好受伤后的处理,第一时间到相关部门做好疫苗接种,并将发生情况向上级主管部门汇报。

4.4.5 加强实验人员健康管理和安全培训

绝大多数实验室事故,均是实验人员未按照标准操作规程操作引起的。因此,制订严谨的程序并确保实验室工作人员能够真正执行,是做好实验室生物安全管理工作的关键所在。唯有如此,才能真正将实验室生物安全落到实处。一个完善的实验人员健康管理和安全培训计划,应包括人员筛选、操作培训、工作实践、有效使用工程控制、选择和使用个人防护设备以及应急响应预案等。

首先,应该对那些与动物接触的工作人员进行筛选,以确定哪些人特别容易受到动物过敏原或正在研究的病原微生物的影响,或者哪些人可能对实验动物造成危害。筛选过程中进行的相关医疗评估,应纳入个人医疗记录。

其次,应重点加强对于面临风险和危害的实验人员的培训,包括人体工程学原理、对于滑倒绊倒或摔倒的处理、生物安全柜或化学通风柜的有效使用、对尖锐物的安全处理、灭菌/消毒程序和应急响应程序。实验人员还必须接受任何可能涉及风险或造成危害的设备，如高压灭菌器、洗衣机、密封设备、通风笼式系统和精密喷雾器使用等的使用培训。从未接触过受感染动物的实验人员在开始接触受感染动物之前，应证明其已熟练掌握所需的生物安全工作实践和标准操作程序（standard operating procedure，SOP）。选择和使用适当的个人防护设备（personal protective equipment，PPE），是避免动物实验室人体感染的关键。实验室应加强应急预案培训，使员工能够保护自己和动物。若发生身体伤害，如动物咬伤、针刺破皮肤以及其他潜在危险伤害，应尽快通知实验室主管和科研项目负责人，同时对受伤人员进行急救，并启动应急程序。

最后，实验室应安排实验人员每年定期进行健康检查，这不仅有助于确保实验人员的职业健康，还有助于确保实验动物的合格质量。

4.4.6 实验动物替代方案

实验动物替代技术在科学、社会和法规的多重推动下取得了重要进步，其中科学技术起到了驱动作用。正是得益于现代科学技术的飞速发展，再加上立法的约束力，使得替代动物实验不再只是空洞的口号，而是成为实验动物学科的重要发展方向之一。近30年来，现代科技的发展推动了包括实验动物科学、毒理学和药学等在内的一切生命学科的变革，使得替代技术呈现多学科交叉渗透的趋势。诸如计算机预测、仿生材料、人类基因组、蛋白组学、人工器官、干细胞技术、人体芯片、高通量技术等人们耳熟能详的技术，已经深刻地影响着人们的生活以及人们对待动物的方式。可以说现代科技赋予了动物福利新的内涵，为动物实验替代找到了得以实践的途径。

4.4.6.1 实验动物替代技术起源

实验动物替代技术起源于19世纪初在西方国家兴起的动物保护和动物福利运动，以1822年英国政府发布的《马丁反残酷法案》为起点。从那时起，西方的动物保护和实验用动物福利研究逐渐得到重视。1954年，英国动物福利大学联盟启动了实验室仁慈技术研究项目。1959年，有学者在总结调研报告的基础上，出版了著名的《仁慈实验技术原理》，书中系统地提出了3R原则，即通过使用无知觉的材料代替（replace）有意识的活体高等动物，在确保获取一定数量和精度的信息前提下尽量减少（reduction）动物使用量，采取优化措施（refinement）以减轻动物痛苦的发生和严重程度。书中还提出了相对代替和绝对代替的概念，指出可利用低等动物、高等植物、微生物方法和生化检测的方法代替动物测试，并极具远见性地提出充分建全组织培养的观念。1978年，有学者在《替代动物试验》一书中将3R统称为替代（alternatives），这个定义已被人们广泛接受。目前，西方大多数国家的《实验动物福利法》均引入了3R原则。

4.4.6.2 我国在实验动物替代方面的进展

我国在替代方法的标准认可方面，也跟随了国际标准的发展趋势。2005年，国家质量监督检验检疫总局作为进出口商品的专职检验检疫监管机构，率先启动了替代方法系列标准的研制工作，国家认证认可监督管理委员会成立了化妆品行业标准专家委员会等机构。2006年，中国科学技术部发布了《关于善待实验动物的指导性意见》。我国已发布的实验动物替代方法、国家标准和行业标准有多项（表4.1）。这些国家标准和行业标准，填补了国内相关标准的空白，并在检验检测工作中得到广泛应用。我国研究人员和相关行业从业人员，必须在相关法规的框架范围内使用实验动物。

表4.1 实验动物替代方法国家标准和行业标准

标准编号	标准名称
GB/T 21757—2008	化学品 急性经口毒性试验 急性毒性分类法
GB/T 21769—2008	化学品 体外3T3中性红摄取 光毒性试验方法
GB/T 21793—2008	化学品 体外哺乳动物细胞基因突变试验方法
GB/T 21794—2008	化学品 体外哺乳动物细胞染色体畸变试验方法
GB/T 27818—2011	化学品 皮肤吸收体外试验方法
GB/T 27824—2011	化学品 急性吸入毒性 固定浓度试验方法
GB/T 27828—2011	化学品 体外皮肤腐蚀 经皮电阻试验方法
GB/T 27829—2011	化学品 体外皮肤腐蚀 膜屏障试验方法
GB/T 27830—2011	化学品 体外皮肤腐蚀 人体皮肤模型试验方法
GB/T 27831—2011	化学品 遗传毒性 酿酒酵母菌基因突变试验方法
GB/T 27832—2011	化学品 遗传毒性 酿酒酵母菌有丝分裂重组试验方法
GB/T 28646—2012	化学品 体外哺乳动物细胞微核试验方法
GB/T 28648—2012	化学品 急性吸入毒性试验 急性毒性 分类法
SN/T 2245—2009	化学品 体外皮肤腐蚀 人体皮肤模型试验
SN/T 2285—2009	化妆品 体外替代试验实验室规范
SN/T 2328—2009	化妆品 急性毒性的角质细胞试验
SN/T 2329—2009	化妆品 眼刺激性/腐蚀性的鸡胚绒毛尿囊膜试验
SN/T 2330—2009	化妆品 胚胎和发育毒性的小鼠胚胎干细胞试验
SN/T 3084.1—2012	进出口化妆品眼刺激性试验 体外中性红吸收法
SN/T 3084.2—2014	进出口化妆品眼刺激性试验 角膜细胞试验方法
SN/T 3527—2013	化学品 胚胎毒性测试 植入后大鼠全胚胎培养法
SN/T 3715—2013	化妆品 体外发育毒性试验 大鼠全胚胎试验法
SN/T 3824—2014	化妆品 光毒性试验 联合红细胞测定法

续表 4.1

标准编号	标准名称
SN/T 3882—2014	化学品 皮肤致敏试验 局部淋巴结法:BrdU – ELISA
SN/T 3898—2014	化妆品 体外替代试验方法验证规程
SN/T 3899—2014	化妆品 体外替代试验良好细胞培养和样品制备规范
SN/T 3948—2014	化学品 体外皮肤刺激:重组人表皮试验
SN/T 4150—2015	化学品 离体鸡眼试验
SN/T 4153—2015	化学品 牛角膜混浊和通透性试验
SN/T 4154—2015	化学品 皮肤变态反应局部淋巴结试验:DA
SN/T 4577—2016	化妆品 皮肤刺激性检测 重建人体表皮模型体外测试方法

4.4.6.3 实验动物替代理论深化进展和新技术

1. 实验动物替代理论演化进展

2007 年,美国国立研究院发布了《21 世纪毒性测试——远景和策略》报告(简称 TT21C),提出毒性测试应当由原来的体内动物研究向体外试验转变。TT21C 发布后,各种策略和模式相继提出,以逐步实现报告提出的愿景。其中 2010 年正式提出的"有害结局通路(adverse outcome pathway,AOP)"概念,用于描述已有的关于一个直接的分子起始事件与生物体不同组织结构层次(如细胞、器官、机体、群体)所出现的、与危险度评定相关的"有害结局"之间的相互联系。AOP 是实现 TT21C 预期目标的有效策略。

2013 年以后,经济合作与发展组织(Organization for Economic Co – operation and Development,OECD)相继发布了指南文件和用户手册,用于指导 AOP 的开发。2014 年 9 月 OECD 发布了"AOP 知识库",用于促进对 AOP 研究的统一协调、优势互补和信息共享,借助互联网技术为 AOP 的开发提供了可以高效共享和协调互补的平台。TT21C 理念提出 10 年后,全球各国累计投入资金已达数百亿美元。

2. 实验动物替代新技术

传统的替代技术主要体现为动物实验系统向体外实验系统的转换而建立的方法,如利用体外培养的细胞和组织、离体的材料和重建的组织/器官,建立"一对一"的替代方法。现代研发中的替代方法,体现在充分利用先进技术的精华并加以整合,如标志技术、分子生物学、组学技术(基因组、蛋白组、代谢组、细胞组)、组织工程技术、干细胞技术、图像分析、高通量试验、计算机模拟技术等,替代方法更复杂化、多元化,也更有逻辑性,更接近将人作为整体的实际情况。

(1)非测试方法(non – testing methods)。通常指任何基于计算机开发的预测方法,主要包括定量构效关系(structure – activity relationship)、分类法(grouping approaches)、交叉参照(read – across)、毒理学关注阈值(threshold of toxicological concern,TTC)和专家系

统(expert systems)等。这些方法发展较快,已经有不少模型和工具应用到毒理学安全性评估中。

(2)组学技术。2003 年,人类基因组计划(human genome project,HGP)的所有目标全部实现,这标志着后基因组时代的正式开始。随着基因组学(DNA 序列)、转录组学(基因表达描述)、蛋白质组学(基因表达产物)、代谢组学(代谢产物识别)和细胞组学等技术的飞速发展,在结合不断发展的生物信息学的基础上为毒理学替代方法的快速发展创造了一个难得的机会。

组学技术应用于替代方法的开发,主要有以下优势:①充分利用人源细胞或干细胞进行体外试验,与人的相关性更高,有助于推动建立更有效的安全性评估策略和毒性预测技术;②将基因表达作为了解生物学过程的指标,有可能在亚临床水平或低剂量下进行体外测定,发现不同于以往病理学或临床效应的指标,可能更相关和更适宜;③如果不同的试验系统具有相同的基因表达,那么动物实验就会减少,体外试验就会增加,而且更易标准化和广泛应用。

(3)新型体外试验系统。新型体外试验系统的发展,可以以皮肤构建技术为例。实验用组织工程皮肤的构建技术始于 20 世纪 90 年代,从 2D 原代细胞培养起步,到生物材料的开发,再发展到三维皮肤模型重建,经历了 30 多年的时间。体外重建皮肤技术的成熟,直接推动了替代方法的发展,比如推动了现有法规可认可的眼刺激的重建角膜方法、皮肤腐蚀的皮肤模型方法的发展。

替代技术将向更复杂的系统性毒性和靶器官毒性研究深入,很大程度上依赖于先进体外试验系统的建立。现代科技发挥 3D 打印在硬件和微量精确控制方面的优势,加上多细胞培养技术的起步,可以在体外重建含有多种细胞类型的 3D 器官,如肝脏、肾脏、中枢神经和心脏系统。

随着微流控技术、组织微制造技术和精准实验体系构建技术的发展,基于多器官人体芯片的技术为系统毒理学的替代方法建立和提供了条件。目前循环、内分泌、胃肠、免疫、表皮系统、肌肉骨骼、神经、生殖、呼吸和泌尿系统的器官芯片,已有商业化产品。人体芯片技术的开发,可以实现在人体组织中检测新药安全性和功效,阐明组织对化合物的反应机制,更好地模拟器官的生理特性和细胞之间的相互作用,更好地开发疫苗、生物产品和新药,实现更精准地代替传统动物实验。此类试验采取芯片器官代替动物测试用于新药研发,为人体芯片技术形成法规进行了尝试。

(4)干细胞研究技术。干细胞研究取得的巨大进步成果,以及诱导性多能干细胞(iPSCs)技术,为替代方法的研究提供了稳定的人类干细胞衍生细胞的来源,有望解决物种间外推的需求。无论是胚胎干细胞(ESCs)还是神经干细胞,都有开发用于毒性测试的替代方法。早在 1997 年,德国动物试验替代方法评价中心(ZEBET)就通过建立利用两种小鼠细胞系（成纤维细胞 3T3 和胚胎干细胞 D3）进行胚胎毒性测试的替代方法（EST 方法）。近年来，传统的 EST 方法已取得了重要进展，其适用范围也迅速扩大，也为干细胞技术应用于其他毒性测试替代方法的研发提供了参考。

（5）高通量和高内涵技术。替代方法的开发与检测技术的进步密不可分，特别是随着测试系统的复杂化，毒性效应参数和检测样品不断增多并呈现多样化形式。高通量筛选（high throughput screening，HTS）和高内涵筛选（high content screehing，HTC）技术，是基于分子水平和细胞水平的活性评价方法。以微板形式作为试验工具载体，通过自动化操作系统执行试验过程，以灵敏快速的检测仪器采集实验结果数据，以计算机分析处理实验数据，最终实现在短时间内对数千种样品进行生物活性等检测的技术体系的应用。HTS 的最大优势，是实质性地减少实验动物的数量和花费。

4.4.7 我国关于实验动物生物安全要求

虽然国际权威组织制定了动物实验及实验动物生物安全的相关标准，但生物危害还受许多其他因素影响。我国从国情和绿色发展角度出发，建立了我国自己的实验室标准，制定了相关生物安全要求。2017 年 5 月 18 日，由中国医学科学院医学实验动物研究所起草实施了《实验动物　动物实验生物安全通用要求》，为我国实验动物的生物安全工作起到了积极的推动作用。

《实验动物　动物实验生物安全通用要求》明确了实验动物质量、从业人员资格、动物实验、风险评估、风险控制及管理等通用要求。实验动物质量要求主要指的是用于实验的动物应来源于有实验动物生产和繁育合法资质的生产单位，同时附有微生物和寄生虫检测合格证明，实验动物外观健康，实验期间定期进行人畜共患病的监测。从业人员要求主要是指从业人员能遵守实验动物和生物安全相关法律法规，具有岗位相应的专业教育背景，符合从业人员健康要求，并获得实验动物从业人员岗位证书或相关专业水平证明，并经过专门技能等级培训，掌握良好的动物实验室设施设备、动物实验等风险评估和风险控制知识和技能，具有良好的动物实验的能力。这里提到的具有良好的动物实验的能力，主要包括动物饲养能力、对动物的认识能力、对动物的实验操作能力、信息采集能力、实验结果分析能力、实验动物养护能力、设施设备掌握能力和生物安全防护能力等。

4.5 新型冠状病毒全球传播背景下的实验室生物安全

2019 年起，新型冠状病毒（COVID－19）在世界范围内流行。截至 2021 年 11 月 4 日，全球累计确诊感染人数达 248924704 例，死亡人数达 5042907 例。在新型冠状病毒感染防治的过程中，新型冠状病毒检测、疫苗研制及药物研发等工作都在同时紧锣密鼓地进行。本节对新型冠状病毒全球传播背景下的实验室生物安全问题进行研究和探讨。

4.5.1 新型冠状病毒全球传播与生物安全

2019 年 12 月 29 日，湖北省和武汉市卫生部门接到当地一家医院报告聚集性不明原因肺炎病例。2020 年 1 月 20 日，国家卫健委发布 2020 年 1 号公告，将新型冠状病毒感染纳入《中华人民共和国传染病防治法》规定的乙类传染病，并采取甲类传染病的预防和控制措施，将新型冠状病毒感染纳入《中华人民共和国国境卫生检疫法》规定的检疫传染病管理。2020 年 1 月，我国发布了由中国疾病预防控制中心病毒病预防控制所成功分离的第一株病毒毒株信息及其电镜照片，以及新型冠状病毒核酸检测引物和探针序列等重要权威信息[19-23]。

4.5.1.1 新型冠状病毒检测、疫苗研发和药物研发

1. 新型冠状病毒检测

由于患者从感染新型冠状病毒至临床出现明显症状具有一定的潜伏期，因此对体液样本中新型冠状病毒的快速检测结果是及时控制传染源、切断传播途径和保护易感者的决策基础。此外，新型冠状病毒检测实验操作也要基于相应的风险评估来执行。这次新冠感染的工作实践证明，所有样品的起始操作步骤都必须在经过验证的生物安全柜或其他防护设施中进行；涉及病毒的培养、分离及中和实验工作，均应在 BSL-3 级生物安全实验室中进行。

2. 新型冠状病毒疫苗研发

疫苗主要通过模拟疾病因子来激活机体自身的免疫系统，建立体内活跃的防御机制，使机体应对未来可能的感染。新型冠状病毒疫苗的研发，对控制 COVID-19 疾病的流行及保护易感人群的作用都是第一位的。在新型冠状病毒感染暴发初期，已有多家大型制药公司进行了新型冠状病毒疫苗的研发，如赛诺菲制药公司(Sanofi)与基因转译生物学公司(Translate-Bio)合作开发用于 COVID-19 的新型 mRNA 疫苗、我国的重组新冠疫苗等。

疫苗研发通常包括两个阶段，即疫苗前期研发过程和疫苗研发及注册过程。①疫苗前期研发过程：包括获得活病毒、分离相关亚单位、通过基因重组获得重组蛋白、临床前独立研究等。新型冠状病毒毒株信息的分析，是启动新型冠状病毒疫苗研发的第一步。2020 年 1 月 7 日及 12 日，中国疾病预防控制中心分别从临床样品和环境样本中，成功分离了新型冠状病毒。②疫苗研发及注册过程：2020 年 3 月 16 日，由我国军事医学科学院陈薇院士课题组研制的重组新冠疫苗，已经获批启动展开临床试验。

分离新型冠状病毒毒株，需要在高级别生物安全实验室中进行。分离毒株后进行种子毒株筛选，也是新型冠状病毒疫苗研发的重要步骤，此过程也需要在高级别生物安全

实验室中进行。除了上述过程,疫苗研制过程还涉及疫苗株培养、样本检测和效果验证等多个流程,这些过程中均有操作步骤需要在高级别生物安全实验室中进行。

3. 新型冠状病毒药物研发

新型冠状病毒无特效治疗药物,特异性的治疗抗体已成为治疗新型冠状病毒的新思路,且新型冠状病毒感染的诊疗方案也在原有的基础上新增了血清抗体检测和免疫治疗的方法。临床观察结果表明,新型冠状病毒感染患者接受抗体治疗 12 ~ 24 小时后,实验室主要的炎症指标水平明显下降,淋巴细胞比例上升,患者血氧饱和度及病毒载量等重点指标都在向好的方向发展,患者的临床症状和体征也在明显好转。

在特异性治疗的抗体研发阶段,需要进行严格的血液生物安全性检测、病毒灭活及抗病毒活性检测等过程。为了保护研发人员的安全并防止新型冠状病毒的扩散,这些过程均需要在高等级生物安全实验室内进行。同时,新型特异性人免疫球蛋白血浆制品是由康复者捐献的含高效价新型冠状病毒特异性抗体的血浆,需经过病毒灭活处理,进而对抗新型冠状病毒中和抗体和多重病原微生物检测后制备完成,以用于新型冠状病毒感染危重患者的治疗。以上种种过程,均需要在高级别生物安全实验室完成[24]。

4.5.1.2 高等级生物安全实验室建设的必要性

任何烈性传染病的诊断、预防、控制、新药研发和疫苗开发,都必须以高等级生物安全实验室作为技术平台。2003 年我国暴发的 SARS 疫情、2014 年西非国家暴发的埃博拉疫情和 2019 年起全球暴发的新型冠状病毒感染,都给人类生命安全带来了严重的威胁。对抗疫情的所有工作,都必须依靠高等级生物安全实验室作为技术支撑。为了对病原微生物进行系统而深入的研究,高等级生物安全实验室的建设是必不可少的。

SARS、MERS、SARS - CoV - 2 等高致病性微生物诱发疫情的突然暴发,给全球人类的生命安全和经济带来了极大的威胁。研制开发应对高致病性微生物的疫苗和药物,是对感染疫情进行预防及治疗的关键。开发有效的疫苗是控制 COVID - 19 等重大疫情的大流行、消除其传播和复发的重要措施。世界卫生组织提出,埃博拉病毒、克里米亚刚果出血热病毒、中东呼吸综合征病毒以及马尔堡病毒等病毒的相关研究,均需要在 BSL - 4 级生物安全实验室内进行。为降低潜在生物安全的风险,检测可能含有 COVID - 19 病毒的样本也需在高级别生物安全实验室内进行。

目前,抗病毒类疫苗包括减毒活疫苗、非活性疫苗、类病毒颗粒疫苗、蛋白基疫苗、病毒载体疫苗、基于 DNA 或 mRNA 的疫苗等。开发高致病性微生物疫苗和治疗药物,均涉及病毒株的分离、筛选和培养等高风险的操作过程,这类研究操作也必须在高等级生物安全实验室中进行。

生物安全是国家安全的重要组成部分,有害生物制剂在一定程度上也是国防安全的重要威胁。国家安全中应能够对生物安全有效应对,对可能的生物安全威胁做到有效预警和处置。而国防生物安全的预警与处置,也需要高等级生物安全实验室支持。

历史上曾有过多次生物恐怖的相关报道。比如,1984 年发生的美军潜艇肉毒毒素中毒事件、1995 年发生的日本奥姆真理教的生物恐怖袭击事件、2001 年发生的美国炭疽生物恐怖事件(造成 5 人死亡 17 人感染),等等。因此,从历史的角度来看,除了建立和完善管理体制及应急反应机制,建立生物安全危害预警和评估系统以外,建立高等级的生物安全实验室也是十分必要的。

高级别的生物安全实验室,是开展有害生物制剂及生物恐怖制剂监控和研究的重要平台。随着人类探索范围的不断扩大及全球气候环境的不断变化,新的病毒种类也在不停地出现,比如极端环境——高寒极地深层冻土中的病毒,如 14 万年前的番茄病毒、3 万年前的新型巨型 DNA 活病毒、7000 年前的石藻病毒等。这些极端环境中产生的病毒给人类社会的健康带来极大的风险是确定的,对它们的研究同样需要在严格防护的环境中进行,而高等级的生物安全实验室无疑是第一选择[25]。

4.5.2 高等级生物安全实验室的要求与生物安全

从 SARS、MERS 到 COVID－19,每一次公共生物安全事件都强化了人们对生物安全危害的认识,也促进了生物安全管理体系和防护措施的完善。SARS 疫情后,国家对生物安全实验室的建设与管理越来越规范。2004 年国务院发布的《国家高等级生物安全实验室建设规划》,对高等级生物安全实验室的建设提出了很多新的要求。在新的管理规范要求下,国内多家机构新建或改/扩建了生物安全实验室,目前已建成 2 家生物安全四级 BSL－4 实验室,即中国科学院武汉病毒所的 BSL－4 生物安全实验室和中国农业科学院哈尔滨兽医研究所的 ABSL－4 生物安全实验室。

随着越来越多的生物安全实验室被不断建立,其运行发展呈现出一定的特点,即高级别的生物安全实验室的建设均被纳入国家生物安全体系的建设范畴;大部分高等级生物安全实验室隶属于政府部门,日常运行依靠国家财政投入,小部分为私营机构管理运行;逐步建立了以高等级生物安全实验室为核心的生物安全体系;生物安全实验室的功能与职能不断发生转变,在单纯的病原体检测基础上,纳入了基础研究与教育培训的职能。

4.5.3 高等级生物安全实验室空调系统的冗余设计

为防止病原微生物的泄漏,高级别生物安全实验室均进行负压设计。空调系统是实现高等级生物安全实验室维持负压环境的关键,也是实现生物安全实验室生物安全的重要技术保障。目前各国的规范,都对高等级生物安全实验室的通风空调系统提出了冗余设计的要求。

我国的《实验室生物安全通用要求》(GB19489－2008)和《生物安全实验室建筑技术

规范》(GB50346－2011),对高等级生物安全实验室通风空调系统提出了冗余设计的明确要求。《实验室生物安全通用要求》要求高等级生物安全实验室有备用排风机,《生物安全实验室建筑技术规范》要求高等级生物安全实验室设置备用送风机、备用排风机,且备用排风机应能自动切换,并保持切换时有序的压力梯度和定向流。

美国疾控中心发布的《微生物和生物医学实验室的生物安全》(第6版,2020年)对安全柜型实验室、正压型实验室和大动物生物安全三级实验室的送风机、排风机和排风高效过滤器等做了一定的要求,对生物安全四级实验室的通风空调系统冗余设计也做出了规定。澳大利亚、新西兰于2010年颁布的《实验室安全》第三部分微生物安全与防护,分别对生物安全四级实验室的通风空调系统冗余设计做了要求。加拿大也在2015年颁布了《加拿大生物安全标准》(第2版)和配套的《加拿大生物安全手册》(第2版)。与美国疾控中心发布的要求类似,世界卫生组织发布的《实验室生物安全指南》也对生物安全四级实验室冗余设计提出了明确要求。中国高级别生物安全实验室的相关标准,对通风空调系统的冗余设计要求更是远远高于世界卫生组织、美国、加拿大和澳大利亚、新西兰。

高等级生物安全实验室通风空调系统建设,冗余设计缺乏具体的技术要求和细节。如排风机方面,根据主排风机和备用排风机是否共用排风机箱分为共用式和独立式(推荐),根据是否同时运行分为一用一备的冷备式和两用互备的热备式。同时,送风机一用一备的方式有两类,分别为整个新风机组的完全备用和仅送风机段的冗余备用。冗余设计可以确保实验室有效、可靠运行,但也会增加实验室建设成本,在建设中应统筹考虑国家标准要求和风险评估状况。

4.5.4 新型冠状病毒流行背景下的实验室生物安全管理

生物安全管理体系的技术要素和管理要素,是确保高级别生物安全实验室生物安全的关键。这里所指的管理要素,主要包括潜在污染的周期性评估、失活验证试验、分子诊断试验的无生物风险阳性对照、微生物的不同密闭措施以及生物安全文化。目前,我国虽然已经在高等级生物安全实验室建设和管理方面取得了较大的进步,也在预防、控制烈性传染病方面发挥了关键的作用,但我们也应看到存在的问题。我国实验室建设存在的问题主要表现在关于高等级生物安全实验室建设、管理和运行等方面的法律、法规较少,BSL－4生物安全实验室数量少及经验不足,缺少同时掌握生物安全技术和硬件管理和设施设备维护的复合型人才。

4.5.5 新型冠状病毒核酸检测实验室的生物安全

4.5.5.1 操作条件要求

我国将 SARS－CoV－2 按照病原微生物危害程度分类中的第二类高致病性病原微生物进行管理，其分离培养及动物实验等活动在三级生物安全实验室开展，病毒抗原检测、血清学检测、核酸检测及生化分析等操作应在二级生物安全实验室开展，其中核酸检测尽可能在有外排功能的生物安全柜中进行。SARS－CoV－2 核酸检测，必须按标准流程在标准 PCR 实验室或负压 PCR 实验室中进行。检测人员按三级生物安全防护标准进入 PCR 实验室作业，严格遵守试剂准备区—标本制备区—扩增区—扩增产物分析区单一流向的原则，防止气溶胶逆向流动造成污染。开展核酸检测实验前须检查生物安全柜，保证其内尽量少放物品，以便生物安全柜内形成稳定且洁净的气流循环。

4.5.5.2 操作人员安全防护

检测人员个人的生物安全防护是核酸检测生物安全防护的重点。实验室人员生物安全防护按不同等级病原微生物采取不同的综合防护措施进行，一般可分为三级。在新型冠状病毒核酸样本采集及检测过程中，必须保证操作者为三级生物安全防护。标本采集及运输过程中须严格遵循穿脱顺序，这也是保护检测人员、避免院内感染的重点防护措施。

据 SARS－CoV－2 核酸检测数据统计，最常用的咽拭子标本核酸检出率偏低，灵敏度不高，而下呼吸道标本的阳性率相对较高。《2019 新型冠状病毒肺炎临床实验室检测的生物安全防护指南》指出，如发生意外导致转运者不能自行处理转运箱时，需到接收地点说明情况，与接收人员共同处理。标本接收人员须为二级生物安全防护，在标本进行双签收后，要小心打开转运箱后再次对箱子内部及密封袋消毒，检查标本运送过程中有无撒漏并核对患者信息，然后将标本放入储存盒中置于专用冰箱冷藏（不超过 24 小时）保存，如需长期保存可置于 －70℃ 或更低温度下保存，血浆标本可在 4℃ 存放 3 天，－20℃ 长期保存。标本采集、转运、交接环节应有记录，以便回溯[26－27]。

4.5.5.3 核酸检测中的注意事项

检测人员进入核酸检测实验室要严格按照 PCR 实验室单一流向进行实验，实验过程中可能会有高浓度气溶胶的产生，因此必须加戴帽子，在防护服外要加穿隔离衣，穿上防护服后要避免剧烈运动，减少内外气体流动，防止带入气溶胶附着在内部衣物上。

检测人员在试剂准备区配制实验试剂后，对标本的处理应在具有外排功能的生物安全柜中严格按实验流程进行操作。检测过程中的利器盒及检测人员的防护服、手套、鞋套及帽子等废弃物以及检测后的临床样本应封装于双层生物安全袋中，先用 75% 乙醇消毒后，再移出生物安全柜，集中收集于三层医疗废物包装袋中，加固密封并标注“新型冠状病毒感染”字样，最终经过高压灭活后由专员统一处理。液体标本，可采用高浓度的有效氯化学消毒或物理消毒方式处理[28]。

4.5.5.4 实验室生物安全防护

新型冠状病毒传染性强，医学检验实验室人员采集、接触患者的标本时，存在着气溶胶感染的可能性。病毒气溶胶的产生，一般包括自然产生和人为制造。

冠状病毒能在人际间传播，中间宿主起到了关键性作用。人们在寻找中间宿主时发现，携带冠状病毒的蝙蝠通过某种途径感染了水貂、穿山甲等潜在中间宿主，病毒在它们体内不断地进行适应性突变或与其他冠状病毒进行基因重组，从而获得了感染人类的能力。人类在生产活动和人际交往过程中，携带冠状病毒的患者或无症状感染者通过打喷嚏等方式，将携带病毒的飞沫从口、鼻中释放出来。人正常呼吸时产生的空气流动速度在0.2～0.3m/s，而打喷嚏时力度较大、传播距离更远，更易造成传染。对其他病毒性呼吸道传染病的研究显示，在进行气管插管、支气管镜检查和实验室标本离心等易产生气溶胶的操作时，均可能发生气溶胶传播，因此应针对这些操作采取相应的预防措施。

目前对病毒气溶胶的研究，仅限于动物模型和计算机模拟。通过观察不同浓度的气溶胶对小鼠、恒河猴及猕猴等动物的攻击，发现不同动物之间能够互相感染病毒，但是病毒在不同物种间的传播存在一定差异。室外气溶胶研究的变量多、干扰因素也多，建立计算机模拟模型较难；而室内研究相对容易，通过从风量、温度、湿度等恒定因素可以建立简单模型进行计算机模拟。由于气溶胶感染人类的案例有限，通过计算机模拟可能还存在一定的差异性。

结合实验室安全防护原则和实验室检测技术指南，我们应当注意以下问题：①对SARS－CoV－2暂按照病原微生物危害程度分级进行管理；②从事病毒分离培养、动物实验等活动，由省级卫生行政部门审核后方可在三级生物安全实验室开展；③开展临床生化分析、血清免疫学检测等操作时，应尽可能采取措施，减少医疗和检验过程中气溶胶产生；④采集患者鼻咽拭子、纤维支气管镜检查、吸痰等治疗过程中需按标准操作，减少对患者鼻咽部的刺激，以减少其打喷嚏、咳嗽等产生气溶胶的可能；⑤在检验过程中，试管开盖及离心等可能产生气溶胶的环节，均需在生物安全柜内完成，并且根据实际情况用紫外线进行空气消毒；⑥实验后标本必须保存在双人双锁安全级别高的低温冰箱内，如无条件则应尽快做好终末消毒。

根据不同风险评估，实验室和医护人员的个人防护可分为3级。①Ⅰ级生物安全防护：医用外科口罩、手套、工作服、防护帽；②Ⅱ级生物安全防护：医用防护口罩或N95口罩、乳胶手套、外隔离衣、防护帽、护目镜、手卫生；③Ⅲ级生物安全防护：医用防护口罩或N95口罩、双层乳胶手套、面屏、护目镜、防护服、防护帽。新型冠状病毒感染疫情防控期间，为阻断病毒气溶胶或其他模式传播造成感染的可能，发热门诊的医护人员、采集可疑患者标本和直接从事检测的实验室人员，均采取Ⅲ级防护措施，在条件不允许时偶有根据实际情况采取Ⅰ级或Ⅱ级防护标准。

有报道显示，从新型冠状病毒感染患者尿液中分离出了病毒，提示尿液、粪便等污染物具有生产病毒气溶胶传播的可能性。实验室的医疗废弃物种类繁多，当在实验室停留时间较长后风险就会增高。因此，医疗废物的产生、分类、存储、消毒及登记等，都必须严格遵循生物安全操作要求[29-31]。

（王尚文）

参考文献

[1] 胡小林. 实验动物生物安全风险及管理对策[J]. 畜牧兽医科学：电子版，2019(6)：26-27.

[2] 谈永萍. 高校实验动物的管理与生物安全的优化措施[J]. 大学教育，2018，(9)：4-6.

[3] 秦川. 实验动物学[M]. 北京：中国协和医科大学出版社，2016.

[4] 钱军，孙玉成. 实验动物与生物安全[J]. 中国比较医学杂志，2011(10)：15-19.

[5] 郭中敏，包慧敏，邓新燕，等. 浅谈高校实验动物生物安全管理与防范[J]. 热带医学杂志，2016，16(3)：401-403.

[6] 张永斌，郭学军. 高校实验动物与生物安全[J]. 畜牧与饲料科学，2016(2)：91-93.

[7] 王博. 实验动物的生物安全性研究[J]. 兽医导刊，2019(2)：43.

[8] 张京. 加强生物安全意识 保证实验动物检测质量[J]. 中国比较医学杂志，2007(8)：542-544.

[9] 周永运，王荣，翟培军，等. 实验动物与生物安全研究进展[J]. 畜牧兽医科技信息，2015(12)：4-6.

[10] HOTTA K, MOTOI Y, OKUTANI A, et al. Role of GPI-anchored NCAM-120 in rabies virus infection[J]. Microbes and Infection，2007, 9(2)：167-174.

[11] 中华人民共和国国务院. 病原微生物实验室生物安全管理条例[EB/OL]. (2021-04-12)(2023-1-31). https://www.mca.gov.cn/article/zt_gjaqr2021/flfg/202104/20210400033249.shtml.

[12] 刘艳，王珑，李晓燕. 动物生物安全实验室的生物安全管理对策[J]. 中国公共卫生管理，2011，27(5)：453-454.

[13] 刘海燕，许文涛，罗云波，等. 动物实验评价转基因食品食用安全的研究进展[J]. 农业生物技术学报，2010，18(4)：793-800.

[14] 夏咸柱,高玉伟,王化磊.实验动物与人兽共患传染病[J].中国比较医学杂志,2011,21(Z1):2-12.

[15] 马小琴,徐鎏娴.实验动物从业人员职业危害及其防护研究进展[J].中国职业医学,2014,41(6):735-738.

[16] 程树军.动物实验替代技术研究进展[J].科技导报,2017,35(24):40-47.

[17] WALTERS R M, GANDOLFI L, MACK M C, et al. In vitro assessment of skin irritation potential of surfactant-based formulations by using a 3-D skin reconstructed tissue model and cytokine response. [J]. Alternatives to Laboratory Animals: ATLA, 2016, 44(6):523-532.

[18] 史晓萍,宗阿南,陶钧,等.《关于善待实验动物的指导性意见》的研究[J].中国医科大学学报,2007(4):493.

[19] 王锦梅,刘久成,曹玮民,等.美国的生物安全4级实验室[J].国外防化科技动态,2004(12):23-27.

[20] 宋莉,赵敏婧.微生物实验室生物安全现状分析[J].西南国防医药,2020(6):586-588.

[21] 陆兵,王荣,吴东来,等.新型冠状病毒动物实验存在暴露风险时的实验室生物安全要求[J].医疗卫生装备,2020,41(5):70-74.

[22] 詹永有,林养,杨康土,等.冠状病毒气溶胶感染研究进展及实验室生物安全[J].中国国境卫生检疫杂志,2020,43(6):450-453.

[23] 张国林,景荣先,邢以文,等.从SARS、MERS到COVID-19爆发谈高级别生物安全实验室及其应用[J].实验室研究与探索,2021,40(3):291-296.

[24] 李渊婷,高小玲,李永红.新型冠状病毒核酸检测实验室的生物安全防护探讨[J].国际检验医学杂志,2020,41(13):1661-1664.

[25] 国家卫生健康委办公厅.新型冠状病毒实验室生物安全指南(第二版)[EB/OL].(2020-01-23)[2020-02-24]. http://www.nhc.gov.cn/qjjys/s7948/202001/0909555408d842a58828611dde2e6a26.shtml.

[26] 中华医学会检验医学分会.2019新型冠状病毒肺炎病毒核酸检测专家共识[J].中华医学杂志,2020(13):968-973.

[27] 中华医学会检验医学分会.2019新型冠状病毒肺炎临床实验室检测的生物安全防护指南(试行第一版)[EB/OL].(2020-01-30)

[28] 刘晓菲,张晏瑲.论邮轮防疫应急机制的完善——以2019新冠肺炎疫情的防治为参照[J].中国海商法研究,2020,31(1):11-19.

[29] 蓝佳明,邓瑶,谭文杰.MERS-CoV动物模型研究进展[J].病毒学报,2016(3):

369－375.

[30] 李昊,段德光,陶学强,等.传染病动力学模型及其在新型冠状病毒肺炎疫情仿真预测中的应用综述[J].医疗卫生装备,2020,41(3):7－12.

[31] 郑云昊,李菁,陈灏轩,等. 生物气溶胶的昨天、今天和明天[J].科学通报,2018,63(10):878－894.

第 5 章
生物多样性与有毒植物的生物安全

植物在生物界中占有非常重要的地位，呈现出遗传、物种和植被类型的多样性，维持着生态环境的稳定。有毒植物代谢过程中生成的有害物质对植物本身具有保护作用，同时也因其具有药理活性而常被作为药物使用，但若使用不当，也会引发药物中毒等生物安全问题。杀虫剂在农林、畜牧业生产中的广泛使用，以及外来物种入侵等问题的加剧，也引发了越来越多的生物安全问题[1]。有毒植物、杀虫剂及外来物种入侵等风险因子释放到环境中，可能对生物多样性、生物体和人类构成潜在风险与威胁。本章主要围绕上述诸多情况，对生物多样性及有毒植物生物安全问题展开讨论。

5.1 植物多样性与生物安全

5.1.1 植物多样性概述

植物是地球上最主要的生命形态之一，有数十万种之多，广泛分布于陆地、河流、湖泊和海洋中，它们在生物圈的生态系统、物质循环和能量流动中处于最关键的地位。植物的光合作用为地球生命活动提供能量、产生物质能源、形成有机物，并促进地球物质循环。在它们为人类提供丰富的物质资源（食物资源、药物来源）、保持水土以维持和改善地球生态环境的同时，还具有美化环境和丰富人类精神生活的作用。植物之所以具有如此重要的地位，与其独特的细胞结构有关。植物不能像动物那样以个体为单位独立运动，所以其对环境来说具有形态适应性等特点。几乎所有的植物细胞均具有细胞壁，可保护植物。植物细胞中具有能够进行光合作用的光合色素，因此植物细胞又被称为光合自养生物。植物体内通常保留有永久分生组织，不断产生新的器官，所以植物才会越长越茂盛。

植物的多样性积极推动了人类的生存和发展。地球上的植物及其与其他生物和相互作用的环境所形成的有形式、有层次及有组合的多样性，对保持整个地球生态系统的稳定性和多样性具有不可替代的作用。植物多样性主要指植物在分子、细胞、物种、种群、群落和植被等多个层次上，在结构、组成及功能等方面具有多样性特征，其中以遗传、物种和植物类型多样性最具有代表性和层次性。遗传多样性是指种内个体间或一个群体内不同个体的遗传变异总和，仅以水稻为例，就有 5 万多个品种，近 4 万多个基因，具有丰富的遗传多样性。物种多样性是指种类的丰富程度，是生物多样性最主要的结构和功能单位，地球上植物种类多达 50 万种。植被类型多样性，是因生长环境如光照、温度和雨量等差异导致的植物种类、生长和分布的不同，它是植物多样性在更大尺度上的一个体现。高山草甸、寒温带针叶林、亚热带常绿阔叶林、热带雨林、温带针阔、荒漠植被、草原植被及高原高寒植被等，都是植被类型多样性的具体体现。我国植物资源非常丰富，种子植物种类位居世界第三，裸子植物种类排名世界第一，栽培和野生果树种类世界第一。我国还是多种栽培植物（如水稻、大豆、茶叶等）的原产地。以上种种，均体现了我国植物类型的多样性。

随着人类对自然资源的需求增加而进行无限开采，打破了环境的可持续发展。人们在农林畜牧业种植生产中盲目追求高产量和效益，滥用农药问题越来越多，这不仅危害了自然生态环境，也使动、植物中的农药残留日益严重，最终危及人类生命安全。值得一提的是，随着全球经济一体化的不断发展，外来生物入侵也给人类带来了严重的生物安全问题。

生物安全不仅与生物多样性相关，也与每个人的生存与发展密切相关。在农业领域中，生物安全指遗传修饰生物（如转基因作物）对人体及农业生态系统造成的安全性问题[4]；在生态领域中，生物安全指外来物质（如外来物种入侵、农药）对当地生态系统造成的安全性问题；在畜牧领域中，生物安全指畜牧生产过程中人、畜的安全性问题；在军控领域中，生物安全指故意盗抢、破坏或人为释放有害生物及其产物（如生物武器）造成的安全性问题[5]。

当今虽然生物安全体系趋于完善，但对涉及生物安全的生物因子开展的安全性评价、监测和管理工作有待进一步完善，以确保自然资源和生态环境的稳定和人类的健康[6]。因此，坚持维护生态文明，加强生物多样性保护，推进全球环境治理，共建地球生命共同体，是人类对未来的美好寄语。

5.1.2 生物多样性与生态健康现状

5.1.2.1 自然资源与生物多样性

联合国调查报告显示，目前全球生物多样性仍在以惊人的速度丧失，其直接驱动因素是土地和海洋利用的改变、生物资源利用、气候变化、环境污染以及外来物种的入侵等。其中，土地用途改变是20世纪70年代以来陆地和淡水生态系统退化最大的直接驱动因素，包括土地开垦、基础设施建设、城市扩张、采矿、道路扩建、水电大坝以及管线建设等。这些活动造成了森林损毁及生态环境破碎化，进而导致生物多样性丧失。海洋和沿海土地利用变化，主要包括沿海挤占生态环境、近海水产养殖、海水养殖、底拖网捕捞、陆上开荒及沿海城市扩张等。

自然资源是为满足人类生产和生活的需要而被利用的自然物质和能量。随着生产力水平的提高和人类社会的进步，自然资源的范围也在不断扩大。过去被认为属于外在因素的空气及自然风景等，现在也已经归属于自然资源的范畴。当今地球上的自然资源一般包括五种。①气候资源：空气、热量、光线、风及降水等。②水资源：包括地表水（江河、湖泊、海洋）与地下水两部分。③矿物资源：金、银、铜、铁等各种金属矿物。④能源：太阳能、煤矿、石油、天然气及核能源等。⑤生物资源：是具有生命的自然资源，是自然资源的重要组成部分，包括动物、植物和微生物。生物资源和其他非生物资源的不同之处在于，它是一种可再生的自然资源，只要对其进行合理开发就能够长期予以利用。

生物资源同其他自然资源一样，具有生物多样性。有的生物资源已被人们开发利用，但还有更多的生物资源人们尚未发现其利用价值。几个世纪以来，生物多样性的价值并不为人们所重视。人们在利用生物资源时通常不会经过市场流通进行消费，而只是取而用之而已。就药用动、植物资源而言，大约80%的世界人口仍主要依赖从植物中获得各种药材治疗疾病。在亚马孙流域有2000多种动、植物被作为药物使用，在我国，能够入药的物种多达5000多种，如从紫杉和红豆杉中提取抗癌药物。有些动、植物物种（如孑遗物种银杏等）在生物演化历史上处于十分重要的地位，对其开展深入研究有助于弄清生物演化的过程[7]。

自然资源的生物多样性是人类社会赖以生存和发展的基础，人类的衣、食、住、行及物质文化生活的诸多方面都与生物多样性的维持密切相关。首先，生物多样性为我们提供了食物、纤维、木材、药材和多种工业原料。生物多样性还在保持土壤肥力、保证水质以及调节气候等方面发挥了重要作用。黄河流域曾是中华民族的摇篮，在几千年以前那里还是一片十分富饶的土地，树木林立，百花芬芳，各种野生动物出没。后来由于长期的战争及人类过度开发和利用，变成生物多样性十分贫瘠的黄土荒坡，遇到刮风的天气便是飞沙走石，沙漠化现象十分严重。近年来，由于人工植树和“三北防护林工程”的实施，使得生物多样性得到了一定程度的恢复，沙漠化进程得到了抑制，森林覆盖率逐年上升，环境不断得到改善。

生物多样性在大气层成分、地球表面温度、地表沉积层氧化还原电位以及 pH 值等方面发挥着重要的调控作用。例如，地球大气层中的氧气含量为 21%，它能供给人们自由呼吸，这主要归功于植物的光合作用。在地球早期的历史进程中，大气中的氧气含量要相对低很多。据科学家估计，假如断绝了植物的光合作用，那么大气层中的氧气将会由于氧化反应而在数千年内消耗殆尽。

5.1.2.2 生物多样性与生态健康

生物多样性的维持，将有益于一些珍稀濒危物种的保存，有益于生态健康与人类健康。我们都知道，任何一个物种一旦灭绝便永远不可能再生。今天，仍生存在我们地球上的物种，尤其是那些处于灭绝边缘的濒危物种，它们一旦消失了，人类就永远丧失了这些宝贵的生物资源。保护生物多样性特别是保护濒危物种，对于人类后代和对科学事业的发展都具有重要的战略意义。

生物资源多样性同样关系到人类的健康。当疾病发生的时候，我们会依赖自然环境去帮助我们恢复健康。多年以来，人们从自然界中寻找对于伤病的治疗方法。除传统中医药外，植物为现代医药也提供了有效的成分和资源，例如阿司匹林、东莨菪碱及阿托品等均提取自植物。生物多样性的经济价值是多数人并不了解的，世界上仅以植物作为基础药物的总价值就达上千亿。研究植物药的科学家们仍未间断地提取、分离并寻找植物中能够治疗一些特定疾病的药物成分。例如，科学家们从太平洋紫杉树和马达加斯加长春花中，提取并分离得到了可用于治疗癌症的植物活性成分。也许，在不久的将来，科学家们还能够从植物中获得治疗艾滋病的药物成分。

传统中医学采用植物药物治疗疾病有着悠久的历史，目前中医理论和中药疗法也日益受到了全球关注。针对 2020 年暴发的新型冠状病毒感染，中医疗法中的“清肺排毒汤”取得了良好的效果。人类对这些植物及动物资源需求的不断增加，导致了部分物种濒危。长期以来人类反复从地球的“药柜”中搜寻药物，如果不采取相应措施维持植物资源生态系统的整体性和可持续性，其结果必将导致植物资源的匮乏甚至灭绝，出现生态系统失衡的状况。

随着人口的不断增加和社会生产力的不断发展，人类对社会资源的开发和破坏日益加剧。大量滥砍滥伐已经严重影响了生物多样性对于环境的自动清洁、保护作用，导致了生态环境破坏，水土流失严重和全球气候变化。如今的温室效应和环境污染，也给人类生存环境带来了严峻的挑战。气候变化对物种的分布、物候、种群动态以及物种组合或生态系统结构和功能，都产生了明显的影响。大约 47% 的哺乳动物和 23% 的鸟类，已经受到了气候变化的严重威胁。因臭氧损耗而增强的紫外线，也对农、林、牧、渔相关的生物多样性造成严重的威胁。当今世界范围内植物物种在迅速减少,每天约有 75 个物种灭绝,每小时就有 3 个物种灭绝。综上所述,保护生物多样性的工作迫在眉睫,否则动、植物为人类提供的物质资源、生态平衡和精神享受,都会因物种灭绝而丧失殆尽。

人类应该尊重自然的安排,不要强迫某些特性的改变。生物多样性,关系到人类的健康和地球的健康。丧失了生物多样性,世界就会变得贫瘠,人类将不能在地球上存在。地球上不断发生着异常的事情,比如珊瑚礁死亡、大型泥石流、不寻常的倾盆大雨、持续干旱、森林大火及极寒气候,这些都与生态破坏有关。

5.1.2.3 生态健康与人类健康

在生产力落后的时候,人口的数量受到诸如旱灾、虫灾、火灾、水灾和地震等自然因素以及人类自身制造的灾难(如战争)等的影响,使得人口数量得以控制,但是现代科学技术的进步,使人的数量及寿命都有所提高。人口数量增加后,必须扩大耕地面积以满足吃饭的需求。这样,人类就对自然生态系统及生存在其中的生物物种产生了最直接的威胁。沙漠、戈壁及沙漠化土地面积的不断增大;每年使用农药防治土地面积达 23 亿亩次,劣质化肥污染农田达 2500 万亩。

人类对粮食的需求不断增加,在追求土地增产的过程中又不断改变土地,使土地的生产能力日益降低。生态系统的单一不仅使病虫害蔓延加快,还降低了生态的稳定性,增加了农业风险。有研究者将造成生态系统退化和生物多样性降低的人类活动进行了排序,结果发现土地过度开发(含直接破坏和环境污染等)占 35%,毁林占 30%,农业活动占 28%,过度收获薪材占 6%,生物工业占 1%,其中前三项人类活动占到 93%。这些生态破坏最直观的结果是造成了物种生境的破碎化和栖息地环境的岛屿化,一些物种成为珍稀濒危物种甚至灭绝,自然资源物种明显减少。生物多样性降低的程度,取决于生态系统的结构或过程受干扰的程度。例如人类对植物获取资源过程的干扰（如过度灌溉影响植物的水分循环、超量施肥影响生物地球化学循环),远远要比对生产者或消费者的直接干扰（如砍伐或猎取）所产生的负效应大得多。

一般来说,在生态系统组成成分尚未完全破坏前如果能排除干扰,那么生态系统的退化就会停止并开始恢复(例如少量砍伐后森林的恢复),生物多样性也可能会随之恢复。如果在生态系统的功能过程被完全破坏之后才排除干扰,那么生态系统的退化则很难停止,而且有可能会进一步加剧（例如火烧山地后的林地恢复)。

环境污染会导致生物多样性在遗传、种群和生态系统三个层次上降低。随着人类社会的不断发展,环境污染也在进一步加剧。环境污染会影响生态系统的各个层次结构、功能和动态,进而导致生态系统退化。环境污染对生物多样性的影响,目前主要体现在两个方面:一是由于生物对突然发生的污染在适应上可能存在很大的局限性,故生物多样性会丧失;二是环境污染会改变生物原有的进化和适应模式,生物多样性可能会向着环境污染主导的条件发展,从而偏离其自然或常规的轨道[8]。

从遗传层面上来看,虽然环境污染会导致生物的抵抗适应,但最终仍会导致遗传多样性降低。这是因为在环境污染的条件下,种群中敏感性的个体会消失。这些个体因具有特质性的遗传变异而从此消失,进而导致整个种群的遗传多样性水平的降低。当环境污染引起种群的规模减小,由于随机的遗传漂变增加,也可能会降低种群的遗传多样性水平。当环境污染引起种群数量减少,以至于达到种群的遗传阈值,这时即使种群最后恢复到原来的种群大小,遗传变异的来源也依然是大大降低。

从种群水平的影响来看,物种是以种群的形式存在的。最近研究表明,当种群以复合种群的形式存在时,如果某处的环境污染导致该亚种群消失,那么该地方也已明显不再适合另一亚种群入侵和定居。此外,由于各物种种群对环境污染的抵抗力不同,有些种群会消失,而有些种群会存活,但最终的结果都是当地物种的种类会逐渐减少。

从生态系统层次来看,环境污染会影响生态系统的结构、功能和动态。一般的环境污染会改变生态系统的结构,导致功能的改变。严重的环境污染可能具有趋同性,即将不同的生态系统类型最终都变成基本没有生物的死亡区。值得关注的是,重金属或有机物污染在生态系统中经食物链作用会产生放大效应,最终影响人类的健康。

5.1.2.4 外来入侵与生态健康

外来入侵物种也是全球生物多样性面临的严重威胁之一[9]。自 20 世纪 80 年代以来,外来入侵物种累计增加了 40%,导致特有物种的减少和生态系统功能的退化。在一些岛屿上,外来入侵物种更是对当地生物多样性造成重大的影响。日益频繁的国际贸易和人员流动不仅加速了外来物种的入侵,也加速了全球资源的开发和利用以及森林的退化,加剧了一些经济落后地区的生物多样性逐渐丧失。在过去 20 年中,急剧增长的旅游业,也给生物多样性带来了负面影响。

任何地区的生态平衡和生物多样性都是经过几十亿年演化的结果,这种平衡一旦被打乱,就会失去控制而造成危害。人们最初引进物种时,仅是进入了原产地生态系统的一个组分,食物链中的一些天敌或者它所控制的物种是没有办法引进的,控制不好就会变成灾难。这种不可避免的直接后果是对于当地的生态多样性造成危害,甚至是造成灭顶之灾。因此,应该加强入侵生态学研究,对入侵物种的种类、分布及机制等加以评价;应当加强入侵管理,趋利避害,制定相应的入侵管理法规;应从国家和地方层面进行管理,加强海关和边境的检疫和阻截,把好新物种入侵的关口。

许多人为的活动,都将对人类和社会造成一定程度的生物安全隐患。基础设施建设、城市扩张、乱砍滥伐、旅游娱乐、樵采、过度放牧、土地退化、农业开垦、围湖造田、沼泽开垦和过度利用土地与水资源,都给生物安全造成了巨大的危害。环境污染、塑料使用、持久性有机污染物、重金属使用和海洋酸化等原因，都导致了生态环境的破碎化，其后果同样影响物种的繁殖与生存，进而影响生态系统的功能和服务。

外来物种的入侵，事实上也不仅仅只带来危害[10]，还增加了一个地区的生物多样性。从历史上看有些实际上无害的生物也是通过人的不断努力才扩大了分布范围的，一些驯化的农作物或动物已经成了人类的朋友，如食物中的马铃薯、西红柿、芝麻、苜蓿、南瓜、白薯及芹菜等；树木中的洋槐、英国梧桐、火炬树，以及动物中的虹鳟鱼及海湾扇贝等。这些被驯化的物种进入到异国他乡所带来的利益，是远远大于它的危害的。

5.2 有毒植物的生物安全

有毒植物生物安全所涉及的因素较多，本章主要介绍有毒植物中的毒性生物因子、植物种植中滥用的杀虫剂以及外来物种入侵等风险因子，并介绍它们对生物多样性和人类社会所构成的潜在风险与威胁。

5.2.1 植物体内有机物的代谢

有毒植物通过一次代谢产生糖类、脂类、核酸和蛋白质等初生（一次）代谢产物（primary metabolites）以维持其正常生命活动。同时，植物体中还会合成许多其他有机物，它们均是由糖类等有机物通过次生代谢衍生出来的物质，因此被称为次生（二次）代谢产物（sevondarymetabolites）。

植物的次生代谢产物主要分为 3 类，即萜类、酚类和含氮次生化合物。次生代谢产物的合成过程主要有：通过醋酸 – 丙二酸途径合成脂肪酸、酚及蒽酮类；通过甲戊二羟酸途径合成萜类及甾体类；通过桂皮酸途径合成苯丙素、香豆素、木质素、木脂素及黄酮类；通过氨基酸途径合成生物碱等[2]。这些次生代谢产物贮存在植物细胞的液泡或细胞壁中，是代谢的最终产物，除了极少数之外，大部分不再参加代谢活动。有的次生代谢产物是植物生命活动必需的，如吲哚乙酸、赤霉素等。植物激素、叶绿素、类胡萝卜素和花色素等色素以及木质素，它们的存在使得植物体具有一定的色、香、味，以吸引昆虫或动物来传粉和传播种子。某些植物产生对植物本身无毒而对动物或微生物有毒的次生代谢产物，用于防御天敌吞食，以保护自己。有的次生产物往往是重要的药物（如奎宁碱、乌头碱、青蒿素等）或工业原料（如橡胶），它们为人类提供重要的药物资源和经济资源。因此，次生代谢产物的产生是植物在长期进化中对生态环境适应的结果。

5.2.2 植物体内次生代谢产物及其作用

5.2.2.1 萜类

1. 萜的分类

萜类或类萜是植物界中广泛存在的一类次生代谢物质，是由甲戊二羟酸衍生，且分子骨架以异戊二烯单元为基本结构单元的化合物及其衍生物，一般不溶于水。萜类化合物的结构有链状的，也有环状的。根据分子结构中异戊二烯的数目，萜类可分为单萜、倍半萜、二萜、三萜、四萜和多萜。在植物细胞中，相对低分子质量的萜是挥发油。随着分子质量的增高，萜则包括树脂、胡萝卜素等较复杂的化合物，更大相对分子质量的萜则是橡胶等高分子化合物。

2. 萜的作用

萜类对植物的作用是多方面的，主要影响植物的生长发育，同时对植物具有保护作用。

(1)影响植物生长发育。某些萜类可影响植物的生长发育。例如，二萜类的赤素可调节植物的高度；三萜的固醇与磷脂相互作用使细胞膜稳定，是膜的必需组成；四萜类的类胡萝卜素(包括胡萝卜素、叶黄素及番茄红素等)常能决定花、叶和果实的颜色，胡萝卜素和叶黄素还能吸收光能，参与光合作用。胡萝卜素也是维生素 A 的主要来源，由其转变来的脱落素是种子成熟和抗逆性信号的一种激素。

(2)对植物起保护作用。①许多植物的萜类有毒，可防止哺乳动物和昆虫的噬食。菊的叶和花含有的单萜酯拟除虫菊酯，是极强的杀虫剂。松和冷杉含有松枝的单萜成分，如苎烯和桂叶烯对昆虫（包括危害松树严重的棘胫小蠹）有毒。松树的树脂含有相当数量的二萜（如冷杉酸），当害虫取食穿刺到树脂道时，树脂的流出可阻止害虫取食。大戟科植物产生的乳汁含有诸如佛波醇的二萜成分，这些二萜成分可以严重刺激皮肤，对哺乳动物有毒。②广泛分布于植物界，存在于植物的油腺细胞和表皮中的挥发油多是单萜和倍半萜。薄荷及柠檬等植物含有的挥发油，其气味可防止害虫侵袭。有一种倍半萜棉酚存在于一些棉花品种的棉籽之中，具有显著的抗虫侵袭作用。③有些萜类是药物或工业原料(例如短叶红豆杉中的紫杉醇)，具有强烈的抗癌活性。

5.2.2.2 酚类

1. 酚的分类

酚类是芳香族环上的氢原子被羟基或功能衍生物取代后所生成的化合物，种类繁多，是重要的植物次生代谢产物之一。有的酚类可溶于有机溶剂，有的为水溶性羧酸和糖苷，也有的为大分子多聚体。酚类主要分为单酚、木质素和黄酮类。酚类化合物广泛分布于植物体，以糖苷或糖脂状态积存于液泡中。在酚类化合物中含有决定花或果颜色的花色素和橙皮素，也有构成次生壁的重要成分木质素，还有药物成分桂皮酸和桂皮醇等。

2. 单酚的作用和功能

许多简单酚类化合物在植物防御草食昆虫和真菌侵袭中，具有重要的功能。有一种酚类胶补骨脂素（呋喃香豆素类的一种）本身无毒，但可被日光中的紫外线激发为高能电子态。当它插入昆虫的DNA双螺旋中后，可与胞嘧啶和胸腺嘧啶结合，从而阻断DNA的转录和修复，最终导致昆虫细胞死亡。伞形科中的芹菜、防风草和芫荽富含这类光照后有毒的呋喃香豆素，在逆境或病害条件下，芹菜中这种化合物的含量甚至会增加100倍左右，所以用手接触这类植物时会出现局部肿胀。

3. 木质素的作用和功能

木质素是植物体的重要组成物质，广泛分布于植物界，它在植物体中的含量较大，仅次于纤维素，占有机物的第二位。木质素是简单酚类的醇衍生物（如香豆醇、松柏醇、芥子醇及5－羟基阿魏酸）的聚合物，其具体成分因植物种类而异。例如，松柏木质素含有许多的松柏醇，还有一些香豆醇和芥子醇；山毛榉木质素中的松柏醇和芥子醇数量相近，而香豆醇则很少；单子叶植物（尤其是和谷类）的木质素则含有极多的香豆醇。

4. 类黄酮的作用和功能

类黄酮是植物酚类化合物中的一类，具有以下功能。

（1）呈现颜色。植物的色素主要有两类，即类胡萝卜素和类黄酮。类胡萝卜素是光合作用的辅助色素，呈黄色、橙色和红色。类黄酮包含各种有色的物质，其中最普遍的有色类黄酮是花色素苷。植物的花、果大部分呈红色、淡红色、紫色和蓝色等，都与花色素苷有关。鲜艳花色可吸引昆虫而帮助传粉，鲜艳果实可吸引动物食用而传播种子。

（2）防御伤害。类黄酮和黄酮醇类不只存在于花的器官，也存于植物的绿叶中。由于这两类物质积累在叶和茎的表层，可以吸收紫外线（280～320nm），因此避免了细胞受到强烈的紫外线伤害。这两类物质允许可见光通过，不影响光合作用的进行。异黄酮类属于类黄酮，具有杀虫等功能，例如鱼藤根中的鱼藤酮具有很强的杀虫作用。植物受细菌或真菌侵染后形成的植物防御素能限制病原微生物的进一步扩散。

5. 鞣质的作用和功能

在植物酚类多聚体中具有防御功能的，除了木质素外就是鞣质（单宁）。鞣质可分为两类，包括缩合鞣质和可水解鞣质。缩合鞣质由类黄酮单位聚合而成，相对分子质量较大，是木本植物的组成成分，可被强酸水解为花色素。可水解鞣质是不均匀的多聚体，含有酚酸（主要是没食子酸）和单糖，相对分子质量较小，易被稀酸水解。鞣质有毒，有明显的抑制生长作用。鞣质在口腔中与蛋白质结合，有涩味。一些牲畜不愿吃鞣质含量高的植物，因为鞣质与肠中的蛋白质结合会形成不易消化的蛋白质——鞣质复合物。

5.2.2.3 含氮次生化合物

植物次生代谢产物中有许多是含氮的，主要有生物碱和含氰苷等，它们都具有生态防御功能。

1. 生物碱

生物碱(alkaloid)是一类含氮杂环化合物，通常有一个含N杂环，其碱性剂来自含N的环。目前已发现含有生物碱的植物将近100多个科，其中豆科、夹竹桃科、罂粟科、毛茛科、防已科、马钱科、茄科、芸香科、茜草科及石蒜科等多含生物碱。同一科植物中常含多种结构相似的生物碱，如麻黄中已发现7种有机胺类生物碱。生物碱在植物体内的分布并不一致，如古柯碱(可卡因)集中在叶内，奎宁碱集中于树皮，鳖木番碱集中在种子，石蒜碱集中在鳞茎，而乌头类生物碱则主要集中在块根。植物器官中的生物碱含量很低，一般为万分之几到2%。金鸡纳树皮中含有的奎宁碱可高达12%，这种情况是极为少见的。

植物在不同生长时期，它们所含的生物碱成分及含量也常有不同。有些多年生的植物，随树龄增长其某部分的含量会逐渐增加。如金鸡纳树皮中的奎宁碱含量随树龄的增长而增加，小檗根中的小檗碱(黄连素)含量也随植物树龄的增长而增加。植物生物碱含量亦受外界条件的影响而改变，比如当氮肥多时，烟碱含量就高。生物碱的种类很多，其生物合成的前体也不同。

生物碱是植物体次生代谢产物，由不同的氨基酸衍生而来，具有重要的生理意义。生物碱对生物往往有毒性，所以也有防御敌害的意义。生物碱具有较强的生理活性，为药物的有效成分，但同时也是毒性成分。如麻黄中的麻黄碱具有平喘作用，黄连中的小檗碱有抗菌效果，延胡索中的延胡索酸乙素具有止痛效用。现在某些西药常用的重要药品，最初是从植物分离出来证实有效后再经化学合成而来，例如从萝芙木分离出来的利血平，从金鸡纳树皮分离出来的奎宁，从长春花分离出来的抗癌药物长春新碱，以及从红豆杉中分离出来的紫杉醇等。这些毒性或活性成分又称为生物因子，正确使用可以产生药效，使用不当则容易引起中毒，不难看出，生物碱与有毒植物的生物安全密切相关。

2. 含氰苷

含氰苷广泛分布于植物界，其中以豆类和禾谷类最多。含氰苷本身无毒，但植物破碎后就会释放出挥发性毒物氰化氢(HCN)。在完整的植物中，含氰苷存在于叶表皮的液泡中，而分解含氰苷的酶——糖苷酶则存在于叶肉中，互不接触。当叶片被咬碎后，含氰苷与酶混合，含氰苷中的氰醇和糖分开，前者再在羟基腈裂解酶作用下分解为酮和氰化氢。当昆虫和其他草食动物(如蛇、蛞蝓)取食该种植物后，植物便产生氰化氢，导致昆虫和动物出现呼吸抑制等中毒症状。木薯块茎含较多含氰苷，需经磨碎、浸泡及干燥等过程处理，当除去或分解大部分含氰苷后才能被食用，否则容易引起中毒。

有毒植物的次生代谢物在对植物起到积极保护的同时，也必将对食用到这些植物的人和动物产生中毒性伤害。有毒植物在世界范围内广泛存在,故而每年均有大量的人和家畜因食用有毒植物发生意外中毒的事件。因此,人们必须了解有毒植物及其中的活性生物因子,预防和减少中毒的发生,提升刑事侦破的物证检验工作水平。

5.2.3 有毒植物中毒的常见症状

有毒植物多集中分布于亚热带常绿阔叶林区和热带雨林区,如云南、四川、广西、广东、福建等地。其他如青藏高原、西沙群岛等地区,也分布有一些重要的有毒植物。有毒植物因种属、产地、采摘时间及所在部位的不同,毒性呈现较大的差异。比如剧毒植物的一粒种子或一片叶子即可致人死亡,有些有毒植物则需要摄入较大剂量才能引起中毒。能造成中毒的均是有毒植物中具有生物活性的化学成分,即植物生物因子。依据植物中活性成分的化学结构,有毒植物中的生物活性成分可分为非蛋白氨基酸基酸、蛋白质类化合物、生物碱、萜类化合物、苷类化合物、酚类及其衍生物等几大类。

由于有毒植物中所含活性成分的化学结构不同,其中毒反应也会有所不同,常见中毒症状如下[11-13]。①消化系统症状:可出现恶心、呕吐、腹胀、腹痛、腹泻等,严重者可出现呕血、便血等。②神经系统症状:可出现头痛、头晕、烦躁不安、谵妄、共济失调、肌肉强直,严重者出现抽搐、昏迷等。③呼吸系统症状:可出现咳嗽、胸痛、发绀、喘息、呼吸困难等。④循环系统症状:可出现心悸、胸闷、气短、面色苍白、口唇及四肢末端发绀,严重者出现心律失常和心力衰竭等。⑤皮肤、黏膜症状:可出现皮肤红肿、瘙痒、丘疹、水疱等;部分植物汁液或其散发出的飞毛能够致敏,使人出现皮肤红斑、斑疹和丘疹等。⑥泌尿系统症状:可出现全身乏力、腰痛、水肿、少尿、无尿、血尿、蛋白尿等。⑦其他:可出现造血系统及生殖系统损害等。

5.2.4 常见有毒植物的生物

世界各地分布的有毒植物大约有数千种,我国就有1300种,广泛分布于140科,其中以毛茛科、杜鹃花科、大戟科、茄科、天南星科及豆科的有毒植物种类最多[14]。这里结合生物安全问题,对部分典型有毒植物的生物安全、农药污染和外来物种入侵等问题进行列举和阐述。

5.2.4.1 茄科

茄科(Solanaceae)植物约有80属3000种,广泛分布于温带及热带地区,美洲热带种类最多。我国共有茄科植物24属105种,主要分布于西南、西北及华南等地区。茄科有毒种类较多,其中曼陀罗属、茄属、颠茄属、天仙子属、烟草属在全世界均有分布,山莨菪属、天蓬子属、马尿泡属为我国所特有。茄科植物富含生物碱,主要有托品烷生物碱、甾体生物碱、吡啶类生物碱等。多种茄科植物可入药,中毒常因用药量过大和误服等引起。

1. 曼陀罗

曼陀罗(*Datura stramonium* L.)原产于印度,又名枫茄花、狗核桃、万桃花、洋金花、野麻子、醉心花及闹羊花等。

形态特征:曼陀罗为1年生草本植物。茎粗壮直立,在温带地区一般高0.5~1m,热带长成高达2m的亚灌木。叶宽卵形,先端渐尖,基部不对称楔形,边缘有不规则波状浅裂,裂片三角形,脉上有疏短柔毛。花萼筒状,有5棱角,长4~5cm;花冠漏斗状,长6~10cm,上部白色或略带紫色;花药长3~4mm。蒴果直立,呈卵球形,长3~4cm,具长短不等的坚硬短刺,成熟时四瓣裂。种子黑色[15]。

毒性资料:曼陀罗全草有毒,以果实特别是种子的毒性最大,嫩叶次之,干叶的毒性比鲜叶小。阿托品和东莨菪碱均是曼陀罗、天仙子和颠茄等茄科有毒植物的主要有毒成分,也是临床常用的抗胆碱药,常用于解痉、镇痛、止咳、平喘及中药麻醉等。一般来说,阿托品还被用作中毒解毒剂与麻痹剂,如中国历史上有著名的"麻沸散",但是它会引起视力模糊、唾液分泌抑制、血管扩张、心率增加、精神错乱,甚至幻觉等。东莨菪碱是一种镇痛剂和肌肉松弛剂,它也是一种具有镇痛剂特性的解痉剂,被广泛用于治疗运动性疾病和术前用药。阿托品和东莨菪碱中毒多因误食有毒植物或其种子[16]、饮用药酒过量或用药过量等意外所致,也有利用此类植物饮料进行麻醉抢劫或致幻诈骗而引发的中毒,由此引发的中毒甚至死亡的案件数量,也在逐年增加。由于曼陀罗对生态环境的适应性较强,生长旺盛,因此也容易导致牛、羊误食后发生中毒和死亡。

2. 马铃薯

马铃薯(*Solanum tuberosum* L.),又名土豆、荷兰薯、山药蛋、山药豆、地蛋及阳芋等。

形态特征:马铃薯为草本植物,高30~80cm,无毛或被疏柔毛。地下茎块状,扁圆形或长圆形,直径3~10cm,外皮呈白色、淡红色或紫色。叶为奇数不相等的羽状复叶,小叶常大小相间,长10~20cm,6~8对,卵形至长圆形,最大者长可达6cm,宽达3.2cm,最小者长宽均不及1cm,全缘,两面均被白色疏柔毛。伞房花序顶生,后侧生,花白色或蓝紫色;萼钟形5裂;花冠辐状,花冠筒隐于萼内,裂片5;子房呈卵圆形。浆果圆球状,光滑[15]。

毒性资料:马铃薯全株有毒,未成熟或发芽的块茎和果毒性较大。植株含茄碱,特别是幼芽、叶和嫩枝含量高。成熟马铃薯茄碱含量极微,不会引起中毒,但在绿色不成熟或发芽马铃薯中,尤其在芽及芽孔周围含有大量的龙葵素毒素,可引起中毒[17]。食入后数10分钟至10小时内出现症状,通常在1~2小时内,患者可出现咽喉部瘙痒和烧灼感、头晕、乏力、恶心、呕吐、上腹部疼痛及腹泻等,严重者有耳鸣、脱水、体温升高、烦躁不安、谵妄、昏迷、瞳孔散大、脉搏细弱及全身抽搐,可因呼吸麻痹致死。

3. 三分三

三分三(*Anisodus acutangulus* C. Y. Wu et C. Chen),又名野烟,主要分布于我国

云南。

形态特征：三分三为多年生草本植物，高 1～1.5m，全株无毛；主根粗大，有少数肥大的侧根，根皮黄褐色，断面浅黄色。叶片纸质或近膜质，卵形或椭圆形，长 8～15cm，宽 3～6cm，生于下部者更大更长，顶端渐尖，基部楔形，微下延，全缘或呈微波状；叶柄长 5～10(～15)mm。花梗长 1～3cm。花萼漏斗状钟形，长 3～4cm，萼齿 4～5，狭三角形，不整齐，其中有 2～3 枚极长且较大；花冠漏斗状钟形，淡黄绿色，初时仅檐部露出萼筒，以后伸出花萼约 1 倍，长 2.5～3(～4)cm，裂片半圆形，顶端圆形，基部近耳形，边缘常具不规则的细齿，花冠筒里面被柔毛，近基部具 5 对紫斑；花后花萼伸长。蒴果近球形，果萼长为果的 1 倍左右，长 3.5～4.5cm，紧包果，脉隆起；果梗长 5～7cm，下弯[15]。

毒性资料：三分三的根有大毒，根、茎、叶均含生物碱，其中以根的含量最高，总碱量达 1% 以上，主要有莨菪碱、樟柳碱、山莨菪碱、东莨菪碱和红古豆碱等[18]。人服最大剂量一次不得超过三分三厘（约 1g），否则会引起中毒，故有“三分三”之称。

5.2.4.2 毛茛科植物

毛茛科（Ranunculaceae）植物约有 50 属 2000 余种，主要分布在北半球温带和寒温带。我国共有毛茛科植物 42 属约 720 种，广泛分布于全国，其中有 30 属 220 种可供作药用。

毛茛科含有毒植物较多，约 20 属的植物有毒，主要有乌头属、翠雀属及银莲花属等，其中多数乌头属植物的块根毒性大，死亡率较高。

毛茛科植物富含二萜类生物碱、强心苷、毛茛苷及苄基异喹啉类生物碱等多种有毒成分，对消化系统、循环系统、神经系统及皮肤黏膜的毒性损害作用较强。如果使用不当或被牛羊误食，便会引发更为严重的生物安全问题。随着不同类型的生物入侵、人类对生态的破坏及高山放牧等对生态环境的改变，毛茛科植物可能会出现生长异常或药性降低的可能。

1. 乌头属植物

乌头属（*Aconitum* L.）植物，系多年生至一年生草本开花植物，共有 250 多种。乌头属植物原是第三纪时的极地植物，冰川期从西伯利亚传播到欧洲、亚洲和美洲。目前在中国有 200 多种乌头属植物，主要包括北乌头和黄草乌（*Aconitum vilmorinianum* Kom.）。以川乌、草乌和附子为代表的北乌头，其中的特征活性（或毒性）成分是乌头碱、次乌头碱和新乌头碱等双酯型二萜生物碱。黄草乌为云南特色药用植物，其特征活性（或毒性）成分为滇乌碱（yunaconitine）、粗茎乌头碱甲（carssicauline A）及塔拉萨敏（talatisamine）等双酯型二萜生物碱[19]。

黄草乌和北乌头的成分虽然不同，但主要的活性成分均为双酯型二萜生物碱，如乌头碱、次乌头碱、新乌头碱及滇乌头碱等，化学结构较为相似。它们都因具有镇痛、抗炎、抗风湿及抗肿瘤等多种药理作用，被广泛用于治疗风湿性关节炎、肿瘤及疑难杂症等。但因其毒性强、安全范围窄，使用不当引起草乌中毒或死亡的病例日益增多。

目前植物药物学家正在研发优化改良草乌植物品种，期望获得低毒和活性成分高的品种，以更好地开发利用草乌药物资源。但也有学者认为，过度地开发草乌植物资源或培育新的品系，可能会出现不可预测的后果。例如，有学者选取高山细毛羊研究不同放牧情况下对有毒植物生长的影响。结果发现，由于草地利用方式与牛羊混牧的放牧区存在一定差异，以及受到植被、土壤理化性质以及微生物等因素的影响，放牧是影响有毒植物生物多样性的重要因素，而中度放牧强度则更有利于草地的进展演替。

(1)黄草乌(*Aconitum vilmorinianum* Kom.)，又名草乌、大草乌、昆明乌头、昆明堵喇，在我国主要分布于云南。

形态特征：黄草乌为多年生草本植物。茎缠绕，长达4m，疏被反曲的短柔毛或几无毛，分枝。块根椭圆球形或胡萝卜形，长2.5～7cm，粗约1cm。叶片坚纸质，五角形，长5～10cm，宽8～15.5cm，基部宽心形，3全裂达或近基部，中央全裂片宽菱形，急尖或短渐尖，侧全裂片斜扇形，表面疏被紧贴的短柔毛，背面只沿脉疏被短柔毛；叶柄与叶片近等长。花序有3～6花；轴和花梗密被淡黄色反曲短柔毛；苞片线形；花梗长2～4cm；萼片紫蓝色，外面密被短柔毛，花瓣无毛，距长约3mm，向后弯曲；雄蕊无毛，花丝全缘或有2枚小齿；心皮5，无毛或子房上部疏生短毛。蓇葖果直，无毛，长1.6～1.8cm；种子长约3mm，呈三菱形，只在一面密生横膜翅。花期8—10月[15]。

毒性资料：黄草乌的块根有剧毒，主要毒性成分为滇乌碱、粗茎乌头碱甲及塔拉萨敏等二萜双酯型生物碱，主要靶器官的毒性作用为心脏毒性、神经毒性和消化系统毒性，主要中毒症状为口舌、四肢发麻及心律失常。

(2)北乌头(*Aconitum kusnezoffii* Reichb.)，又名草乌、蓝靰鞡花、鸡头草、蓝附子、五毒根、鸦头、小叶鸦儿芦、穴种、小叶芦、勒革拉花，在我国主要分布于山西、河北、内蒙古、辽宁、吉林和黑龙江。

形态特征：北乌头为多年生草本植物。茎高80～150cm，通常分枝。块根呈圆锥形或胡萝卜形，长2.5～5cm。叶片纸质或近革质，呈五角形，长9～16cm，宽10～20cm，3全裂；叶柄长为叶片的1/3～2/3。顶生总状花序具9～22朵花；萼片紫蓝色；花瓣距长1～4mm，向后弯曲或近拳卷。蓇葖果直，长1.2～2cm。

毒性资料：北乌头全草有毒，尤以块根毒性最大，主要含乌头碱等[20]。典型中毒症状与黄草乌相同。

(3)短柄乌头(*Aconitum brachypodum* Diels.)，又名雪上一枝蒿，在我国主要分布于云南西北部及四川西南部。

形态特征：短柄乌头为多年生草本植物。块根呈胡萝卜形，长5.5～7cm。茎高40～

80cm,疏被反曲而紧贴的短柔毛,叶密生,不分枝或分枝。茎下部叶在开花时枯萎,中部叶有短柄;叶片呈卵形或三角状宽卵形,长3.5~3.8cm,宽3.6~8cm,3全裂,中央全裂片呈宽菱形,基部突变狭成长柄,二回近羽状细裂,小裂片线形,边缘干时稍反卷,侧全裂片斜菱形,不等二裂至基部,两面无毛或背面沿脉疏被短毛;叶柄长0.8~3.2cm。总状花序有7至多朵密集的花;轴和花梗密被弯曲而紧贴的短柔毛;花梗近直展;小苞片生花梗中部或上部,二或三浅裂,有时不分裂;萼片呈紫蓝色,外面被短柔毛,上萼片呈盔形或盔状船形,具爪,喙短;花瓣无毛,上部弯曲,距短,向后弯曲;花丝疏被短毛,全缘或有2小齿;心皮5,子房密被斜展的黄色长柔毛[15]。

毒性资料:短柄乌头的块根有毒,含乌头碱等[21]。人中毒后表现为口腔有灼热感、喉部不适、恶心、呕吐、流涎、头晕、心悸、全身发麻及腹痛,严重者可出现抽搐、嗜睡、昏迷及心律失常,最终因呼吸循环衰竭死亡。

(4)丽江乌头(*Aconitum forrestii* Stapf),又名黑乌头,在我国主要分布于云南西北部及四川西南部。

形态特征:丽江乌头为多年生草本植物。块根呈胡萝卜形,长约5.5cm,茎粗1.6cm。茎高70~100cm,被反曲的短柔毛,等距地密生叶,上部分枝,有时不分枝。茎下部叶稀疏,具稍长柄,在开花时枯萎,茎中部以上叶具短柄或几无柄;叶片坚纸质,宽卵形或五角状卵形,长7~12cm,宽7~10cm,基部宽心形或浅心形,3深裂超过中部,裂片近邻接,两面被短柔毛;叶柄长2~10mm。顶生总状花序多少狭长,长2~40mm,具有密集的花,萼片紫蓝色,外面被短柔毛,上萼片盔形,在中部之上具宽喙短;花瓣无毛,顶端向外弯,2浅裂,距长1mm,半圆形,稍向后弯,雄蕊无毛,花丝全缘,心皮5,无毛。

毒性资料:丽江乌头的块根有毒,含丽江乌头碱(foresaconitine)[22]。

2. 翠雀

翠雀(*Delphinium grandiflorum* L.),又名鸽子花、百部草、鸡爪连,在我国广泛分布于云南、山西、河北、宁夏、四川、甘肃、黑龙江、吉林、辽宁、新疆、西藏等地。

形态特征:翠雀为多年生草本植物。高35~65cm,茎具疏分枝。基生叶和茎下部叶有长柄;叶片呈圆五角形,长2.2~6cm,宽4~8.5cm,3全裂,小裂片线形;叶柄长为叶片的3~4倍。总状花序有花3~15朵;萼片蓝紫色,距钻形,长1.7~2cm;花瓣蓝色,无毛;退化雄蕊蓝色,瓣片呈近圆形或宽倒卵形。蓇葖果直,长1.4~1.9cm[22]。

毒性资料:翠雀的块根有毒,含二萜生物碱。人中毒后主要出现呼吸困难、血液循环障碍以及心脏、神经和肌肉麻痹等症状[22]。

3. 飞燕草

飞燕草[*Consolida ajacis*(L.) Schur],在我国各城市有栽培。

形态特征:飞燕草为一年生草本植物,茎高约达60cm。茎下部叶有长柄,在开花时多枯萎,中部以上叶具短柄,叶片长达 3cm,掌状细裂,狭线形小裂片宽 0.4 ~ 1mm,有短柔毛。花序生茎或分枝顶端,下部苞片叶状,上部苞片小,不分裂,线形,花梗长 0.7 ~ 2.8cm;萼片紫色、粉红色或白色,呈宽卵形,长约 1.2cm,外面中央疏被短柔毛,距钻形,长约 1.6cm;花瓣的瓣片 3 裂,中裂片长约 5mm,先端 2 浅裂,侧裂片与中裂片成直角展出,卵形。蓇葖果长达 1.8cm,直,密被短柔毛[15]。

毒性资料:飞燕草全草有毒,尤以种子毒性最大,有箭毒样作用[23]。动物中毒后主要表现为行走困难、脉搏及呼吸变慢、体温降低,严重时出现抽搐、运动失调及全身性痉挛,最终因呼吸衰竭死亡。

5.2.4.3 罂粟科

罂粟科(Papaveraceae)植物约有 38 属 700 余种,主产于北温带,在我国有 18 属 362 种,南北均有分布。本科多种植物有毒,多存在于罂粟属、博落回属、紫堇属、白屈菜属等,主要毒性成分为多种异喹啉类生物碱,以中枢神经系统、循环系统和消化系统损害为主。

1. 野罂粟

野罂粟(*Papaver nudicaule* L.),又名山大烟、山罂粟、毛罂粟、山米壳、野大烟、岩罂粟、小罂粟,在我国主要分布于东北、内蒙古、河北、山西、宁夏、新疆等地。

形态特征:野罂粟为多年生草本植物,高 20 ~ 60cm。主根长锥形;根茎短,密盖残枯叶鞘。茎极缩短。叶全部基生,叶片轮廓卵形至披针形,长 3 ~ 8cm,羽状浅裂、深裂或全裂,裂片 2 ~ 4 对,全缘或再次羽状浅裂或深裂,密被或疏被刚毛;叶柄被斜展的刚毛。花葶一至数枝。花单生于花葶先端;花蕾宽卵形至近球形,密被褐色刚毛,通常下垂;萼片 2,早落;花瓣 4,宽楔形或倒卵形,长(1.5 ~)2 ~ 3cm,淡黄色、黄色或橙黄色,稀红色;雄蕊多数;子房倒卵形至狭倒卵形,密被紧贴的刚毛。蒴果密被紧贴的刚毛,具 4 ~ 8 条淡色的宽肋;柱头盘平扁。种子多数,近肾形,褐色[15]。

毒性资料:野罂粟全草有毒,尤以花、果毒性较大。果中含野罂粟碱,主要包括吗啡、可待因及那可丁等生物碱,具有镇痛、止咳等效用,长期使用会导致成瘾性[24]。人体中毒后表现为呕吐、上腹不适、腹痛、便秘及血压下降,甚至出现呼吸抑制、休克与心脏骤停。

2. 虞美人

虞美人(*Papaver rhoeas* L.),又名丽春花、赛牡丹、雏罂粟、百般娇、蝴蝶满园春,在我国多为庭院栽培。

形态特征:虞美人为 1 年生草本植物。高 40 ~ 60cm,分枝细弱,被短硬毛。全株被开展的粗毛,有乳汁。叶片呈羽状深裂或全裂,裂片披针形,边缘有不规则的锯齿。花单生,有长梗,未开放时下垂,萼片 2,呈椭圆形,外被粗毛。花径 5 ~ 6cm,花色丰富。花冠 4 瓣,近圆形,具暗斑。雄蕊多数。子房倒卵形,花柱极短,柱头常具 10 或 16 个辐射状分枝。蒴果杯形，成熟时顶孔开裂，种子肾形。

毒性资料：虞美人全草有毒，尤以果实毒性较大。其主要含丽春花碱型生物碱。家畜误食后会出现狂躁、嗜睡、心率加快等症状，甚至死亡。

5.2.4.4 古柯科

古柯科（Erythroxylaceae）植物有4属约250种，分布于热带及亚热带，主产于南美洲。本科中重要的有毒植物古柯原产于秘鲁、玻利维亚等地。

古柯[*Erythroxylum novogranatense*（Morris） Hier.]，又名高根、玻利维亚古柯树、高卡，在我国海南引种较多，台湾和云南也有栽培。

形态特征：古柯为灌木或小灌木。树皮褐色，小枝干后黑褐色或棕褐色。单叶互生，表面绿色，干后呈墨绿色或榄绿色，背面浅黄色，干后呈灰色或灰黄色，倒卵形或狭椭圆形；叶柄长4～7mm；托叶三角形，长1.5～3mm。花小，黄白色，1～6朵，单生或簇生于叶腋内，花蕾期花梗极短，开花期花梗伸长达4mm；萼片5，长约1.5mm，基部合生成环状；花瓣5，卵状长圆形，长3～3.5mm，内面有2枚长1～1.5m的舌状体贴生于基部；雄蕊10，基部合生成浅杯状，不等长或近等长，长2～4mm；子房近圆形或长圆形，长1～3.5mm。3室，1室发育，每室有胚珠1颗；花柱3，分离，长1～3mm，宿存。成熟核果红色，长圆形，宽3mm，顶部渐尖，有种子1粒[15]。

毒性资料：古柯的叶及树皮有毒。叶含古柯碱0.64%～1.48%，其中主要有1-古柯碱及肉桂酰古柯碱等，对中枢神经系统有损害。人体中毒后表现为多言、激动、失眠、欣快感、震颤及惊厥等，可因呼吸中枢抑制致死，长期使用会导致成瘾，最终出现精神行为异常[25]。

5.2.4.5 草麻黄

麻黄科（Ephedraceae）植物仅有麻黄属，约35种，分布于南、北温带地区。我国有9种麻黄科植物，分布于西南、西北至东北部，其中木贼麻黄、草麻黄等有小毒，大剂量可引起人畜中毒。麻黄科植物的化学成分有生物碱、黄酮、鞣质、苷类、儿茶酚以及挥发油等，麻黄碱是重要的有效和有毒成分，常被作为合成苯丙胺类毒品的原料。

草麻黄（*Ephedra sinica* Stapf），又名麻黄、川麻黄、色道麻、结力根，我国原产于四川，现广泛分布于吉林、辽宁、河北及内蒙古等地。

形态特征：草麻黄为多年生草本状小灌木，高20～40cm。木质茎短或成匍匐状，由木质根茎上生出草质茎，小枝绿色，对生或轮生，节间长3～5cm。叶膜质鞘状，顶端常2裂。雄球花有多数雄花，淡黄色，每花有雄蕊7～8；雌球花单生于枝顶，有苞片4对，绿色。雌球花2，成熟时苞片肉质，红色，长卵圆形或近球形。种子2粒[15]。

毒性资料：草麻黄全草及种子均有毒，含多种生物碱。急性中毒患者早期表现为中枢兴奋，如焦虑不安、烦躁、心悸、头痛、眩晕、震颤、出汗及发热等，可伴有恶心、呕吐、上腹胀痛、瞳孔扩大及心前区疼痛等。重度中毒患者可出现视物不清、呼吸困难、惊厥、呼吸衰竭、窒颤，甚至中毒死亡[26]。

5.2.4.6 室内种植有毒植物

随着人们生活水平的不断提高，家庭养花、种植绿色植物已经成为一种生活时尚。殊不知，我们身边却种植了许多有毒的植物，甚至可能会危及身体健康，危害空气、土壤的生态环境，造成生物安全事件。

1. 凤仙花

凤仙花（*Impatiens balsamina*），又名八仙花、指甲花、染指甲花、小桃红等，产于中国和印度。凤仙花含有促癌物质，这些促癌物质不直接挥发，但会渗入并存在于土壤之中。长期食用种植在该种土壤里的蔬菜不仅容易造成水土污染，还会使人体致癌。

在人们的印象中，凤仙花就像棉花糖和大圆面包一样“理所当然可以食用”。但是人们一旦吃了凤仙花，几小时后就会出现腹痛现象，此外其他的典型中毒症状还包括疼痛、恶心呕吐、虚弱无力和全身出汗；甚至还有报道会出现昏迷、抽搐和血液循环障碍，最终发生中毒死亡。

2. 夜来香

夜来香［*Telosma cordata* （*burm*. F.） Merr.］，为藤状灌木，小枝柔弱，有毛，具乳汁。花多黄绿色，有清香气，夜间更甚，故有“夜来香”或“夜香花”之名。夜来香多为盆栽观赏植物，但不宜放在室内。夜来香的香气，会使高血压和心脏病患者感到头晕目眩、郁闷不适。

3. 紫藤

紫藤（Wisteria sinensis），属豆科紫藤属，是一种落叶攀援缠绕性大藤本植物。干皮深灰色，不裂；花紫色或深紫色，十分美丽。其种子和茎、皮均有毒，种子内含金雀花碱，误食后会引起呕吐、腹泻，严重者还会发生口鼻出血、手脚发冷，甚至休克、死亡。

4. 醉鱼草

醉鱼草（*Buddleja lindleyana* Fort.），别名毒鱼草，主要分布于我国西南及长江三角洲、福建、两湖及两广地区。过去人们用其花和叶来“毒鱼”，鱼因“醉困”而死，故名为醉鱼草。人误食醉鱼草中毒后，会出现头晕、呕吐、呼吸困难、四肢麻木和震颤等症状。解救方法包括洗胃、导泻以及服用大量糖水或静脉滴注葡萄糖盐水，并给予肌内注射维生素 B_1 及对症治疗。

5. 鸢尾

鸢尾（*Iris tectorum* Maxim.），别名蓝蝴蝶、紫蝴蝶，为鸢尾科鸢尾属植物，是一种原产于我国中部的花卉，现在主要分布在我国中南部，其花形大而美丽，可供观赏。鸢尾的花苦、平、有毒；叶子和根有毒，会造成胃肠道瘀血及严重腹泻；根茎可用于治疗眩晕及肿毒,也可当致吐剂及致泻剂使用。

6. 风信子

风信子(*Hyacinthus orientalis* L. SP. PL.),又名五色水仙,球茎有毒性,属天门冬科风信子属多年草本球根类植物。如果误食,会引起头晕、胃痉挛及腹泻等症状,严重时可导致瘫痪并可致命。风信子的花粉容易造成皮肤过敏。过敏性体质者,应尽量避免与之接触而诱发过敏反应。

5.2.5 农药使用与生物安全

农药的广泛使用,农药在大气、水体、土壤中的残留问题日益突出,农药随着大气、水体、土壤进入到植物中,药用植物或有毒植物亦如此,农药引起的生物多样性和药用植物或有毒植物生物安全问题也是特别值得关注的问题。首先,应遵守农药使用的相关规定。做到正确配药、施药,做好废弃物的处理和安全防护,防止农药污染环境或造成人体中毒。剧毒和高毒的农药,不得用于蔬菜、瓜果及中草药等。其次,正确掌握农药的单用剂量和混用剂量。第三,使用农药时应注意安全防护。接触、使用农药时,应使用必要的防护用品进行安全操作。配置农药时不能用手取药,盛放农药的容器不能在河流、小溪或井边冲洗。农药使用需随配随用,剩余的农药应封闭在原包装内,不得转移在其他的包装中。施药后的田块应树立明显的有毒标志,在一定时间内禁止人畜进入。第四,注意农药的安全保管措施。储存的农药应有包装,包装上应有完整、清晰、牢固的标签。农药应放在儿童和动物接触不到的地方,最好放入干燥、阴凉、通风的专用柜内。农药一定要专管、上锁,不与食品及饮料靠近或混放,避免农药中毒事件的发生。

5.2.5.1 杀虫剂的起源与发展

农药是指用于防治农、林、畜牧及贮粮上的虫害、消灭生活环境中的蚊蝇等害虫的药剂,或除去杂草以便于农作物吸收营养的药剂,前者被称为杀虫剂(insecticides)。

1874 年,奥地利化学家蔡德勒(Zeidler)在拜耳(Bayer)教授的指导下合成了强效杀虫剂滴滴涕(化学名:双对氯苯基三氯乙烷,DDT),此后便束之高阁,将之整整尘封了 65 年。直到 1939 年,瑞士盖基公司的化学家穆勒(Müller)发现 DDT 能作用于昆虫神经细胞的钠离子通道,引起电信号传递异常而导致机体死亡。由此,瑞士政府便迫不及待地使用 DDT 消灭科罗拉多土豆甲虫,奇迹般地挽救了当年的农业收成,也验证了 DDT 神奇的杀虫功效。二战时,DDT 写下了人类历史上首次战胜大规模瘟疫的不朽篇章。

由于功能强大、制造简易、价格低廉、广谱持久、人畜无害及储运方便等优良品质,DDT 在所有杀虫剂中一枝独秀,战后更是达到了辉煌的巅峰。

疟疾是人类最古老的宿敌,每年祸及世界 3 亿至 5 亿人口,夺取了 300 万人的生命。当南非、印度及斯里兰卡等国家使用 DDT 杀灭蚊子后,疟疾发病率直线下降,效果立竿见影。1947—1951年,意大利依靠DDT实现了根除疟疾的目标。基于这些实践经验,于1955年5月正式擂响了全球消灭疟疾的战鼓。美国的农民也开始大规模使用DDT杀灭300多种农作物的害虫,频繁动用飞机对广阔的田野和森林进行药物喷洒。1959年美国DDT使用量峰值已达到近36000吨,平均每人消费半磅之多,虽然获得了良好的杀虫效果,但这种无节制、无忌惮的挥霍和滥用,还是埋下了DDT"其兴也勃,其亡也忽"的祸根。

1962年,身患乳腺癌的美国女生物学家卡森(Carson)出版了历史性的著作《寂静的春天》,揭露了DDT等杀虫剂对野生动物特别是鸟类具有很大的危害,使春天不再莺歌燕舞。卡森指出,高度的疏水性使DDT可长时间存留在生物脂肪组织中,通过食物链富集到猛禽体内,造成美国国鸟白头鹰等鸟类蛋壳变薄、蛋类数量减少;DDT还可干扰人体内分泌和生育系统并诱发癌症。卡森的书首次提出人和自然环境的关系问题,《纽约时报》称"寂静的春天现在成了喧闹的夏天",美国总统肯尼迪也下令科学顾问委员会调查,该委员会支持卡森的警示。《寂静的春天》连续荣登《纽约时报》畅销书榜首,有人把它比作当年引发南北战争的《汤姆叔叔的小屋》。

1967年,美国环境保护基金会宣告成立,1970年12月2日美国环境保护局正式挂牌,并于1972年6月14日签署法令,在美国禁止使用DDT。向这个如日中天的诺贝尔奖级化学宠儿开刀问斩,骄横的化工界受到了极大的震慑,初创的美国环境保护局也借此树权立威。世界不少国家群起效仿,先后制定废除DDT的法规。1995年,联合国化学安全机构确定了12种持久性有机污染物,DDT被列入其中。2001年5月22日,152个国家签署了《斯德哥尔摩协议》,DDT最终沦为环境的大敌而被人类遗弃。

世界对DDT的不平之鸣也是独一无二的。《寂静的春天》出版后,饱受"以人文激情代替科学依据"的非议。1972年下令禁止DDT的美国环境保护局局长鲁克尔斯豪斯(Ruckelshaus)被指责完全无视科学委员会125位专家9000多页的考察和法官思威尼(Sweeney)的判决。许多研究指出,"几十年来地球上几十亿人暴露在大剂量的DDT中,从无一例中毒记录,DDT的毒副作用比许多处方药甚至比咖啡还小,有志愿者连续2年口服DDT仍安然无恙"。

对DDT争论的焦点和核心,是其预防疟疾的独特效用,20年来DDT从猖獗的疟疾中挽救了5亿人生命。禁止使用DDT后,让已经被遏制的疟疾卷土重来,导致每年至少100万人死亡并造成贫穷国家的经济崩溃。为此,联合国多位抗疟专家愤而辞职。《侏罗纪公园》作者克莱顿(Crichton)说,"禁止使用DDT也许是20世纪最大的悲剧",甚至有批评指出,"环境主义者"存心"借蚊杀人"。1999年8月29日,包括3位诺贝尔奖获得者在内的371位著名疟疾专家及医生联名发表公开信,指出禁止DDT是"西方富裕国家的诉求""撒哈拉沙漠以南地区因疟疾造成的'寿命损失年'比全世界癌症患者总和还多70%",呼吁尽快请回DDT担当抗疟大任。2006年9月,联合国世界卫生组织一改30年来对 DDT 的否决态度,转而宣称室内喷洒 DDT 灭蚊和驱蚊是防范疟疾的主要手段。DDT 虽没有摘掉"黑十二类"的帽子,但它的妖魔化形象毕竟还是得到了改善。相对而言,非洲国家却顾忌 DDT 的使用会面临西方经济援助减少和贸易制裁的增加,依然不敢完全放开使用。

推崇全面禁止 DDT 的世界野生动物基金会在徽标上写着:"为子孙留下一个充满生机的地球"。非洲抗疟组织的口号则是"从疟疾中拯救孩子",如果政策错误,将会使"千百万孩子不能活着看到地球"。国际疟疾基金会主席说道,"这就像每天有 7 架满载的波音 747 客机故意坠毁在乞力马扎罗山。"世界卫生组织官员在回答对重启 DDT 的质问时说:"请像拯救环境一样拯救非洲婴儿。"时至今日,"环保主义者"在和"人道主义者"仍在角力。

关于 DDT 的一波三折和"马拉松之争",也许能映射出人类社会的全部复杂。科学的真伪是非本来难以判定,如果再搅进政治、地缘、贫富和文化等因素则更会成为一团乱麻,谁也不能独善其身和兼济天下。

在 DDT 备受争议时,英国人也发明了"六六六"杀虫剂并在二战后大量投入使用。"六六六"杀虫剂的杀虫效果同样非常显著,但人们也逐渐发现该含氯杀虫剂具有难以降解的特性及致癌、致畸作用。20 世纪 30 年代,德国法本公司的杀虫剂研发项目成功研制了有机磷酸酯,后来被制成用于人体的神经性毒剂并大量生产。英国在二战中也对有机磷酸酯神经性毒剂进行了试验。战后,有机磷酸酯被用于杀灭害虫。

从历史的发展来看,杀虫剂经历了从 DDT、"六六六"到有机磷酸酯类、氨基甲酸酯类、拟除虫菊酯类再到百草枯等除草剂的发展历程。滥用杀虫药物以及不规范的操作必然造成人畜中毒、环境污染,其危害已经非常严重。

5.2.5.2 几种常见农药的危害

1. 含氯杀虫剂的危害

人类明知 DDT、硫丹、氯丹、灭蚁灵、五氯苯酚及三氯杀螨醇等有机氯杀虫剂对生态环境、动物和人体的危害很大,但还是将它们用于农作物除草和杀虫、保障公共场所卫生、防治电缆和多类建筑物的蚁害,所以多年来这些杀虫剂仍在继续生产,并被许多国家和地区依赖性使用,导致了如今在世界上普遍存在着"限而不严、禁而不止、误用或滥用"的现象。

中国是传统的农业大国,粮食作物、油料作物、森林、牧场、花卉、园林、草地、棉花、蔬菜、果树、茶树、咖啡及烟草的种植都离不开杀虫剂。目前我国正在进行大规模建设,各类房屋、桥梁、隧道、路基、堤围、码头,以及电力、通信、电缆等方面也需要杀虫剂防治白蚁侵害。比如,部分船舶防污漆中添加了 DDT,部分地区仍用五氯酚钠防控血吸虫病传播。这些杀虫剂通过大气循环、降水裹挟、土壤淋溶、地表径流及废物排放等途径,进入大气、土壤、海洋、河流、湖泊、池塘等水体,直接或间接地威胁着农林畜牧业的生态环境、渔业生态环境、植物生态环境和动物生态环境,导致杀虫剂在食物链中传递,使蔬菜、水果、禽类、牲畜、植物药及水产品中的农药残留严重超标,严重损害人们的生命健康及种族遗传。

2. 有机磷酸酯类杀虫剂的危害

有机磷酸酯类杀虫剂是目前使用量最大的杀虫剂,这类杀虫剂的典型代表有敌敌畏、敌百虫、对硫磷、辛硫磷及甲胺磷等,其化学性质不稳定,相对容易降解。这类杀虫剂大多属于中高毒性,它们在杀虫的同时对人畜也具有毒性,易于残留在农作物中,当动物食入这样的饲料后就会发生有机磷中毒。这类杀虫剂残留在食物中被人食用后,可进入人体与体内胆碱酯酶结合,形成不易水解的磷酰化胆碱酯酶,使胆碱酯酶活性降低、乙酰胆碱分解减少而大量在体内蓄积,使人出现中毒症状,引起全身各脏器的损伤[27]。

3. 氨基甲酸酯类杀虫剂的危害

氨基甲酸酯类杀虫剂毒性低于有机磷酸酯类杀虫剂,但它们对哺乳动物中枢神经及周围神经都有增强兴奋性的作用,人误食后会出现头痛、恶心、呕吐、抽搐等症状,甚至昏迷、死亡。

4. 拟除虫菊酯类杀虫剂的危害

拟除虫菊酯类杀虫剂为20世纪70年代发展最快的新农药,被认为是在生物体和自然界中降解、无残留、低毒高效的仿生型杀虫剂。因该类杀虫剂对昆虫的毒性远高于哺乳动物的毒性,使用中较有机磷杀虫剂更安全,已被广泛应用于防治农业病虫害以及用作室内杀虫剂,对人类日常生活产生了重要的影响。目前对拟除虫菊酯杀虫剂的急性毒性研究已取得较多成果和进展,但对其长期慢性影响至今仍缺乏明确的论证。不过现今已有文献报道了拟除虫菊酯类杀虫剂对人体具有神经毒性、生殖发育毒性、免疫毒性与诱发肿瘤等危害,以及对养蜂业和水产养殖业所产生的破坏性影响。

随着杀虫剂的广泛使用,害虫对杀虫剂产生了耐药性和抗药性。为了扩大杀虫谱并延缓害虫产生抗药性、降低毒性、降低农药使用成本,混配杀虫剂已成为国内外植物保护中普遍采用的一项技术。棉花棉铃虫等虫害的大面积严重危害,使得我国近年农用杀虫混配剂的使用也获得了迅速的发展。

5. 百草枯的危害

百草枯又名克无踪、对草快,是一种灭生性除草剂。百草枯纯品为白色晶体,极性较强,极易溶于水,属于水溶性化合物,微溶于低级醇类,不溶于烃类溶剂,其盐的化学性质与游离态相同,在酸性条件下稳定,碱性条件下分解。百草枯可通过皮肤黏膜、消化道及呼吸道吸收入人体，吸收快，在体内存留时间较长。它对皮肤黏膜有刺激性和腐蚀性损害；对生物体多脏器均有损害作用（特别是肺泡对百草枯有主动摄取和蓄积作用），可引起全身脏器纤维化，最终造成机体因器官功能衰竭死亡。

5.3 外来入侵物种的迁移与生物安全

外来入侵物种正在世界范围内破坏着生态系统的结构和功能，成为导致原生物种衰竭和生物多样性减少的主要原因，其严重程度仅次于生物生存环境的缩小和丧失。近年来，随着全球经济一体化步伐的加快和国内外贸易往来的频繁，外来物种入侵的概率大大增加。

5.3.1 外来物种与外来入侵物种的概况

什么是外来入侵物种？外来物种是不是外来入侵物种？严格来说，外来物种和外来入侵物种并不是同一概念。外来物种是指出现在过去或现在的自然界分布范围及扩散潜力以外的物种、亚种或以下的分类单元，包括其所有可能存活、继而繁殖的任何部分、配子或繁殖体。外来入侵物种（alien invasive species，AIS）是指在自然、半自然生态系统或生境中，建立种群影响和威胁到本地生物多样性的一种外来威胁。

5.3.1.1 外来物种的利弊

外来物种的引入，有利有弊。外来物种的正效应在于，外来物种不仅可以丰富当地物种的生物多样性，同时还可产生经济效益，兼具美学作用。我国广泛种植的农作物玉米、小麦、番茄、马铃薯，以及广泛饲养的家畜猪、牛、羊等物种及品种，都来自其他地区。引入外来物种的负面影响在于，许多外来物种常以不可预测和不可逆转的后果繁殖并蔓延，一旦形成种群，这些外来物种将会成为永久性的生态及社会问题。例如它们能捕猎本地物种，或与本地物种竞争空间和食物，破坏栖息地，破坏食物链，破坏水质，并可传播疾病和微生物。

外来物种在其引入区内，除了对当地生态系统以及生物多样性进行干扰、破坏之外，还以其他形式对当地生态系统产生不利影响，这种外来物种即成为外来入侵物种。外来入侵物种是指在自然、半自然生态系统或生境中，建立种群影响和威胁本地生物多样性的一种外来威胁。判断外来物种是否为外来入侵物种，需要综合考虑以下几方面因素：①是否占据乡土物种的栖息地，改变自然生态系统的组成、结构和功能；②是否与亲缘相近的乡土物种或种群之间的基因交流和渗透产生遗传侵蚀；③是否对传统美学和文化观念产生影响。

5.3.1.2 外来物种的入侵途径

外来物种入侵的途径主要有以下3种。①自然入侵:这是一种物种自然分布区域扩展的结果,任何一个自然物种都具有占据更大生存空间的能力,它们可以通过风力、水流或空气将自己的种子或繁殖体传播到以前从未到达过的地方。②人类活动无意间带入:各种交通工具如远洋船舶、火车及飞机等,已经成为物种越过天然屏障远距离传播的载体。随着国际贸易的增加,在进出口的货物或包装中也能够混杂或携带有害的外来物种[28]。③人为有意引入:为提高经济效益或因观赏性和生物繁殖的目的,人们在世界范围内进行着广泛的物种交流,这些引入的新品种,如棉花及荷兰豆等确实给人类生活带来了便利。但是有的引种由于管理不善或因事前缺乏相应的风险评估而变成了入侵物种(如牛蛙、福寿螺等),造成了严重的经济损失。在我国引入的外来物种中,有超过50%的种类被认为是引种的结果,如喜旱莲子草、凤眼莲、马缨丹及地毯草等。

5.3.1.3 外来入侵物种的危害

外来入侵物种的危害主要包括以下方面。①对生态环境的影响:外来入侵种通过竞争或占据本地物种生态位的方式排挤本地物种,或与当地物种竞争食物,或直接扼杀当地物种,或分泌释放化学物质,使得当地物种的种类或数量大幅减少,甚至濒危或灭绝。②对人类健康的影响:随着全球经济一体化进程,增加了外来物种入侵的概率,从而引发许多新的医学问题。如麝鼠可通过传播野兔热而威胁人类的健康,紫茎泽兰的花粉会引起人类过敏性疾病等。③对社会文化的影响:外来入侵物种通过改变侵入地的自然生态系统,降低物种多样性,从而使当地的社会文化受到危害,如紫茎泽兰等外来入侵物种的竞争取代了本地的植物资源;生物入侵正在削弱民族文化的根基,如凤眼莲会大面积覆盖河道、湖泊及池塘等水体,使很多河道、池塘和湖泊逐渐沼泽化。云南滇池中大量繁殖的凤眼莲,严重影响了居民的生活用水和社会文化。④对经济发展的影响:外来入侵物种对人类经济活动也会产生许多不利影响。如杂草导致农作物减产,增加了农作物种植的成本;农林业病虫害暴发,造成严重的经济损失;淡水水源质量下降,严重影响水的供给;病菌传播范围的不断扩大,加剧了人类生命健康问题。

5.3.1.4 我国外来物种入侵的现状

由于自然生境的破坏和自然生态系统的退化,我国抵御外来物种入侵的能力较弱,容易遭受入侵物种的侵害。据保守估计,在全国大部分地区范围内,已发现660多种入侵物种,以西南和沿海地区居多,71种已被列入《中国外来入侵物种名单》,219种已入侵国家级自然保护区,对我国的自然生态系统已造成一定程度的威胁。更重要的是,在世界自然保护同盟公布的全球100种最具威胁的外来物种中,我国已发现了50种。在我国入侵物种当中，入侵植物占比最高，已超过50%，截至2014年11月，我国外来入侵植物有72科285属515种，其次是动物和少量的菌类微生物等。随着经济的不断发展和全球贸易量的不断增多，我国外来入侵物种以平均每年递增1～2种的速度在不断增长，已经达到难以控制的局面。成为遭受外来物种入侵最严重的国家之一，每年经济损失超过2000亿人民币。我国分别在2003年、2010年、2014年和2016年公布了4批已经形成严重危害的71种外来入侵物种，其中包括紫茎泽兰、薇甘菊、豚草、凤眼莲、马缨丹、美国白蛾、福寿螺、牛蛙、红火蚁及巴西龟等。

5.3.2 常见外来入侵物种

5.3.2.1 豚草

豚草(*Ambrosia artemisiifolia* L.)，豚草属植物，又名普通豚草、艾叶、破布草。豚草原产于北美洲，在我国最早于1935年在杭州发现。

形态特征：豚草植株高20～150cm，茎直立，具细棱，上部分枝，被展开或贴附有糙毛状柔毛。茎下部叶对生，上部互生，二至三回羽状分裂，裂片条状。头状花序单性，雄头状花序多，在枝顶排成总状，总苞碟形，雌头状花序无梗，生在雄头状花序下部叶腋处，2或3朵簇生或单生，各具1无花被的雌花；总苞略成纺锤形，顶端尖锐，上方周围具5～8枚细齿。瘦果倒卵形，长约2.5mm，宽约2mm，褐色有光泽，果皮坚硬，骨质，全部包被于倒卵形的总苞内。

识别要点：茎下部叶对生，上部互生，二至三回羽状分裂，裂片条状。头状花序单性；瘦果倒卵形，全部包被于倒卵形的总苞内。

生境及危害：生于荒地、路边、水沟旁、田块周围或农田。豚草遮盖和压抑作物，妨碍农事操作，影响作物产量。豚草花粉可引起人体过敏性疾病、哮喘等，对人体健康产生危害。

控制措施：①物理防治可在苗期人工拔除或植物替代的方法。②生物防治可利用豚草卷叶蛾及广聚萤叶甲控制豚草，大大降低豚草的种群密度，抑制豚草种群的蔓延。③化学防治，可用百草枯等除草剂去除。

5.3.2.2 紫茎泽兰

紫茎泽兰[*Ageratina adenophora* (Spreng.) R. M. King & H. Rob.]，菊科植物，又名破坏草、解放草。紫茎泽兰原产于墨西哥及哥斯达黎加，我国最早于1935年在云南南部发现。

形态特征：紫茎泽兰高30～200cm。茎直立，呈紫色，被腺状短柔毛，分枝对生。叶对生，叶片卵状三角形或卵状菱形，两面被稀疏短柔毛，基部平截或稍心形，顶端急尖，基出3脉，边缘具粗锯齿，叶柄长4~5cm。头状花序直径达6mm，在枝端排成伞房状。总苞宽钟形，含40~50朵小花；总苞片线形或线状披针形，花白色，稀淡紫色。瘦果黑褐色，5棱，长1.5mm，冠毛白色[15,29]，较花冠稍长。

识别要点：茎紫色，被腺状短柔毛；叶对生，卵状三角形，基出3脉，边缘具整齐粗锯齿，头状花序在枝端排成伞房状。

生境及危害：紫茎泽兰生于农田、牧草地及经济林地，甚至在荒山、荒地、沟边、路边、屋顶、岩石缝及沙砾堆等地也有生长。紫茎泽兰造成的危害包括：①危害秋收粮食作物、果树及茶树，发生量大，危害严重；②侵占牧场，使优良牧草无力参与竞争而逐渐消失；③枝叶有毒，牲畜误食茎叶后会引起腹泻及气喘；④花粉及瘦果进入眼睛和鼻腔后引起糜烂、流脓，乃至死亡；⑤森林采伐后迹地很快被侵占，难以自然更新。

控制措施：①物理防治。人工清除效果较差，可采取植被恢复和替代种植的方法，比如用美人蕉等多年生植物进行替代控制有明显成效。②生物防治。如泽兰实蝇对紫茎泽兰生长有明显的抑制作用。③化学防治。草甘膦、百草枯等除草剂对紫茎泽兰地上部分有抑制作用。④生态防治。通过人工抚育野生植被，促进乔木生长，造成一定遮阴，可抑制紫荆泽兰的生长。

5.3.2.3 薇甘菊

薇甘菊（*Mikania micrantha* H. B. K），菊科植物，又名小花假泽兰。薇甘菊原产于中美洲，现已广泛传播到亚洲热带地区，我国最早于1919年前后在香港发现，1984年在深圳发现。

形态特征：薇甘菊的茎细长，匍匐或攀援生长，多分枝。茎中部叶三角状卵形，长4~10cm，宽2~7cm，顶端长渐尖，边缘有浅波状粗锯齿，基部心形，两面被稀疏短柔毛，花期脱落，掌状5~7脉；叶柄长2~8cm。头状花序多数、在枝端常排成复伞房花序状，花序纤细，苞片线状披针形；花白色，管状，檐部钟状，有香气，五齿裂。瘦果长椭圆形，有纵棱，长1.5~2.5mm，棱上有短柔毛；冠毛灰白色或微红色。

识别要点：攀援草本；叶对生，三角状卵形，边缘具浅波状粗锯齿，基部心形；头状花序多数，花白色。

生境及危害：薇甘菊常见于被破坏的林地边缘、荒弃农田、疏于管理的果园、水库、沟渠或河道两侧。因其具有超强的繁殖能力和攀援能力，在攀爬灌木和乔木之后迅速形成整株覆盖之势，并能分泌化感物质抑制其他植物生长。其他植物被全部覆盖后，会因光合作用受到破坏而窒息死亡。因此，薇甘菊所到之处会变成"一枝独秀"的植物王国，严重破坏当地的生态环境。薇甘菊还对香蕉、荔枝、龙眼及野生桔的生长构成直接威胁，同时还危及以这些树种果实为生的猕猴、穿山甲等野生动物的生存。正是由于其严重的生态破坏性，薇甘菊已被国际自然保护联盟列为“全球100种最具威胁的外来物种之一”。

控制措施：可在薇甘菊开花前人工铲除，但效果不佳。

5.3.2.4 马缨丹

马缨丹（*Lantana camara* Linnaeus），马鞭草科植物，又名五色梅、如意草。马缨丹原产于美洲热带，最早于明朝末期由西班牙人引入我国，现已成为泛热带杂草。

形态特征：马缨丹植株有臭味。高1～2m，茎枝四棱形，被短柔毛，常有钩刺。单叶对生，叶片卵形至卵状长卵形，长3～9cm，宽1.5～5cm，顶端急尖或渐尖，边缘有钝齿，两面有糙毛，揉烂后有强烈的气味。花密集成头状，花萼管状，膜质，顶端有极短的齿；花冠黄色或橙黄色，开花后变为深红色。果圆球形，成熟时呈紫黑色[15]。

识别要点：茎枝常有钩刺，单叶对生，花密集成头状，花冠黄色或变为深红色。浆果球形。

生境及危害：马缨丹常生长于海边沙滩，以及海拔80～1500m的旷野、荒地、河岸及山坡灌丛，因其适应性强，已成为侵犯牧场、林场、茶园和橘园的恶性竞争者。马缨丹的危害包括以下几方面：①其全株或残体可产生强烈的化感物质，会对其他植物造成一定的生长抑制作用；②破坏森林资源和生态环境，降低被入侵地区的物种多样性；③为牧场和林场中鼠类、野猪和有害昆虫等提供了藏身之处；④全草有毒，牛、马、羊及犬摄食其枝叶或种子，可引起中毒。

控制措施：加强向民众的宣传，严控或禁止种植、买卖马缨丹，拒绝传播；一旦发现野生群落马缨丹，尽快带根铲除。

5.3.2.5 飞机草

飞机草［*Chromolaena odorata*（Linnaeus） R. M. King & H. Robinson］，菊科植物，又名香泽兰。飞机草原产于亚洲、非洲热带地区，我国最早于1934年在云南南部发现。

形态特征：飞机草高1～3m。根茎粗壮，横走；茎直立，被稠密黄色绒毛或短柔毛。叶对生，卵状三角形，长4～10cm，宽1.5～5cm，顶端短渐尖，边缘有粗锯齿，有明显的三脉，两面粗糙，被柔毛及红褐色腺点，挤碎后有刺激性的气味；叶柄长1～2cm。头状花序排成伞房或复伞房状；总苞圆柱状，长1cm，总苞片3或4层，覆瓦状排列。花冠管状，淡黄色，柱头粉红色。瘦果黑褐色，狭线形，有5棱，长4～5mm；冠毛白色，较花冠稍长[15]。

识别要点：分枝水平伸出，被稠密黄色绒毛或短柔毛；叶对生，卵状三角形，基出3脉，边缘具疏的粗锯齿，头状花序圆柱状。

生境及危害:飞机草生于田埂、河边、路边、林缘、林内旷地或荒地。因其能产生化感物质,抑制邻近植物的生长,危害多种粮食作物、果树及茶树,并侵犯牧场。飞机草叶有毒,含香豆素。用叶擦拭皮肤可引起皮肤红肿或起泡,误食嫩叶可引起头晕、呕吐,还可引起家畜和鱼类中毒。此外,飞机草还是叶斑病原菌的中间宿主。

控制措施:①可在飞机草开花前人工铲除;②替代种植:采用豆科植物大叶千金拔和多年生落花生与伏生臂形草混播处理。

5.3.2.6 凤眼莲

凤眼莲[*Eichhornia crassipes* (Martiur) Solms],雨久花科植物,又名水葫芦、布袋莲。凤眼莲原产于美洲热带地区,我国最早于1901年从日本引入,作为观赏花卉。

形态特征:凤眼莲高30~60cm,根状茎粗短,密生须根;茎具长匍匐枝。叶基生,莲座状排列,叶片卵形,倒卵形至肾圆形,大小不一,宽4~12cm,光滑,叶脉弧形,叶柄中部膨大呈葫芦状的气室。穗状花序有花6~12朵;花被裂片6,蓝紫色,上方一片在蓝色的中央有鲜黄色的斑点,下面5片近相等;雄蕊6枚,3长3短,长的伸出花外;子房上位,卵圆形。蒴果卵形。

识别要点:叶莲座状排列,叶脉弧形,叶柄基部带紫红色,膨大呈葫芦状的气囊。

生境及危害:凤眼莲生于水库、湖泊、池塘及沟渠中,在其生长区内总是成片生长,大面积覆盖水面,影响水资源利用的,可堵塞河道、影响航运、阻碍排灌及降低水产品产量;与本地水生植物竞争光、水分、营养和生长空间,破坏本地水生生态系统,威胁本地生物多样性。

控制措施:①人工打捞。本方法可有效防治凤眼莲。②引进天敌。引入原产南美洲和中美洲的专食性天敌水葫芦象甲进行防治。③化学防治。可使用百草枯和草甘膦等除草剂进行防治。

5.4 外来入侵物种的生物安全防控

生物入侵可在个体、遗传、种群、群落及生态系统等各个层面产生影响,造成物种的濒危或灭绝以及生物多样性的严重丧失,同时严重影响原有生态系统的结构和功能。

我们已经谈到生物入侵可能带来的危害,那么有人可能会说,“我们把所有的这些外来物种挡在国门之外不就行了吗?”然而事情远远没有这么简单。比如小麦、西红柿和土豆都是外来物种,我们怎么区分它们是“好”还是“坏”呢?说到食人鲳,也许也有人会说“我们在它们形成危害之前就把它们全部消灭不就行了吗?”但是别忘了食人鲳最早是作为一种观赏鱼以合法的途径进入我国的，并且到现在为止也没有一条法律严格规定，禁止在我国境内销售和繁育食人鲳。

由于生态意识的欠缺，人们在引来外来物种的时候主要考虑的是经济效益，很少有人去考虑它会不会破坏生态环境，以及它对生物多样性可能造成的影响。在许多自然植被的恢复过程中，有意或无意地大规模引入外来物种，可能会造成当地丰富而特有的生物多样性丧失，而且很难恢复。

为有效地预防国外或本地区之外的检疫性疫病和有害生物传入本国或本地区（包括进境、出境及过境的动、植物、动、植物产品、可能传带动物疫病和植物有害物的载体和其他检疫物），减少农药和有毒植物中毒的发生，从多个方面入手加以防范。应当应用现代技术手段，全面认识各种生物因子及其安全性，明确哪些动物疫病和植物有害生物是防范的对象，从而预防其传入或传播。国际组织和各国政府应加强对生物因子的监测和管理，及时调整检疫政策，加强动、植物检疫，通过法律、行政和技术手段，防止危险性植物病、虫、杂草和其他有害植物的人为传播。检疫不合格的产品决不允许进口或出口，以保障农林业生产的安全，促进对外经济贸易发展。

我国于 1986 年颁布了《中华人民共和国进口植物检疫对象名单》，1991 年公布了《中华人民共和国进出境动、植物检疫法》，1992 年颁布了《中华人民共和国进境植物检疫危险性病、虫、杂草名单》等法规，1997 年制定了《中华人民共和国进出境动、植物检疫法实施条例》，它们有效保障了动、植物检疫工作的正常开展。

为保护本国农林业的生产安全，发现重大检疫性有害生物后，应严格执行欧盟检疫法规定的禁种年限。如发现马铃薯金线虫和白线虫的地块，应分别禁种 5 年和 10 年以上。应当将分子生物学等新技术应用于动、植物检疫工作中，实现简便、快速、准确检验的目标，满足现代动、植物检疫发展的要求。加强对农药的监管和控制，合理使用并减少农药对生态环境、植物及人类健康的影响。加强对有毒植物种植的监管，加大对有毒生物因子的知识普及，合理利用有毒植物，减少中毒事件的发生。

（李树华）

参考文献

[1] 史聿元，秦长畦，董中朝，等. 外来有害生物入侵与国家生物安全防范体系研究[C]. 农业科技，2008：162.

[2] 黄宝康. 药用植物学[M]. 7 版. 北京：人民卫生出版社，2016.

[3] 罗深秋，俞守义. 南方有毒植物及其中毒的处理[M]. 上海：第二军医大学出版

社,2000.

[4] 吴铭.论生物技术与生物安全[J].消费电子,2014(20):292.

[5] 朱联辉,田德桥,郑涛.生物技术发展与风险管控[J].军事医学科学院院刊,2009,33(5):456 - 460.

[6] 苏芸芳.风险预防背景下的外来物种入侵法律规制[J].资源开发与市场,2021(37):273 - 280.

[7] 葛永奇.孑遗植物银杏遗传多样性研究[D].杭州:浙江大学,2003.

[8] 张步翀,李凤民,黄高宝.生物多样性对生态系统功能及其稳定性的影响[J].中国生态农业学报,2006,14(4):12 - 15.

[9] 张桂芬,马德英,刘万学,等.中国新发现外来入侵害虫:南美番茄潜叶蛾(鳞翅目:麦蛾科)[J].生物安全学报,2019(3):200 - 203.

[10] 吴昊,丁建清.入侵生态学最新研究动态[J].科学通报,2014,59(6):438 - 448.

[11] 张静,储德强,刘展展,等.有毒植物博落回法医毒理学研究进展[J].中国法医学杂志,2022,3(37):278 - 282.

[12] 孟品佳.有毒生物碱性质与分析[J].化学通报,2010,6(73):484 - 490.

[13] 李晓华,潘奕夫,韩世明.朔州市一起曼陀罗引起食物中毒事件的调查,中国食品卫生杂志,2023,3(35):443 - 446.

[14] 史颖馨.福建省有毒植物资源及其开发利用研究[D].福州:福建农业大学,2010.

[15] 孙承业,谢立璟.有毒生物[M].北京:人民卫生出版社,2013.

[16] 刘悦鑫,田方东,李昕怡,等.LC - MS/MS 法检测血液和尿液中东莨菪碱和阿托品[J].昆明医科大学学报(自然科学版),2022,43 (9) :147 - 154.

[17] 邓孟胜,张杰,唐晓,等.马铃薯中龙葵素的研究进展[J].分子植物育种,2019,7(17):2399 - 2407.

[18] 周敏,武正才,黄春球,谢忠浪.三分三的化学成分研究[J].天然产物研究与开发,2014,A01(26):31 - 33.

[19] 李继印,李绍鹏,张瑞林,等.UPLC - MS/MS 法同时测定云南黄草乌中滇乌碱、粗茎乌头碱甲和塔拉萨敏的含量[J].云南大学学报(自然科学版),2017,39(4):650 - 655.

[20] 赵爱娟.草乌类蒙药配伍减毒化学成分机理的研究[D].北京:北京工业大学,2016.

[21] 熊根.雪上一枝蒿中毒的法医学综合鉴定技术研究[D].昆明:昆明医科大学,2022.

[22] 栾尚贤.乌头碱长链脂肪酸酯衍生物的合成及其对乳腺癌细胞毒性的构效关系

[D]. 成都:四川农业大学,2020.

[23] 刘炳仑. 毛茛科部分有毒蜜粉源植物及其花粉形态[J]. 养蜂科技,1996,3:5-7.

[24] 谭为,杨秀颖,张莉,等. 中药罂粟壳毒的历史认识与现代研究[J]. 中药药理与临床,2019,35(2):159-162.

[25] 张箭,刘佳. 美洲药材作物古柯的起源、发展与美洲的古柯业[J]. 中国农史,2020,39(2):36-49.

[26] 张春艳,成睿珍,王涛. 麻黄药效物质基础及其安全性的研究现状[J]. 湖北中医杂志,2018,40(2):58-61.

[27] 刘良. 法医毒理学[M]. 5 版. 北京:人民卫生出版社,2016.

[28] 曹志玲. 外来物种随跨境携带物及邮寄物非法入侵的危害分析[J]. 质量安全与检验检测,2021,31(5):53-55.

[29] 侯太平,刘世贵. 有毒植物紫茎泽兰研究进展[J]. 草原与草坪, 1999(4):6-8.

第 6 章 致幻植物的生物安全

致幻植物是所有体内含有致幻成分的植物总称，食之可使人产生幻觉，改变人的认知、情绪以及意识。目前在世界范围内含有致幻成分的植物共 1000 余种，占比约为 0.2%。植物在依靠动物传种授粉的同时，也承担了被取食的压力。为适应这种环境压力，确保种系的延续，自然界中的植物逐渐进化出了具有致幻作用的次生代谢物，以警示动物勿食用其重要部分。与此同时，动物种群也进化产生了相应的抗毒能力，进一步适应这些植物的变化。这种动物与植物的共同演化，也促成了动、植物生态关系的多样性。

6.1 致幻植物生物安全的概述

植物之所以可以致幻，多是因其体内含有极具精神活性的生物碱。在早期宗教仪式上常可见到致幻植物的身影，原住民社会的群体普遍将其视为神圣不可亵渎之物。比如，佩约特仙人掌在墨西哥人心中的地位与玉米和鹿相当；天仙子是古希腊神谕颁布仪式中的熏燃物；古欧洲人则偏好使用曼陀罗、毒参茄和颠茄等进行占卜；道教视白曼陀罗为来自拱极星使者的手持之物。

致幻植物的种类有很多，大多数都属被子植物。从对人类精神产生的作用来看，致幻植物有令人兴奋的依波加、让人平静的牵牛花、使人视觉颠倒的大果柯拉豆、给人欢乐和愉悦感受的大麻等。从生长性质的角度区分，致幻植物可被分成陆生植物和水生植物，其中闻名遐迩的陆生植物有大麻和曼陀罗，耳熟能详的水生植物则非睡莲莫属。当前，人类认识致幻植物的深度与广度仍显不足。这种不足一方面体现在部分致幻植物的致幻成分与作用机理尚不明确；另一方面，致幻植物的种类划分主要依赖于经典的植物学分类方法，至今尚无公认的、基于其所含致幻成分或致幻效果的分类学研究。

此外，某些蘑菇体内也含有神经致幻毒素，如妇孺皆知的毒蝇伞、裸盖菇等，它们也可令吸食者看到各类异常夸张的幻象。但是从某种严格意义上讲，致幻蘑菇属真菌而非植物，只是因食之而产生的意识、知觉和视觉异常与致幻植物类似，学者们常将此二者相提并论，称作致幻植物与蘑菇。故而，有关致幻蘑菇的内容亦包含于本章节之中。

致幻植物对人类文明的影响是巨大的。著名植物学家理查德·伊文斯·舒尔兹（Richard Evans Schultes，1915—2001）认为，“几乎没有一处居民文化中，不存在致幻物”。据记载，人类使用致幻植物的历史可追溯到新石器时代，甚至早期神学与哲学的产生可能就受益于致幻植物的使用，如美国得克萨斯州有在祭祀上使用侧花槐豆的历史；墨西哥的印第安人在圣餐上食用佩约特；南美的萨满巫用南美肉豆蔻所制的鼻烟来通灵鬼魂等。在某些地区，栽培的曼陀罗甚至是萨满巫的私产。

随着自然科学的不断发展，人们逐渐从宗教中剥离出来，对于致幻植物的态度也发生了变化，不再单纯追求由其所带来的通灵魔法，转而开始关注其药用价值。例如，金曼陀罗木含有高浓度的托烷生物碱，是用于风湿病的良药；大麻可作为治疗痢疾的草药，在印度和非洲地区广泛使用；卡瓦胡椒则长期被南太平洋岛屿的岛民用于安定情绪、治疗失眠；麦角菌也因其分离物的助产作用，成为欧洲的法定药物。在我国医学实践中也可见致幻植物的身影，例如李时珍的《本草纲目》就记载了曼陀罗的药用价值，其花朵和种子可以治疗面部皮疹，植株可用于治疗伤风和止痛。

研究显示，致幻植物的精神活性成分虽然只占组成成分的1‰～1%，却足以给食用者带来明显的幻觉体验。这类幻觉多是意识上的改变，并无成瘾性。目前，没有证据表明这些改变会对人体的脏器功能造成不可逆的伤害。以上原因，或许是某些致幻植物在个别国家及地区依旧合法的主要原因。例如，虽然世界上绝大多数国家都规定吸食大麻违法，但仍有少数国家允许吸食，其中合法化的国家包括荷兰、巴基斯坦、加拿大、乌拉圭和美国部分地区等。乌羽玉仙人掌所含的麦司卡林也是一种致幻剂，但是其在加拿大和美国被准许合法使用。而在我国，大麻和麦司卡林则是公安机关明令禁止的致幻剂类毒品。

虽然多数情况下，使用致幻植物不至于对人体造成直接的致命伤害，但其伴随的间接损伤却不能忽视。一方面，这些心理上产生的幻觉改变在很大程度上影响了人的认知及行为习惯，而这些异常的举动有可能会间接给食用者的生命安全带来危害。比如，因过度食用致幻剂而产生的急性精神错乱可使人产生恐惧不安的错觉，进而转化成更为严重的抑郁、妄想等精神问题。再比如说，因自制能力减退而产生的幻想，或使吸食者误以为自己“无所不能”，进而从事危害自身与社会安全的活动。在《LSD：我的问题儿童》（*LSD：My Problem Child*）一书中就曾提到因服用致幻剂而导致严重精神崩溃，以至自杀的惨剧。另一方面，吸食致幻植物所产生的脉搏加快、血压上升和运动失调等生理反应，会给有基础疾病的人群带来身体伤害。

科学界普遍认为吸食致幻植物不致命,但也有因食用致幻植物而伤残的前科。最著名的一次因致幻植物而引发的安全问题发生在中世纪的欧洲。当时的人们因食用了受麦角菌侵染的黑麦,发生了大规模的麦角碱中毒。因该物质中毒引发的坏疽和惊厥,使食用者的四肢产生极为痛苦的灼烧感,并伴有肌肉的溃烂剥落,导致肢体残疾甚至死亡。严格来讲,这次食物中毒事件算是误食,与多数情况下的主动吸食以追求欣快感的目的截然不同。尽管如此,这一恶性事件也提醒我们,人类对自然的认识仍处于“幼稚”阶段,许多致幻植物的安全性有待进一步仔细考量。我国每年因误食有毒植物及蕈类而中毒死亡的人数占全部中毒原因的六成,这个触目惊心的数字提示我们有更多潜在的致幻植物仍待发掘研究。做好有毒植物安全的宣教与防控,我们任重道远。

互联网时代的到来,给人类生活带来便捷的同时,也催生出了许多生物安全隐患。由于世界各国对致幻植物使用的界定存在差异,使得某些在我国禁止种植的致幻植物再次进入人们的视野。越来越多的人出于猎奇心理,从海外购买形态各异的植物,这其中就混有含致幻成分属禁带名录的品种。一方面,这些外来物种或存在生物入侵的隐患,进而破坏生态平衡;另一方面,带有病虫害的外来植物一旦落地生根,就能迅速蔓延开来,威胁我国的生态环境。可以说,外来致幻植物带来的危害是全方位的,其潜在社会危害不可小觑。

如何鉴别致幻植物,成为一个重要的科学问题。人类首先掌握的物种鉴别方法是形态学鉴别。这一鉴定在日常生活中具有很大的限制瓶颈,主要原因在于人类食用致幻植物的方法五花八门。如用作饮料的死藤水,也有做鼻烟的大果柯拉豆。总的来说,人类通过直接咀嚼进食致幻植物相对少见,大多是摄入人工加工后的产物。在此种情形下,仅掌握该物种特有的形态特征无法做出可靠的鉴定结论。将致幻植物的气相色谱-质谱(gas chromatography mass spectrometry,GC-MS)或液相色谱-串联质谱(liquid chromatograph mass spectrometer,LC-MS)结果用于比对现有的致幻剂标准品,基本能解决大部分鉴定问题,这也是目前国内外对于鉴定致幻植物常用的鉴定方法。其次,随着分子生物学技术的发展,DNA 水平上的物种识别策略为致幻植物的鉴定带来了新曙光。例如,灵敏度更高的 PCR 技术不仅可以进行大麻种属鉴定,还能准确鉴别其混伪品,解决大麻个体识别及来源地推断等问题。

科学研究的热点领域常被社会发展的潮流所裹挟,使其具有鲜明的时代印记。通过在 PubMed 数据库中检索致幻植物(hallucinogenic plants),我们发现了一个有趣的现象——学术界对于致幻植物的相关研究在20世纪60、70年代达到了顶峰,而后热度逐步降低,直到90年代才又稍有起色(图6.1)。为什么会在这个时期出现研究高峰呢?回顾历史,或许可以解答我们的疑问。20世纪60年代的美国社会动荡不安,孕育出了“垮掉的一代”(The beat generation),“时髦”“放纵”“叛逆”都是那个年代的主题词。美苏日益白热化的军备竞赛与越南战争,使当时的年轻人奉行“及时行乐”。一方面,他们借由致幻剂和毒品追求飘飘欲仙的满足感;另一方面,他们通过吸食致幻剂和毒品以逃避兵役。以上种种原因,使得致幻剂在那个年代明显泛滥。

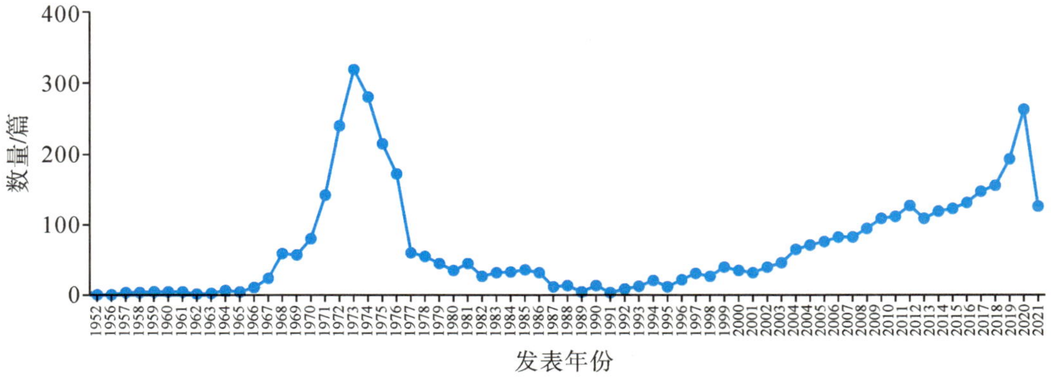

图 6.1　致幻植物的相关研究成果

PubMed 数据库收录了自 1952 年以来有关致幻植物的研究成果,该趋势与人类对致幻剂的兴趣相符。

我国政府向来重视维护人民的生命财产安全,对毒品与致幻剂坚持“零容忍”态度。习近平总书记对禁毒工作做出过“坚持厉行禁毒方针,打好禁毒人民战争,完善毒品治理体系,深化禁毒国际合作”的重要指示。尽管如此,毒品与致幻剂在世界范围内的泛滥,使得缉毒斗争依旧艰巨。不同于以往普通成年吸毒人群的初次涉毒特点,当今青少年的初次涉毒行为有明显的“网瘾熏陶”痕迹,这使得我们不得不重新审视 1960 年来发生在美国的致幻剂和毒品泛滥问题。自媒体时代的到来,使得每个用户个体都可成为信息的传播者与创造者,一些不法分子通过该形式传播错误的价值观,影响心智不成熟的青少年。随着我国经济的飞速发展,人民的生活水平得到了很大的改善,对自由和自我的追求也越来越极致。如何在这个社会发展趋势之下,杜绝大众传媒的潜在安全隐患、正确引导缺乏社会经验的青年人客观认识致幻物质,同样也是值得思考的问题。

虽然致幻植物在非工业社会所扮演的神奇角色已不再适用于现代社会,但其致幻作用依旧为现代文明社会所用。任何非医疗用途的致幻植物使用都是危险的,然而致幻植物多样的形象与种类,加大了人类界定其致幻性及威胁的难度。人类面对的首要挑战便是要有识别已发现的致幻植物的能力,此外还有更多未知的致幻植物需要我们去主动发现和了解。单纯依靠科研人员的努力鉴别,无法满足复杂多变的客观形势,未来也需要国家层面的规划与战略。

6.2 致幻植物的种类与用途

亚里士多德(Aristotle,前384—前322)是最早对生物进行了分类的科学家。但在18世纪前,世界上仍并没有系统性的植物命名与分类方法,其名称多以当地俗名称呼。随着社会的发展,越来越多的动、植物为人类所熟知。15世纪新大陆的发现,又为欧洲的探险家们带来了许多新奇的物种。同一时期铅字印刷的发明,也带动了药用植物图鉴的出版。直到18世纪卡尔·冯·林奈(Carl von Linné,1707—1778)创立了动、植物双名命名法(binomial nomenclature),人们才首次应用界、门、纲、目、科、属、种的物种分类法,并一直被沿用至今[1]。

含有致幻剂的植物有许多,除了广为人知的大麻、曼陀罗及乌羽玉之外,许多蕨类植物也含有致幻物质。此外,真菌中也有不少含有致幻成分,人们将它们统称为迷幻蘑菇。据估计,世界上的植物种类多达50万种,其中超过450种是具有滥用可能的不同植物和蘑菇确定包含精神活性物质,这些致幻成分的化学结构与人类神经递质(如乙酰胆碱、5-羟色胺或儿茶酚胺类)的化学结构相似,并暂时干扰神经递质或其受体部位的作用。然而,这些物质发挥其致幻作用的确切机制和神经化学途径尚未完全明确[2-4]。

本节罗列了56种常见的致幻植物(含部分真菌),其所含化学成分具有明显的致幻作用。正是因为这些强大的致幻特性使得它们被用于某些重要的仪式,与此同时也造成了人们对它们的滥用[5-11]。

大 麻

大麻(*Cannabis sativa* L.)是被子植物门木兰纲(Magnoliopsida)蔷薇目(Rosales)大麻科(Cannabaceae)大麻属(*Cannabis*)植物(图6.2)。该植物原分布于印度、不丹和中亚,现各国均有野生或栽培品,在我国主要分布于云南、新疆、黑龙江等地。大麻是一种多用途、多功能的作物,其纤维是上等的造纸和纺织原料,其种子中富含人体必需的氨基酸、不饱和脂肪酸及微量元素等多种营养成分。其植株内含有的多种化学成分被广泛应用于医疗卫生领域,已成为许多国家不可或缺的经济作物。然而,由于大麻的花和叶中所含有的致幻成分——四氢大麻酚(tetrahydrocannabinol, THC)具有强烈的麻醉作用和成瘾性,已被

图6.2 大麻

1988 年在维也纳通过的《联合国禁止非法贩运麻醉药品和精神药物公约》(以下简称《联合国禁毒公约》)列为与海洛因、可卡因并列的三大毒品之一。

菖 蒲

菖蒲(*Acorus calamus* L.)是被子植物门木兰纲(Magnoliopsida)菖蒲目(Acorales)菖蒲科(Acoraceae)菖蒲属(*Acorus*)多年生草本植物(图 6.3)。该植物常见于沼泽地、溪流或水田边,在温带和亚热带都有广泛分布,国外主要分布于东南亚,国内常见于云南西双版纳。菖蒲的花、茎、根均可入药,味辛、苦,性温,具有开窍、祛痰、散风的功效,可辟秽杀虫、祛疫益智、强身健体。历代中医典籍均把菖蒲根茎作为益智宽胸、聪耳明目、祛湿解毒的药物。近代研究表明,菖蒲具有抗菌抑菌、抗氧化、抗肿瘤等药物作用。菖蒲为全株有毒植物,根茎毒性较大,口服量大时会产生幻觉。菖蒲的主要精神活性物质为 α-细辛醚和 β-细辛醚,除此之外还含有顺式-甲基异丁香酚、甲基丁香酚、菖蒲烯二醇、菖蒲螺烯酮、水菖蒲酮、菖蒲螺酮、菖蒲大牯牛儿酮、菖蒲酮、异菖蒲酮等化学成分。

图 6.3 菖蒲

大果可拉果

大果可拉果[*Anadenanthera colubrina* (Vell.) Brenan]是被子植物门木兰纲(Magnolio-psida)豆目(Fabales)豆科(Fabaceae)黑金檀属(*Anadenanthera*)植物(图 6.4)。该植物原产于南美洲,主要分布于阿根廷西北部。大果可拉果含蟾毒色胺等致幻物质,口服和吸入等方式均可引起视觉和心境改变等反应,其他症状包括面赤、心动过速和呼吸困难等。叶含较多氰苷,如大量摄入会引起急性中毒,长期的低用量会导致营养不良、视听问题、甲状腺肿和共济失调等病变,一些病例甚至会导致不可逆的瘫痪或死亡。南美洲安第斯山脉南部地区的印第安人约在 4500 年前就将此植物的种子作为致幻剂使用,通常将种子制成鼻烟粉吸食或作为啤酒的添加物。

图 6.4 大果可拉果

岩牡丹

图6.5　岩牡丹

岩牡丹(*Ariocarpus retusus* Scheidw.)是被子植物门木兰纲(Magnoliopsida)石竹目(Caryophyllales)仙人掌科(Cactaceae)岩牡丹属(*Ariocarpus*)多年生草本多浆植物(图6.5)。该植物原产墨西哥北部干旱、贫瘠的石灰石砂砾地区,我国引种后在各地普遍栽培。岩牡丹为岩牡丹属中仙人掌类植物的代表物种,其植株很少露出地面,有“活岩石”之称,为常见栽培的小型盆栽仙人掌类观赏植物。岩牡丹与喜爱生长在烈日沙漠中的乌羽玉属植物有亲缘关系,两者皆含有生物碱,目前已从岩牡丹中分离出多类具有精神活性的苯基乙胺生物碱。该物种具有一定的毒性,大量食用会出现幻觉和神经麻痹的情况,甚至有休克死亡的风险。

颠　茄

图6.6　颠茄

颠茄(*Atropa belladonna* L.)是被子植物门木兰纲(Magnoliopsida)茄目(Solanales)茄科(Solanaceae)颠茄属(*Atropa*)多年生直立草本植物(图6.6)。该植物原产自欧洲中部、西部和南部,生长于林地或荒地,我国南北药物种植场均有引种栽培。颠茄全株尤其是根和叶含有生物碱,主要成分包括颠茄碱、少量的莨菪碱和东莨菪碱以及微量的阿托品,是提取相关药物的常见原料。颠茄作为药物可解除平滑肌痉挛,抑制腺体分泌,主要用于治疗盗汗、流涎、支气管分泌过多、胃酸过多等症状。

通灵藤

通灵藤[*Banisteriopsis caapi*(*Spruce ex Griseb.*) *Morton*]是被子植物门木兰纲(Magnoliopsida)金虎尾目(Malpighiales)金虎尾科(Malpighiaceae)通灵藤属(*Banisteriopsis*)的一种巨大攀缘植物(图6.7)。这种森林内的爬藤植物是重要的致幻饮料阿亚瓦斯卡(Ayahuasca)的基本原料。有文献报道称,这种致幻饮料流行于亚马逊雨林的某些地区,近年来在秘鲁第二大亚马逊民族 Awajún 中也常有使用。藤内含有的β－咔啉类生物碱、β－咔啉类衍生物具有广泛的生物学活性，它们能抑制拓扑异构酶、细胞周期蛋白依赖性激酶和 DNA 的合成，并能嵌入 DNA 中，这些作用使它们具有很强的抗肿瘤活性。同时，通灵藤还会引起幻视，Awajún 人认为它能够帮助人类与周围的动、植物建立关系并与之对话，对通灵藤在这种致幻饮料中作用的经典解释一直与其所含的单胺氧化酶抑制剂(MAOI)活性有关。

图 6.7　通灵藤

美丽银背藤

美丽银背藤[*Argyreia nervosa* (Burm. F.) Boj.]是被子植物门木兰纲(Magnoliopsida)茄目(Solanales)旋花科(Convolvulaceae)银背藤属(*Argyreia*)藤本植物(图 6.8)。该植物主要分布于东南亚、夏威夷，在我国广东及沿海岛屿也有分布。美丽银背藤的种子有毒，被当作麻醉药物使用后常发生中毒，易出现恶心、头晕、便秘、视觉模糊和全身无力等症状。美丽银背藤含有多种麦角生物碱，主要有麦碱和异麦碱。这两种物质均能产生拟精神症状，少量摄入会引起眩晕和不安，之后进入一种特别的酩酊状态，出现离奇古怪的幻觉。当摄入量较大时，会引起感觉迟钝、心理功能降低、意识朦胧等反应，最后进入昏睡状态。麦碱和异麦碱的化学结构与神经递质 5－羟色胺具有相似结构，可能作用于中枢神经系统 5－羟色胺受体。

图 6.8　美丽银背藤

肉豆蔻

肉豆蔻(*Myristica fragrans* Houtt.)是被子植物门木兰纲(Magnoliopsida)木兰目(Magnoliales)肉豆蔻科(Myristicaceae)肉豆蔻属(*Myristica*)常绿乔木植物(图 6.9)。该植物原产于马来西亚、印度尼西亚，我国广东、广西、云南亦有栽培。肉豆蔻的种仁入药，可治虚泻冷痢、脘腹冷痛、呕吐，外用可作寄生虫驱除剂，治疗风湿痛。此外，肉豆

图 6.9　肉豆蔻

蔻还可作为调味品、工业用油原料等。人服肉豆蔻粉7.5g，即可引起眩晕，甚至谵语、昏睡，大量可致死亡。肉豆蔻所含的甲基异丁香酚有抑制中枢神经、加强戊巴比妥的安眠作用，对金黄色葡萄球菌和肺炎链球菌有抑制作用；它所含的马拉巴酮B和马拉巴酮C对金黄色葡萄球菌、枯草杆菌均有较强的抑制作用。

曼陀罗

曼陀罗（*Datura stramonium* Linn.），又名曼荼罗、曼达、醉心花，是被子植物门木兰纲（Magnoliopsida）茄目（Solanales）茄科（Solanaceae）曼陀罗属（*Datura*）草本植物（图6.10）。该植物原产于墨西哥，目前广泛分布于世界温带及热带地区，生于荒地、旱地、林缘和草地。曼陀罗常被用作中医草药，以缓解哮喘症状和止痛，同时也是强力迷幻剂和谵妄剂。曼陀罗花整株有毒，种子毒性最大，被误食后会出现口干舌燥、皮肤潮红、呼吸困难、心跳加快，以及幻听、幻觉等神经系统症状。花的主要成分为东莨菪碱及少量阿托品，起麻醉作用的主要成分是东莨菪碱，有使肌肉松弛和抑制汗腺分泌的作用，因此古人将此花所制的麻醉药取名为“蒙汗药”。曼陀罗中的阿托品成分有止咳平喘的作用。

图6.10　曼陀罗

少花鸳鸯茉莉

少花鸳鸯茉莉［*Brunfelsia pauciflora*（Cham. et Schltdl.）Benth.］又名大花鸳鸯茉莉、大花番茉莉，是被子植物门木兰纲（Magnoliopsida）茄目（Solanales）茄科（Solanaceae）鸳鸯茉莉属（*Brunfelsia*）常绿灌木（图6.11）。该植物原产于热带美洲、巴西及西印度群岛，现在我国南方部分地区有栽培。少花鸳鸯茉莉喜温暖、湿润气候，喜光照，较耐阴，在柔和充足的日照条件下开花繁茂。其根皮及茎叶有毒，误食会出现四肢无力、心律不齐等反应，具体毒性成分未知。

图6.11　少花鸳鸯茉莉

云　实

云实[*Biancaea decapetala* (Roth) O. Deg.]又名员实、天豆、药王子，是被子植物门木兰纲(Magnoliopsida)豆目(Fabales)豆科(Fabaceae)云实属(*Biancaea*)藤本植物(图6.12)。该植物在我国广东、广西、云南、四川、贵州等地区均有分布。云实的果实及树皮富含鞣质，不少学者从云实属的植物中分离出了大量的卡山烷类二萜。云实全株有毒，尤以茎毒性最大，被误食后会使人兴奋躁狂。云实的根、籽均可入药，具有活血通经、解毒杀虫的功效。云实籽还可治疗老年慢性支气管炎，预防和治疗流行性感冒。

图6.12　云实

夜来香

夜来香[*Telosma cordata* (Burm. f.) Merr.]，又名夜香花、夜兰香，是被子植物门木兰纲(Magnoliopsida)龙胆目(Gentianales)夹竹桃科(Apocynaceae)夜来香属(*Telosma*)植物(图6.13)。该植物主要分布在亚洲、美洲、欧洲及我国华南地区，现在是广泛种植的观赏植物。夜来香花芳香，尤以夜间更盛，花和花蕾可以食用，具有清肝明目的功效，可以治疗目赤肿痛、角膜去翳等。夜来香挥发油中含丁香生物碱，部分人吸入后会感觉头晕、失眠、胸闷、气喘等全身不适。

图6.13　夜来香

麦角菌

麦角菌[*Claviceps purpurea*(Fr.)Tul.]是子囊菌门核菌纲(Pyrenomycetes)肉座菌目(Hypocreales)麦角菌科(Clavicipitaceae)麦角菌属(*Claviceps*)真菌(图6.14)。人或牲畜食用带有麦角菌的谷物会产生幻觉、痉挛、精神错乱、四肢疼痛、如火焚身等症状。中世纪麦角菌曾在欧洲造成大规模不知名瘟疫，称为“圣安东尼之火”(Saint Anthony's fire)。1938年瑞士化学家艾伯特·霍夫曼(Albert Hofmann)由麦角酸中合成出麦角二乙胺，找出了麦角造成幻觉的原因。该物质造成中毒的临床症状取决于所摄入毒素的多少。坏疽和抽搐

图6.14　麦角菌

是麦角碱中毒的主要形式,其他症状还包括精神异常、皮肤灼热及幻觉等。

商 陆

商陆(*Phytolacca acinosa* Roxb.)是被子植物门木兰纲(Magnoliopsida)石竹目(Caryophyllales)商陆科(Phytolaccaceae)商陆属(*Phytolacca*)植物(图6.15)。该植物在我国除分布于东北、内蒙古、青海、新疆外,普遍野生于海拔500~3400米的沟谷、山坡林下、林缘路旁,在朝鲜、日本及印度也有其踪影。商陆多生于湿润肥沃土地,喜生垃圾堆上,也常被栽植于房前、屋后及园地中。商陆有效成分大致分为水溶性成分、脂溶性成分、蛋白多肽类及其他成分。水溶性成分包括三萜皂苷,脂溶性成分包括2-乙基-正丁醇等,蛋白多肽类成分包括抗真菌蛋白(AFP)等。其主要毒性成分为商陆皂苷乙(esculentoside B)和商陆皂苷丙(esculentoside C),后者毒性最强。

图6.15 商陆

墨西哥裸盖菇

墨西哥裸盖菇(*Psilocybe mexicana* R. Heim)是担子菌门伞菌纲(Agaricomycetes)伞菌目(Agaricales)球盖菇科(Strophariaceae)裸盖菇属(*Psilocybe*)真菌(图6.16)。1958年霍夫曼(Hofmann)等人从该菌中分离出具有致幻觉作用的裸盖菇素。含这种致幻物质的蕈菌被生食、熟食或喝汤都可造成中毒。人摄食后不到1小时,裸盖菇素就会遍布全身。该毒素对精神的影响决定于它在脑中的存留量,4小时内毒素可随尿排出体外。

图6.16 墨西哥裸盖菇

半裸盖菇

半裸盖菇[*Psilocybe semilanceata* (Fr.) P. Kumm.]是担子菌门伞菌纲 伞菌目(Agaricales)球盖菇科(Strophariaceae)裸盖菇属(*Psilocybe*)真菌(图6.17)。英国最普遍的裸盖菇即半裸盖菇,常见于草地和石楠荒原,也可见于潮湿的牧场,成群但不

图6.17 半裸盖菇

成簇。半裸盖菇含有致幻剂裸盖菇素和光盖伞辛，会造成中毒。1957 年，法国著名真菌家海姆(Heim)等研究墨西哥印第安人食用的含致幻物的毒菌时，发现并证明其中有半裸盖菇等毒菌。

墨西哥鼠尾草

墨西哥鼠尾草(*Salvia leucantha* Cav.)是被子植物门木兰纲(Magnoliopsida)唇形目(Lamiales)唇形科(Labiatae)鼠尾草属(*Salvia*)植物(图 6.18)，又名迷幻鼠尾草。该植物主要分布于热带或温带地区。墨西哥鼠尾草具有强烈的致幻作用，其化学成分以萜类为主，包括倍半萜、二萜、三萜等。国外研究结果显示，墨西哥鼠尾草的主要二萜成分为克罗烷型二萜。

图 6.18　墨西哥鼠尾草

侧花槐

侧花槐[*Sophora secundiflora*(Ortega) Lag. ex DC.]是被子植物门木兰纲(Magnoliopsida)豆目(Fabales)豆科(Fabaceae)苦参属(*Sophora*)植物(图 6.19)。该植物原产于美国和墨西哥。侧花槐可作为一种园林景观植物种植，其种子为鲜红色，一般在一个豆荚中会含 1 ~5 颗种子。经研究发现，侧花槐种子中含有生物碱半胱氨酸，亦称槐碱，具有麻醉和致幻的作用。

图 6.19　侧花槐

金杯藤

金杯藤[*Solandra maxima*(Sessé & Moc.) P. S. Green]是被子植物门木兰纲(Magnoliopsida)茄目(Solanales)茄科(Solanaceae)金盏藤属(*Solandra*)多年生常绿大型藤本植物(图 6.20)。该植物原产于中美洲，在我国广东、福建和台湾等地有引种栽培。金杯藤花朵似金杯，观赏性极佳，较适合大型花架、廊架

图 6.20　金杯藤

等处，也可种于庭院、公园等作为观赏花灌木，但其全株具有毒乳汁，误食用其花、叶会引起手脚浮肿、瞳孔放大，并产生幻觉。

狗牙花

狗牙花［*Tabernaemontana divaricata* (Linn.) R. Br. ex Roem. & Schult.］是被子植物门木兰纲（Magnoliopsida）龙胆目（Gentianales）夹竹桃科（Apocynaceae）山辣椒属（*Tabernaemontana*）灌木（图6.21）。该植物主要分布于中国云南、福建、台湾、广东、广西、海南、香港、澳门等地，常生于海拔1000～1600m山地灌木丛中。狗牙花的叶可药用，有降低血压的作用，民间称其可清凉解热、利水消肿，治眼病、疮疥、乳疮、癫狗咬伤等症；根可治头痛和骨折等。狗牙花全株含吲哚生物碱，种子中含狗牙花定碱，是一种吲哚生物碱，可致幻。狗牙花已被列入《中国生物多样性红色名录》的濒危物种。

图6.21 狗牙花

鹅花树

鹅花树（*Tabernanthe iboga* Baill.）是被子植物门木兰纲（Magnoliopsida）龙胆目（Gentianales）夹竹桃科（Apocynaceae）夜灵木属（*Tabernanthe*）灌木植物（图6.22）。该植物原产东非和柬埔寨，主要分布于西非的热带地区。鹅花树中含有致幻物质依波加因，它属于吲哚类生物碱，是5－羟色胺受体激动剂，也是多种阿片受体的激动剂，因而可以让人产生类似于梦境的感觉。已知依波加因造成的不良反应包括低血压、幻觉、运动失调、恶心、呕吐、焦虑、心律不齐、癫痫发作、瘫痪、呼吸困难和死亡。依波加因在美国等国家已属禁药。

图6.22 鹅花树

凌 霄

图 6.23 凌霄

凌霄[*Campsis grandiflora*(Thunb.) Schum.]是被子植物门木兰纲(Magnoliopsida)唇形目(Lamiales)紫葳科(Bignoniaceae)凌霄属(*Campsis*)攀援藤本植物(图 6.23)。该植物主要分布于中国、日本、越南、印度、巴基斯坦等地。凌霄花具有致幻作用,花中含环烯醚萜类成分(紫葳苷、5-羟基紫葳苷、凌霄苷、凌霄醇、1-O-甲基凌霄醇)以及三萜类成分(齐墩果酸、常春藤皂苷元、熊果酸、委陵菜酸)。其中的皂苷类成分在烤制时会发生分解,但致幻作用是否源于其分解产物尚不明确。此外,中医理论认为凌霄花具有活血通经、凉血祛风等功效,其药理作用表明凌霄花还具有抗菌、抗血栓形成及抗肿瘤等作用。

翅实藤

图 6.24 翅实藤

翅实藤[*Ryssopterys timoriensis*(DC.) Blume ex A. Juss. In Delessert]是被子植物门木兰纲(Magnoliopsida)金虎尾目(Malpighiales)金虎尾科(Malpighiaceae)翅实藤属(*Ryssopterys*)缠绕状灌木植物(图 6.24)。该植物主要分布在马来西亚、印度尼西亚和澳大利亚。翅实藤的皮可调制一种致幻饮料,其致幻成分尚不明确。翅实藤中还含有乙酸乙酯、正丁醇,这两种成分具有一定的细胞毒活性,但这两种成分属于低毒性,并不会致幻。

图 6.25 多闻柱

多闻柱

多闻柱(*Trichocereus pachanoi* Britton & Rose)是被子植物门木兰纲(Magnoliopsida)石竹目(Caryophyllales)仙人掌科(Cactaceae)毛花柱属(*Trichocereus*)植物(图 6.25),是近年来流行的大花仙人掌类植物。多闻柱原产于南美洲的高山地带,又名毛鞭柱、圣佩德罗仙人掌。在秘鲁安第斯山脉中部地区以及周围的沙漠地区,多闻柱几千年来一直是一种重要的祭祀植物。当时圣佩德罗仙人掌似乎既被用作萨满的药物,也被用作祭神的兴奋剂。多闻柱含有大量的仙人球生物碱(干燥时含有2%,新鲜时含有0.12%),是一种致幻成分。本植物还含有其他生物碱,如3-4-二甲氧基-苯基乙胺-色胺及微量的其他生物碱类。

台湾肉豆蔻

台湾肉豆蔻(*Myristica cagayanensis* Merr.)是被子植物门木兰纲(Magnoliopsida)木兰目(Magnoliales)肉豆蔻科(Myristicaceae)肉豆蔻属(*Myristica*)常绿乔木植物(图6.26)。该植物是生长于热带地区的常绿植物,常见于东南亚、大洋洲及加勒比海地区,在菲律宾也有分布,尤以印度尼西亚和格林纳达产量最大,在我国主要分布于台湾。肉豆蔻是一种重要的香料、药用植物,含有肉豆蔻醚,进食少量即可产生幻觉。

图6.26 台湾肉豆蔻

非洲马铃果

非洲马铃果(*Voacanga africana* Stapf)又名非洲伏康树,是被子植物门木兰纲(Magnoliopsida)龙胆目(Gentianales)夹竹桃科(Apocynaceae)马铃果属(*Voacanga*)植物(图6.27)。该植物主要分布于塞内加尔到苏丹、安哥拉之间的地区。非洲马铃果根皮含有黄酮类化合物、单宁、类固醇和萜类、生物碱,不含蒽醌和皂角苷、香豆素类物质。其所含的生物碱作为非洲马铃果的主要生物活性和生理功能成分,被长期提取制成药物和致幻剂使用。其茎和树皮的煎液被用于治疗精神障碍,树胶被用于治疗牙齿暗黑,根的煎液被用于治疗噎膈,果实煎液被当作消毒剂使用,叶的煎液被用于治疗小儿哮喘。

图6.27 非洲马铃果

图6.28 美洲刺桐

美洲刺桐

美洲刺桐(*Erythrina americana* Mill.)是被子植物门木兰纲(Magnoliopsida)豆目(Fabales)豆科(Fabaceae)刺桐属(*Erythrina*)植物(图6.28)。该植物是一种美丽的观赏树种,主要分布于墨西哥北部、中部与南美洲西部的干燥地区,在我国华南一些城市庭院也有栽培。美洲刺桐树皮内含有多种生物碱成分，主要为刺桐烷类生物碱和高刺桐烷类生物碱两大类，对中枢神经有抑制作用，可作为麻醉剂及镇静剂，过量则会导致中毒。

柳叶黄薇

柳叶黄薇（*Heimia salicifolia* Link）是被子植物门木兰纲（Magnoliopsida）桃金娘目（Myrtales）千屈菜科（Lythraceae）黄薇属（*Heimia*）植物（图6.29）。该植物分布于北美洲南部、阿根廷和西印度群岛，多生长于河边或高地的多水处。柳叶黄薇中含喹诺里西啶类生物碱，例如千屈菜碱、喹嗪致幻碱、利佛灵碱和奈西丁等，具有精神活性。墨西哥人会将凋谢、脱水后的柳叶黄薇叶片捣碎，加水发酵后制成兴奋饮料。

图6.29　柳叶黄薇

天仙子

天仙子（*Hyoscyamus niger* L.）是被子植物门木兰纲（Magnoliopsida）茄目（Solanales）茄科（Solanaceae）天仙子属（*Hyoscyamus*）植物（图6.30）。该植物主要分布于地中海区域到亚洲东部，在我国北部和西南部、华东地区均有栽培。天仙子为一年生、二年生或多年生直立草本；叶互生，叶柄极短或无柄，叶片有波状弯缺或粗大牙齿或者为羽状分裂、稀全缘；花无梗或有短梗，在茎下部单独腋生，在茎枝上端则单独腋生于苞状叶的腋内而聚集成偏向一侧的蝎尾式总状或穗状花序。天仙子的根、叶、种子含莨菪碱及东莨菪碱，能影响人的副交感神经，可作为镇咳药及麻醉剂，使用过量后会有一定的致幻作用。

图6.30　天仙子

管花薯

管花薯（*Ipomoea violacea* Linn.）是被子植物门木兰纲（Magnoliopsida）茄目（Solanales）旋花科（Convolvulaceae）虎掌藤属（*Ipomoea*）植物（图6.31）。该物种主要分布于墨西哥和南美洲地区。管花薯为一年生藤本植物，叶全缘，呈卵形或心脏

图6.31　管花薯

形，果实为卵圆形，内含细长的棱角状种子，其含有数种麦角类生物碱，致幻作用与麦角酸二乙酰胺类似，服用后能使人产生强烈幻觉，但作用弱于麦角酸二乙酰胺。

图 6.32 狭叶爵床

狭叶爵床

狭叶爵床［*Justicia neesiana*（Nees） T. Anderson］是被子植物门木兰纲（Magnoliopsida）唇形目（Lamiales）爵床科（Acanthaceae）爵床属（*Justicia*）植物（图 6.32）。该植物植株较矮，叶片较为狭长，花序较短，果实内含扁平的红棕色种子。狭叶爵床含有色胺类致幻物，可通过刺激和干扰大脑内的乙酰胆碱、5－羟色胺等神经递质，使服用者产生幻觉。

图 6.33 山柰

山 柰

山柰（*Kaempferia galanga* L.）是被子植物门木兰纲（Magnoliopsida）姜目（Zingiberales）姜科（Zingiberaceae）山柰属（*Kaempferia*）植物（图 6.33），又名沙姜。该植物主要分布在印度尼西亚、柬埔寨和印度，我国的华南地区、台湾也有分布。山柰在印度尼西亚和我国将其用于烹饪和医疗。山柰的根茎含有精油，中医将其用作汤剂或粉末，其酒精浸渍液也被用作风湿病的搽剂。从山柰根茎中提取的主要生物活性成分为对甲氧基肉桂酸乙酯、肉桂酸乙酯、山柰酚、山柰磺酸、山柰醇 A、木糖和胱甘酰胺 B 等。这些提取物会导致中枢神经系统抑制和呼吸频率降低。另外，山柰根茎煎剂及其叶子的汁液也具有致幻作用。

图 6.34 土耳其斯坦薄荷

土耳其斯坦薄荷

土耳其斯坦薄荷（*Lagochilus inebrians* Bunge）是被子植物门木兰纲（Magnoliopsida）唇形目（Lamiales）唇形科（Lamiaceae）兔唇花属（*Lagochilus*）植物（图 6.34），又名醉薄荷、毒兔唇花。该植物广泛分布在乌兹别克斯坦的撒马尔罕和布哈拉，土库曼斯坦和塔吉克斯坦的一些地区也发现了该植物。在中亚的民间医学中，这一植物常被用来治疗胃痛、皮肤病，该植物还具有镇静、止痛、止血作用，其精油的化学成分主要为反式乙酸菊酯(9.40%)、丁香酚(7.01%)、反式马鞭草烯醇(3.85%)及松香酮(3.43%)等。

毛花拉图茄

毛花拉图茄[*Latua pubiflora*(Griseb.) Baill.]是被子植物门木兰纲(Magnoliopsida)茄目(Solanales)茄科(Solanaceae)拉图阿属(*Latua*)植物(图6.35)。毛花拉图茄的叶片和果实含有莨菪烷生物碱，故具有毒性，小剂量即可产生致幻作用。食用毛花拉图茄会伴有口干、身体发热、瞳孔严重扩张、视力模糊等症状，引发的急性精神障碍包括抽搐、精神错乱和幻觉。目前已检出毛花拉图茄含有四种托品生物碱，即3α-肉桂酰羟丙烷、阿扑托品、东莨菪碱和莨菪碱。

图6.35　毛花图拉茄

狮耳花

狮耳花[*Leonotis leonurus*(L.) R. Br.]是被子植物门木兰纲(Magnoliopsida)唇形目(Lamiales)唇形科(Lamiaceae)狮耳花属(*Leonotis*)植物(图6.36)。该植物是一种原产于南非和非洲南部的阔叶常绿大灌木。其主要活性成分据称是利昂鲁林。狮耳花的鲜花、种子、叶或茎浸液可用于治疗结核病、黄斑、肌肉痉挛、高血压病、糖尿病、病毒性肝炎和腹泻。狮耳花干燥的叶子和花在燃烧时产生烟雾具有轻微的镇静作用，其效果与大麻中发现的四氢大麻酚相似，只是效力要小得多，也因此被俗称为“野生大麻”。狮耳花也会导致轻微的兴奋，以及视觉变化、头晕、恶心和出汗，常被作为非法精神活性植物的替代品。

图6.36　狮耳花

恶魔山梗菜

恶魔山梗菜(*Lobelia tupa* L.)是被子植物门木兰纲(Magnoliopsida)菊目(Asterales)桔梗科(Campanulaceae)半边莲属(*Lobelia*)植物(图6.37)。该植物主要生长于智利中部，高约4m，花色为红色。该植物的乳胶被用作堕胎剂，大而成毡状的叶子被吸食用作麻醉剂。因其含有的山梗烷啶及去甲山梗烷啶具有致幻作用，故它的一个常见名称是“恶魔的烟草”。具有讽刺意味的是，这种植物已被用于治疗尼古丁成瘾，因为它含有与尼古丁相关的生物碱洛贝林，后者是一种烟碱激动剂，可作为呼吸兴奋剂。

图6.37 恶魔山梗菜

乌羽玉

乌羽玉[*Lophophora williamsii* (Lem. ex Salm - Dyck) J. M. Coult.]是被子植物门木兰纲(Magnoliopsida)石竹目(Caryophyllales)仙人掌科(Cactaceae)乌羽玉属(*Lophophora*)植物(图6.38)。该植物主要分布于墨西哥中部和美国得克萨斯州的荒漠地区，喜温暖、干燥和阳光，怕积水，耐干旱。乌羽玉可治疗牙痛、发热、胸痛、皮肤病、风湿、糖尿病、感冒、失明、神经衰弱、哮喘。乌羽玉提取物具有抑制微生物的作用，可以对抗已对青霉素产生抗药性的金黄色葡萄球菌菌株等。另外，有人会直接咀嚼它的冠部，或是将冠部加水煮沸制成茶，初有一种“苦”味让人恶心，接着却会给人一种飘飘欲仙的感觉。饮下乌羽玉茶后，食用人会见到种种难以描述的光怪陆离的景象，让人产生丰富的视觉或听觉效果。乌羽玉致幻作用在于其含有大量的苯乙胺生物碱，主要是与麦斯卡林有关。

图6.38 乌羽玉

御幸丸

御幸丸(*Mammillaria heyderi* Muehlenpf.)是被子植物门木兰纲(Magnoliopsida)石竹目(Caryophyllales)仙人掌科(Cactaceae)乳突球属(*Mammillaria*)植物(图6.39)。乳突球属是仙人掌科最大的属之一，目前已有超过200个物种得到确认，其中大多数原产于墨西哥，但也有部分来自美国西南部、加勒比海、哥伦比亚、委内瑞拉、危地马拉和洪都拉斯等。御幸丸的体积通常较小，球状拉长，茎径1～20cm，高1～40cm；花呈漏斗形状，直径7～40mm或更长，花色为白色、绿色、黄色、粉红色和红色。该植物具有致幻作用，墨西哥北部印第安人也曾将其作为药物使用。目前已从御幸

图6.39 御幸丸

丸中分离出其所含的主要生物碱N－甲基－3,4－二甲氧基－苯乙胺。

欧茄参

欧茄参（*Mandragora officinarum* L.）是被子植物门木兰纲（Magnoliopsida）茄目（Solanales）茄科（Solanaceae）茄参属（*Mandragora*）植物（图6.40），又名毒茄参。该植物原产于地中海地区、突尼斯、阿尔及利亚和摩洛哥境内，在我国主要分布于青藏高原。欧茄参是一种多年生草本植物，卵圆形叶子排列于花环中，根部粗壮直立，具有钟形花朵，其果实为黄色或橙色浆果。欧茄参含有多种高生物活性的生物碱，例如阿托品、莨菪碱、东莨菪碱、红古豆醇酯、颠茄碱等，其中以莨菪烷类生物碱为主，具有抗胆碱、致幻和催眠作用，但使用过量可导致窒息；另含有非生物碱成分包括西托固醇和β－甲基甲基苯甲酸酯等。欧茄参根和叶的毒性较大，食用其根部可导致呕吐和腹泻，中毒症状类似于阿托品中毒，可见视力模糊、瞳孔扩散、口腔干燥、排尿困难、头晕、头痛、呕吐、脸红和心动过速，多数患者还会产生幻觉。

图6.40　欧茄参

硬菜马基桑

硬菜马基桑[*Maquira sclerophylla*（Ducke）C. C. Berg]是被子植物门木兰纲（Magnoliopsida）蔷薇目（Rosales）桑科（Moraceae）轻箭毒木属（*Maquira*）植物（图6.41）。该植物是一种原产于热带南美洲的精神活性植物，树高30米以上，可用作木材。巴西帕利亚纳地区的印第安人曾使用该植物，将其制成具有较强致幻性的致幻鼻烟，称为“印第安鼻烟”。1991年，人们成功从其树皮中分离出强心苷成分。

图6.41　硬菜马基桑

细花含羞草

细花含羞草[*Mimosa tenuiflora*（Willd.）Poir.]是被子植物门木兰纲（Magnoliopsida）豆目（Fabales）豆科（Fabaceae）含羞草属（*Mimosa*）植物（图6.42）。该植物生长范围南起巴西东北部地区，北至墨西哥南部。在墨西哥细花含羞草的树皮已被证明含有致幻成分二甲基色胺(DMT),含量为1%~1.7%。当地人用其叶子和茎制作的茶饮来治疗牙痛。一项初步临床研究发现,细花含羞草能有效治疗下肢静脉溃疡,其水性提取物还被用来促进伤口愈合及治疗烧伤。

图6.42 细花含羞草

克拉通

克拉通(Kratom)是被子植物门木兰纲(Magnoliopsida)龙胆目(Gentianales)茜草科(Rubiaceae)帽蕊木属(Mitragyna)植物(图6.43)。该植物原产于东南亚,是一种热带常绿树,从19世纪就开始被当作草药使用。克拉通含有至少54种生物碱,其中包括帽柱碱、7-羟基帽柱碱、色氨酸、银杏碱、苯胺、米茶碱、钩藤碱及二缩醛等,具有阿片类药物特性和一些兴奋剂效果,被部分人用来管理慢性疼痛或缓解阿片类药物戒断症状。克拉通曾用于传统医学,例如咀嚼叶子以减轻肌肉骨骼疼痛,或将叶子提取物用于促进愈合伤口和作为局部麻醉剂使用。克拉通常见的副作用包括导致食欲下降、勃起功能障碍、脱发和便秘等,甚至会引发呼吸抑制、癫痫等。因此,美国食品和药品管理局(FDA)表示,没有证据表明克拉通是安全的或有效的,也没有批准其临床使用。

图6.43 克拉通

马 桑

马桑(*Coriaria nepalensis* Wall.)是被子植物门木兰纲(Magnoliopsida)葫芦目(Cucurbitales)马桑科(Coriariaceae)马桑属(*Coriaria*)植物(图6.44)。该植物主要分布于我国贵州、云南、甘肃、湖北、陕西、西藏,在印度、尼泊尔也有分布。马桑含有多种倍半萜酯类物质,主要成分为马桑内酯和吐丁内酯等。马桑内酯和吐丁内酯为γ-氨基丁酸受体抑制剂,一方面能兴奋迷走神经、增强脊髓反射,另一方面可导致腹部疼痛、心率加快、血压升高、神志恍惚、抽搐、昏睡、惊厥等表现,严重者可因迷走神经过度兴奋引起死亡。一般人摄取马桑果15~60g即可致中毒。

图6.44 马桑

毛曼陀罗

图 6.45　毛曼陀罗

毛曼陀罗(*Datura innoxia* Mill.)是被子植物门木兰纲(Magnoliopsida)茄目(Solanales)茄科(Solanaceae)曼陀罗属(*Datura*)植物(图6.45)。该植物广泛分布于欧亚大陆及内北美洲,我国大连、北京、上海、南京等许多城市也有栽培,新疆阿尔泰地区、河北、山东、河南、湖北、江苏等省区发现野生物种。毛曼陀罗内含莨菪碱、东莨菪碱、阿托品,全株均有毒。其中毒临床表现为瞳孔散大和导致眼睛疼痛的畏光症,以及心动过速、头痛眩晕、意识模糊、产生幻觉,使人丧失现实感。

洋金花

图 6.46　洋金花

洋金花(*Datura metel* L.)是被子植物门木兰纲(Magnoliopsida)茄目(Solanales)茄科(Solanaceae)曼陀罗属(*Datura*)植物(图6.46),又称白曼陀罗。该植物主要分布于热带及亚热带地区,我国台湾、福建、广东、广西、云南、贵州、辽宁、河北、河南等地有野生物种分布。洋金花的花含东莨菪碱,有显著的镇静作用,使用剂量少时可使人感觉疲倦、进入无梦之睡眠、解除情绪激动,偶有健忘症状;剂量不当或个体差异可产生不安、激动、幻觉、谵妄乃至昏迷等阿托品样症状。

烟叶软木茄

图 6.47　烟叶软木茄

烟叶软木茄[*Duboisia hopwoodii*(F. Muell.) F. Muell.]是被子植物门木兰纲(Magnoliopsida)茄目(Solanales)茄科(Solanaceae)软木茄属(*Duboisia*)植物(图6.47)。该植物主要分布于澳洲中部。目前已从烟叶软木茄中分离出莨菪碱、东莨菪碱、尼古丁、去甲尼古丁等生物活性成分,误食可出现瞳孔散大、颜面潮红、黏膜干燥、惊厥等症状。

毒蝇伞

毒蝇伞(*Amanita muscaria*)又名毒蝇鹅膏菌、蛤蟆菌、毒蝇蕈,是一种含有神经性毒害且外形艳丽的担子菌门伞菌纲伞菌目(Agaricales)鹅膏菌科(Amanitaceae)鹅膏菌属(*Amanita*)真菌(图6.48)。毒蝇伞常在夏秋季的空旷林木下成群生长,生长环境遍及北半球温带和极地地区,并且也无意间拓展到南半球,现已在成为全球性物种。此菌因可以毒杀苍蝇而得名,其毒素有毒蝇碱、毒蝇母、基斯卡松以及豹斑毒伞素等。误食毒绳伞后约6小时以内出现症状,产生剧烈恶心、呕吐、腹痛、腹泻及精神错乱、肌肉抽搐、呼吸困难等情况。毒蝇伞的幻觉毒性尤其著名,其精神刺激作用的成分主要是蝇蕈素和鹅膏蕈氨酸。

图6.48 毒蝇伞

疯牛肝菌

疯牛肝菌(*Boletus manicus* Heim)是担子菌门伞菌纲(Agaricomycetes)伞菌目(Agaricales)牛肝菌科(Boletaceae)牛肝菌属(*Boletus*)的一种真菌(图6.49)。该菌产于巴布亚新几内亚,一般为单生或群生,常与栎树和松树的根形成菌根,其拉丁学名mania即为“精神混乱”的意思。据报道,疯牛肝菌具有强烈的致幻毒性,除主要成分多糖、生物碱、甾醇类化合物外,还含有三种微量的具有精神活性的吲哚类物质,这些物质的化学结构与麦角酸二乙基酰胺(LSD)类似,可引起“小人国幻视症”。

图6.49 疯牛肝菌

暗蓝斑褶菇

暗蓝斑褶菇[*Panaeolus cyanescens* (Berk. & Broome) Sacc.]是担子菌门伞菌纲(Agaricomycetes)伞菌目(Agaricales)鬼伞科(Psathyrellaceae)斑褶菇属(*Panaeolus*)真菌(图6.50)。菌盖直径1.5~4cm,起初生长成半球形,后扩展凸起。初为浅棕色,在成熟时褪为白色或浅灰色。伞盖经常在干燥的天气出现裂缝,略带水分,在有损坏的地方

图6.50 暗蓝斑褶菇

变绿变蓝。暗蓝斑褶菇是一种共生物种，生长在热带和新热带地区，在非洲、澳大利亚、巴西、印度尼西亚及泰国等地皆有发现。暗蓝斑褶菇中赛洛西宾的含量为2.5%，裸头草辛的含量为1.94%，均对交感神经起刺激作用，能引起体温升高、血压升高、心跳加快、延长病症的时间如幻觉重现，严重者出现妄想综合征。还有学者报道，这种真菌中含有大量的血清素和尿素。

褶环斑褶菇

褶环斑褶菇[*Panaeolus Sphinctrinus* (Fr.) Quélet]是担子菌门伞菌纲(Agaricomycetes)伞菌目(Agaricales)鬼伞科(Psathyrellaceae)斑褶菇属(*Panaeolus*)真菌(图6.51)。该菌广泛分布在北美洲、南美洲、非洲、欧洲等地区。褶环斑褶菇子实体较小，菌盖直径3~5(7)cm，半球形至近钟形，后期稍开展，表面污白色或污土黄色，中部稍有皱纹，具放射状细条纹；湿时粘，干燥时中部似有细小龟裂，边缘延伸，菌肉中部稍厚，白色至污白色。喜欢生于牛、马粪及肥沃地上，单生或群生或散生。褶环斑褶菇含有裸盖菇素，食用后会表现出头晕、恶心、惶恐、静立难安，产生妄想、幻觉、人格分裂、注意力发散等症状。

图6.51　褶环斑褶菇

红褐斑褶菇

红褐斑褶菇[*Panaeolus subbalteatus* (Berk. & Broome) Sacc.]是担子菌门伞菌纲(Agaricomycetes)伞菌目(Agaricales)鬼伞科(Psathyrellaceae)斑褶菇属(*Panaeolus*)真菌(图6.52)。该菌一般在春季到秋季直接生长，雨后生长得尤其茂盛，可以在许多地区找到，包括奥地利、加拿大、丹麦、法国、美国、澳大利亚等众多地区。红褐斑褶菇的菌盖直径1.2~5.5cm，生长至半球形向外凸起，表面较光滑，呈肉桂棕色或烟灰黑色，边缘呈暗黑色。红褐斑褶菇是一种国际化的物种，喜欢聚集生长，常在施肥堆或施肥良好的草坪和花园里密集地聚成一团。暗缘斑褶菇含有少量的赛洛西宾和裸盖菇素，赛洛西宾在结构上与

图6.52　红褐斑褶菇

神经递质血清素相似,它可影响情绪、食欲、睡眠、学习和心血管系统等方面,可能会破坏血清素的作用,导致躁动、心率增加以及无法集中注意力等现象。裸盖菇素是赛洛西宾的 N-脱甲基化衍生物,与赛洛西宾产生几乎相同的神经效应。

古巴裸盖菇

古巴裸盖菇(*Psilocybe cubensis*)是担子菌门伞菌纲(Agaricomycetes)伞菌目(Agaricales)球盖菇科(Strophariaceae)裸盖菇属(*Psilocybe*)真菌(图6.53)。该菌原发现于墨西哥及古巴等地,在我国的西藏、香港也有分布。此菌有毒,含有裸盖菇素和光盖伞辛,可引起交感神经兴奋,人误食后会出现心跳加快、血压升高、瞳孔散大,最特殊的是出现幻觉、幻听、味觉改变与发声异常。

图6.53　古巴裸盖菇

暗蓝裸盖菇

暗蓝裸盖菇(*Psilocybe cyanescens* Wakefield emend. Kriegelsteiner)是担子菌门伞菌纲伞菌目(Agaricales)球盖菇科(Strophariaceae)裸盖菇属(*Psilocybe*)真菌(图6.54)。该菌是欧洲常见的裸盖菇属菌之一,在我国主要分布于福建、广东等地。该菌含裸盖菇素,会造成神经精神性中毒,在欧洲常见的4种裸盖菇属菌中,暗蓝裸盖菇所含裸盖菇素含量最高。裸盖菇素是通过刺激自主神经系统引起中毒,其症状发展可分为三个阶段:第一阶段在口服20~30分钟时开始,持续10~15分钟,可出现植物性神经紊乱;第二阶段是精神症状高峰阶段,可出现人格解体、现实感丧失、视觉干扰、精神沮丧、自发而毫无顺序地回忆起比较遥远的经历等;最后一个阶段精神症状逐渐消失。植物性神经干扰仍然会持续一段时间,在此期间中毒者常伴有肉体上的无精打采和精神上的颓废状态。

图6.54　暗蓝裸盖菇

棱边马勃

棱边马勃(*Lycoperdon marginatum* Kalchbr.)是担子菌门腹菌纲(Gasteromycetes)马勃菌目(Gasteromycetes)马勃菌科(Lycoperdaceae)马勃属(*Lycoperdon*)真菌(图6.55)。该

菌主要生长于澳大利亚、欧洲、北美洲和南美洲。棱边马勃的内部孢子组织最初是白色和坚硬的，随后成为绿褐色，最后成为灰褐色、粉状。其成熟的水果体在顶部会形成一个小开口，通过这个开口释放孢子。孢子是球形的，覆盖着细小疣，黄褐色。该物种可致人产生听觉幻觉，但产生此生理活性的化学成分至今仍未被分离出来。

图 6.55　棱边马勃

暗蓝锥盖伞

暗蓝锥盖伞（*Conocybe cyanopus*）是真菌门层菌纲伞菌目（Agaricales）锈伞科（Basidiomycetes）锥盖伞属（*conocybe*）真菌（图 6.56）。该菌主要分布于挪威及北美地区。暗蓝锥盖伞中已发现包含裸盖菇素、光盖伞辛等生物活性物质，可激活 5 – 羟色胺受体，引起自主神经兴奋，产生错觉。误食该菌后中毒，临床表现为头痛、眩晕、恶心、惊恐、现实感丧失、产生幻觉、思维分裂和注意力发散等。

图 6.56　暗蓝锥盖伞

6.3　致幻植物的生物安全威胁

人类食用致幻植物的历史久远，并且古时就有医疗工作者凭借自己的经验，找到了致幻植物的医疗用途，为人类健康带来了福祉。致幻植物给人类带来的伤害也古已有之，不仅威胁着人的身心健康，还可能给经济、生态及社会等各方面带来严峻挑战。

6.3.1　致幻植物与食品安全

致幻植物既不似那些可经空气传播的气态毒剂，也不同于那些寄生于人的病毒，理论上不存在因实验室意外泄漏而造成重大污染的风险。尽管如此，因误食致幻植物而中毒的例子仍不少见（图 6.57）。

回顾历史，中世纪的欧洲就曾发生过一起因受致幻植物（真菌）污染而引起的群体中毒事件，夺走了成千上万人的生命。当时一种名为“圣安东尼之火”（Saint Antonys’ Fire）的疾病在欧洲蔓延，尤以欧洲中部地区的人们受灾最为严重。中毒者不仅会产生抽搐和幻觉，四肢还出现强烈的火焰灼烧感，严重者偶有失去末端组织（鼻子、耳垂、手指、脚趾等)的情况。由于缺乏科学的解释,愚昧的人们只能将此病归咎于精神层面的障碍,将肉体的痛苦归结于神明的惩罚,认为四肢的灼烧是因为正经受来自地狱之火的惩罚,只有在教堂祈求圣人与神灵才能治愈。直到17世纪,才有科学家发现“圣安东尼之火”的罪魁祸首实为麦角碱中毒[12]。

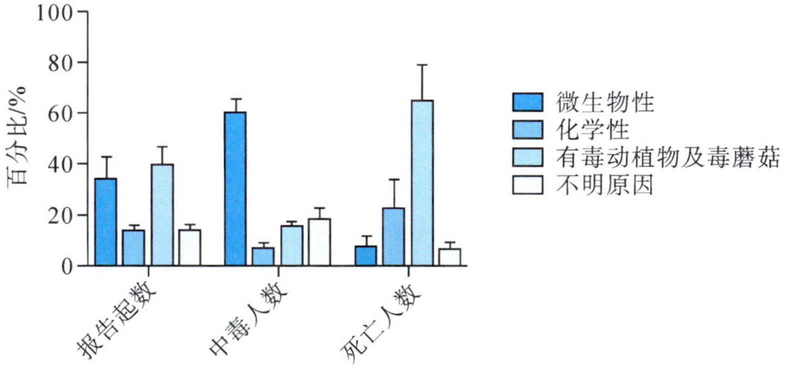

图6.57　我国2011—2015年食物中毒原因及分类

麦角碱,是一种麦角菌所特有的致幻成分,具有血管收缩作用。当人们食用了受麦角菌污染的面粉后,麦角碱便随之进入人体,阻碍四肢末梢循环的血液供应,使身体组织因缺血而坏死,产生坏疽甚至令人丧命。面包一直都是欧洲人的主要食物之一,中世纪的穷人生活窘迫,常以廉价的黑麦面包果腹,以至于使用污染麦角碱的面包后导致体内麦角碱累积过多而中毒。在找到了致毒原因后,人们对所食面粉开始细心存放,“圣安东尼之火”也便得到了控制。

一直以来,致幻剂的倡导者们常以“吸食致幻植物无害”作为其合法化的依据,以吸食后的愉快体验作为吸引众人尝试的噱头,宣传吸食致幻剂是“百利而无一害”的事情,然而事实却狠狠地打了他们一个耳光。一项食用致幻植物的跟踪研究提示,并非所有吸食者都能通过致幻植物得到预料中的美妙体验,惊恐不安、压抑恐慌、恶心呕吐以及头痛乏力等令人恼火的副作用,也是常见的吸食后反应。

在我国,虽然国家政府部门一再加强毒、麻、限制药物的管理,但人们对于致幻植物的认识仍然存在着较大的盲区,尤其是在自然资源丰富的偏远山林地区,更是少有人具有正确识别植物是否致幻的相关知识。例如,俗称为“野核桃”“刺苹果”的曼陀罗果富含莨菪碱,具有强烈的致幻性,但常有儿童误将此物当作一般野果食用导致中毒的发生[13-14]。我国的动、植物多种多样,有许多新奇的植物尚未得到准确的认识,其中就不乏致幻植物。这些均提醒我们,无论是完善致幻植物图鉴,还是加强安全教育,都是使人们进一步了解并远离致幻植物的有效方式,应引起重视。

6.3.2 致幻植物与精神卫生

致幻植物因其具有治疗作用,自古就被人类使用甚至滥用。医学界有研究者认为,致幻植物的有效成分对于某些精神疾病有治疗作用,如对抑郁症、药物成瘾及创伤后应激障碍(post - traumatic stress disorder,PTSD)等均具有较好的疗效。2017 年,美国食品药品监督管理局批准了亚甲二氧基甲基苯丙胺(MDMA,摇头丸的主要成分之一)用于指定创伤后的应激障碍治疗。

当前世界各国对致幻植物的管制存在差异,究其原因主要有两点:一是致幻植物无明显成瘾性;二是致幻植物食用并不致命。尽管如此,世界绝大多数国家对于致幻剂的使用还是非常谨慎的。因为即使食用致幻植物不是"性命攸关"之举,但因致幻反应而带来的连锁反应,却极有可能给吸食者自身及社会带来极大的威胁。一方面,致幻物质通过影响人的中枢神经系统继而改变人的感知与情绪,而这些改变多伴有自主神经紊乱的表现,诸如脉搏加快、血压升高、体温升高、面色潮红,以及轻微的运动失调等。对于健康人来讲,这种心跳加速的刺激感,或许是梦寐以求的独特体验,但对于患有基础疾病的人群来讲,同样的体验却很可能是致命的。另一方面,致幻植物所导致的心理认知与改变,同样可使人身处险境。幻视是食用致幻植物所带来的常见幻象,这些幻象一旦被吸食者信以为真,就可造成自以为"天下无敌"并"无所不能"的错觉,吸食者就有可能自信地重复着某些危险动作,诸如从高处"飘然而下"等。幻觉的内容在不同个体间的表现各异,如五彩斑斓的视觉体验或许叫"人迷醉",但面对数倍于人类的野兽却足以叫"人发狂"。亲历恐怖的幻觉者不乏因畏惧妄想而精神崩溃的结局,这种强烈的不安可使人出现杀人或自杀行为,对社会安全极具威胁[15]。

6.3.3 致幻植物与环境损害

随着交通运输与经济的发展,人类的活动范围得到了空前的扩展,植物也可随着人类的行为活动去往世界的各个角落,这其中就有致幻植物的身影。我国海关曾多次截获从境外来的乌羽玉属的"有毒"仙人掌。外来致幻植物所产生的影响是全方位的,它兼具致幻植物与外来入侵植物的双重属性,其危害是交叉性的、连带性的。一方面,经由人类的活动而落地生根的外来致幻植物极有可能与本地植物竞争生存空间,威胁生物多样性;另一方面,某些外来品种或可与本地作物发生杂交,相互转化而产生新的品种,从而破坏当地原有的生态平衡,造成严重的经济损失。

虽然目前暂未有关于致幻植物威胁当地生态环境的报道,但是外来植物入侵本地,并给当地生态带来威胁的事件屡见不鲜。居安思危,外来致幻植物的潜在问题需要我们防患于未然。据统计,仅 2020 年全国海关就从入境植物产品中截获检疫性有害生物 6.95 万次。致幻植物中有不少是多肉植物,其可能携带的病虫害,对我国自身的农林生态也存在着潜在的威胁。此外,由于它们对于养分与水分的要求较低、适应力强,极易生存繁殖,有时一个侧芽、一片叶子就能发育成一个完整的植株。一旦种群数量暴发,则很难彻底将其根除,这就进一步加大了其在人民视野下曝光的可能,增加了误食风险[16]。因此,对待外来的致幻植物,需保持比普通外来植物更慎重的态度。

6.3.4 致幻植物与迷幻潮流

致幻植物在过去几千年的历史中,多与宗教崇拜同行,这显然与当今的社会潮流相悖,理应为人们所摒弃。但现代社会中,仍不乏致幻剂的身影。这些使人神思迷离的致幻物摇身一变,藏进了许多艺术与文学的作品之中。诞生于20世纪60年代的迷幻音乐便与致幻剂的滥用密切相关,风靡全球的甲壳虫乐队(The beatles)更是将迷幻时代推向了高潮。直到英美两国政府纷纷宣布迷幻剂违法,这股热潮才逐渐退却。尽管如此,致幻植物在艺术领域仍有举足轻重的地位,德国艺术家卡斯滕·霍勒(Carsten Höller)就常以迷幻蘑菇作为主要素材,进行系列的艺术创作并在多地进行展出。英国剧作家利奥·巴特勒(Leo Butler)曾将致幻剂所造成的连锁反应形容为一个“旋涡”,认为每一个人都可以感受到它产生的“涟漪”。这样的形容可谓入木三分。包藏在时尚外表下的致幻物质因其绚丽的外表,给社会带来影响是经年累世的需格外提防。诚然,绝大多数人可就致幻剂即毒品这一基本认知达成共识,但随着苹果公司联合创办人史蒂夫·乔布斯(Steve Jobs)分享自己因服用致幻剂而灵感大增的经历,致幻剂在公众心中的形象又发生了些许的转变。“时尚”与“艺术”、“创造力”与“灵感”、“超凡脱俗”与“压力释放”逐渐成为致幻植物的代名词,它好似潘多拉的魔盒,诱惑着好奇的人们去一探究竟[17]。

致幻植物犹如糖衣炮弹,其外在的幻觉体验固然令人陶醉,而内在的危害却也虎视眈眈地藏在黑暗深处。任何不够客观的评价或是片面的宣传,都有误人子弟的风险。尤其是对于社会经验尚且不足的青年人,他们叛逆、好奇、冲动,极易受控于那些不法、不良、不实的网络媒介,需要我们给予更多的关注和关怀。

6.4 致幻植物的生物安全防控

在人类社会发展的历史长河里,人类始终忙于与各种威胁生命安全的烈性疾病作斗争,而忽略了致幻植物带来的潜在危害。随着科学理论的进步与新兴技术的发展,科学家们逐步揭开了致幻植物的神秘面纱,越来越多由致幻植物引发的食品安全、生物安全和生态安全等问题得到了重新审视。致幻植物的滥用,不仅可能危害人民的生命健康,还可能给整个社会带来巨大打击。虽然我国明令禁止致幻剂的任何非医疗用途,并制定了严格的安全防范措施,但是当今不可逆转的经济全球化与社会信息化进程,仍突出了致幻植物可带来的潜在危害。加强致幻植物生物安全防控,还是需要从各方面仔细考量。

6.4.1 强化源头打击与致幻植物管控

人类文明的发展遵循着不断整合与统一的规律，全球一体化是未来的必然趋势。“人类只有一个地球，各国共处一个世界”，全世界人民共同构成了“人类命运共同体”。因此，任何地方的威胁很可能就是整个地区的威胁，甚至可以发展为整个人类的威胁。

毒品是人类社会的公害。回顾整个中国近代史，中华民族饱受鸦片带来的灾难。鸦片是困扰近代中国主要的社会问题，第一次鸦片战争不仅是中国近代史的开端，也是中国沦为半殖民地半封建社会的开端。自新中国成立以来，我国一直对毒品保持“零容忍”的态度。在我国，任何能使人形成瘾癖的麻醉药品和精神药品都是毒品。

关于致幻植物是否应纳入国家生物安全，世界各国的态度是不一致的。这意味着，许多本生长于其他国家及地区的致幻植物具有借由人类的活动轨迹来到我国的可能。随着经济全球化的不断发展，不少致幻植物也经由“海淘”途径来到我国，给我国的生物安全及人民生命安全带来了潜在危害。基于此，除应给予走私者更为严厉的打击外，还应加强与国际社会的交流，控制致幻植物的出口[18]。

6.4.2 科学技术促进生物物种鉴定

对致幻植物的准确识别，是防止其造成进一步危害的关键手段。基于传统形态学的物种鉴定方法是最直接、最便捷的识别方法，然而该方法对于检材的完整性和鉴定人的职业素养均要求较高。物种鉴定要求鉴定人不仅要熟悉各类植物的一般形态学特征，还需对其生长发育的各个阶段都了然于心。鉴于法医学领域形态分类学的专家毕竟是少数，完全依赖于形态学的鉴定策略势必低效。此外，若是再遇到存在表型变化的突变植株，即使是经验丰富的专家也会束手无策。更重要的是，身处现代化社会的人类，往往不会直接吸食处于原型的致幻植物，而其残枝败叶或是粉末使形态学鉴定的优势无处发挥。

根据植物所含致幻剂成分进行比较识别的方法，是毒物化学的常见分析手段，该方法能解决大多数的致幻植物鉴定问题。然而，该技术高度依赖标准品，仅能识别有限范围内的致幻物质，无法高效应对致幻植物与日俱增的复杂现状，更别提具体的种属鉴定了。

随着生命科学的发展，人类对于生命的认识已经细化到了分子水平。人类基因组的成功破译，标志着生命科学的时代进入成长加速期。物种间的基因差异，为基于 DNA 的种属鉴定提供了理论基础。比如 PCR 扩增法可在数小时内将特定 DNA 序列扩增数百万倍，有效提高了实验的灵敏度，被广泛用于所有分子生物学领域。基于 DNA 序列间的遗传距离计算，可准确地将目标个体与已知物种进行聚类分析，成为又一具有突破性的鉴定方法。相比于毒物化学分析技术,该方法不仅更灵敏、经济、精准,而且对样本要求低,更适用于微量、降解的致幻植物种属分析。现在基于 DNA 分子的种属鉴定标记有 18s/28s rRNA、STR、mtDNA 等,检测方法涉及 DNA 杂交、序列测定和荧光定量等,这些方法优劣各异、相互弥补,共同保障了种属鉴定的正确性。目前,我国已完全具备在 DNA 水平鉴定致幻植物的能力,并有成功将其用于大麻、罂粟、迷幻蘑菇的鉴定等实例。基于 DNA 序列的致幻植物鉴定成为又一具有突破性的识别技术,可服务于司法鉴定领域。

以上鉴定技术所得结论固然牢靠,但都依赖于专业人员的操作以及近乎苛刻的实验环境,不适于海关、公安等第一线执法人员进行现场的鉴定。去中心实验室化的 DNA 快速检测技术革新正如火如荼地进行,用于人类个体身份识别的 RapidHIT ® ID 检测系统已被用于法医实践,证实了该技术的可行性。基于此,未来用于致幻植物的现场快速鉴定系统也将会大有可为[19]。

6.4.3 加强致幻植物的防范意识

致幻剂在我国属毒品范畴,致幻植物因含致幻成分,其任何非医疗目的的吸食都是被禁止的。我国的植物自然资源丰富,仅次于马来西亚与巴西,位列世界第三。在如此众多的植物中识别致幻及有毒的品种,其本身就是非常困难的,即使是从事医药卫生工作的专业人士也难免犯错。对于生活在山林间的人类而言,在享受大自然馈赠的同时,避开大自然恶意的最常见方式,往往是源于祖先父辈的口口相传。居住在城市中的人多数已不具备识别野外致幻植物的能力,需要政府卫生部门的正确引导。

近来,一首名为《红伞伞白杆杆》的歌曲在网络上广泛传播,旨在告诫人民群众乱食野生菌的危害。虽然歌词中对“红伞伞”毒性的描述有失偏颇,但是此曲的形式新颖、内容通俗易懂,为我们宣扬致幻植物危害和为我们提高人民的安全防控意识,提供了一个雅俗共赏的新模式,非常值得借鉴。

当然,单单依靠公共资源的引导,并不足以消灭致幻植物给人类带来的危害。虽然人类使用致幻植物有上千年的历史,但世界范围内至今仍没有一本完整的致幻植物图解或是一个专业的致幻植物数据库。愚昧与无知,是文明社会的最大隐患与犯罪。“圣安东尼之火”的悲剧告诫人们,加强致幻植物的相关研究至关重要。随着我国对植物遗传资源保护工作的开展,有关致幻植物遗传资源的数据整合正在如火如荼地进行之中。

除此之外,由于科研人员与一线执法人员的工作是单独开展的,当发现可疑致幻植物时,往往需要两者的高度合作以实现各自的目标。一旦这个过程缺乏相应的理解与沟通,则很可能影响工作效率。基于此,我们应一方面加强各部门的密切合作,提高工作效率;另一方面,我们可以更有效地利用数据库,使其不仅成为科学家们的“宝藏”,还能通过公开的方式共享给检验检疫部门,确保其能在面对问题时第一时间做出有效的判断,确保不放过任何一份“致幻植物”。

总而言之，加强致幻植物的安全防范，不仅需要有化繁为简的本事，让人民主动认识并远离致幻植物，还需要依靠系统的学科建设，提高对致幻植物的认识，守好生物安全的“大门”。以目前人类对致幻植物的了解程度而言，提倡对陌生植物的“不采、不买、不吃”，仍是最为稳妥的方式[20-22]。

6.4.4 防止致幻植物的武器化

人类在战争中常有蓄意使用来自生物体的毒素，导致他人患病或破坏其赖以生存环境的恐怖行为。致幻植物用于杀伤武器的记录可追溯到公元前6世纪，好战的亚述人曾将麦角菌用于战争，通过将其投放入敌人的水源以使敌人溃败。此后，关于致幻植物的武器化鲜有记载，这可能与其杀伤性相对弱、不能快速造成战斗能力丧失有很大关系。尽管如此，致幻植物为人类健康带来的威胁却不可忽视。麦角菌作为前车之鉴，提示人们要加强学科建设，重视致幻植物的知识积累，谨防任何致幻植物非人道用途的可能。

第一次世界大战中，德意志帝国军队乐衷于制造毒剂弹，其使用的芥子气毒剂可给“敌军”士兵带来严重的皮肤灼伤，并使人迅速丧失作战能力。据统计，一战中的参战双方共将约11.3万吨的毒剂用于战场，造成了约130万交战人员的伤亡，因毒剂失去作战能力者近260万。第二次世界大战中，臭名昭著的侵华日军731部队在我国开展细菌战、化学战，给我国人民带来了无法弥补的巨大伤害[23-24]。

国际公约虽然强烈约束生化武器的使用，但依旧有国家从事相关研究。弗兰克·奥尔森(Frank Olson)曾是德特里克堡生物战实验室的科研人员，1953年其在凌晨时分突然跳楼的举动引起了社会关注，大家都对其经不起推敲的死因满是疑问。一直以来，美国政府都将弗兰克(Frank Olson)的死因归结于自杀，但随着调查的深入，死者生前为美国中央情报局(Central Intelligence Agency，CIA)工作的细节逐渐浮出水面。随之而来的，不仅是阴谋味道十足的谋杀事件，还有由CIA主导的、企图用致幻剂控制人类思维的MK-Ultra计划。

在我国，国家安全战略的主要特点是“内向型、防御型、和平型”，这意味着预防外来生物恐怖是我国的主要战略内容。说到生物安全的防御，无非是担忧生化武器落入不怀好意者之手，并造成恶意的伤害。当前国际形势复杂，世界部分地区仍然战火纷飞，为维持世界的和平、促进自身的发展，我们应进一步解析致幻植物，分析其致幻的化学成分与潜在危害，谨防其成为下一个生化武器的可能[25-26]。

6.4.5 警惕潮流外衣下的时尚异端

西方国家人民对致幻剂的迷恋，集中体现在20世纪60年代，当时的人们借由致幻剂建立了一种迷幻的、叛逆的、反建制的偶像文化。此后政府禁令的颁发，虽使得盛极一时的致幻剂逐渐消失，但到20世纪90年代末，人们对迷幻剂的兴趣又有所恢复。不得不说，西方社会的普世价值体现在对致幻剂方面，是相当负面的。这段历史警诫我们，要人民远离致幻植物的危害，不仅需要树立积极向上的价值观，有关部门还要时刻警惕以潮流为外衣的时尚异端。

互联网的飞速发展给人们信息的沟通带来了便捷，来自不同地域文化圈的交流在促进了文化融合的同时，也使得致幻植物的使用再次死灰复燃。近年来，卖点为"吃了可以见小人""见不到小人给差评"的迷幻蘑菇，频频出现在互联网平台上。迷幻研究多学科协会（Multidisciplinary Association for Psychedelic Studies，MAPS）成员里克·多布林（Rick Doblin）试图用"你可以用刀杀人，也可以用刀吃饭"的说辞来为致幻剂正名。因一些榜样型的人物宣扬其过去的致幻剂服用史，也改变了部分人群对致幻剂的态度。作为网络主力军的青少年群体，他们与多数成年人一样，可以轻易在网络上检索到任何感兴趣的话题。由于青少年群体的社会经验相对不足，缺乏事物的分辨力，在面对致幻剂这一"网红"时，他们的好奇心与叛逆心很可能被大众媒介中的不良信息所诱导，成为其迈向致幻剂的第一步[27-28]。

基于以上种种问题，为杜绝致幻植物对人民，尤其是青少年人群的危害，不仅需要全媒体、全渠道肩背相望地展开普法教育，端正人民群众对致幻植物的认识，避免因一时好奇而落入致幻植物的污泥浊水，还需要政府各部门联合执法，在摸查销售渠道、关闭致幻植物售卖平台的同时，也不要忽视对网络宣传推广与自媒体的监督，避免有关致幻植物的偏颇评价与致命建议对公众产生误导。

（李成涛）

参考文献

[1] 张汉良. 亚里士多德的分类学和近代生物学分类[J]. 符号与传媒，2018(2)：1－25.

[2] 舒尔兹，霍夫曼，拉奇. 众神的植物[M]. 金恒镳，译. 北京：商务印书馆，2021.

[3] FREEDMAN D X. The psychopharmacology of hallucinogenic agents[J]. Annual Review of Medicine, 1969, 20：409－418.

[4] PIMM S L, JOPPA L N. How Many plant species are there, where are they, and at what rate are they going extinct? [J]. Annals of the missouri botanical garden, 2015, 100(3)：170－176.

[5] QUENTIN C，MICHEL L. Amanita muscaria：ecology, chemistry, myths[J]. Encyclopedia，2021，1(3)：905－914.

[6] ALEX, AMADUCCI R M, KOONS A L，et al. A prolonged course of amanita muscaria mushroom poisoning[J]. Journal of clinical toxicology，2021, 11(3)：1－3.

[7] CELIA O R，JULIA S，COELHO S T A，et al. Lectotypification of banisteriopsis caapi and

B. quitensis(malpighiaceae), names associated with an important ingredient of ayahuasca [J]. Taxon,2020,70(1):185 - 188.

[8] SANTOS B W L,OLIVERIRA R C D,OLIVERIRA J S,et al. Biodiversity of β - Carboline profile of *banisteriopsis caapi* and ayahuasca, a plant and a brew with neuropharmacological potential[J]. Plants,2020, 9(7):870.

[9] DEOKAR A V,BHOSLE P V,JOSEPH A,et al. Phytochemical and spectral analysis of argoclavine: a potent psychoactive substance present in the seeds of argyreia nervosa plant [J]. Research journal of pharmacognosy and phytochemistry,2021,13(3):109 - 114.

[10] FORRESTER M B. Argyreia nervosa exposures reported to Texas poison centers[J]. Journal of addictive diseases,2018,37(3 - 4):160 - 164.

[11] WARNER M L, KAUFMAN N C. The pharmacology and toxicology of kratom: from traditional herb to drug of abuse[J]. International journal of legal medicine,2016,130 (1):127 - 138.

[12] SCHULTES R E. Hallucinogenic plants: their earliest botanical descriptions[J]. Journal of psychedelic drugs,1979,11(1 - 2):13 - 24.

[13] 中国科学院武汉文献情报中心,中国科学院科学战略咨询,研究院生物安全战略研究中心. 生物安全发展报告 2020[M]. 北京:科学出版社,2020.

[14] 中国科学院中国植物志编辑委员会. 中国植物志:第 67(1)卷[M]. 北京:科学出版社. 1978.

[15] NICHOLS D E. Hallucinogens[J]. Pharmacology & therapeutics, 2004, 101(2): 131 - 181.

[16] KIESTER A R,LANDE R,SCHEMSKE D W. Models of coevolution and speciation in plants and their pollinators[J]. The American naturalist,1984,124(2):220 - 243.

[17] MICKE M M. The case of hallucinogenic plants and the Internet[J]. The Journal of School Health,1996, 66(8):277 - 280.

[18] PSIN S, BATISSE A, INGRAND I, et al. Consumption of hallucinogenic plants and mushrooms by university students in France: a pilot study[J]. Presse medicale, 2018, 47(11 - 12):1023 - 1025.

[19] KRESS W J, ERICKSON D L. DNA barcodes: methods and protocols[J]. Methods in molecular biology. 2012,858:3 - 8.

[20] MCKENNA D J. Plant hallucinogens: springboards for psychotherapeutic drug discovery [J]. Behavioural brain research. 1996,73(1 - 2):109 - 116.

[21] ALTAF M,MANOHARADAS S,ZEYAD M T. Green synthesis of cerium oxide nanopar-

ticles using acorus calamus extract and their antibiofilm activity against bacterial pathogens[J]. Microscopy research and technique,2021,84(8):1638－1648.

[22] POLITI M,FRISO F,SAUCEDO Gary,et al. Traditional use of banisteriopsis caapi alone and its application in a context of drug addiction therapy[J]. Journal of psychoactive drugs,2021,53(1):76－84.

[23] JIANG A,MAIBACH H. Dermatotoxicology of sulfur mustard: historical perspectives from World War Ⅰ[J]. Journal of applied toxicology:JAT, 2018,38(1):108－112.

[24] NORMAN J E. Lung cancer mortality in World War Ⅰ veterans with mustard－gas injury: 1919－1965. [J]. Journal of the national cancer institute,1975, 54(2):311－317.

[25] STRATTON S J. Editorial comments: mustard gas or sulfur mustard: an old chemical agent as a new terrorist threat[J]. Prehospital and disaster medicine, 2009, 24(1): 30－31.

[26] 瑞安J R. 生物安全与生物恐怖:生物威胁的遏制和预防[M]. 北京:科学出版社,2020.

[27] RRCH M A, DONAHEY E, DZIEDZIC J M C, et al. New drugs of abuse[J]. Pharmacotherapy, 2015,35(2):189－197.

[28] 类延村,李玉玲,张晓曼,等. 青少年吸毒情势与戒治对策——以重庆市为例[J]. 犯罪与改造研究,2021(9):54－60.

第 7 章
动、植物毒素与生物安全

近年来，毒素学发展非常迅速，已经发展成为一门重要的交叉性学科。毒素学的研究和发展，对于生态环境、农牧业、生物医药及灾害防治等多方面都有重要的意义。由于生物毒素的复杂性及多样性，许多生物毒素还没有被发现和认识，其毒性机制也还处于未知的状态。因此，对于因生物毒素造成中毒的公害防治仍然是世界性难题。随着科学技术的不断进步，不同的生物威胁也在随之不断地更新与发展，人们对毒素的研究也在不断地深入。本章结合动、植物相关理论，对动、植物毒素与生物安全问题加以阐述。

7.1 动、植物毒素与生物安全的概述

生物体在生长发育过程或在一定条件下会产生有毒物质。在自然界中，因生物体毒素产生的来源或者化学结构不同，可将其分为动物毒素、植物毒素和微生物毒素。毒素的毒性作用，取决于毒素的类型、剂量以及侵入途径等。在正常情况下，机体对毒素有一定的解毒功能，以维持机体的健康平衡状态。当机体摄入并堆积毒素，机体的平衡便被打破，这时即可引起生物体各项机能的破坏，进而引起机体中毒甚至死亡[1-2]。

7.1.1 生物毒素的概念与分类

7.1.1.1 生物毒素的概念

生物毒素是指由动物、植物及微生物代谢过程中产生的具有毒性的有机化合物，又被称为天然毒素[3]。如今已经发现的生物毒素有数千种之多，因其化学结构复杂，导致的毒性机理也各有不同。根据生物毒素的来源不同，可将生物毒素分为来自动物的动物

毒素、来自植物的植物毒素和来自微生物的微生物毒素。

7.1.1.2 生物毒素的分类

1. 动物毒素

动物毒素大多是由有毒动物毒腺制造的并以毒液形式注入其他动物体内的蛋白类化合物,其中含有多种酶类。动物毒素包括陆生动物毒素和水生动物毒素两种,我们日常在生活中最常见的为陆生动物毒素。根据毒素的生物效应,动物毒素可分为神经毒素、细胞毒素、心脏毒素、出血毒素、溶血毒素、肌肉毒素及坏死毒素等[4]。

2. 植物毒素

植物毒素是指来源于植物的生物毒素,其成分包括非蛋白质氨基酸、肽类、蛋白质、生物碱及苷类等。目前有部分植物毒素已被应用于农业生产中,作为杀虫剂或除草剂使用。植物毒素也被用于其他方面,比如蓖麻毒素和相思子毒素是仅有的两种已经列入生物武器核查清单的植物源性蛋白毒素[5]。

3. 微生物毒素

一般在微生物的代谢过程中所产生的毒素,称为微生物毒素。由于微生物的防控比较困难,因此微生物毒素就成为危害性极大、危害范围极广的生物毒素[6]。微生物毒素主要包括蛋白质类以及脂多糖类的大分子毒素和小分子化合物等两类毒素。微生物毒素的种类繁多,但目前研究较少,具有很大的研究价值和研究空间。被研究较多的霉菌毒素是一种小分子毒素,它是在霉菌的代谢过程中产生的一种次级代谢产物,对人体能产生非常强的致癌、致畸和致突变作用。

7.1.2 动、植物毒素的概念

在自然界中,当生物体受到威胁或动物丧失行动能力时,生物体通常会释放生物毒素而发挥防御或捕杀作用。动、植物毒素是指由动物及植物在其生长发育过程中或者在一定条件下所产生的具有毒性的有机化合物。动、植物毒素的毒性效力往往取决于它们引起的生化破坏的程度,但影响其有效性的一个关键是传递到特定靶标的通路[7]。如果没有有效的传递,那么大部分毒素则会被降解或与其他成分发生化学反应,其结果是只有较少的毒素到达靶位点。

蛇、蝎和其他许多有毒动物都通过中空的倒刺或尖牙释放毒素,然后通过穿透被攻击者的皮肤或外壳来运送毒素;但还有部分毒蛇能直接将毒液喷入被攻击者的眼睛或黏膜组织,从而达到保护自己的作用。另外一些有毒的两栖动物,比如青蛙,则通过自己的皮肤向被攻击者的皮肤或黏膜(口腔和胃肠道)释放毒素。所有动物毒素的释放,都会涉及生物体和被攻击者之间的亲密接触[8]。

7.1.3 动、植物毒素的中毒途径及影响因素

7.1.3.1 中毒途径

一般来说，各种生物毒素只有通过一定的途径进入到被攻击者的体内，才会引起机体中毒。除了摄入之外，动、植物释放毒素的自然方法很少是被动的，它们需要直接接触才能有效地发挥作用[9]。动、植物毒素一般主要通过胃肠道摄入、触碰皮肤或接触机体损伤处入体而发挥毒性效应，有时植物毒素也可以经呼吸道进入体内发挥毒性作用[10]。

蛇毒属于多肽类毒素，人体被毒蛇的毒牙咬伤后，蛇毒就被从伤口注入人体（或经黏膜及破损皮肤进入人体）引起中毒[11]。如果口服蛇毒，若口腔及胃肠道黏膜无损伤或溃疡发生，一般是不会发生中毒的[12-13]。此外还有一些能造成人体蜇伤的动物，其毒素会通过伤口进入被螫者体内。例如从事养蜂、采捕毒蛇及捕捞水产等职业的人，经常与有毒动物接触，被蜇伤的频率较大；其他人群无意接触到有毒动物时，也有被其蜇伤的可能性。当有毒动物蜇伤人时，除引起伤口的局部症状外，通常毒素还会随淋巴或血液循环扩散到全身导致被螫者出现全身症状[3]。

凡对人体体表有刺激作用的植物药材，易导致相关工作人员发生接触性中毒。口服含有溶血性皂苷成分的药用植物不会出现溶血反应，但若将其制成针剂静脉注射，可发生溶血反应，甚至危及生命[14]。

凡作为外用药物的毒性动、植物，可因用量过多或处理不当，毒素经皮肤或黏膜进入人体引起局部中毒，有时毒素也能随淋巴或血液循环进入体内，引起全身中毒。凡作为食物或内服药物的毒性动、植物，一般都系通过胃肠道的黏膜被吸收进入人体而引起中毒[8]。对于致毒动、植物毒素的研究，必须关注其进入人体的途径。

7.1.3.2 影响因素

影响动、植物毒素中毒程度的因素很多，除了与毒素进入人体的途径有关外，还受以下因素的影响。①毒素进入人体量的多少。一般情况下，进入人体的毒素量少则中毒程度较轻，并且中毒过程发展缓慢；进入人体的毒素量多则中毒程度较严重，中毒过程发展亦较快。当然，有些毒物在中毒剂量之下不但不会引起中毒，可能还有一定的治疗作用。②毒素本身的结构和物理状态，也能影响中毒程度。同一种物质，其不同异构体的毒性作用可能有很大差别，如莨菪碱左旋光性物质虽然具有较好的医疗作用，但毒性较强[15]，而莨菪碱左旋光性物质的外消旋化合物阿托品，则毒性较弱。

中毒症状是毒素与人体相互作用的一个复杂过程，除了与用量相关，也与个体因素与中毒程度有直接的关系，比如年龄、性别、健康状况与个体差异等都可影响中毒的程度。一般来说，婴幼儿、老年人及体弱有病的人对毒素较敏感，妇女在妊娠期、授乳期或更年期对毒物亦较敏感，当发生中毒时其中毒症状一般也都较健康的成年人为重。此

外,还有一些可引起过敏反应的毒物,其中毒程度与个体是否易感有密切的关系,而与毒素的摄入量无关[2]。

7.1.4 动、植物毒素的医学应用

7.1.4.1 动、植物毒素的抗癌作用

动、植物毒素在医学方面主要用于抗癌和其他临床治疗,比如蜂毒能够有效地抑制胃癌细胞生长,并能特异性使胃癌细胞凋亡[16]。由于蜂毒具有不定向的毒性,易发生过敏反应和溶血反应,所以在将蜂毒应用于临床时需要对其进行改造,以降低其毒副作用。

蝎毒(BmK)能够显著抑制人体癌细胞的生长,且对血管的刺激作用和神经毒性较小,故临床应用较多[17]。有研究表明,蝎毒能抑制人肝癌 BEL－7404 细胞的增殖,且能抑制端粒酶的活性,这可能是 BmK 发挥抗癌活性的作用机制之一,并可作为评价 BmK 抗肝癌治疗效果的指标之一[18]。另外还有成功的临床案例表明,蝎毒对肾癌和乳腺纤维瘤均具有很好的治疗效果[19]。近年来,人们还发现眼镜蛇蛇毒也有抗癌及防止肿瘤转移的作用,蛇毒中的 Arg 能够清除由癌症转移而在血管壁所形成的斑块[20]。研究者对蛇毒酶加中药治疗的中晚期肿瘤患者进行临床观察,结果发现总效率超过 40%。

有些植物毒素也有一定的抗癌作用,比如长春新碱、喜树碱、紫杉醇可以用于治疗多种癌症,对白血病和多器官的癌症等都有良好的疗效。但也有不少植物毒素具有致畸、致癌的作用。有关家畜中毒研究发现,多种植物毒素(如棒曲霉素)对家畜具有致畸、致癌和促癌作用。所以,在研究植物毒素治疗人类癌症功效的同时,必须考虑其毒副作用[1]。

7.1.4.2 动、植物毒素在其他方面的应用

动、植物毒素除抗癌作用外,还可应用于心血管疾病、糖尿病、疼痛等的治疗[21]。①治疗心血管疾病:目前基于蛇毒研发的药物有抗凝血药,如蝮蛇链激酶现已用于治疗脑及心血管血栓等病症;植物毒素中洋地黄及铃兰毒苷等可作为强心药使用。②治疗糖尿病:美国从希拉毒蜥的有毒唾液中提取的伸展蛋白－4 可刺激胰岛细胞分泌胰岛素,从而显著降低血糖,目前该毒素已被开发为新型抗糖尿病药和强力减肥药。③治疗疼痛:通过模仿有剧毒 ω－芋螺毒素的分子结构,目前已经人工合成了名为“Ziconotide”的无成瘾性强力止痛药,其通过阻遏疼痛信号的传导起到止痛作用。

7.1.5 动、植物毒素的危害

时至今日,动、植物毒素的中毒救治与公害防治仍然是世界性难题。据统计,动、植物毒素引起的真菌性中毒、植物中毒及鱼贝中毒等食物中毒的发生率,远远高于由化学合成物所导致的化学中毒。在热带和亚热带地域,蛇类及其他动物咬伤,依然是中毒事

件的常见原因。动、植物毒素常以高特异性选择作用于细胞膜、离子通道、受体及核糖体蛋白等特定靶位分子，从而参与生命活动和代谢过程，形成各类程度不一的毒害效应，甚至导致机体死亡。

毒素对人类的危害，除直接导致人体中毒损害外，还可以对农业、畜牧业、水产业和环境造成危害，从而间接地导致对人类的危害。不论在任何时代，人类都必然与其他生物共同生存在同一个自然体系之内，其他生物对人类既有有利关系，也有危害人类的一面。只有加深对这些生物源物质的了解，才能更有效地化害为利，保护自己。

7.1.6 动、植物毒素的研究前景

随着科技的发展和进步，人们对生物毒素的研究也越来越深入，会更多地涉及数学（分子结构分析设计程序软件）、物理学（高能实验仪器及试验设备）及化学（高分子多肽与核酸的人工合成）等多个学科的知识，需要从不同方向和不同学科，去获得生物毒素研究的理论知识、实验方法和实验技术。

7.1.6.1 动、植物毒素的医药用途

动物毒素对动物除对人具有一定的有毒害作用，也有一定的药用价值[18]。①癌症治疗：目前的癌症治疗主要是将单一毒素应用于治疗，今后会将多种毒素合理搭配使用。各种毒素的抗癌机理有待进一步研究，今后可望研究出更多的治疗癌症新药。此外，目前“单克隆抗体”治疗癌症已成为免疫学界的热门话题。“单克隆抗体”免疫治疗的基本原理，是将对癌细胞有特殊亲和力的抗体注入患者体内，有效追踪癌细胞。若将抗体和生物毒素共价结合起来，那么当它与癌细胞结合时，便可将癌细胞杀死，从而达到预定的治疗目标。②抗辐射作用：蜂毒具有一定的抗辐射作用，并能增强机体的应激能力、减轻辐射损伤的程度、减少由辐射所引起的细胞染色体畸变的频率、提高动物的成活率[21]。蜂毒还有保护和复苏造血细胞的潜在作用，可防止因辐射引起的骨髓和脾脏的退化现象。蜂毒抗辐射的主要生物活性成分是蜂毒肽、磷脂酶 A2、透明质酸酶、酸性磷脂酶以及致敏原 B 和致敏原 C。③新药开发：进一步研究生物毒素的蛋白组成及基因结构，了解它们的作用机制，有助于有目的地开发新药。比如侧重于肽类分子结构的基础研究，即氨基酸组成、初级结构、高级结构及其基因结构和表达机制等，进一步研究生物毒素的分子结构及其修饰加工，探讨其功能变化，可为新药开发提供分子设计的理论基础[22]。

7.1.6.2 动、植物毒素的研究方向

动、植物毒素的分子机制研究，包括血液系统及免疫系统的分子作用机制研究，包括将神经毒作为“解密器”来探究神经递质释放机制以及 Na^+ 通道、K^+ 通道和 Ca^{2+} 通道的分子机制。探究隐藏于生物活性功能的分子机制，如与细胞膜上糖蛋白等相互作用的分子机制，可以造福人类。

动、植物毒素中含有太复杂的生物学信息，它们通常能够特异性作用于靶点，从而对细胞结构及生理作用产生不同的效果。因此，毒素逐渐成为研究酶、受体和离子通道等生物大分子的有效工具。毒素在抵抗生物恐怖事件和预防公共突发事件等问题上，同样具有良好的研究前景及应用价值。

7.2　动物毒素与毒性作用机制

不同动物所制造的毒素种类和生物效应均不相同，如蜂毒和蝎毒主要含神经毒素，蛇毒所含毒素类型因蛇的种、属不同而又有很大差异。动物毒素的其他组分，还包括各种抗凝血剂、脂类、糖苷和甲酸等[1]。据不完全统计，全世界每年被蛇咬伤而中毒的人有 170 多万，其中 4 万多人死亡；因食有毒鱼类和贝类而中毒的人数，每年也有 2 万多人，死亡 300 多人。

下面，我们将有毒动物爬行类、昆虫类、两栖类和海洋生物类四类，做逐一阐述。

7.2.1　爬行类动物的动物毒素

7.2.1.1　蛇毒

1. 蛇毒概述

蛇毒是毒蛇分泌出来的一种含有多种酶类的毒性蛋白质或多肽类物质，也是毒蛇咬人后可引起机体中毒反应的物质。蛇毒外观呈蛋清样黏稠液体，新鲜蛇毒呈微酸性透明微黄色，有特殊腥味[13]。蛇毒的含水量在 65%～80%，内含多种生物活性物质，主要成分是毒性蛋白质，占干重的 90%～95%，比重在 1.030～1.080。此外，蛇毒还含有一些小分子肽、氨基酸、碳水化合物、脂类、核苷、生物胺类及金属离子等，成分十分复杂[24]。不同蛇毒的毒性、药理及毒理作用各具特点。人类被毒蛇咬伤后会产生严重后果，包括外周神经毒性症状及肾功能衰竭，咬伤部位还可出现严重的凝血、肌毒性损害和组织坏死，这些毒性损伤可能会使人体虚弱甚至死亡。

2. 蛇毒的毒性机制

根据毒理学分类，蛇毒主要可分为神经毒素、血液循环毒素、心脏毒素及酶类毒素[1]。

（1）神经毒素。典型的神经毒素，常见于由眼镜蛇、金环蛇及银环蛇等毒蛇分泌的毒素。神经毒素具有选择性神经肌肉阻断作用，能引起横纹肌弛缓性瘫痪，其机制可能有两种方式[1,25]。①作用于突触后运动终板上的烟碱型乙酰胆碱受体，阻止乙酰胆碱与乙酰胆碱受体的结合，从而阻断神经肌肉传导。②作用于运动神经突触前膜，通过抑制线粒体的氧化磷酸化，阻止突触小泡释放乙酰胆碱而阻断神经肌肉传导。神经毒素还可作用于自主神经系统，抑制颈动脉窦化学感受器，使机体缺氧加重，导致呼吸衰竭；兴奋肾上腺髓质，其释放的肾上腺素使血压升高；使胃肠平滑肌先兴奋后抑制，产生肠麻痹；作用于延髓抑制血管运动中枢，引起外周血管扩张和血压下降；抑制呼吸中枢引起呼吸衰竭；作用于中枢神经系统，引起意识障碍、抽搐及损害脑神经（Ⅲ、Ⅳ、Ⅶ等）。

（2）血液循环毒素。血液循环毒素主要对血液循环系统造成伤害，常见存在于蝰蛇、蝮蛇、竹叶青及五步蛇等毒蛇品种。被这些毒蛇咬伤后，其产生的血液循环毒素会导致被咬伤处局部迅速高度肿胀、出血、发硬、剧痛，皮肤呈紫黑色，常发生皮肤坏死和淋巴结肿大。经6～8小时之后，组织坏死可扩散到头部、颈部、四肢和腰背部；伤者战栗、体温升高、心动加快、呼吸困难、不能站立、抽搐，并有鼻出血、尿血等出血症状。如果咬伤后4小时内未能得到有效治疗，伤者则因休克及心力衰竭死亡。血液循环毒素还可进一步分为凝血毒素、抗凝血素毒、出血毒素及溶血毒素四种，这里对中毒发生机制逐一加以阐述[1-2,26-27]。

①凝血毒素：这类蛇毒具有凝血酶样作用和激活X因子作用[28-29]。如五步蛇、蝮蛇、竹叶青蛇毒具有凝血酶样酶，可直接使纤维蛋白原变成纤维蛋白，加速血液凝固，甚至产生弥漫性血管内凝血（DIC）。激活X因子的物质是一种精氨酸酯酶，从圆斑蝰蛇毒中提纯出来。通过激活X因子，在有磷脂、V因子和钙离子的参与下形成凝血酶原激酶，使凝血酶原转化为凝血酶，可引起弥漫性血管内凝血。

②抗凝血毒素：蝰蛇具有明显的抗凝作用，其原理是通过与凝血酶原酶结合成复合物而使其失活，从而使凝血酶原不能形成凝血酶。经研究表明，这种抗凝血毒素的抗凝作用至少涉及两种机制。第一，在凝血酶原被激活前，可阻止X因子的激活、降低Xa的活性；第二，直接作用于凝血酶使凝血酶失去活性。有学者从尖吻蝮蛇毒中分离出一种抗凝组分，命名为AAV-Xal，在钙离子的存在下AAV-Xal能与Xa结合形成复合物，它能够阻止凝血酶原酶水解凝血酶原，因而不能产生凝血酶。AAV-Xal还能有效地与X因子形成复合物，从而起到抗凝血的作用[30]。

③出血毒素：出血毒素一般在蝰蛇和蝮蛇中含有。关于出血毒素造成出血的机制，目前主要有两种假说。一种假说认为出血毒素通过诱导组织因子或直接作用于血管内皮细胞之间的联结处，破坏内皮细胞间的紧密联结及邻近的基底膜，最终造成机体出血，但目前对这种组织因子的研究还不够明确。另一种假说认为出血毒素会引起内皮细胞破裂，然后红细胞横向穿过细胞膜外渗，从而引起机体出血[31]。

④溶血毒素：溶血毒素一般在蝰蛇和眼镜蛇的蛇毒中含有。如前所述，有些毒蛇含有出血毒素，这些出血毒素可直接作用于小的血管使其破裂引起出血，从而对测定蛇毒的溶血作用产生困难。所以做这类蛇毒的溶血实验必须对粗毒进行分离，以除去出血毒素的影响。溶血毒素产生溶血作用是因为毒素中含有某些因子，这些因子能作用于细胞

或细胞器的膜,使细胞膜的结构发生紊乱。红细胞的溶解,就是这些因子直接或间接作用的结果[25]。

(3)心脏毒素。心脏毒素(cardiotoxin,CTX)存在于眼镜蛇科等多种毒蛇中,是一种作用于细胞膜的碱性多肽,但无酶的活性,毒性也较低,其分子结构由15~17种氨基酸(包含57~62个氨基酸残基)以单肽链形式组成,分子量为6000~8000,呈强碱性。心脏毒素对机体有广泛的毒理作用,其对心脏的作用主要表现在使心血管系统功能紊乱直至出现衰竭。中毒者早期常见心率的增快和血压的增高,晚期或严重者则会引起心脏循环衰竭,中毒者可因迟发性休克、中毒性心肌炎、心室纤颤及心力衰竭而死亡。心脏毒素除了对心脏的毒性作用外它还会对细胞膜产生作用,且它对细胞膜的作用具有高度特异性,能与细胞膜上的磷脂、蛋白质及碳水化合物等结合,引起细胞膜上大分子排列紊乱,导致靶细胞溶解,从而改变靶细胞的通透性。心脏毒素还能与红细胞结合,形成新的离子通道而引起溶血;同时对神经肌肉接头有阻断作用而发生毒性效应[25]。

(4)酶类毒素。蛇毒中都含有多种酶类,其中包括蛋白酶、水解酶、激肽酶、卵磷脂酶、抗凝固酶、透明质酸酶、磷脂酶 A_2、L-精氨酸酶、L-氨基酸氧化酶等,它们可以在一定的情况下发挥毒性效应[32-33]。①蛋白酶:具有水解蛋白质的作用,能引起组织出血、局部肿胀或坏死。②水解酶:能破坏组织的完整性,从而促进毒液中有毒成分的扩散。该酶还可直接对血液和组织蛋白质产生蛋白分解作用而生成一种缓激肽(bradykinin),这种肽作用缓慢,能增加毛细血管通透性,使血管扩张,导致中毒者疼痛及休克。③激肽酶:引起体内缓激酶的释放,使血管扩张,血压下降,局部疼痛。④卵磷脂酶:能破坏红细胞。⑤抗凝固酶:能阻止血浆凝固。⑥透明质酸酶:能使毒素很快分散到组织中而发挥毒性效应。⑦磷脂酶 A_2:能催化卵磷脂水解,释放出脂肪酸变成溶血卵磷脂,引起溶血及炎症。

7.2.1.2 蜥蜴毒素

1.蜥蜴毒素概述

有毒蜥蜴的下颌有毒腺,其分泌的毒液通过导管注入口腔,再经毒牙牙沟注入被毒蜥咬住的被攻击者伤口内。人被毒蜥咬伤有痛感,但极少致命。蜥蜴毒液中含有神经毒素、透明质酸酶、血管活性肽、5-羟色胺和精氨酸脂酶等活性物质。目前已从大毒蜥的唾液中提取出一种名为"exendin-4"的蛋白质。该提取物由39个氨基酸残基组成,相对分子质量为4186.57,属于小分子多肽。它有助于2型糖尿病患者维持健康的血糖水平,还有减肥的功效。蜥蜴毒素中毒的临床不良反应,有恶心、呕吐和腹泻[34]等。

2.蜥蜴毒素的毒性机制

蜥蜴毒素中的主要成分为神经毒素和透明质酸酶,人被有毒蜥蜴咬伤后会引起呼吸系统、循环系统及神经系统相应的临床症状,例如脉搏及心率增快、血压下降,还可出现高热、乏力、恶心、呕吐、呕血、视物模糊、发音及呼吸困难乃至惊厥，并可发生瘫痪，偶致死亡；也可因惊恐致心脏骤停死亡[35]。昆士兰大学的布莱恩·弗里(Bryan Free)团队曾在《毒物》(*Toxins*)杂志上发表文章，指出一些蜥蜴分泌的毒素中含有被称为 Kallikerin(激肽释放酶)的蛋白质，这种蛋白质能够很好地水解纤维蛋白原，而纤维蛋白原则是血栓中主要的结构蛋白。

7.2.2 昆虫类动物的动物毒素

7.2.2.1 蜂毒

1. 蜂毒概述

蜂毒是工蜂毒腺和副腺分泌出的具有芳香气味的一种透明液体，贮存在毒囊中，蜇刺时由蜇针排出。蜂毒是一种成分复杂的混合物，其中水分占 80%~88%，还含有若干种蛋白质多肽类、酶类、组织胺、5-羟色胺、乙酰胆碱、酸类、氨基酸及微量元素等。在多肽类物质中，蜂毒肽约占干蜂毒的50%，蜂毒神经肽占干蜂毒的3%。蜂毒中的酶类多达55种以上，其中大部分是磷脂酶 A 及透明质酸酶。磷脂酶 A 的分子量为 14500，由 128 个氨基酸残基组成，有 12 个半胱氨酸残基，由 6 对二硫键相连，其含量占干蜂毒的 12%；透明质酸酶由 349 个氨基酸残基组成，包括 4 个半胱氨酸，其序列上存在 3 个可能的N 糖基化位点，其含量占干蜂毒的 2%~3%。蜂毒中的组胺、5-羟色胺和乙酰胆碱可引起疼痛。小剂量蜂毒可治疗多种疾病，但超量的蜂毒(或其成分)可使人中毒死亡[36]。

2. 蜂毒的毒性机制

根据毒理学分类，蜂毒可分为神经毒素和血液循环毒素，具有显著的亲神经特性以及出血、凝血、溶血等作用。

(1)神经毒素。蜂毒成分中的蜂毒肽及蜂毒明肽等具有明显的亲神经性。蜂毒肽对烟碱型胆碱受体有选择性阻滞作用，可先引起皮层下部兴奋，后转为皮层和皮层下结构广泛抑制。它的抗胆碱作用，不光可抑制中枢神经和自主神经系统，还能抑制周围神经系统冲动传导。蜂毒明肽可透过血脑屏障直接作用于中枢神经系统，对神经系统产生抗胆碱活性，使神经节产生阻滞作用，因此它的镇痛效果明显，尤其对慢性疼痛作用最佳。正如上面所述，蜂毒可以到达中枢神经系统、扩大痛阈、降低疼痛的敏感性，在治疗剂量内具有明显的镇静和镇痛作用[37]。

(2)血液循环毒素。蜂毒对心血管系统的毒性作用主要包括溶血作用和抗凝血作用[38-39]。①溶血作用：蜂毒的溶血作用很强，在极低的浓度下也能产生溶血作用。其机制是蜂毒中的蜂毒肽和磷脂酶 A2 能增强血红细胞壁的渗透能力，使细胞裂解，导致细胞内的胶体大量渗出出现溶血。②抗凝血作用：蜂毒具有抗凝血作用，可以使凝血的时间变长，血液的凝固迟缓。其机制是因其能影响凝血因子的活性并能抑制凝血酶原激活物的生成(比如抑制凝血酶的活性)而使血小板的凝聚作用降低。同时蜂毒中富含的多肽类物质能降低血液黏稠度,从而抑制红细胞聚集,增强红细胞变形能力,预防血栓形成和活血化瘀功能。

另外,被蜂蜇伤的人还有呼吸加快的现象,一般认为这是血压降低引起反射性的反应。蜂毒可引起动脉血压降低,其降压机制为磷脂酶 A2 可以作用于外周,导致血浆中组胺的浓度明显升高,通过释放组胺改变外周阻力来实现降压作用。蜂毒中的蜂毒肽除了具有神经作用外,也具有降低血压的作用,其作用机制为破坏正常的肥大细胞,使其解体并释放组胺,最终实现降压作用。

7.2.2.2 蝎毒

1. 蝎毒概述

蝎毒(scorpion venom, SV)是存在于蝎尾部毒囊内的毒液,是一种碱性多肽,分子量为 6300 ~ 9000,绝大多数为 7000 ~ 7500。蝎毒的碱性多肽属于单链肽,由 60 ~ 65 个氨基酸组成,有 4 个二硫键联结。蝎毒中主要含有神经毒素、透明质酸酶、磷脂酶 A2、乙酰胆碱酯酶、三甲胺、甜菜碱、牛磺酸、胆固醇及胺盐等,其中神经毒素含量最高。蝎毒中的神经毒素能结合哺乳动物传入神经和传出神经的受体、递质和离子通道,是引起被攻击者麻痹和死亡的主要成分[40]。

2. 蝎毒的毒性机制

(1)对神经系统的影响。蝎毒中的轴突膜神经毒素,一方面可使钠离子通道失活,另一方面使持续状态的钠离子电流减小,它虽然不影响离子通道的动力学特性,却可明显而可逆地减小膜对钠离子、钠离子的通透性,提示这种蝎毒对神经功能起抑制作用[41]。

另一些蝎神经毒素的作用与上述相反,主要引起副交感神经和脑组织等的乙酰胆碱和儿茶酚胺释放。其机制可能是蝎神经毒素改变了神经细胞膜的通透性,使突触小体对钙离子通透性增加,钙离子内流,引起神经递质的释放,导致神经细胞反复放电。这种去极化放电因钠离子通透性增加所表现出动作电位的时程延长。有研究发现,当蝎毒作用于钠离子通道时,钠离子通道失活速度明显减慢,失活与激活所需的阈电位下移数毫秒,但对静息膜的通透性无影响[42]。

(2)对心血管系统的影响。蝎毒能促进肾上腺释放儿茶酚胺,继而作用于肾上腺素能受体,增加周围血管抵抗,从而升高血压。同时,儿茶酚胺也能作用于 β - 肾上腺素能受体,或增加心脏收缩力,或促进肾脏释放肾素来升高血压。此外,蝎毒提取的肽类制品可抑制由凝血酶诱导的血小板聚集作用,并呈剂量依赖性,提示蝎毒肽是一类有效的抗血小板聚集的生物毒素成分。蝎毒肽还可作用于内皮细胞使一氧化氮分泌增加,一氧化氮可使细胞内 cGMP 含量升高而发挥抗血小板聚集作用。蝎毒抑制血小板聚集的功能有助于抑制血栓形成,从而减轻缺血性损伤[43]。

(3)对消化系统的作用。在被毒蝎蜇伤中毒时,人的唾液分泌增加,并出现恶心、呕吐及腹泻。有的蝎毒能引起人的急性胰腺炎。

7.2.2.3 蜈蚣毒素

1. 蜈蚣毒素概述

蜈蚣毒素(centipede venom)是蜈蚣蜇伤人畜时所释放的毒液中含有的毒素。蜈蚣毒液多为无色透明或淡黄色的黏稠液体,冷冻干燥之后为白色或淡黄色粉末。蜈蚣毒液的生物活性成分十分丰富,化学成分也十分复杂,主要包括多种酶类(如蛋白酶、酯酶等)、活性多肽(如神经毒素、血液毒素、肌肉毒素等)和一些小分子化合物(如组胺、5－羟色胺等)[1,44]。

2. 蜈蚣毒素的毒性机制

(1)神经系统。神经毒素是蜈蚣毒液中主要的活性成分,是最为丰富的活性多肽。当蜈蚣捕杀猎物时,首先用脚将猎物缠住并迅速叮咬猎物,当猎物受到神经毒素的作用时,便被毒液麻醉而失去抵抗力。

(2)血液系统。蜈蚣毒液中存在多种能引起各种生物学效应的血液毒素,目前已经发现的有溶血成分、抗凝剂、血小板聚集抑制剂和诱导剂等。蜈蚣毒素具有通络活血的疗效,这可能与其毒液中的蛋白酶、溶血因子及其他血液系统活化因子等密切相关,这些血液毒素共同作用,可引起猎物血液功能紊乱,促进猎物死亡。

(3)肌肉作用。肌肉组织坏死是人被蜈蚣咬伤的典型症状之一,引起肌肉毒性反应的主要是蜈蚣毒素中的肌肉毒素。虽然很多蛋白质或多肽都可能具有肌肉毒素活性,遗憾的是到目前为止肌肉毒素成分只是在粗毒中被发现,还没有从单一蜈蚣毒素成分中检测到肌肉毒素活性。

7.2.2.4 蜘蛛毒素

1. 蜘蛛毒素述

蜘蛛的毒器由一对有输出管和毒钩爪的毒腺组成,毒器能穿透皮肤将毒液注入被攻击者体内。蜘蛛毒液中所含的毒素(spider toxin)成分复杂,多呈酸性,主要成分为多肽和各种蛋白质,包括多肽神经毒素、激肽类似物、凝集活性肽和抗菌肽等。此外,蜘蛛毒液中还含有多胺类、ATP、核苷酸、氨基酸及单胺类等低分子量物质和无机盐等[45]。

2. 蜘蛛毒素的毒性机制

蜘蛛毒素按照作用和功能分为神经毒素、坏死毒素和混合毒素三类,其中最主要的是神经毒素类。

(1)神经毒素。蜘蛛毒液中的神经毒素含有多种特异性的肽类配体,可选择性地与靶细胞膜上的钠离子、钠离子和钙离子通道的亚型相结合,引起细胞膜离子流的改变。此外,蜘蛛毒液中的神经毒素分子量较大,不能透过血脑屏障,因而对中枢神经系统几乎没有影响，而是作用于运动、自主、感觉等外周神经系统而发挥作用，可引起恶心、呕吐、腹痛、腹泻、大汗、唾液分泌增多、流泪及血压增高等症状。

(2)坏死毒素。蜘蛛毒液中的坏死毒素能造成血管内溶血和血小板减少，导致皮肤局部坏死。

(3)混合毒素。混合毒素是指蜘蛛毒液中既有溶血毒素也有神经毒素，主要见于捕鸟蛛。此类毒素可导致中毒者伤处出现局部红肿、疼痛，严重时局部坏死，全身可有软弱无力、恶心、呕吐、肌痉挛、溶血性血红蛋白尿及呼吸困难等症状。

7.2.2.5 斑蝥素

1. 斑蝥素概述

斑蝥体中的毒性物质为斑蝥素(cantharidin)，其含量约占斑蝥体重的1%~1.2%，分子式为$C_{10}H_{15}O_4$，化学名六氢-3a,7a-二甲基-4,7-环氧异苯并呋喃-1,3-二酮，是一种单萜类物质。纯斑蝥素为无色、有光泽的斜方形小片结晶。斑蝥素主要存在于斑蝥的生殖腺、血液和内脏中，但在其腿节末端部位也能分泌含有斑蝥素的黄色毒液。斑蝥素临床应用广泛，其制剂可用于治疗肝炎、癌症及多种皮肤病，但斑蝥素滥用、误用和超大剂量食用可引起中毒甚至死亡[46]。

2. 斑蝥素的毒性机制

内服斑蝥素中毒者表现为泌尿系统和消化系统的毒性反应，斑蝥素外用则会造成敷处皮肤红肿充血、水疱及糜烂等皮肤损害和泌尿系统的毒性反应，部分病例还可出现心血管系统、呼吸系统及神经系统症状[2,46]。

(1)消化系统。人口服斑蝥素后可引起急性胃肠炎，出现腹痛、呕吐甚至发生休克症状；还可出现口腔糜烂、牙龈出血、吞咽困难、上腹烧灼样疼痛或剧痛、呕吐咖啡样液体及黑便等，其中上消化道出血症状较常见；中毒严重者可致肝功能损害，出现黄疸、肝大及谷丙转氨酶增高。

(2)泌尿系统。斑蝥素经皮肤及黏膜吸收后主要作用于泌尿系统，使中毒者肝、肾出现变性坏死并引起尿路炎症，可引发肾小球变性、肾小管出血、血尿及蛋白尿等，严重者可因急性肾功能衰竭而死亡。

(3)皮肤症状。皮肤接触到斑蝥素可导致局部潮红、充血，有烧灼感，继而形成水疱及溃疡，严重者可出现口、舌、咽等黏膜溃烂。

(4)循环系统。有研究发现，斑蝥素可致中毒者血流动力学发生变化，左室舒张末压呈下降趋势；心率在低剂量组加快，而大剂量组减慢；呼吸频率先快后慢；可出现胸闷、心悸、心律失常、口唇发绀及四肢冰凉，可因血压下降而致休克，或引起中毒性心肌炎。

(5)神经系统。斑蝥素导致的中毒者神经系统症状主要为头晕头痛、烦躁不安及视物不清，可有口唇、四肢麻木或出现四肢强直性抽搐、听力下降及面瘫等，或可出现精神失常症状。

(6)其他损害。除上述症状外,斑蝥素还可导致一些其他损害。①眼损伤:表现为操作者在加工炮制斑蝥后出现流泪、眼睑痉挛、球结膜充血、睑结膜水肿及视物模糊等症状;②呼吸道损伤:部分中毒者会出现咽部充血、咳嗽或咯血痰及呼吸困难等症状;③生殖道损伤:中毒后还可出现阴道出血或继发无精症等情况。

7.2.3 两栖类动物的动物毒素

7.2.3.1 蟾蜍毒素

1. 蟾蜍毒素概述

蟾蜍毒素(bufotoxin)一般是指蟾蜍腮腺中经过加工和干燥的毒液中的毒性成分。蟾蜍的分泌液中有30多种成分,如蟾蜍配质(bufogenin)、蟾蜍毒素、蟾蜍精、蟾蜍胺,以及肾上腺素、去甲肾上腺素及胆固醇等,其中主要毒性成分为蟾蜍毒素。蟾蜍二烯内酯(如蟾蜍灵和华蟾素)被认为是蟾蜍毒素中的主要生物活性物质,这些化合物是C-24类固醇,与地高辛等强心苷类药物具有相似的作用[47]。

2. 蟾蜍毒素的毒性机制

蟾蜍毒素主要会引起神经系统和循环系统症状[48]。

(1)神经系统。蟾蜍毒素含有乙型强心苷元结构,可兴奋迷走神经,直接作用于人体心肌细胞,强烈抑制窦房结和房室结功能;导致中毒者出现心动过缓、房室传导阻滞、心室纤颤及心脏停搏等恶性心律失常症状;还可表现出头晕、头痛、视力模糊及口唇肢体麻木等,严重者甚至出现嗜睡、晕厥等症状。

(2)循环系统。蟾蜍毒素导致的人体中毒可有胸闷、心悸、窦性心动过缓及心律不齐等症状,重者可发生心房颤动、心室纤颤或血压下降而出现休克等,甚至出现阿-斯综合征而致急性死亡。中毒者心电图示ST段斜形下垂、T波低平或倒置并可相互融合,与洋地黄样ST段及T波改变相似。在中毒中晚期,可出现呼吸不规则、口唇青紫甚至发生呼吸衰竭[49]。

(3)其他作用。蟾蜍毒素尚有刺激胃肠道作用,具有催吐、局部麻醉及致惊厥作用,它们的局部麻醉作用比可卡因大数倍。

7.2.3.2 蛙毒素

1. 蛙毒素概述

在自然界中,所有青蛙皮肤上都有毒腺,但是绝大多数青蛙的毒素毒力微弱,不会对捕食者造成太大影响。而生活在非洲中部和南部一些青蛙的毒素毒力非常剧烈。这些青蛙被称为毒镖蛙,因当地居民常将青蛙身上的毒涂抹在箭尖和标枪顶部做成剧毒武器而得名[1-2]。

2. 蛙毒素的毒性机制

青蛙类中的丛蛙科、雨蛙科和蛙科种类的皮肤分泌液中均含有毒素。例如,丛蛙科的叶毒蛙属(*Phyllobates*)含有类固醇生物碱类,其中的蛙毒素(batrachotoxin)是毒性最强的物质,它主要是对中枢神经系统起作用,对神经末梢有不可逆转的阻碍作用。这类毒素可使中毒者最初表现为肌肉麻痹,随后发展为呼吸麻痹,中毒后很短时间内就可致人死亡;蓝色雨蛙(hylacaerulea)的皮肤分泌物中还含有组胺及雨蛙肽,具有强烈的降血压作用。目前已从树蛙(hylaannectans)的皮肤分泌物中分离到作用于钠离子通道的神经毒素,该毒素可在树蛙的多个器官和组织中表达,对昆虫、鸟和鼠等有很强的致死活性[1]。

7.2.3.3 蝾螈毒素

1. 蝾螈毒素概述

蝾螈(Cynops)能利用其极小腺体中含有的致命细菌产生一种毒素,这种毒素就是河豚毒素(tetrodotoxin,TTX),蝾螈毒素与河豚毒素并不只是结构相似,而是两者具有完全一样的分子结构。

2. 蝾螈毒素的毒性机制

有关蝾螈毒素的研究较少。蝾螈毒素中的一种毒性很强的毒素——河豚毒素,是分子质量相对较小的非蛋白毒素。河豚毒素的致毒作用主要体现在河豚毒素与一些离子通道发生特异性结合,从而阻止钠离子或钙离子的正常跨膜运输,进而影响到中枢神经系统的调控功能,甚至影响到心脏搏动、平滑肌蠕动、骨骼肌收缩及激素分泌等一系列的生理功能。此外,蝾螈毒素中还含有溶血蛋白质及缓激肽等,这些组分主要影响中枢神经系统,导致血压升高和肢体麻木[50]。

7.2.4 海洋生物毒素

7.2.4.1 海洋生物毒素概述

海洋生物毒素(marine biotoxins)是指由有毒海洋生物分泌的一类具有奇特结构和高活性的特殊代谢成分,大多由藻类、浮游植物或海洋微生物产生。据估计海洋生物毒素有1000多种成分,其中已经被确定结构的有几十种。根据化学结构的不同,海洋生物毒素可大致分为多肽类毒素、聚醚类毒素和生物碱类毒素三大类[51]。

海洋生物毒素主要有以下几个特点:①化学结构具有独特性(结构类型不同于其他毒素,有些结构是自身特有的,目前没有在其他毒素中发现)和多态性;②毒素生物活性高,可高度选择并亲和受体分子;③毒性强,一般有剧毒,极易引起人类中毒;④作用机理特殊,主要特异性作用于神经受体或离子通道,调控相关细胞活动产生作用[52]。

由于海洋生物毒素热稳定性好,常常不能被加热或常规烹饪方式所破坏,因此经过烹饪被人类食用后依然极易引起中毒,严重时可导致人死亡。

7.2.4.2 海洋生物毒素的毒性机制

1. 多肽类毒素

多肽类毒素(包括河豚毒素和芋螺毒素)是海洋生物毒素中毒性最强的,它特异性地作用于离子通道或分子受体的亚型,从而具有特定的生理活性。多肽类毒素也可用于治疗麻风患者的神经痛,是一种较强的镇痛剂,作用较缓且持久。

(1)河豚毒素。该毒素是从河豚中分离出来的一种电压敏感的钠离子通道外口的特异性阻滞剂,对神经、肌肉及浦肯野纤维等兴奋细胞膜均具有高度专一性。河豚毒素对神经细胞的钠离子通道有着高度的阻滞作用,可阻断神经冲动的传导。因此,河豚毒素能产生明显的局部麻醉作用[53]。

(2)芋螺毒素(CTX)。该毒素按其作用部位可分为α、ω、μ、δ等亚型,每种亚型仍可进一步细分。α-CTX作用于神经突触后乙酰胆碱受体,可起阻断作用;ω-CTX可专一性阻断神经末梢突触前电压敏感型钙离子通道;μ-CTX在活化相起作用,可专一性抑制电压敏感型钠离子通道;δ-CTX专一性作用于电压敏感型钠离子通道,在非活化相起作用,表现为延长动作电位持续时间。芋螺毒素结合在神经和肌肉的受体上,具有"高亲和力、高度专一"等特点,是神经科学十分有效的探针,在临床上可用作特异诊断试剂。当其作为镇痛药时,其具有"疗效确切"及"不成瘾"等特点[54]。

2. 聚醚类毒素

常见的聚醚类毒素有梯形稠聚醚毒素、酯链聚醚毒素、大环内酯聚醚毒素,其中梯形稠聚醚毒素和酯链聚醚因结构巨大、毒性强而广为人知。酯链聚醚毒素以西加毒素为代表,西加毒素是电压依赖性钠离子通道的新型激动剂,与钠离子通道受体靶部位Ⅵ结合,能增加可兴奋细胞膜对钠离子的通透性而产生强去极化,致使神经肌肉兴奋性传导发生改变,从而引起一系列药理学和毒理学作用[55]。

3. 生物碱类毒素

生物碱类毒素主要有刺尾鱼毒素和石房哈毒素。以刺尾鱼毒素为代表,其作用机制主要是通过激活钙离子依赖性离子通道,导致钙离子内流,使细胞内钙离子浓度迅速增高而产生一系列生物效应和生理作用。例如,刺尾鱼毒素刺激神经传导物质或激素的释放,活化磷酸化酶C与磷酸化酶A2及蛋白质激酶,造成肌肉的收缩作用,同时细胞膜电位去极化,最终导致细胞凋亡或死亡。另外,刺尾鱼毒素也影响到许多与细胞内钙离子浓度增加无直接相关的生理作用,提示刺尾鱼毒素亦可作用于其他部位而发生毒性作用[51]。

7.3 植物毒素与毒性机制

随着人类对毒素的深入研究以及不断开发,人们发现在现实生活中有许多中毒现象都与植物有着不可分割的联系。虽然当今世界对于因植物而导致的中毒越来越重视,对于它的研究也越来越多,但是至今并没有达到理想的水平。有毒植物不仅可以引起急性或慢性中毒症状,还可出现致畸、致癌及致突变作用。有毒植物往往损害身体的多个器官与功能,但又具有一定的选择性,比如某些特定的植物可以导致某个脏器的严重损害,但对其他脏器的影响则较小。植物能发挥其毒性作用主要在于它的毒素,由于有毒植物的毒素成分十分复杂,而其中毒症状与作用机理也十分复杂,因此植物所致中毒症状远比化学毒物中毒要复杂得多。很多植物的毒素作用机制,至今仍未得到合理的解释。基于以上种种原因,对于植物毒素的研究刻不容缓,其前景也十分广阔。

7.3.1 植物毒素的概念

植物毒素是指由植物产生的、能引起人和动物中毒的有毒物质,也是经过长期的进化适应过程而形成的一种自我保护手段(为了避免受到人、昆虫及微生物等所产生的外来危害作用)。植物毒素产生的主要原因,是植物在系统发育过程中产生的自我保护和防御机制。植物为了抵抗生物或非生物胁迫反应而产生的代谢物的过程是对某些化学元素的集合,是在数亿年的遗传分化过程中,在各种环境的影响和遗传物质发生改变的双重影响下所形成的生物多样化[56]。

如今已知的植物毒素有1000余种,绝大部分属于植物的次生代谢产物。植物毒素多对植物自身有保护作用,具有很大的生物活性。某些植物毒素已应用于生物科学的研究,在一定的剂量下有些作为天然的药物被使用,然而有些则会损伤机体。比如说,现不少植物毒素已经被广泛应用于农业中,包括杀虫剂、杀草剂以及天然的植物激素等,但其中蓖麻毒素和相思子毒素是仅有的两种已经列入生物武器核查清单的植物源蛋白毒素,对机体会产生很大的毒性作用[57]。

植物所含的毒素成分十分复杂,毒素的作用机制也各不相同。例如,一种植物可以含有多种不同的植物毒素,不同科属的植物也可含有相同的植物毒素;有的植物全株有毒,有的仅某个或数个部位有毒;有的植物整个发育阶段皆有毒,有的只是发育到某个阶段才有毒性[58]。由于植物毒素的复杂性,所以对其研究更加具有广泛的科学意义和应用价值。

由于各种植物毒素的成分来源、致毒成分及作用机制等均有所不同,所以现在对于植物毒素的分类也是各种各样。较为常用的一种分类方法,是按植物所含致毒成分来进行分类。按照这种分类方法,植物毒素可分为生物碱类、苷类、酚及其衍生物类、萜与内脂类、有毒蛋白质多肽以及氨基酸类、其他有毒化合物等[1-2],本节将主要就各分类内容进行阐述。

7.3.2 生物碱类毒素

生物碱(alkaloids)是植物有毒成分中最多的一类,它是生物碱类植物产生的次生代谢物质，许多植物因含有生物碱而具有毒性。生物碱种类繁多，因其具有不同的化学结构和附加功能实体而显示出不同的生物学特性。据统计，生物碱分布于130多个科的2000多种植物中，大约有18%的被子植物中含有生物碱，以双子叶植物中最多。生物碱大多为无色味苦的结晶固体，少数为有色或液体，一般不溶或难溶于水，易溶于醇、醚、氯仿等有机溶剂。

7.3.2.1 生物碱类植物毒素概述

生物碱是一类含氮的有机化合物，大多具有复杂的环状结构。根据氮原子在其化学结构中的位置，生物碱可被分为杂环化合物和非杂环化合物。氮素大多包含在环内，可与酸结合成盐，在植物中多以有机酸盐的形式存在。因生物碱具有多样性，所以生物碱类植物常含有多种甚至多个类型的生物碱，如芸香科植物含有5种不同类型的生物碱，茜草科植物含有9种不同类型的生物碱，而曼陀罗的全株含有的生物碱就有莨菪碱、阿托品和东莨菪碱等[59]。

7.3.2.2 生物碱的分类

生物碱的种类很多，目前已从植物中分离出约1万余种生物碱，并且随着科学技术的发展还不断有新的生物碱被发现。因此，生物碱的分类形式也需不断地更新。关于生物碱的分类，目前最常采用的是根据其植物来源、化学结构、药理作用、理化性质以及其代谢来源等进行分类[60,61]。

(1)根据植物来源分类。可分为罂粟科生物碱、茄科生物碱、百合科生物碱、毛茛科生物碱、豆科生物碱、茜草科生物碱、马钱科生物碱和石蒜科生物碱等，其中种类最多的是罂粟科生物碱。

(2)根据化学结构分类。可分为萜类生物碱、吲哚衍生物类生物碱、有机胺类生物碱、莨菪烷衍生物类生物碱、吡啶衍生物类生物碱、甾体生物碱、异喹啉衍生物类生物碱及其他类型生物碱。

(3)根据药理作用分类。可分为对中枢神经系统作用、对心血管系统作用、对呼吸系统作用、对消化系统作用、对泌尿系统作用、对免疫系统作用、对生殖与发育系统作用及有致癌作用的生物碱。

(4)根据代谢来源分类。可分为鸟氨酸类、赖氨酸类、色氨酸类生物碱、邻氨基苯甲酸类、萜类及甾体类等七大类。

7.3.2.3 生物碱的毒性机制

生物碱被吸收后大多数迅速作用于神经系统、自主神经系统或心血管系统，或作用于机体的其他部位发挥出不同的毒性作用，导致机体产生相应的病理学改变和临床症状。下面将依据化学结构分类举例阐述各类生物碱的毒性机制。

1. **萜类生物碱——乌头碱**

乌头碱是乌头属植物的主要毒性成分，属于二萜类双酯型生物碱，经过精制后为无色透明晶体，熔点为204℃，是最强植物毒素之一。乌头碱也具有一定的药理作用，如抗炎、镇痛、强心、降血压、免疫抑制、抗肿瘤及局部麻醉等。乌头属植物属于毛茛科，广泛分布于北半球温带地区，在全世界有约530种以上，主要分布在亚洲。我国乌头属植物约有170余种，约有40种已作为药用，较重要的有川乌、附子和草乌[2]。乌头属植物的形态因品种不同而异，普遍全株有毒，以块根为最。乌头属植物含生物碱和多糖，双酯类生物碱是总生物碱中主要的剧毒成分；除了乌头碱外还有中乌头碱及次乌头碱等，但其中以乌头碱毒性最大，含量也最高[6]。

据有关报道，我国各省区因乌头碱中毒的事件屡有发生，重者甚至引起死亡，其中以云贵川等地农村较为常见。据研究，乌头碱的致死剂量为2～3mg。乌头碱引起中毒的原因多种多样，如乌头可入药，但是也可因其炮制质量差、所用剂量过大或煎煮时间过短而引起中毒；因个体差异原因，老年人对其耐受力差而易于中毒；还有因意外接触、不合理应用以及自杀或他杀等原因而引起的中毒。乌头碱在消化道及皮肤破损处最易于吸收。因乌头碱在人体内吸收、代谢和排泄均较快，分布迅速，消除也迅速，以尿排泄为主，在用药后的前6小时排出量多，约占原形态总排出量的80%，部分则经唾液及胆汁排泄[2]。

神经系统以及心血管系统是乌头碱的主要作用部位，现在对于乌头碱通过影响中枢神经系统而发挥毒性作用的研究较少。通过以往的研究发现，乌头碱是通过影响神经细胞离子通道、神经递质含量和释放、干扰神经细胞能量代谢及诱导神经细胞凋亡等机制，导致中枢神经系统及周围神经发生损伤，其对中枢和周围神经系统的作用是先兴奋而后抑制，最终阻断神经－肌肉接头传导。重度中毒者会因乌头碱麻痹延髓的呼吸和血管运动中枢而导致呼吸抑制、血压下降，最后因呼吸循环衰竭而死亡。除上述循环方面的表现外，乌头碱还可刺激副交感神经，使得中毒者在胃肠道方面有流涎、呕吐、腹痛及腹泻等表现[62]。

乌头碱还具有强烈的心脏毒性，其导致的主要中毒症状是心律失常，但是对其作用机制有很多种说法，如通过影响离子通道、影响能量代谢或氧化损伤等引起心脏毒性。关于心肌细胞膜含有钠离子通道、钠离子通道和钙离子通道等多种离子通道的理论，指的是当这些离子通道受到破坏会引起心脏的损伤，严重者甚至导致死亡。如今普遍认为乌头碱的直接心脏毒效应主要与钠离子通道有着密切联系，能诱导心肌细胞膜钠离子通道开放、加速钠离子内流、促使细胞膜去极化，从而产生高频异位节律，出现室性心动过速及心室纤颤[63]。

有研究发现，通过SCN5A基因编码心脏钠离子通道，乌头碱会引起SCN5A的表达增加。SCN5A的异常增加则会加速钠离子内流，进而导致严重的心律失常。而严重心律失常是乌头碱中毒死亡的最常见死因，所以钠离子通道的异常变化在乌头碱导致人体中毒的过程中发挥着重要的作用。

研究发现，乌头碱也可以作用于钙离子通道引起心脏毒性。通过影响心肌兴奋－收缩耦联过程中钙离子调控蛋白表达水平，引起肌浆网上 RyR2 和胞膜上的钠－钙交换器的表达水平明显增加，从而导致心肌细胞胞浆内钙离子信号调控紊乱，打破钙离子稳态，影响兴奋－收缩耦联的过程，导致心律失常甚至死亡。乌头碱同样会影响钠离子通道，影响心肌跨壁动作电位差异的决定性因素是瞬时外向钠离子电流（I_{to}），I_{to}的主要功能单位是其由 Kv4.3 编码的 α 亚基。

有大鼠实验发现，乌头碱对 Kv4.3 mRNA 的表达有抑制作用，可通过引起心肌细胞I_{to}电流通道的改变最终诱发心律失常。大量研究表明，乌头碱可不同程度地损害心肌细胞线粒体功能、心肌细胞形态以及呼吸酶，抑制心肌三羧酸循环和呼吸链的氧化磷酸化作用，阻碍心肌的有氧代谢，从而引起线粒体和心肌细胞的能量代谢障碍，导致心功能紊乱。

超氧化物歧化酶（SOD）是机体内重要的一种抗氧化酶，具有特异性清除超氧阴离子自由基的作用；丙二醛（MDA）是一种膜脂质过氧化产物，研究中常用其含量来判断细胞膜的受损程度。大量研究结果显示，乌头碱可降低心肌组织中 SOD 的活性，导致细胞中氧自由基的清除能力降低；而 MDA 的含量增高，则说明乌头碱可引起一定程度的细胞膜破坏，其心脏毒性机制与心肌的氧化损伤有着密切的关系。

缝隙连接是机体内广泛存在的一种细胞间连接方式，它对细胞间信号转导具有十分重要的作用。心脏的缝隙连接通道多由 Cx40 和 Cx43 构成，因其参与了心律失常和心肌损伤的发生及发展，它与心血管疾病的关系越来越受到关注。已有研究发现，乌头碱可引起心肌细胞中的 Cx43 蛋白脱磷酸化，磷酸化的 Cx43 蛋白的主要作用是维持缝隙连接通道开关状态的稳定和改变通道两种状态之间相互转换的动力变化，而异常的磷酸化状态会导致心肌电生理特性的改变，从而引起心律失常。以上情况说明，乌头碱的心脏毒性机制与其对心肌细胞中缝隙连接通道的蛋白作用也有着密切的联系。

还有部分乌头碱的心脏毒性效应是由于高度兴奋的迷走神经和窦房结活动受到抑制，增强心肌内异位节律点的兴奋性，从而引起各种心律失常；乌头碱还可抑制血管运动中枢使血压下降，由于严重心律失常导致心排出量下降，并可因频繁呕吐引起血容量减少而导致休克；乌头碱对心肌细胞也有显著的毒性作用，会引起心肌细胞凋亡，使人最终因心脏毒性而死亡[63]。

总之，乌头碱发挥其毒性机制的途径较多，还有很多区域并未得到很好的证实。比如，乌头碱是如何影响神经系统基因表达调控的还未明确，对于心肌细胞间的信号转导和调控机制也还需要深入挖掘。

2. 吲哚衍生物类生物碱

(1)钩吻碱。该生物是存在于钩吻(又名断肠草、野葛)中的一种吲哚类生物碱,有剧毒,熔点为178℃,可溶于苯、氯仿、乙醚、乙醇和丙酮,但难溶于水。钩吻生于向阳山坡、路旁草丛或灌木丛中,分布于我国浙江、福建、广东、广西、湖南、贵州及云南等省区[2]。全株有毒,根毒性最大,叶(尤以嫩叶)、花、茎次之。根、茎、叶均含钩吻碱,其中以钩吻碱子为主要成分,但钩吻碱寅毒性最强[64]。

近年来,随着对钩吻化学成分及药理作用地深入研究,人们发现了它的很多功效,如消炎止痛、抗肿瘤、调节免疫及抗焦虑等。由于钩吻的治疗量与中毒量十分相近,一般2~3g钩吻根或7个嫩芽即可达到中毒量,所以常会发生钩吻中毒的案例。比如使用不当或利用钩吻自杀及投毒的案件,在日常生活中时有发生[2]。目前临床上,暂无有效的钩吻中毒解毒剂。

由于钩吻的根部与中药五指毛桃根的外观十分相似,花又与金银花相似,所以常出现因误食钩吻而引起中毒的情况。钩吻碱为极强的神经毒素,误食进入体内后易经消化道吸收。钩吻碱对中枢系统的毒性作用尤为强烈,主要对延脑的呼吸中枢和脑、脊髓运动中枢有抑制作用,从而引起中毒者呼吸中枢的麻痹,导致其呼吸衰竭而死亡;还可作用于迷走神经或直接刺激心肌,引起心律失常和心率改变;钩吻碱还有类似箭毒、烟碱及士的宁的抗胆碱样作用,可致中毒者出现肌无力、阵发性惊厥、瞳孔散大、复视等症状;服用过量的钩吻碱还会引起消化系统、循环系统及呼吸系统的强烈反应,如肠发黑、坏死或粘连。有研究显示,钩吻可抑制离体小鼠脾细胞的增殖反应和体液免疫反应而发生毒性作用。因钩吻碱易被机体吸收,所以当其进入机体并扩散至血液中后会广泛、快速地分布于机体各组织器官;由于该毒性成分会快速穿过血脑屏障并作用于神经中枢,所以在中毒者脑部也会检出一定含量的生物碱[64-65]。

(2)长春花碱。一般是指长春碱,存在于夹竹桃科植物长春花中,是一种双吲哚型生物碱,在甲醇中重结晶时为针状结晶,熔点为211~216℃,可溶于氯仿、丙酮及乙醇。长春花碱因具有良好的药理作用,故广泛应用于抗肿瘤临床治疗及科学研究,但因其有毒性,所以在治疗的过程中会出现一定的毒性副作用[66]。

有动物实验发现,用长春花碱进行临床治疗,当剂量过大时可使白细胞减少,导致骨髓损耗,引起恶心、脱发、头痛及手脚麻痹等症状,严重时则可引起局部肿瘤疼痛。长春花碱主要通过抑制微管蛋白的聚合而妨碍纺锤体微管的形成,使核分裂停止于中期。长春花碱与秋水仙碱相似,可引起细胞核崩溃或呈空泡状式固缩;长春花碱也可作用于细胞膜,干扰细胞膜对氨基酸的转运,抑制蛋白质的合成;长春花碱还可通过抑制RNA综合酶的活力而抑制RNA的合成,使细胞停留在G1期而将细胞杀死。另外,异长春碱可引起基因病变以增加染色体异常的频率,导致白细胞减少,引起血红蛋白及血小板含量下降并伴有恶心、呕吐、脱发等临床症状[67]。

(3)番木鳖碱　又称士的宁,富含于马钱子(番木鳖)和吕宋豆中,为无色柱状晶体或者白色粉末状,无臭,味极苦,有剧毒,溶于沸水,不溶于乙醚,略溶于水及乙醇等。马钱子的成熟种子含有萜烯吲哚生物碱,其中主要成分为番木鳖碱和马钱子碱。二者约占马钱子所含生物碱的70%(其中番木鳖碱约占50%),在体内作用也大致相同,但番木鳖碱的毒性为马钱子碱的8~30倍。番木鳖碱是马钱子最有效的但同时也是最毒的毒性成分,不同的人群及给药途径,其所致中毒和死亡的剂量也各不相同。比如说,番木鳖碱成人口服中毒剂量为5~10mg,死亡剂量为30~100mg,皮下注射及幼儿口服5mg即可引起死亡[2]。

番木鳖碱在消化道或皮下肌内注射处可很快吸收,进入体内后主要分布在肝、肾、胃、肠和脊髓。它大部分由肝破坏,会阻断甘氨酸和乙酰胆碱受体导致肌肉痉挛、窒息等。番木鳖碱是神经毒素,也是对中枢神经系统作用最强的毒物之一,对脑、脊髓及免疫系统等均具有毒性作用,其中以兴奋脊髓的作用较为突出。番木鳖碱对脊髓有高度选择性的兴奋作用,能增强脊髓的运动性反射,引起反射性、强制性和泛发性痉挛;能兴奋大脑,提高感觉功能;也能兴奋延髓,提高呼吸中枢的兴奋性(剂量过大则产生抑制)。大剂量可阻断神经肌肉传导,出现箭毒样作用;大剂量还可直接抑制心肌,发挥毒性作用[68]。

另外,长期高剂量使用番木鳖碱会引起肝脾功能紊乱,其中的机制可能是番木鳖碱抑制甘氨酸受体,阻碍受体激活,使神经元过度兴奋而引起癫痫发作。还有研究显示,番木鳖碱对人的表皮细胞有一定毒性作用,所以需警惕其通过皮肤吸收进入全身血液循环,对机体产生严重的毒性作用[69]。

3. 有机胺类生物碱

(1)秋水仙碱。该生物碱因最初从百合科植物中提取而得名,富含于秋水仙等植物中,纯秋水仙碱呈黄色针状结晶,熔点为150~160℃,易溶于水、乙醇和氯仿。秋水仙原产于欧洲和地中海地区,在20世纪70年代才从外国引进我国。秋水仙有一定的药用价值,应用于临床上可有效治疗痛风并具有抗癌效果,但是秋水仙含有多种毒性极强的生物碱,秋水仙碱就是其中的主要活性成分。秋水仙碱具有多种毒性作用,包括神经毒性、遗传毒性及肝毒性等。误用秋水仙碱导致中毒后无特异性解救方法,通常采用对症治疗。日常生活中人们多因误食、过量服用及自身体质而发生秋水仙碱中毒[70]。

秋水仙碱具有神经毒性,可与微管蛋白二聚体结合而抑制轴浆运输,导致神经元去营养退化而死亡,其毒性机制是阻止微管蛋白转换,使细胞停止于有丝分裂中期,从而导致细胞死亡。秋水仙碱还可引起海马复合体中颗粒细胞变性坏死,尾状核和神经节的神经元坏死并诱导大脑皮质神经元凋亡;此外,还能诱发神经变性和神经病变。

秋水仙碱还具有肝毒性,能损害肝细胞,它可以引起4种血清酶(谷丙转氨酶、谷草转氨酶、碱性磷酸酶、乳酸脱氢酶）的活性显著增高，使肝脏表现为体积增大及表面淤血的肉眼变化。秋水仙碱肝毒性的主要毒性机制是通过影响肝细胞微管的功能，抑制纤维原细胞的增殖，从而改变细胞膜的通透性；使肝细胞线粒体肿胀且肝细胞内各种酶漏出，从而引起细胞毒性作用。秋水仙碱还可抑制微管蛋白的组装，进而抑制细胞分化、增殖和物质运输过程，导致肝细胞受损。有研究显示，以秋水仙碱长期处理小鼠可诱导小鼠淋巴瘤细胞胸苷激酶（TK）基因突变，这在秋水仙及其活性成分的研究进展中都有具体论述[71]。

秋水仙碱在体内的代谢产物是氧化二秋水仙碱，该代谢物的毒性十分强烈，可刺激消化道以及肾脏，从而产生腹泻症状；通过刺激毛细血管，使脊髓及延脑麻痹。秋水仙碱中毒后，潜伏期常在3～6小时，最初症状为咽喉及上腹部有烧灼感、恶心呕吐、严重腹泻、大便呈水样甚至血便等症状；严重时会因血管受损引起休克症状，因肾脏受损出现血尿或尿闭症状；还可发生上行性麻痹，常在1～2天内因呼吸麻痹而导致死亡，尸检可发现死者胆汁中的毒素浓度比血液中要高[2]。

（2）麻黄碱。该生物碱是从麻黄草中提取的一种拟交感神经胺，为白色针状结晶或结晶粉末，味苦，易溶于水、乙醇，不溶于氯仿和乙醚，熔点为37～39℃。在我国，麻黄作为一种药用植物分布于全国各地，历代医师对于麻黄的认识都是无毒，所以常用于中药制剂。但是随着现代科学技术的进步，对于麻黄的研究越来越广泛，麻黄的毒性作用也逐渐被发现[72]。麻黄碱是麻黄的主要有毒成分，现有研究发现口服过量的麻黄碱（正常治疗剂量的5～10倍）可引起中毒甚至死亡，煎煮方法不当也会引起中毒。且由于很多非法分子将麻黄碱制造冰毒，所以我国对麻黄碱实行了严格的管控，避免滥用[73]。

麻黄碱对人体多个部位都有毒性作用，如心血管系统、中枢神经系统和肝脏等。其对中枢神经系统具有明显的兴奋作用，较大剂量则可引起大脑皮层和皮层下中枢兴奋，导致失眠及神经过敏等症状；动物实验证明，高剂量的麻黄碱也可导致大鼠的自主活动受到抑制。总的来说，麻黄碱对中枢神经系统具有明显的兴奋作用，麻黄碱还会对心血管系统产生毒性作用导致心肌梗死及心律失常，严重时可导致死亡[74]。现在对于麻黄碱的毒性作用并无完整的表述，说明麻黄碱的毒性作用还未得到人们的普遍重视，所以对于麻黄碱毒性作用的系统性研究亟待深入。

（3）益母草碱。该生物碱是益母草的有效成分，是一种有机胺类生物碱，几乎不溶于水，熔点为238℃，多数以含一结晶水的盐酸盐形式存在，少数以单体形式存在。益母草碱水加氯化钡可形成白色沉淀，加入硝酸，沉淀也不溶解。因益母草碱具有显著的药用价值，如兴奋子宫、改善微循环、保护心肌及抗炎镇痛等，所以也被用于新型药物的开发以及多种疾病的治疗。

除药用价值外，益母草碱还有一定的毒性作用。益母草碱发挥急性毒性可先兴奋呼吸中枢,后会使中枢神经麻痹;其箭毒样作用会导致肌肉松弛,还具有麦角碱样作用可导致子宫收缩、小动脉扩张和血压下降。益母草碱大剂量使用对肝肾均有毒害作用从而影响肝肾功能,其中肝对益母草碱的敏感性高于肾。目前暂没有明确的肾毒性作用机制研究,有人怀疑是由于脂质过氧化的损伤所致[75]。

4. 莨菪烷衍生物类生物碱

(1)阿托品。该生物碱存在于茄科的很多植物中(最常见的是颠茄、莨菪及曼陀罗等),其碱酸盐为无色晶体或白色粉末,易溶于水,熔点在 115 ~ 118℃。日常多因在医疗中剂量不当或误食而意外中毒,自杀、投毒少见。阿托品成人口服中毒剂量为 5 ~ 10mg,致死剂量为 80mg。阿托品易从胃肠道及其他黏膜吸收,也可从其他部位吸收(如眼睛和皮肤),吸收后可迅速分布于全身组织。此外,阿托品可透过血 - 脑屏障和胎盘进入胎儿循环。

阿托品具有抗乙酰胆碱的作用,是一种 M 受体阻断剂,可引起平滑肌松弛,抑制腺体分泌,麻痹动眼神经使瞳孔散大;也可解除小动脉痉挛,改善微循环。阿托品对中枢神经系统,特别是呼吸、血管运动和体温调节中枢先有兴奋作用,使血管扩张、颜面皮肤潮红,出现呼吸困难和发热等,以后再逐渐转为抑制;对心神经末梢初呈兴奋作用,后呈麻痹作用。阿托品作用于脊髓可刺激肌反射功能而使人体发生抽搐,大剂量使用则会出现中枢兴奋的不良反应[2]。

(2)可卡因。该生物碱是古柯叶中所含的主要生物碱,又名古柯碱,含量为 0.6% ~ 1.8%,多呈白色晶体状,无臭,味苦而麻,熔点为 98℃,难溶于水,易溶于乙醇、乙醚、氯仿,其盐类易溶于水。可卡因口服致死量为 0.5 ~ 1g,过敏量为 30mg,肌注或黏膜用药致死量为 30mg,致死浓度为 0.9 ~ 21mg/L[2]。可卡因具有强烈的中枢神经兴奋作用,可引起人体欣快感,具有很强的精神依赖性,所以是当今滥用的毒品之一。长期滥用可卡因往往会并发精神病,引起自杀或意外死亡。

可卡因进入体内有多种途径,包括口服给药、鼻腔内给药及静脉注射等,其可从任何部位的黏膜吸收进入体内。可卡因可引起中枢神经系统及心脏损伤,其进入体内会阻断神经纤维冲动和传递,引起感觉和运动障碍,阻止交感神经末梢突触前膜摄取儿茶酚胺,收缩血管,引起血压升高,甚至出现脑缺血的症状;可卡因对心脏的毒性因剂量而异,小剂量引起心率减慢,中剂量引起心率加快,大剂量会严重抑制心肌活动而导致血管性虚脱[76]。

可卡因最突出的作用是对中枢神经的刺激,有研究表明其与中脑边缘系统多巴胺通路有关。可卡因可抑制突触前膜上多巴胺转运体,使得多巴胺的再摄取受阻而使突触间隙多巴胺含量增多,进而与靶细胞膜上的特异性多巴胺受体结合,实现该系统对精神情绪活动的调控,最终引起成瘾症状,严重者可导致精神抑郁、失去自我控制能力等症状,甚至会因呼吸、心跳停止而导致死亡[77]。

(3)其他莨菪烷衍生物类生物碱。曼陀罗全株各部位均有毒性作用，莨菪碱和东莨菪碱是其主要致毒成分。曼陀罗花是提取东莨菪碱的原料，内服后经呼吸道黏膜吸收可出现中毒症状；用其叶外敷也可引起急性中毒。莨菪碱和东莨菪碱主要兴奋中枢神经系统，刺激大脑发生谵妄和不安、情感奔放、哭笑不止，随后则会出现抑制症状，并可引起延脑麻痹[78]。

5. 吡啶衍生物类生物碱

(1)烟碱。又名尼古丁，是一种吡啶型生物碱，为烟草的主要生物碱，含量一般在 0.6%~8%。纯烟碱为无色或微黄色具有挥发性的黏稠性液体，毒性十分强烈，熔点为 -79℃，有刺激性臭味，在空气中易发生变质，易溶于热水、乙醇、乙醚、氯仿和石油醚，能随水蒸气蒸发而不分解。烟碱能与各种无机酸和有机酸生成结晶的单盐和双盐。人一般一次性服用或吸入烟碱 1~4mg 即可引起中毒，口服致死量为 40~60mg，血浆中致死浓度为 0.11~0.63mg/100mL。烟碱在人体内代谢极快，其代谢物及原体均可经肾脏排出体外，也有少量经乳汁排出[2]。

烟碱经黏膜、皮肤、呼吸道及消化道吸收，主要作用于中枢神经系统和自主神经系统，小剂量具有兴奋作用，大剂量则具有兴奋和抑制双重作用，作用范围十分广泛。烟碱对自主神经节具有特殊的作用，可兴奋血管运动中枢、交感神经节、肾上腺髓质及颈动脉化学感受器，导致心动加速和血压升高；还可导致惊厥和震颤，能引起血中脂肪酸浓度升高，增强血小板黏性，形成血栓。还可作用于自主神经节和神经肌肉连接点，引起“烟碱样作用”，进而使之麻痹。口服烟碱还对消化道有刺激作用，可引起胃区烧灼感[2,79]。

(2)槟榔碱。该生物碱是槟榔的主要活性成分，有显著的毒副作用，为无色、无臭的油状液体，熔点为 169~171℃，与水、乙醇及乙醚混溶，溶于氯仿，其盐酸盐为针状晶体。槟榔为棕榈科槟榔属植物，为世界卫生组织国际癌症研究机构致癌物清单中的 1 类致癌物，果实和种子均有毒。一粒槟榔种子即可引致人体轻微急性中毒，但临床反应有颇大的个体差异。槟榔除含有槟榔碱外，还有槟榔次碱及鞣质等有毒成分。

槟榔碱及其有关生物碱是毒蕈碱型乙酰胆碱受体激动剂，可兴奋 M 型胆碱受体，使胃肠平滑肌张力升高，增加肠蠕动，使消化液分泌旺盛，腺体分泌增加，还可缩小瞳孔，减慢心率；也能兴奋 N 型胆碱受体，表现为骨骼肌及神经节兴奋；槟榔碱的水溶液有明显缩瞳作用。现在也有研究表明，槟榔及槟榔碱对人及动物的生殖系统有一定的毒性作用，并且还有一定的神经毒性。槟榔碱和其亚硝胺衍生物被视为致癌物，槟榔碱水解后产生槟榔次碱，后者可以导致口腔黏膜纤维化，增加罹患口腔癌的风险[80]。

6. 甾体类生物碱

(1)龙葵碱。别名茄碱，广泛存在于茄科植物马铃薯块茎以及龙葵的全草中，有较强的毒性作用。龙葵碱是一类胆甾烷类生物碱,由葡萄糖残基和茄啶组成,味苦,为针状结晶,在190℃下呈褐色,熔点为248℃,可溶于吡啶、甲醇、温乙醇,但不溶于水、乙醚及氯仿,可以被酸水解为茄啶和糖。龙葵碱并不是单一的成分,经层析法可分出6种生物碱,其中以α-茄碱为主。在马铃薯块茎中,龙葵碱主要集中在芽眼、表皮的绿色部分,尤以芽眼部位含量最高,其含量超过0.02%,则会引起人中毒。国内外时有发生因食用发芽马铃薯而发生龙葵碱意外中毒的病例,多为群发性人畜中毒。

龙葵碱主要抑制胆碱酯酶的生物活性而引起人体中毒,而胆碱酯酶的作用是将乙酰胆碱水解成乙酸和胆碱,该酶被抑制失活后则会导致乙酰胆碱的积累,使神经兴奋性加强,引起胃肠道肌肉痉挛等一系列中毒症状。除此之外,龙葵碱还对呼吸中枢有麻痹作用,并能引起脑水肿、充血;有类似皂苷样作用,进入血液后会发挥溶血的作用;对胃肠道黏膜有强烈的刺激性。龙葵碱引发的中毒严重者可发生呼吸、循环衰竭。有关龙葵碱的毒理学研究结果表明,龙葵碱除了有以上的毒性作用外,还具有胎盘毒性、神经致畸性及遗传毒性[81]。

(2)藜芦碱。该生物碱是藜芦中的毒性成分,主要化学成分为瑟瓦定和藜芦定,为扁平针状晶体,熔点为213℃,微溶于水,1g可溶于约15mL的乙醇或乙醚。藜芦属植物在我国资源比较丰富,早已应用于中医治疗,而且民间验方也将其用于治疗癌症,所以偶见有因服食过量或误食藜芦导致中毒的案例发生。人食用藜芦半小时至数小时后会引起毒性症状,最后因呼吸衰竭而死亡。

藜芦碱中毒通常为急性中毒,主要通过作用于消化道和神经系统而发挥毒性作用。藜芦碱可强烈刺激消化道黏膜,从而导致恶心、呕吐以及食道和胃肠道的炎症;也能作用于中枢神经系统,使大脑先兴奋后抑制,引起肢体痉挛、抽搐以及昏睡或昏迷等意识障碍症状;还可刺激延髓的迷走神经核,增加迷走神经兴奋性,引起血压下降、心率减慢、心律不齐、大汗淋漓、肠蠕动增强以及呼吸抑制等症状[82]。

7. 异喹啉衍生物类生物碱

(1)小檗碱。该生物碱是一种异喹啉生物碱,亦称黄连素,属于原小檗碱生物碱类,存在于小檗科小檗属植物中,也存在于罂粟科和毛茛科植物中。为黄色针状晶体,味苦,熔点为204~205℃,在热水中溶解,微溶于水或乙醇中,在三氯甲烷中极微溶解,不溶于乙醚。

研究表明,小檗碱具有抗氧化、抗炎、抗肿瘤、抗诱变和抗糖尿病等多种药理作用。小檗碱也具有一定的毒性,根据其含量、给药方式和给药对象的不同,可发生不同的毒理作用,如引起恶心、呕吐、流涎、腹泻、肌肉震颤、肠道出血性炎,严重者甚至导致死亡。据报道,小檗碱还有免疫毒性作用,可导致免疫细胞损伤和诱导凋亡。10mg/kg剂量的小檗碱可减少白细胞、中性粒细胞、淋巴细胞数量和减少脾脏重量,还可显著降低B细胞、T

细胞和脾脏的 $CD19^+$ B 细胞、$CD4^+$ 和 $CD8^+$ T 细胞的生成和分化。

小檗碱可通过提高谷丙转氨酶（ALT）和谷草转氨酶（AST）含量而明显损害肺和肝。小檗碱还可引起动脉粥样硬化、子宫收缩，可能还具有致畸作用。有研究表明，小檗碱可通过抑制乙酰胆碱酯酶、丁酰胆碱酯酶和单胺氧化酶的作用而发挥其毒性作用，从而引起组织细胞损伤[83]。

（2）博落回中的生物碱。博落回又名勃勒回，全草有毒，在我国多地皆有，主要分布在长江流域及其以南各省。国内外对于博落回的化学成分研究较早，目前已得到证实该植物的主要次生代谢产物为生物碱，以果实中含量最高。博落回中的生物碱成分主要为异喹啉类生物碱，其中主要为血根碱、白屈菜红碱、原阿片碱和别隐品碱[84]。

经研究，博落回中的生物碱具有抗炎抗菌、抗肿瘤和改善肝功能等药理作用，所以得到一定的开发应用。然而有研究发现，长期使用博落回及其提取物可导致肝肾毒性。这些生物碱主要作用于神经系统和心脏，以对心脏的毒性作用最强。光镜下可见心肌间质血管淤血，心肌内及心外膜下可见小灶性出血；电镜下可见心肌胞核染色质疏松边集，胞间连接松散，心肌纤维内可见肿胀和嵴模糊的线粒体，部分线粒体溶解消失。有研究显示，博落回中的生物碱可以破坏细胞膜，还可引起室性心律失常，心电图显示 T 波倒置，中毒者最后因心搏骤停而死亡[2]。

8. 其他类型的生物碱

除了以上说明的生物碱外，现实生活中还有许多类型的生物碱类毒素存在于各种植物中。

（1）南天竹中的生物碱。南天竹又名天竹子，常绿灌木，其果实、茎及根均有毒，其中根茎富含南天竹碱、氧-甲基南天竹碱，茎也含有南丁宁碱，果实含有氧-甲基南天竹碱和氰苷，服用过量均可致中毒。有研究表明，南天竹植物的总生物碱对离体与在体蛙的心脏跳动有一定的抑制作用，可使其停止在舒张期；南天竹碱和南丁宁碱除对横纹肌有直接麻痹作用，还可抑制或麻痹呼吸中枢；南丁宁碱属于原浆毒，对心肌及骨骼肌的作用相比于对中枢神经系统作用要强；氧-甲基南天竹碱对中枢神经系统有兴奋作用，可产生反射运动亢进及肌肉痉挛[85]。

（2）氨茶碱。该生物碱属咖啡因类生物碱，呈白色或略黄色粉末或颗粒，不溶于甲醇、乙醇、乙醚，熔点为 269 ~ 279℃。氨茶碱为茶碱和乙二胺的复合物，具有兴奋中枢神经系统的作用，且随剂量增加可依次作用于大脑皮质、延髓（呼吸中枢、心血管运动中枢及迷走神经中枢）及脊髓，使中枢神经系统由极度兴奋转为抑制，导致各器官系统功能障碍。氨茶碱对血管运动中枢及心肌具有兴奋作用，可引起心悸、血压下降，甚至因心室颤动和心搏骤停而死亡。氨茶碱还可引起肾功能损害、儿茶酚胺释放增加、血糖增高和血钾浓度降低等，从而产生中毒作用[2]。

(3)其他生物毒素。芸香科花椒属中两面针的根、叶及果实含有两面针碱、血根碱和白屈菜红碱等有毒成分,食用40g的鲜叶则会引起中毒。两面针碱还可抑制拓扑异构酶的作用,阻碍基因复制及转录,因而导致细胞凋亡。在体外实验中,血根碱及白屈菜红碱能够和DNA形成复合物,因此可能有基因毒性作用。

除此之外还存在许多生物碱具有不同的毒性作用,如千里光生物碱具有强烈的肝脏损伤作用;墨仙碱具有显著的致幻作用;而鬼臼毒素和墨碱均可专一性对细胞纺锤体造成毒害作用,使细胞有丝分裂终止和出现异常,造成细胞中毒性器官损伤。植物生物碱中毒的一般症状,主要有恶心、呕吐、神经兴奋、血压升高、呼吸加深、阵发性抽搐、机体痉挛及昏迷等[86]。

7.3.3 苷类毒素

7.3.3.1 苷类毒素的概述

苷或称配糖体,是由糖分子中的环状半缩醛的羟基和非糖部分苷元(配糖基)中的羟基脱水缩合而成的、具有环状缩醛结构的一类化合物。有些苷类化合物本身毒性较强,可直接造成机体中毒;而有些苷类则须在相应的酶作用下才能生成有毒苷元,引起机体中毒。

7.3.3.2 苷类毒素的分类

依据苷元不同的化学结构类型以及所生苷的生理活性,可将苷类毒素分为强心苷(如夹竹桃)、氰苷(如木薯、苦杏仁)、皂苷(木通)、黄酮苷及蒽苷等,其中强心苷、氰苷及皂苷有很强的毒性作用。氰苷是最常见的有毒苷类,一般存在于植物果仁和幼叶中,在豆科、蔷薇科、藜科、大戟科、虎耳草科、桃金娘科、亚麻科、禾本科、木樨科、忍冬科、紫葳科及水麦冬科等植物中含量较高。皂苷有特殊的溶血作用和刺激作用,在商陆科、姚金娘科、五加科、薯蓣科等植物中含量较高。黄酮苷具有多方面的生理效能,但多无毒性作用。

7.3.3.3 苷类毒素的毒性机制

苷类毒素常作用于心血管系统、中枢神经系统、呼吸系统及消化道系统等,引起心律失常、恶心呕吐、呼吸麻痹、孕妇流产等不良症状。但不同的苷类有不同的毒性作用,毒性作用的强度也有强弱。

1. 强心苷

强心苷是苷元中含有固醇核(甾核)的苷类,其17位碳原子连以一个不饱和内酯环,3位碳原子与糖分子相连。强心苷是一类具有选择性强心作用的药物,临床上主要用于治疗心功能不全,常用的有洋地黄苷、地高辛及去乙酰毛花苷丙等。强心苷仅分布于被子植物中,如夹竹桃科、百合科及毛茛科植物等。夹竹桃全株有毒。新鲜树皮的毒力比叶强，干燥后毒力减弱；花的毒力较弱。因花色不同，夹竹桃可分为黄花夹竹桃、红花夹竹桃（又名欧夹竹桃）及白花夹竹桃。黄花夹竹桃全株有毒，种子毒性最大，含黄夹苷丙、黄夹苷乙、黄夹次苷甲及黄夹次苷乙等，为国产强心药黄夹苷（强心灵）的原料，可供静脉注射或口服。红花夹竹桃和白花夹竹桃的主要强心成分为欧夹竹桃苷丙。

各种夹竹桃的毒性成分主要为强心苷类，它们所含强心苷类在胃、肠吸收较快，故作用出现迅速，可刺激胃肠和子宫平滑肌收缩，引起恶心、呕吐及流产等。强心苷被人体吸收后多分布在心肌及骨骼肌中，因其主要由肝微粒体酶代谢而排泄较慢。现认为 Na^+-K^+-ATP 酶系强心苷的受体，它是由 α 及 β 亚单位组成的一个二聚体。所有强心苷对心肌细胞膜上的 Na^+-K^+-ATP 酶都有选择性抑制作用，强心苷和酶结合过程中，α 亚单位的构象发生改变，酶活性下降，且有剂量－效应关系。当人体因夹竹桃引起中毒时，其心肌细胞膜上的 Na^+-K^+-ATP 酶被严重抑制，除引起 Na^+/Ca^{2+} 交换增加导致细胞内钙离子超负荷外，还使细胞内明显缺乏钠离子，导致心肌细胞自律性增高和传导速度改变，易引起各种心律失常。常见的心律失常如室性期前收缩、房性心动过速、结性心动过速、室性心动过速和心室纤颤等，可导致心脏停搏而死亡。

临床上常见的强心苷致死原因为心律失常，其中以心室纤颤引起者居多。房室传导阻滞除有强心苷对房室结的直接作用外，还与迷走神经的作用有关[2]。

2. 氰苷

氰苷是常见的有毒苷类，微苦，易溶于水，易被稀酸、酶催化分解。它在植物中分布颇广，一般存在于植物果仁和幼叶中，在豆科、蔷薇科、藜科、大戟科、虎耳草科、桃金娘科、亚麻科、禾本科、木樨科、忍冬科、紫葳科及水麦冬科等植物中含量较高。在植物中氰苷的分布部位和种类各有不同，常见的如存在于杏、李、桃和梅等核仁中的苦杏仁苷（amygdalin）以及高粱、燕麦及玉米等幼苗中的高粱苦苷（dhurrin）等。生氰化合物在高粱种子中含量很少，但是在高粱幼苗里含量丰富，故而高粱植株未长至 1m 高时是不能作为家畜饲料的。木薯的块根中也含有大量氰氢酸，食用前必须充分水浸并加热去除氢氰酸后方可食用，以避免发生中毒。

因氰苷结构中含有氰基（$-C\equiv N$），其水解可产生氰氢酸、醛、酮等。其中氢氰酸有显著的镇静止咳的效能，但同时氢氰酸又是一种剧毒物质，使用稍有过量就会引起中毒，可通过食入、吸入和透过皮肤而致毒，对人的最小致死剂量为 0.4～1mg/kg。氰苷导致的中毒机理是对中枢神经系统先兴奋后抑制，且其中的氰基易与细胞色素氧化酶中的铁结合，抑制呼吸酶活性，阻断细胞呼吸过程中的氧化与还原电子传递，细胞代谢因分子氧不能被激活而停止，从而发生细胞窒息，最后呼吸中枢麻痹导致机体死亡。

氰化物可致急性及慢性中毒。轻度中毒者出现恶心、呕吐、腹痛、头痛、心悸、头晕、嗜睡、无力等症状；中毒较重者则可出现呼吸先频促后缓慢而深长，面色苍白、出汗抽搐；

重度中毒者出现呼吸困难、躁动不安、瞳孔散大、对光反应迟钝或消失、昏迷或抽搐，最终因休克或呼吸循环衰竭而死亡[1]。

3. 皂苷

皂苷是苷元为三萜或螺旋甾烷类化合物的一类糖苷，因苷元的不同可分为三萜类皂苷和甾体类皂苷两种，皂苷因其在水中能产生大量类似于肥皂溶于水的持久的蜂窝状泡沫而得名。皂苷的这种变化，是由于它们的分子具有非极性和极性结构部分组合的缘故。皂苷是一种表面活性物质，在自然界中不易挥发或消失，广泛存在于多种生物体内。其中三萜类皂苷在自然界中分布较广，主要存在于双子叶植物中；而甾体皂苷则相反，在自然界中分布较少且主要存在于单子叶植物中。现在已知商陆科、桃金娘科、五加科及薯蓣科等植物中含有皂苷成分。

商陆毒素是一种原生质毒，对黏膜具有刺激性并有溶血作用，内服过多时可引起惊厥。商陆毒素中的皂苷可与胆甾醇结合生成不溶性分子复合物，破坏血红细胞的渗透性而发生崩解，有持殊的溶血作用和刺激作用，并且它对黏膜具有刺激作用，可利尿，但内服过量时会刺激胃肠道蠕动而引起腹泻。动物实验中将商陆毒素注射进动物体内时，能兴奋延脑运动中枢而引起四肢抽搐症状，还有兴奋呼吸中枢和血管中枢引起血压上升和兴奋迷走中枢而减慢心率的作用；商陆毒素的大剂量内服会引起神经中枢的麻痹导致呼吸运动障碍。商陆还可抑制心肌而引起传导障碍和血压下降，最终导致中毒者死于心肌麻痹。

皂苷对红细胞膜的破坏（溶血）机理尚不完全清楚，有研究发现皂苷可与存在于红细胞膜中的固醇相互作用并产生溶血反应，导致红细胞膜破裂、细胞通透性增加和血红蛋白丢失。人们还发现了另一种与溶血有关的皂苷中毒机制，即由于水分子进入细胞导致红细胞破裂和明显溶血，皂苷便和水通道及水通道蛋白之间发生广泛的相互作用，介导了红细胞膜通透性的增加。若孕妇多服皂苷，也会有流产的危险[87]。

7.3.4 酚及其衍生物类毒素

7.3.4.1 酚及其衍生物毒素概述

酚类化合物是植物的次生代谢物质之一，且种类繁多，某些植物体内的酚类化合物含量很高。较典型的酚类化合物有丹宁酸、水杨酸盐、伟藤酮、双香豆素和四氢大麻醇等。酚具有很大的急性毒性作用，食肉动物对酚比食草动物更为敏感。富含酚类化合物的植物有银杏、棉花、半夏、漆树和盐肤木等。酚可使氧化磷酸化作用发生解偶联，而聚合酚具有更大的脂溶性，其增加细胞膜通透性的作用更为明显。此外，酚还具有金属络合作用[88]。

7.3.4.2 酚及其衍生物毒素的毒性机制

1. 漆酚

漆酚为一种淡黄色油状有机化合物，具有致敏特性，沸点为200℃，可溶于乙醇、乙醚和苯。漆酚主要存在于漆树科植物中，如毒橡树、中国漆树、毒常春藤及毒漆等。漆树树干经切割后的渗出物即为生漆，其80%为粗漆酚，少量为氢化漆酚（两者均有毒性），此外生漆还含有儿茶酚树胶及氧化酶等。漆酚导致过敏反应的可能性和严重性，取决于其烃链的不饱和度。漆酚和氢化漆酚均可刺激皮肤和黏膜，并可迅速被机体吸收。

漆酚分子太小，不能直接激活免疫反应，所以漆酚被吸收后会被免疫系统的朗格汉斯巨细胞识别，然后这些细胞迁移至淋巴细胞，在这里它们将漆酚呈现给T淋巴细胞，而T淋巴细胞通过产生细胞因子从而引起机体症状以及皮肤的细胞毒性损伤。对生漆敏感者如不慎接触漆酚，仅0.001mg的纯漆酚或0.1mg的氢化漆酚即会导致皮肤过敏，引起瘙痒、疼痛、发烧等漆性皮炎症状；误食漆树皮和树叶可引起严重口腔炎、口腔黏膜糜烂、消化道溃疡、呕吐及腹泻，严重者则可发生中毒性肾病，出现尿蛋白、管型及红细胞等[88]。

2. 棉酚

棉酚是一种黄色多酚羟基双萘酚类化合物，主要存在于锦葵科植物棉花的叶、茎、根和种子中。棉酚是一种细胞原浆毒，对心、肝、肾等细胞及神经、血管以及生殖机能均有毒性，有明显的毒性蓄积作用。其最常见的毒性作用为体腔内产生积液以及心脏功能失调，死因一般归结为循环功能衰竭。棉籽中的棉酚含量最高，棉籽引发的中毒多因大量或长期进食粗制棉籽油及榨油后的棉籽饼所致。如果棉酚在棉籽加工过程中未被去除，动物食用后也会产生毒性，导致生长缓慢、食欲不良和体重下降。

棉酚会干扰镁离子代谢而使 Na^+-K^+-ATP 酶失活，影响钾的直接转运和细胞内外钠离子和钠离子的交换，加上肾小管酸中毒而导致肾性失钾，从而引起心律失常、心力衰竭、肌无力及肌麻痹。还可使凝血酶原的合成受到抑制，与铁络合而引起贫血。棉酚还能与蛋白质结合，从而不利于蛋白质的消化及其氨基酸的吸收。棉酚对生殖系统的作用部位主要在睾丸生精上皮，以精子细胞和精母细胞最为敏感；由于生精上皮遭到破坏，从而导致精子畸形、死亡，甚至导致无精症的发生[88]。

3. 其他酚类毒素

香豆素类化合物是酚类化合物中毒性最强的，广泛分布于伞形科、豆科、茄科和芸香料植物中。例如，双香豆素和香豆素具有抗凝血作用；呋喃并香豆素类化合物具有特殊的光敏性毒性，能直接吸收长波光，对细胞组织造成损害；四氢大麻酚类化合物是大麻中的致幻活性成分；丹宁会对人的肝和肾造成毒害[1-2]。

7.3.5 萜与内脂类毒素

7.3.5.1 萜与内酯类毒素概述及分类

萜类化合物在植物中广泛存在,是由萜骨架组成的各种衍生物,可以包括多种取代基、环化或不饱和结构。萜类化合物在植物中以树脂、苦味素、乳胶、精油及色素等多种形式存在,重要的毒萜类有倍半萜内酯、二萜及三萜毒素等。

倍半萜内酯化合物可引起过敏性接触性皮炎,也是一种细胞毒素,动物食用后有毒害作用甚至会引起死亡,这类化合物主要存在于菊科的500多种植物中。二萜化合物中的木藜芦毒素对心脏和神经系统有很强的毒性;佛波醇酯则有强烈的皮肤刺激作用,并对癌细胞有促生长作用,被称为"促癌剂",这两种毒素分别存在于杜鹃花科和大戟科中。三萜类以树脂、乳胶、角质及苦味素等多种形式存在,但重要有毒化合物很少。已知马鞭草科的有毒成分马缨丹烯,可造成肝坏死甚至致人死亡。

7.3.5.2 萜与内酯类毒素的毒性机制

1. 马桑属毒素

马桑属毒素属于倍半萜内酯类,主要存在于马桑科马桑属植物马桑中。马桑别名为毒空木、扶桑、醉鱼草等,主要分布于我国四川、云南、贵州及广西等地,其根、茎、叶、果均含有毒物质,尤以嫩叶及未成熟果实为甚,为剧毒成分。马桑果实和种子含有毒成分马桑毒素(马桑内酯)、羟基马桑毒素(吐丁内酯)、马桑亭及马桑宁等倍半萜内酯类物质,其中羟基马桑毒素为主要有毒成分。寄生在马桑上的植物(如马桑寄生、菟丝子),也会含有马桑类似的毒性成分。

在每年的5月至7月,马桑果实成熟,其色彩艳丽、味道甜美,马桑种子扁平又似山芝麻,所以常发生因误食马桑而导致中毒的事件。马桑中毒的潜伏期较短,一般在食用后1小时左右就出现症状,如恶心、呕吐、流涎、头晕、胸闷、乏力等。其中羟基马桑毒素和马桑毒素的化学结构式类似印防己毒素,其毒理作用也与印防己毒素相似,但马桑属毒素作用更为强烈且迅速,作用时间短。另外,马桑毒素比羟基马桑毒素吸收速度更快。马桑毒素被人误食进入体内从小肠吸收,若同时饮酒则会促进其进入体内,迅速引起毒性作用。

马桑属毒素中毒的毒性机制,主要是作用于中枢神经系统抑制性突触传导过程,阻断脑和脊髓中的γ-氨基丁酸对受体的作用。因其是γ-氨基丁酸受体拮抗剂,故具有兴奋大脑及延髓呼吸中枢、刺激血管运动中枢以及迷走神经中枢、增强脊髓反射的作用。因此,马桑导致中毒后可出现阵发性惊厥;严重时可使延髓呼吸中枢由兴奋转向抑制,最后死于呼吸衰竭。大剂量马桑毒素和羟基马桑毒素,可抑制心肌收缩。羟基马桑毒素还能刺激迷走神经,使唾液分泌增加。毒素吸收后大部分在体内迅速被解毒,故惊厥控制后其中毒症状可以较快改善[2]。

2. 莽草毒素

莽草毒素主要存在于木兰科八角属植物中(如莽草和红茴香),属于倍半萜内酯类,目前证实其蚊-氨基丁酸受体非竞争性拮抗剂。莽草的枝、叶、根、果均有毒,果实中尤其是果壳毒性最大。莽草果实的主要有毒成分是莽草毒素和新莽草毒素,其他成分有假莽草毒素、莽草酸、桉油脑及黄樟醚等。红茴香的根、皮及果实均有毒,自贵州产的红茴香果实中的毒性成分为莽草毒素。

莽草毒素引起的中毒,多因将其果误作八角食用而引起。人少量食入莽草果实,会产生头晕、恶心、呕吐等症状;大量食入则会导致四肢抽搐、口吐白沫等类似癫痫的症状发生。莽草毒素作为一种痉挛毒素,其毒理作用与印防己毒素相似,可直接刺激消化道黏膜,经消化道进入间脑、延髓,对延脑生命中枢有兴奋作用,大剂量也能作用于大脑及脊髓,先兴奋而后麻痹,使呼吸中枢和血管运动中枢功能失常而死亡。莽草毒素尚有毒蕈碱样作用,其引起的中毒症状主要为惊厥症状,类似癫痫。莽草毒素中毒的潜伏期和持续时间,都比印防己毒素长[1-2]。

3. 除虫菊酯类毒素

除虫菊酯类毒素是人们从菊科植物除虫菊中提取出的除虫菊酯类物质,为黄色油状物质,难溶于水,易溶于多种有机溶剂,对光、热及酸性物质较稳定,遇碱易分解,遇明火可燃烧。除虫菊酯类物质包含除虫菊酯Ⅰ和Ⅱ、瓜菊酯Ⅰ和Ⅱ、茉莉菊酯Ⅰ和Ⅱ,其中除虫菊酯Ⅰ和Ⅱ的杀虫作用最为强烈。因除虫菊酯类物质具有非常好的杀虫作用,所以常人工合成其结构类似物——拟除虫菊酯类物质[2]。在当今世界,拟除虫菊酯杀虫剂被广泛应用,因此它对人类的日常生活产生了严重的影响。

按其结构有无α-氰基,常将拟除虫菊酯类分为不含α-氰基的Ⅰ型和含α-氰基的Ⅱ型,其中Ⅱ型的杀虫作用较Ⅰ型强(约为Ⅰ型的10倍),对哺乳动物的毒性也更大,大量的中毒案件与Ⅱ型相关。

除虫菊酯类物质,可经呼吸道、皮肤及胃肠道进入机体,并迅速分布于全身各组织器官,其中以中枢神经含量最高。Ⅱ型拟除虫菊酯类中α-氰基会长时间在胃内停留,并形成硫氰酸盐。但是拟除虫菊酯类物质的杀虫作用机制尚未得到明确的解释。有研究称,拟除虫菊酯类物质可作用于昆虫及哺乳动物的神经细胞膜上的钠离子通道,致使神经系统的电信号传导发生障碍而发挥其神经毒性作用。该钠离子通道的毒性作用特点,为低剂量的激活作用以及高剂量的抑制作用。

除此之外,除虫菊酯类物质还对神经细胞内钙、肌醇磷脂系统和离子通道都有影响作用,可通过影响神经轴突以干扰神经细胞钠离子通道功能,阻滞神经传导,导致肌肉痉挛。另外,拟除虫菊酯类物质对男性的生殖系统具有较强的毒性作用,会影响到精子的质量、损伤精子的 DNA 并导致生殖激素水平发生紊乱。还有研究显示，拟除虫菊酯物质对免疫系统的保护有抵抗作用，可能会造成淋巴结和脾脏损伤。此外，除虫菊酯类物质不仅具有神经毒性作用，还可导致新生儿神经障碍，使其在成年后生活和学习都产生困难[89]。

4. 马缨丹烯

马缨丹烯是马鞭草科马缨丹属植物马缨丹的毒性成分，为五环三萜类化合物。马缨丹又名五色梅，花有清热止血的效果，叶可以消肿解毒、祛风止痒，根能消热泻火、解毒消结，所以常作为中药。马缨丹的叶和未成熟果实都具有毒性，其主要毒性成分为马缨丹烯 A 和 B，用量过多则会引起机体中毒。至今，马缨丹烯的毒性作用机制仍然不明确，有研究表明，其毒性机制主要是通过肝毒性以及肝内胆汁淤积而发挥作用[90]。

7.3.6 毒蛋白、多肽及氨基酸类毒素

7.3.6.1 毒蛋白、多肽及氨基酸类毒素概述

一些能使人中毒的植物含毒性蛋白质（或酶）、多肽和氨基酸，它们主要存在于豆科和大戟科植物中，如槲寄生毒素、蓖麻毒素、相思子毒素、刺槐毒素、巴豆毒素及大豆凝血素等，其中以相思子毒素和蓖麻毒素毒性最强。这些毒素均属于Ⅱ型核糖体失活蛋白组的成员，其组成结构有蛋白二聚体，由一条 A 链与 B 链通过一个二硫键连接而构成；B 链的作用是促进 A 链发生内化，然后通过抑制蛋白质的合成而发挥其毒性作用，最终导致细胞死亡。例如，槲寄生毒素是一种大分子量的毒肽，为细胞毒素。大豆凝血素（soybean agglutinin）可使红细胞发生凝集，还有促进人血淋巴细胞有丝分裂的作用[1-2]。

7.3.6.2 毒性作用机制

1. 蓖麻毒素

蓖麻毒素是一种高毒性的化合物，是已知最毒的植物蛋白质，具有两条肽链。它主要存在于蓖麻籽中。蓖麻籽的主要有毒成分为蓖麻毒蛋白（蓖麻毒素）及蓖麻碱。蓖麻毒素是一种球蛋白，约占蓖麻蛋白的 5%，是一种Ⅱ型异二聚体核糖体失活蛋白，由两条肽链所组成。一种外源性凝集素构成 B 链，可与细胞表面糖蛋白上的半乳糖相结合并促进毒素进入细胞；A 链可通过移除 28S rRNA 的一个腺嘌呤，致使核糖体失活，从而使蛋白质的合成受到抑制。A 链和 B 链之间通过一个二硫键连接，B 链对 A 链发挥毒性作用有促进作用，并且其二硫键的还原裂解对毒素发挥毒性作用具有重要的作用。蓖麻毒素 A、B 链上还分别含有 1 个和 2 个糖支链，链末端均有甘露糖残基，可以和网状内皮细胞特别是巨噬细胞结合。

蓖麻毒素作为被列为生物武器的植物源性毒素之一，常被国际危险分子用于做毒素战剂武器进行暗杀或破坏；也见于污染水源或食物而导致中毒。蓖麻毒素已分出三种，

即蓖麻毒蛋白 D、酸性蓖麻毒蛋白及碱性蓖麻毒蛋白。该毒素易损伤肝肾等实质器官，使其发生出血、变性坏死等病变，还可凝集和溶解红细胞，引起中毒性肝病、肾病、出血性胃肠炎、小血管栓塞，抑制麻痹心血管和呼吸中枢而导致死亡。蓖麻毒素是一种细胞原浆毒，当毒素进入体内，A、B 链则会分开，分别发挥各自的毒性作用，使核糖体失活，抑制蛋白质的合成，最终导致细胞死亡。还有研究发现，B 链上的半乳糖结合位点也参与了蓖麻毒素的体内毒性，蓖麻毒素还可诱导细胞因子损伤。目前多数认为是通过刺激淋巴样细胞产生的，主要为巨噬细胞和肝脏库普弗细胞，因为这些细胞表面含有甘露糖受体，可与蓖麻毒素分子中的 3 个末端甘露糖残基特异性结合而优先被摄取，其具体的诱导机制还需进一步探讨[91]。

此外，蓖麻毒素与巨噬细胞的相互作用，不仅可以诱导细胞免疫，还可诱导产生自由基和活性氧，引起脂质过氧化作用，但其引起体内氧化损伤的机理还需进行更深的探讨。蓖麻毒素还可诱导细胞凋亡，但其具体的机制与它们抑制蛋白质的合成作用并无关联，而是与其升高细胞内的三磷酸肌醇水平有关。有报道称，蓖麻毒素的抗吞噬细胞作用可能直接导致了 DNA 的断裂并诱导细胞凋亡[56]。

2. 相思子毒素

相思子毒素是豆科植物相思子的树上含有的一种蛋白质毒素，在相思子中含量约为 0.19%，分子量为 60000～65000，为微黄色无定型粉末，易溶于水、氯化钠和甘油，不耐热。相思子毒素具有极强的细胞毒性作用，其毒性是蓖麻毒素的 75 倍，与蓖麻毒素同为Ⅱ型核糖体失活蛋白家族成员，也被列为生物武器重点核查清单。相思子毒素具有与蓖麻毒素相似的双链结构和作用机制，也由两条肽链组成，A 链由 264 个氨基酸组成，是一种 RNA N－糖苷酶，可以去除核糖体 RNA 的普遍保守的 α－八叠球菌环上的嘌呤，并且现今已经研究出 A 链只针对真核细胞的核糖体脱嘌呤，尤其是哺乳动物的核糖体；B 链由 288 个氨基酸组成，参与毒素在细胞中的结合和运输。

相思子毒素导致的中毒，常见于误食相思子或将其用作堕胎药而引起的中毒。相思子的种子可导致心、肺、肾、胃及小肠出血。相思子毒素是一种通过不可逆灭活核糖体抑制蛋白质合成的糖蛋白毒素，属于一种细胞毒素。该细胞毒素会结合细胞表面含半乳糖的糖脂而进入到细胞后作用于核糖体，水解核糖体 28S 第 4342 位腺苷酸的 N－C 糖苷键，催化 28S rRNA 上的 A4324 残基脱嘌呤并使其失活，从而使蛋白质的合成受到抑制，最终导致细胞死亡，引起人畜中毒。动物食入该毒素后能引起细胞核破裂和组织、器官坏死；相思子毒蛋白中的所谓球蛋白毒性最为强烈，对胃肠有强烈的刺激作用，从而引起强烈的炎症改变[92]。

3. 天花粉蛋白

天花粉蛋白来自葫芦科植物栝楼的根，是我国特有的中期引产药。其所含抗原性较强的植物蛋白为4种以上蛋白质的混合物,进入机体后可产生特异性抗体,使人体发生过敏反应甚至死亡。大量动物实验证明,天花粉蛋白能损害胎盘绒毛合体滋养层细胞,使之发生凝固性坏死,胎盘功能丧失,最终胎儿死亡。胎盘滋养层细胞失去内分泌功能后,能促进前列腺素释放,引起子宫收缩而流产。此外,胎盘绒毛滋养层细胞坏死可促进大量纤维蛋白沉着于胎盘,引起纤维蛋白溶解等凝血机制障碍,故可致机体广泛性出血。天花粉亦可引起心、肝、肾等实质器官损害[93]。

7.3.7 其他有毒化合物

豆薯子为豆薯的种子,主要含有鱼藤酮和类鱼藤酮、异毛鱼藤酮及豆薯藤等,其化学性质相似。豆薯子可作为植物性杀虫剂,其主要的有毒成分鱼藤酮对鱼和昆虫毒性很大,对人的毒性很小,如内服一定量也可导致中毒甚至死亡。鱼藤酮还是一种神经毒素,主要兴奋延脑中枢,能引起中毒者呼吸中枢兴奋,继而致呼吸中枢及血管运动中枢麻痹,最后因呼吸中枢衰竭导致中毒者死亡。鱼藤酮对胃肠局部刺激作用也较强,可致中毒者呕吐、腹泻[1-2]。

某些植物油含有一些特异性脂肪酸,当食用这种油类后其特异性脂肪酸可干扰动物的代谢过程:①油菜籽和芥子中含有芥子酸,这种芥子酸能致心肌炎。②锦葵目植株的油中含有被称为“环丙烯”的不饱和脂肪酸,这种不饱和脂肪酸是动物肝脏中微粒体脂肪酸去饱和酶的强效抑制剂,过量摄入可能有致死性作用。③蓖麻中的蓖麻油酸(ricinoleic acid)和梧桐中的苹婆酸(sterculic acid)等,也有一定的毒性作用。④十字花科中的花椰菜、汤菜以及辣根、芥子等植物中,含有一类称为“芥子油苷”的含硫化合物。芥子油苷能在动物体内转化为硫代氰酸盐和异硫代氰酸盐,这种化合物可抑制甲状腺对碘的吸收,降低甲状腺素过氧物酶的活性,并阻碍需要游离碘的反应。当组织中的碘源耗尽时,甲状腺素的分泌会因为缺乏碘而导致再合成速度减慢,这时甲状腺释放激素的分泌水平会增高,刺激垂体合成和释放促甲状腺激素,从而造成甲状腺肿大。

当过量施肥后,植物会产生大量的硝酸盐和亚硝酸盐。硝酸盐的毒性不大,但可还原成毒性很强的亚硝酸盐。当这些物质摄入机体的量过多,就能造成亚硝酸盐中毒。亚硝酸盐可将血红蛋白中的亚铁离子氧化为并形成正铁血红蛋白,因正铁血红蛋白不能接受氧分子,血液氧化不全,导致低氧症。硝酸盐还可通过干扰甲状腺对碘的吸收,影响某些动物的甲状腺功能。另外,硝酸盐、亚硝酸盐在某些情况下还对维生素A具有某种破坏作用。

人食用过多含草酸的植物也会产生一定的毒性。含草酸量高的如藜科、天南星科及蓼科大黄属的许多植物,能引起人体局部刺激作用和全身性中毒。草酸本身很少引起中毒,但若结合成草酸盐进入体循环后,可对机体可产生三方面的毒性影响:①草酸盐与钙离子结合,会形成不溶性的草酸钙,导致功能性的血钙含量。草酸钙导致的急性中毒可引起抽搐;长期摄入低剂量,则表现骨生长不良或产乳量下降。②草酸盐可在血管中结晶并渗入血管壁,引起血管坏死导致出血。③由于不溶解的草酸钙充满肾小管,引起肾小管堵塞和坏死,造成无尿、尿毒症和电解质紊乱[2]。

7.4　动、植物毒素的生物安全防控

当今在自然界中能产生生物毒素的生物种类各式各样,导致生物毒素的种类也日益繁多(例如不同的动物、植物以及病原微生物等均可产生不同的生物毒素)。因此,生物毒素的安全性问题不容小觑,其相关研究已成为一个重要的研究课题,对于有毒生物以及生物毒素的安全防控问题也就变得十分重要,它已成为世界性的亟待解决的课题。

7.4.1　动、植物毒素的实验室生物安全防控

近几年来,因意外接触生物毒素而引发中毒及利用生物毒素进行投毒伤害他人的案件频繁出现,其中不乏动、植物毒素相关的案例,这已引起了社会的恐慌以及高度的关注。如今对于动、植物毒素的研究日益加深,但长期以来我国对于相关实验室生物安全防控方面还缺乏完整的指导原则和操作规范,生物医学实验室中对于动、植物毒素的监管措施还亟待落实[94]。

7.4.1.1　动、植物毒素的实验室生物安全评估

生物安全实验室是开展科研工作的必备场所。目前实验室生物安全有两大核心问题,即生物安全风险评估和风险的控制。其中,风险评估在确定实验室的生物安全水平方面起到了关键性作用。

世界卫生组织规定,在建设实验室和开展实验活动之前,需组织各方面的相关专家对实验过程中有可能出现的生物因子的危害程度、实验的危险度、防护措施的安全度以及应急方案的有效度等因素进行全方位的评估,以确定其所需的安全防控的实验室等级。对于生物毒素的安全性评估,事实上也是顺应时代的变化而变化,与最新的科学进展相结合,在科技不断发展的过程中不断地更新和完善。

在进行生物毒素相关实验之前进行安全性评估,有助于降低和预防实验过程中存在的潜在危险,可以尽可能地保护科研人员的人身安全。关于动、植物毒素的实验操作风险评估更是必不可少的,因为其本身就具有特殊性和唯一性,需要我们采取科学的操作方法去减少操作过程中可能产生的各种危害。同时,实验室操作的风险评估需要科研人员和生物安全的专业人员同心协力去完成。

实验室操作风险评估主要包括六方面内容。①实验操作过程所带来的固有风险评估:比如液态毒素的意外喷溅、粉剂的静电堆积及所产生气溶胶的意外吸入等;②实验操

作所需的毒素总量评估:比如毒物中毒剂量和致死剂量的评估、毒性后果的有效预防和评估,以及是否能够安全有效地快速获得相应的抗毒素和疫苗;③相关操作人员是否受到正规完整的培训,操作能力和经验如何;④是否做好最危险事故的预测及处理预案;⑤是否做好事故记录,即在实验过程中曾经发生的事故的所有记录及紧急处理(包括计算事故的发生率),这可为今后的安全防范和科学研究奠定基础;⑥安全设备的获得及其效果评估:包括相应防护等级的生物安全实验室选择及其效果评估。

在实验过程中出现一定的生物安全风险并需做出相应的风险评估时,并非意味着整个实验过程的结束,这时需要与工作人员、管理人员以及受此项实验影响的技术部门进行沟通。在某些必要的情况下,还需向包括实验室之外的地方公众进行沟通。对于生物安全风险的评估,需要进行全面的分析和考虑,让实验的危险性降到最低,或者做到完全防控。

7.4.1.2 动、植物毒素的实验室生物安全管理

对于特殊管制的动、植物毒素,其登记报告、安全操作、使用、储存、毒素的有效跟踪及保密等,都要按照制定的相应规章制度和法律法规去执行,以确保管制毒素不被滥用。当实验室以及科研人员需要的毒素剂量超过实验室最大许可剂量,就需要得到相应管理部门的许可,并对毒素进行严格的监管和记录。相关科研操作人员,要在取得相应资格证书并接受科研培训的基础上,遵守实验室管理制度以及对于毒素的使用条例,加强紧急状况下的自救和救助培训的学习,进行信任度和任职资格的系统审查。

进行动、植物毒素的相关科研实验时,操作人员要有良好的操作规范,并注意个人防护。在设计操作方案时,应在不影响实验结果的情况下进行,所使用的毒素剂量尽可能在安全范围之内,以避免对实验人员及周围环境造成损害。在实验结束后,要对工作环境进行彻底的清洁和消杀,以确保实验遗留的或者新产生出来的有毒物质不会对人体产生严重的损害。对于不同的毒素、机体、设备以及工作区,都有不同的清洁方法和规范标准,要注意选择合理的消杀方法,以确保消毒的有效性。对于毒素实验室进出的人员要有严格的“人员进出”要求,严禁不相关的他人进入实验室,若确因工作需要必须进入时,必须得到相关部门的进出许可和正确的安全培训。

7.4.1.3 生物毒素实验室的安全保卫与销毁程序

在进行动、植物生物实验时不可懈怠,要坚持“安全第一,预防为主”的原则,软硬件并重。当今人类对于动、植物毒素的研究还未彻底,所以还要不断地更新相关知识,对动、植物毒素的生物安全防控工作尽自己最大的努力。

①生物毒素实验室要设置严格的安全系统,以实时监测毒素贮存以及与毒素有关的一系列因素。②对于生物毒素的销毁,需要有专家的指导和严格的销毁程序、记录以及工作人员的见证,销毁过程中要有适宜的安全设备和个人防护装备。③应当建立应急预

案及紧急情况的应对措施：对于生物毒素实验，我们必须要根据不同的实验操作、毒素类型和配套设施等，制订相应的应急预案和应对措施，以确保生物实验的安全；在进行生物毒素实验之前，实验室必须备全医疗物品和安全设备，保持通信设备的畅通；实验操作过程中若有意外发生，操作人员需立即转移至未污染区域，保证第一时间能做到"自救"和"求救"；救援人员也应做好个人防护，避免自己受到有毒物质的侵害。④要制订健全的实验室事故报告制度。

7.4.2 日常生活中动、植物毒素的生物安全防控

在日常生活中，对于动、植物毒素的安全防控要做到以下方面。

首先，要加强宣传教育，普及科学知识。针对常见的、易引起中毒的有毒动、植物，广泛开展宣传教育活动，并结合实际情况制订相应的宣传方案，进行多种形式的宣传和相关科学知识的普及，让广大人民群众充分了解和掌握有毒动、植物的种类和识别方法。对富含生物毒素的动、植物进行毒性机制、中毒途径、中毒症状、中毒诊断以及中毒治疗等研究，明确各类生物毒素伤害的防治要点与措施。要告诫人们自觉远离有毒动、植物及其所产生的生物毒素。特别是对于那些异地旅游的游客，需要着重对他们进行相关宣传教育，以让他们充分对当地的有毒动、植物加以了解，做好生物安全的防控工作。

其次，针对可食用的动、植物，要做好生物安全预防并加强个人防护。有毒动、植物生物毒素的危害主要在于误食和误用，因此其预防工作是防止因有毒动、植物毒素引起机体危害的关键所在。对于从事与动、植物有关工作的从业人员，要加强个人的防护，避免有毒动、植物所产生的有毒成分对自己造成损害。相关应配备必需的劳动保护工具，随身携带急救器械和药品，加强医学防护。

最后，要知晓中毒事故的处理办法、健全管理制度。一经发现因食用有毒动、植物而发生食物中毒的情况，应立即严格按照相应的中毒事故处理办法的有关规定和程序进行处理。在进行相应急救的同时，还需积极向上一级的急救中心求助。要在全国各地区都建立动、植物中毒的医疗救护中心，以快速应对动、植物中毒的各类事件。对于有剧毒的生物毒素需有专人保管，并标明毒素的相关信息，并标记有"剧毒"字样的生物标志，避免他人误拿、误触和误食。

（钟树荣）

参考文献

[1] 王景林. 生物毒素学[M]. 北京：科学出版社，2021.

[2] 刘良. 法医毒理学[M]. 5版. 北京：人民卫生出版社，2016.

[3] P. 戈帕拉克里希纳康内. 生物毒素与生物威胁[M]. 北京：化学工业出版社，2020.

[4] YU C, YU H, LI P. Highlights of animal venom research on the geographical variations of toxin components, toxicities and envenomation therapy[J]. international journal of biological macromolecules. 2020,165(Pt B):2994 – 3006.
[5] 于孟娇,班智慧,付文波. 常见植物毒素及其检验方法[J]. 安徽农学通报,2021,27(13):40 – 42.
[6] DANIELEWICZ N,ROSATO F, DAI W Y, et al. Microbial carbohydrate – binding toxins – From etiology to biotechnological application[J]. Biotechnol Adv. , 2022, 59:107951.
[7] 顾向荣. 动、植物毒素对人的危害现状与对策[J]. 中国全科医学,2006(13):1084 – 1086.
[8] ZULIANI J P, SOARES A M. Toxins of animal venoms and inhibitors[J]. Current Medicinal Chemistry. 2019,19(22):1950 – 1951.
[9] POPOFF M R, FAURE G, LEGOUT S, et al. Animal toxins: a historical outlook at the institut pasteur of paris[J]. Toxins(Basel), 2023,15(7):462.
[10] BAUER M. Editorial: Interplay between toxicants, natural toxins, and the immune system in animal models[J]. Frontiers in Immunology,2023,14:1186300.
[11] SEIFERT S A, ARMITAGE J O, SANCHEZ E E. Snake envenomation[J]. New England Journal of Medicine, 2022,386(1):68 – 78.
[12] BOLT H M. New aspects in snake venom toxicology[J]. Archives of Toxicology, 2021, 95(6):1865 – 1866.
[13] AVELLA I, WUSTER W, LUISELLI L, et al. Toxic habits: an analysis of general trends and biases in snake venom research[J]. Toxins(Basel), 2022,14(12):884.
[14] 叶华谷. 中国药用植物:第 5 辑[M]. 北京:化学工业出版社,2018.
[15] 沈敏,向平. 法医毒物学手册[M]. 北京:科学出版社,2012.
[16] ANDREAS A, VERENA K, SHADEN K,et al. Apitoxin and its components against cancer, neurodegeneration and rheumatoid arthritis: limitations and possibilities[J]. Toxins (Basel), 2020, 12(2):66.
[17] ERASTO D, AMEER K, MOISES C, et al. Scorpion venoms and associated toxins as anticancer agents: update on their application and mechanism of action[J]. J Appl Toxicol, 2020, 40(10):1310 – 1324.
[18] NABIL A A, USAMA A F, SHAIMAA M B E, et al. Scorpion venom – functionalized quercetin phytosomes for breast cancer management: in vitro response surface optimization and anticancer activity against MCF – 7 Cells[J]. Polymers (Basel), 2021, 14

(1):93.

[19] 范红波,黄欣媛.蝎毒多肽的抗肿瘤作用机制[J].湖北工程学院学报,2021,41(6):42-46.

[20] 胡延星,李亚梅,杜义博,等.蛇毒抗肿瘤活性成分的研究进展[J].河北师范大学学报(自然科学版),2021,45(5):522-529.

[21] OMIDKHODA S F, RAZAVI B M, HOSSEINZADEH H. Protective effects of ginkgo biloba l. against natural toxins, chemical toxicities, and radiation: a comprehensive review[J]. Phytother Res, 2019 , 33(11):2821-2840.

[22] KRELING V, FALCONE FH, KEHRENBERG C, et al. Campylobacter sp. : pathogenicity factors and prevention methods - new molecular targets for innovative antivirulence drugs[J]. Appl Microbiol Biotechnol, 2020, 104(24):10409-10436.

[23] 宋思扬,左正宏.生物技术概论[M].北京:科学出版社,2020.

[24] SEIFERT S A, ARMITAGE J O, SANCHEZ E E. Snake envenomation[J]. New England Journal of Medicine, 2022,386(1):68-78.

[25] 秦正红.眼镜蛇神经毒素:基础和临床[M].北京:科学出版社,2022.

[26] ZHONG S, WU J, CUI Y, et al. Vascular endothelial growth factor from Trimeresurus jerdonii venom specifically binds to VEGFR-2[J]. Biochimie, 2015,116:1-7.

[27] ZHONG S R, JIN Y, WU J B, et al. Characterization and molecular cloning of dabocetin, a potent antiplatelet C-type lectin-like protein from Daboia russellii siamensis venom[J]. Toxicon, 2006,47(1):104-12.

[28] ULLAH A, MASOOD R, ALI I, et al. Thrombin-like enzymes from snake venom: Structural characterization and mechanism of action[J]. Int J Biol Macromol, 2018, 114:788-811.

[29] MOORE G W. Snake Venoms in Diagnostic Hemostasis and Thrombosis[J]. Seminars in Thrombosis and Hemostasis,2022,48(2):145-160.

[30] HUANG J, SONG W, HUA H, et al. Antithrombotic and anticoagulant effects of a novel protein isolated from the venom of the Deinagkistrodon acutus snake[J]. Biomed Pharmacother, 2021,138:111527.

[31] THUMTECHO S, TANGTRONGCHITR T, SRISUMA S, et al. Hematotoxic Manifestations and Management of Green Pit Viper Bites in Thailand[J]. Ther Clin Risk Manag, 2020,16:695-704.

[32] ULLAH A, MASOOD R, ALI I, et al. Thrombin – like enzymes from snake venom: Structural characterization and mechanism of action[J]. International Journal of Biological Macromolecules, 2018,114:788 – 811.

[33] ZHONG S R, JIN Y, WU J B, et al. Purification and characterization of a new L – amino acid oxidase from Daboia russellii siamensis venom[J]. Toxicon, 2009,54(6): 763 – 71.

[34] JONES L, HARRIS R J, FRY B G. Not goanna get me: mutations in the savannah monitor lizard (varanus exanthematicus) nicotinic acetylcholine receptor confer reduced susceptibility to sympatric cobra venoms[J]. Neurotoxicity Research, 2021,39(4): 1116 – 1122.

[35] YOUNGMAN N J, LLINAS J, FRY B G. Evidence for resistance to coagulotoxic effects of australian elapid snake venoms by sympatric prey (blue tongue skinks) but not by predators (monitor lizards) [J]. Toxins (Basel), 2021,13(9):590.

[36] CHERNIACK E P, GOVORUSHKO S. To bee or not to bee: The potential efficacy and safety of bee venom acupuncture in humans[J]. Toxicon, 2018, 154:74 – 78.

[37] KHALIL A, ELESAWY BH, ALI TM, et al. Bee Venom: From Venom to Drug[J]. Molecules, 2021, 26(16):4941.

[38] ABU – ZEID E H, KHALIFA B A, ELEWA Y, et al. Bee venom apis mellifera lamarckii rescues blood brain barrier damage and neurobehavioral changes induced by methyl mercury via regulating tight junction proteins expression in rat cerebellum[J]. Food Chemistry Toxicol, 2021,154:112309.

[39] 赵亚华,李日清,张微,等.蜂毒肽的溶血作用与红细胞膜上两种酶活性变化的关系(英文)[J].中国生物化学与分子生物学报,2008(6):522 – 530.

[40] UZIR B, BINT – E – IRSHAD S, KHAN B, et al. Scorpion venom peptides as a potential source for human drug candidates[J]. Protein Pept Lett, 2018, 25(7):702 – 708.

[41] WU X F, LI C, YANG G, et al. Scorpion venom heat – resistant peptide attenuates microglia activation and neuroinflammation [J]. Frontiers in Pharmacology, 2021, 12:704715.

[42] BAHLOUL M, SOUISSI B, TURKI O, et al. Evidence of direct toxicological effects of scorpion venom on central nervous system in tunisian children[J]. Case Rep Crit Care, 2018:8304375.

[43] ROMERO – IMBACHI M R, CUPITRA N, NGEL K, et al. Centruroides margaritatus scorpion complete venom exerts cardiovascular effects through alpha – 1 adrenergic receptors[J]. Comp Biochem Physiol C Toxicol Pharmacol, 2021, 240:108939.

[44] HAN Y, KAMAU P M, LAI R, et al. Bioactive peptides and proteins from centipede venoms[J]. Molecules, 2022,27(14):4423.

[45] 梁宋平,张云. 中国动物多肽毒素[M]. 北京:科学出版社,2016.

[46] WANG G, DONG J, DDENG L. Overview of cantharidin and its analogues[J]. Curr Med Chem, 2018, 25(17):2034 – 2044.

[47] 曹振宇,董颖. 蟾蜍毒素研究进展[J]. 刑事技术,2023.0047.

[48] OLIVEIRA R S, LEAL A P, OGATA B, et al. Mechanism of rhinella icterica (spix, 1824) toad poisoning using in vitro neurobiological preparations[J]. Neurotoxicology, 2018, 65:264 – 271.

[49] TRAKULSRICHAI S, CHUMVANICHAYA K, SRIAPHA C, et al. Toad poisoning: clinical characteristics and outcomes [J]. Therapeutics Clinical Risk Management, 2020,16:1235 – 1241.

[50] BUCCIARELL, G M, ALSALEK F, KATS L B, et al. Toxic relationships and arms – race coevolution revisited[J]. Annual review of animal biosciences, 2022, 10:63 – 80.

[51] 张黎明. 有毒与危险海洋生物[M]. 北京:科学出版社,2019.

[52] COSTA P R, MARQUES A, DIOGENE J. Marine biotoxins and seafood poisoning[J]. Toxins (Basel), 2019,11(10):558.

[53] 王琦,樊莉,卢光照,等. 河豚毒素的药用研究进展[J]. 药学实践与服务,2023,41(5):273 – 276,328.

[54] 吴赟,曹锟,张广献. 4 种 α – 芋螺毒素来源多肽合成及功能鉴定[J]. 广东医科大学学报,2021,39(3):253 – 258.

[55] 王光明,徐洁. 海洋聚醚类毒素的现代研究进展[J]. 现代食品与药品杂志,2007(2):18 – 20.

[56] 许莹,董胜男,张青阳,等. 植物毒素 thaxtomins 生物合成及其分子调控研究进展[J]. 微生物学通报,2023,50(3):1281 – 1290.

[57] 孟紫强. 现代环境毒理学[M]. 北京:中国环境科学出版社,2015:352 – 354.

[58] GOPALAKRISHNAKONE P, MOOD M B, LIEWELLYN L, 等. 生物毒素与生物威胁[M]. 丁晓琴,李铁虎,夏治强,等,译. 北京:化学工业出版社,2020:120,245 –

246,296.

[59] REN Z, ZHANG H, WANG Z, et al. Progress in immunoassays of toxic alkaloids in plant-derived medicines: a review[J]. Toxins (Basel),2022,14(3):165.

[60] 卢善发. 药用植物品质生物学[M]. 北京:科学出版社,2019.

[61] 刘小宇,薛斐. 天然药物化学课程中生物碱章节教学的实践与思考[J]. 科教导刊,2020(36):157-158.

[62] 汤春红,肖雪,段海真,等. 乌头碱致中枢神经毒性机制的研究进展[J]. 广西医学,2018,40(20):2448-2451.

[63] 王世红,陈安宝,李芳. 乌头碱中毒心脏毒性的分子机制研究进展[J]. 西北药学杂志,2020,35(6):972-975.

[64] 张昊培,陈学国,姜利民,等. 钩吻毒性与成分检验研究进展[J]. 福建分析测试,2020,29(6):16-20.

[65] 孙铭学,徐庆强,孟文琪,等. 钩吻药理及毒理机制研究进展[J]. 毒理学杂志,2020,34(4):336-341.

[66] AL-RASHED S, BAKER A, AHMAD S S, et al. Vincamine, a safe natural alkaloid, represents a novel anticancer agent[J]. Bioorganic Chemistry, 2021,107:104626.

[67] 杨莹莹,张广晶,张舒媛,等. 长春花药理作用研究进展[J]. 西部中医药,2014,27(10):170-172.

[68] 谢阳,伍淳操,杨宗发,等. 马钱子药理和毒性机制的研究进展[J]. 华西药学杂志,2022,37(1):102-107.

[69] 李国璋,张超,李泽. 番木鳖碱与马钱子碱的药理活性分析[J]. 名医,2018(3):147.

[70] RYAN S N, WARREN L, ELIZABETH S S. Discovery and engineering of colchicine alkaloid biosynthesis[J]. Nature,2020, 584(7819), 148-153.

[71] GUO X, CHEN Y, LI Q, et al. Studies on hepatotoxicity and toxicokinetics of colchicine[J]. Journal of Biochemical and Molecular Toxicology, 2019,33(9):e22366.

[72] 张文静,郭桂明,范铮,等. 麻黄及其提取物的应用安全性研究十年概述[J]. 环球中医药,2021,14(1):173-178.

[73] 秦丽. 对中药麻黄的质量、成分、药理以及毒性方面的认识和体会[J]. 海峡药学,2018,30(3):13-15.

[74] 叶晓滨. 麻黄常用药对化学成分与药理作用的研究进展[J]. 中医研究,2021,34(3):57-62.

[75] 李艳,苗明三. 益母草药理作用研究进展[J]. 中华中医药学刊,2023,41(5):102-106.

[76] 蒲里沙,张丽叶,杨劲松. 可卡因滥用对心血管系统作用的研究进展[J]. 微循环学杂志,2023,33(2):116-121.

[77] KYLE M KAMPMAN. The treatment of cocaine use disorder[J]. Science advances, 2019, 5(10):1532.

[78] 李翔. 曼陀罗花药理和毒理学的研究进展[J]. 现代商贸工业,2019,40(35):77-78.

[79] 尼玛曲珍. 如何认识烟碱及烟碱的直接危害[J]. 西藏科技,2010(12):19-20.

[80] 尹明松,潘飞兵,郭建行,等. 槟榔化学成分及生物活性研究进展[J]. 食品研究与开发,2021,42(15):219-224.

[81] 宋文娟,顾伟. 龙葵药理学研究进展[J]. 世界科学技术:中医药现代化,2018,20(2):304-308.

[82] 吴文龙,王权成,孟强,等. 小檗碱对肝癌细胞活性与增殖能力的影响及其机制[J]. 解放军医学杂志,2023,48(6):653-662.

[83] SINGH N,SHARMA B. Toxicological Effects of Berberine and Sanguinarine[J]. Frontiers in Molecular Biosciences,2018(5):21.

[84] 曾泽,张华琦,桂千北,等. 博落回的活性成分、生物学作用及其在动物生产中的应用[J]. 饲料研究,2023,46(8):120-124.

[85] 彭财英,陈祥云,潘玲玲,等. 南天竹果实生物碱部位的化学成分研究[J]. 时珍国医国药,2020,31(7):1540-1544.

[86] 谢小燕,王睿睿,邹秋萍,等. 菊状千里光化学成分及抗真菌活性研究[J]. 天然产物研究与开发,2021,33(12):2035-2041.

[87] SHARMA P,TYAGI A,BHANSALI P,et al. Saponins:extraction,bio-medicinal properties and way forward to anti-viral representatives[J]. Food and Chemical Toxicology, 2021,150(1):112075.

[88] 邢静,李玉玲,张彧,等. 内毒素介导的炎症反应机制和多酚类化合物抗炎治疗的研究进展[J]. 中华危重症医学杂志(电子版),2016,9(4):283-288.

[89] 李蓓茜,王安. 拟除虫菊酯杀虫剂的毒性和健康危害研究进展[J]. 生态毒理学报,2015,10(6):29-34.

[90] 王金妮,黄祖良,韦贤. 五色梅化学成分及药理作用研究进展[J]. 广州化工,2015,

43(4):19 - 21.

[91] 王玉霞,乔虹,刘子侨. 蓖麻毒素毒性作用机制及防治研究进展[J]. 中国药理学与毒理学杂志,2016,30(12):1385 - 1396.

[92] 彭静怡,刘广超,柴立辉,等. 相思子毒素结构特征、毒作用机制、检测及其中毒防治研究进展[J]. 中国药理学与毒理学杂志,2021,35(12):962 - 968.

[93] LU J Q, WONG K B, SHAW P C. A Sixty - year research and development of trichosanthin, a ribosome - inactivating protein[J]. Toxins,2022, 14(3), 178.

[94] 郭锐,肖晞. 生物安全治理体系与治理能力现代化研究[M]. 北京:世界知识出版社,2022.

第 8 章
植源性毒品与生物安全

毒品是指那些具有毒性的、能够使人形成瘾癖并被国际禁毒公约和国家有关禁毒法律列入专门管制的与违法犯罪行为有关的毒害性物质。我国刑法将毒品分为两大类，一类是麻醉药品，如鸦片、海洛因、吗啡、大麻、可卡因及杜冷丁等，它们对人体中枢神经系统具有抑制、兴奋等作用，服用后极易使人产生生理依赖并形成瘾癖；另一类是精神药品，如冰毒（甲基苯丙胺）、摇头丸、安眠酮及三唑仑等，服用后能产生兴奋、抑制和致幻作用，使人心理上产生极强的依赖性。当今世界上所滥用的毒品不少都来源于植物。比如世界三大毒品海洛因、大麻和可卡因均来源于罂粟、大麻及古柯等植物，它们都是经原植物提取并加工而成的，这就是我们所说的植源性毒品。生物安全问题已经引起全世界的高度关注，因此，有毒植物及植源性毒品的研究对于当今毒品泛滥的生物安全防控，具有重要的现实意义和深远的历史意义。本章对植源性毒品与生物安全问题进行阐述。

8.1 毒品与生物安全概述

当今是一个全球化的时代，各国在生物威胁面前，其脆弱性和不安全感是普遍存在的。2020 年起新型冠状病毒感染在全球的暴发，更加凸显了生物安全的重要性。把生物安全纳入国家安全体系，具有很强的时代意义和重要的现实意义。因此，广泛宣传《传染病防治法》《突发事件应对法》《野生动物保护法》《国境卫生检疫法》等法律法规并突出非传统安全内容，具有重要的现实意义。

习近平总书记在 2020 年 2 月 14 日举行的中央全面深化改革委员会第十二次会议上指出，“要从保护人民健康、保障国家安全、维护国家长治久安的高度，把生物安全纳入国家安全体系，系统规划国家生物安全风险防控和治理体系建设，全面提高国家生物安全治理能力”。生物安全是国家安全的重要组成部分，事关人民群众的健康和安全。生物安全影响着人类健康、政局稳定、经济发展和民族的存亡。毒品作为对国家、社会、家庭及个人都带来极大危害的一类危害国家安全及公共安全的国家管制药物，必然与生物安全有着紧密的联系。

2019年世界毒品报告显示，全球每年约有2.7亿人吸毒，其中近3500万人成瘾，近60万人直接死于毒品滥用。随着经济全球化和社会信息化的快速发展，毒品在世界范围严重泛滥，特别是我国周边毒源地和国际贩毒集团，对我国渗透毒品的不断加剧，毒品问题已经成为我国近年来毒品犯罪面临的外部威胁。毒品的泛滥不仅给人类社会公共安全及人民幸福生活带来可怕的后果，也给国家的生物安全造成了一定的威胁。

我国对涉毒案件的处置极为严厉，尤其是对贩卖毒品的一方。从毒品到吸毒存在着如下的环节，比如制毒、走私与运输、持有和交易毒品，以及在特定场合吸毒等。贩毒者，主要涉及运输、持有和交易三个流程。其中的毒品交易，指的是毒贩跟吸毒者的钱－毒品交换。吸毒者，主要涉及交易、持有和在特定场合吸毒三个流程。与影视剧中“一手交钱，一手交货”的毒品交易有所不同，现实中的毒品交易已经发生了巨大的变化。那些在固定的地点，以“一手交钱，一手交货”的方式进行的传统毒品交易，在“零包贩毒”中所占的比例已经越来越少。

对于毒品的数量，有两个关键性的指标，即定罪指标及死刑指标。以冰毒为例，超过10克就可以按照“非法持有毒品”定罪；海洛因50克（即鸡蛋一样大小），即可以判死刑。随着生物安全上升为国家战略，植物类毒品犯罪的打击力度也相应加大，因而各地公安机关也陆续开展了植物类犯罪侦办的专项行动。

我国多地存在着非法种植毒品原材料的陋习，其种植目的主要是直接作为蔬菜或火锅底料食用、观赏、药用或作为饲料等。罂粟，作为常见的非法种植的毒品原材料，已经成为各地公安机关的重点打击对象。地方公安等部门打击类似罂粟、大麻等非法植物种植类犯罪的专项行动，不仅维护了人民群众的食品安全和生命安全，还为保护我国的生物安全和生态安全贡献了力量。

8.2 传统毒品与生物安全

8.2.1 阿片类毒品

阿片类药物是从未成熟的罂粟中提取出来的生物碱，具有强烈的镇痛、止咳、止泻、麻醉、镇静和催眠等作用，所以临床上常用阿片类药物来减轻疼痛、治疗腹泻等[1]。目前常见的阿片类药物，主要有吗啡、海洛因、羟考酮、哌替啶和芬太尼等。本节从阿片类药物的历史演变、治疗进展、作用机制和危害等方面进行介绍。

8.2.1.1 阿片类毒品的历史演变

阿片类药物被人类应用具有悠久的历史，其原生植物罂粟早期被人们誉为“快乐植物”。据大量文献记载，人们将罂粟的果实和花朵榨汁，提取出来的阿片可以治疗许多疾病。1806 年，德国化学家弗里德里希。瑟图纳(Friedrich Sertürner)首次从阿片中分离出其具有催眠的成分，并将其命名为吗啡(morphine)。随后，吗啡被广泛运用于临床[2]。

海洛因又称为“白面”，是吗啡的衍生物。海洛因的历史可以追溯到 1874 年，当时由英国的圣玛丽医院化学家莱特(Wright)用吗啡和乙酰合成了二乙酰吗啡，这种化合物的镇痛效果是吗啡的 4 ~8 倍。但同时人们也很快发现，海洛因具有比吗啡更强的毒性和成瘾性，其合成不仅没有造福人类，反而成了危害人类的“白色灾难”。此后，科学家们一直致力于寻找一种没有成瘾性的镇静药物。1917 年，羟考酮作为术后镇痛主要选择的药物被运用于临床。临床发现大剂量、连续使用羟考酮后如果突然中断或减量，部分病人会出现戒断综合征，这说明羟考酮同样具有阿片类药物常见的成瘾不良反应。

1939 年，科学家们制作了第一个合成的阿片类药物哌替啶。哌替啶借鉴了吗啡和阿托品的化学结构，其作用效果和吗啡相同，但长期使用也具有成瘾性。1960 年，保罗 · 杨森博士(Dr. Paul Janssen)首次合成了比吗啡镇痛效果更强、副作用更小的镇痛药芬太尼(Fentanyl)。此后，他又在芬太尼的基础上继续合成舒芬太尼、阿芬太尼和瑞芬太尼，这些药物已经成为当今临床治疗中度或重度疼痛、癌痛以及药物戒断的首选药物。

8.2.1.2 阿片类毒品的滥用现状

根据《2019 年世界毒品报告》显示，截至 2017 年全球约有 2.71 亿人在前一年使用过毒品，占全球 15 ~64 岁人口的 5.5%。虽然这一数字与 2016 年的估计相类似，但从长期的角度看来使用毒品的人数比 2009 年高出 30%。其中，数百万人是注射吸毒者，约 140 万注射吸毒者携带艾滋病病毒，约 560 万人携带丙型肝炎病毒。

该报告统计了非洲、亚洲、欧洲和北美使用阿片类药物的比例。报告显示，2017 年北美地区的合成阿片类药物过量危机已达到了新的高度。美国记录的因过量使用阿片类药物发生死亡的人数已经超过 4.7 万人，比 2016 年增加了 13%；加拿大有 4000 例与阿片类药物相关的死亡案例，比 2016 年增加了 33%。在北美地区，合成阿片类药物的危机仍然主要以芬太尼及其类似物为主，但在西非、中非和北非，另一种合成阿片类药物曲马多正在引发新的危机。报告显示，全球缉获的曲马多数量从 2010 年的不到 10 千克激增至 2013 年的近 9 吨，并在 2017 年达到了 125 吨的历史新高。

8.2.1.3 阿片类毒品的作用途径

阿片类药物的作用机制也是多方面的。在研究中人们发现，阿片类镇痛药物不仅可以与外周神经阿片受体相结合，与位于人体脊髓背角胶状质（第二层）感觉神经元内的阿片受体相结合，同时还可以抑制 P 物质的释放，从而有效阻止疼痛的感觉传入大脑内。其次，阿片类物质还可以作用于人体大脑和脑干等组织当中的疼痛中枢系统，从而发挥较强的下行性疼痛抑制作用。

阿片成瘾不仅涉及阿片受体系统本身，还受多种神经递质及受体系统的调节，如多巴胺受体系统、N－甲基－*D*－天冬氨酸（NMDA）受体系统、5－羟色胺受体系统及促肾上腺皮质激素释放因子受体系统等。新近研究结果显示，抗阿片成瘾治疗潜力的药物都与这些神经递质和受体系统有关[3]。

曲马多是一种市场上通用的镇痛药，具有中度 μ－阿片受体激动剂作用，它在戒断阶段能维持低水平的躯体依赖。最近一项研究表明，在阿片戒断过程中给予 200～400mg 的曲马多，最初可产生明显的剂量依赖性痛苦症状，但之后却可抑制阿片的戒断症状。

据报道，促肾上腺皮质激素释放激素（corticotropin releasing hormone，CRH）拮抗剂可以减轻阿片的戒断症状，阻碍条件性位置厌恶的形成，在临床研究中发现其还可防止压力诱导的复发。由于成瘾患者对药物戒断症状的厌恶，有人认为 CRH 可能参与了戒断症状生理病理学过程。临床上一些有治疗潜力的选择性 CRH－1 受体拮抗剂（如合成的非肽类小分子）在精神障碍如焦虑、抑郁以及药物成瘾方面也有一定的干预潜力，目前还在进一步的研究之中，它们有可能是针对阿片类药物戒断症状的一个治疗途径。

最近研究发现，八肽胆囊收缩素（CCK－8）是目前已知的脑内含量最高的神经肽之一，具有拮抗内源性阿片肽的作用，它对吗啡成瘾大鼠戒断症状的产生具有一定的调控作用。有关 CCK－8 拮抗吗啡成瘾的效能，仍需进行深入研究。

8.2.1.4 阿片类毒品的毒理机制

阿片类药物滥用，可以引起机体的生理机能和新陈代谢发生异常并导致多种疾病，严重者甚至会发生死亡。

1. 对中枢神经系统的损害

反复使用阿片类药物，会对人体中枢神经系统功能产生明显的损害。除会出现学习、记忆能力和判断力的下降，还会引起精神和心理障碍，其中包括人格改变、抑郁、焦虑、失眠及性功能障碍等。此外，尸检结果提示阿片类急性中毒死亡者脑神经细胞有不同程度的坏死，如线粒体出现肿胀、空泡样变，产生急性脑水肿等，以及慢性中毒者神经细胞出现多灶性坏死、胶质细胞增生和淋巴细胞增多等改变。

2. 对呼吸循环系统的损害

对于阿片类药物使用者，存在着药物所致呼吸抑制的风险。因此，在手术中给予患者阿片类药物治疗时，要时刻监控患者的通气情况。若发生呼吸抑制而未被检测到，患者极大程度会出现缺氧性脑损伤而发生死亡。阿片类药物急性中毒者会发生心率减慢、脉搏减弱和血压下降等症状，长期滥用者可出现心律失常、心内膜炎和心肌炎等心血管系统疾病。

3. 对消化系统的损害

阿片类药物的滥用可引起使用者日渐消瘦，导致人体某些必需的维生素和矿物质缺乏，进而引起一系列营养不良综合征。由于阿片 μ 受体在胃肠道主要起抑制作用，因此长期使用阿片类药物则会出现胃肠道的蠕动减弱，出现胆汁、胰腺分泌减少等现象。除此之外，贩毒分子还会以胃肠道藏毒方式达到毒品运输的目的。如果长时间或多次在体内携带毒品，可能会导致机体出现胃肠疾病，甚至患上胃癌或直肠癌；由于消化道的蠕动及胃酸等消化液的腐蚀作用，一旦毒品包装物破裂或渗漏，就会导致机体的急性中毒。

4. 对生殖系统的损害

长期使用阿片类药物会抑制男性的雄激素释放，导致精子发生障碍。在精子发生水平，阿片类毒品可与精子细胞膜上 μ、κ、δ 3 种不同的阿片受体结合，对精子的活动力有不同程度的影响（电镜下可观察到生精细胞数目减少、胞质浓缩）。而女性长期使用阿片类药物则会出现月经失调、受孕困难、流产和畸胎等。这些现象的发生，与使用阿片类药物的时间长短及孕期不同时段的使用情况等密切相关[4]。

5. 对免疫系统的损害

若阿片类药物的使用者免疫力低下，机体更易患有感染性并发症，如艾滋病、肝炎及结核等。艾滋病病毒（HIV）存在于患者或感染者的血液、乳液、精液和阴道分泌物中，其主要的传播方式有血液传播、性接触传播及母婴垂直传播等。吸毒者采用静脉注射的吸毒方式，使用不洁注射器或性行为，都会直接造成 HIV 的传播。动物实验发现，吗啡能加强 HIV 复制。1972 年美国食品药品监督管理局批准，将美沙酮作为阿片类毒品成瘾的治疗药物。美沙酮能显著减少因吸毒过量造成的死亡，因此减少毒品滥用及相关违法犯罪，现在已经成为全球最广泛应用的毒品滥用者的戒断药物。

8.2.1.5 阿片类毒品对家庭和社会的危害

阿片类药物在临床上有着举足轻重的地位。因其具有良好的镇痛效果，主要用于中到重度疼痛以及慢性疼痛的治疗，但同时又存在着重大问题，比如其不良反应和成瘾性。据 2019 年世界毒品问题报告，尽管全球大麻及可卡因的需求呈下降趋势，但是阿片类药物的滥用率却在上升，并且全球阿片类药物使用者增加了 56%，超过 5300 万人。阿片类药物的滥用对个人、家庭和社会都带来了极大的危害，主要体现在以下两个方面。

吸毒成瘾者在长期吸毒过程中需要巨额金钱去购买毒品，他们用尽自己所有的收入后便会四处借债，变卖家产，最终会导致倾家荡产、妻离子散、家破人亡，对成瘾者家庭造成毁灭性打击。此外，吸毒还会对社会造成巨大的危害，主要体现在以下两个方面。

首先，吸毒可诱发各种违法犯罪行为的发生。吸毒者在身体依赖和心理依赖的驱使下，会不惜一切代价去获取毒品。许多成瘾者通过偷、骗、抢等方法夺取他人财产去购买毒品。我国一些地区的抢劫、抢夺及盗窃案件的发生主要是吸毒人员所为，也有很多吸毒者“以贩养吸”或加入贩毒组织，从而走上犯罪的道路。

其次，吸毒占用大量资金，会增加国家经济负担。据报道，全球每年的毒品交易额上千亿美元；吸毒使成瘾者免疫力下降导致各种疾病，增加了许多医疗开支；政府在每年的禁吸戒毒工作中投入大量人力、物力，耗费巨额物质资源；吸毒不仅直接消耗了一个国家的资金，更严重的是它能使劳动力丧失，进一步加剧了国家经济的损耗。

8.2.1.6 阿片类毒品滥用与生物安全

19 世纪晚期和 20 世纪初期，医学工作者发现阿片成瘾所致感染可严重危害吸食者的身体健康。实验室证据显示，阿片类药物对人类和动物的免疫系统具有严重的破坏作用。药物滥用者感染性疾病的高发病率，在很大程度上与注射药物的方式有关，这也增加了他们暴露于微生物病原体被其感染的机会。

从艾滋病死亡患者的尸检结果发现，静脉注射二乙酰吗啡者具有显著的痴呆和巨细胞脑炎高患病率。阿片滥用会提高 HIV 感染的危险性，若药物滥用者是 HIV 的主要携带者，会导致艾滋病的快速蔓延。一项研究显示，艾滋病是海洛因静脉药物使用者最主要的死因，HIV 感染者对吸食药物的反应比非感染者敏感。有大量研究已经证实，阿片类毒品的滥用与艾滋病相关脑病呈显著正相关。阿片滥用者中 HIV 感染人群促炎因子（IL－6、TNF－α）、活性氧化物和一氧化氮分泌明显增多，会导致其艾滋病相关脑病的病程缩短，死亡率增加。

阿片类药物可以改变宿主的肺部免疫机制，所以药物滥用者很容易发生肺部细菌感染，而与阿片药物相关的非免疫机制同样增加了肺炎的发病率。吗啡诱导的会厌反射减慢，很容易使吸毒者将口咽部的细菌误吸入呼吸道及肺中，气道黏膜表面的纤毛活动也因为长期吸食阿片而明显减弱，而咳嗽反射受抑制、潮气量小、肺泡通气不足都容易诱发肺不张。

皮肤脓肿和蜂窝组织炎在静脉注射阿片类毒品者中较为常见，这些损害通常来自注射部位的感染，感染的并发症包括皮肤溃疡、血栓性静脉炎、坏死性筋膜炎和坏死性肌炎等，皮肤感染较严重者还可以并发脾脓肿、念珠菌病、肉毒中毒和破伤风等，病原体主要为革兰氏阳性菌如葡萄球菌。注射海洛因的人群主要是需氧菌感染，而革兰氏阴性菌感染却非常罕见。

临床工作中对于阿片类毒品滥用者，预防医源性感染是非常重要的，主要措施包括做好消毒与灭菌处理，加强清洁卫生工作，采取合理的诊断与治疗、及时控制感染流行、开展医院感染监测，改善工作人员的卫生与健康条件。另外，医护人员还应做好个人防护，一是防止患者将病菌传给自身或带出病房，二是防止患者将病菌传给病房内的其他易感者。

8.2.2　可卡因

可卡因又称古柯碱,是从古柯叶中提取的一种生物碱。可卡因多呈白色晶体状,无臭,极易溶于水,可溶于乙醇和氯仿,但不溶于乙醚。可卡因的主要代谢产物有苯甲酰芽子碱和芽子碱甲酯[5]。

8.2.2.1　可卡因毒品历史演变

古柯是一种灌木,原生长于玻利维亚、秘鲁和哥伦比亚。几百年来,秘鲁裔的印度人一直用古柯叶来增加体力及耐力或缓解疲劳。1855 年,德国化学家首次从古柯叶中分离出古柯生物碱。1859 年,奥地利化学家纽曼从古柯叶中又提取出一种更高纯度的物质并命名其为“可卡因”。与其他毒品一样,可卡因被发现以后也是首先用于医学方面,比如用于治疗吗啡上瘾或身体无力。1884 年,可卡因首次被美籍奥地利眼科医生卡尔·科勒(Carl Koller)当作局部麻醉药应用于临床。1886 年,可卡因还被制成一种具有兴奋作用的饮料。由于可卡因对中枢神经系统的兴奋作用而导致被滥用,1985 年起,可卡因成为世界性的主要毒品之一。

《2019 年世界毒品形势报告》显示,全球 2017 年非法生产的可卡因数量达 1976 吨,创历史新高,比前一年增加了 25%。同时,2017 年全球缉获的可卡因数量达 1275 吨,比前一年增加了 13%,是有史以来报告的最大数量。

8.2.2.2　可卡因的成瘾机制

药物成瘾,是药物与机体相互作用所造成的一种精神状态。药物成瘾形成机制是药物反复使用后,其化学成分会直接作用于大脑,改变大脑神经系统的结构和功能,这一结果强化了机体主动寻找药物并且使用药物的行为,最终导致药物成瘾。研究发现,在使用可卡因等药物后相应脑区的结构和功能都会发生变化。目前,药物成瘾机制主要有以下两个方面,即多巴胺机制和表观遗传学机制。

1. 多巴胺机制

可卡因对中枢神经系统的损伤与中脑边缘系统多巴胺通路有关,当神经元的突触间隙释放多巴胺会引起兴奋。可卡因成瘾的经典途径是通过抑制多巴胺转运体对递质的重摄取,使突触间隙的多巴胺含量增多,从而使吸食者产生欣快感。研究发现,5－羟色胺转运体及去甲肾上腺素转运体在可卡因成瘾中也有一定的作用,但目前仍认为多巴胺转运体在其中占主导地位。在正常生理状态下,首先,多巴胺和钠离子与突触前膜多巴胺转运体上相应的位点结合;接着,氯离子结合到自己的位点上,最后多巴胺转运体再把多巴胺由突触间隙转运到胞内储存起来。可卡因和钠离子在多巴胺转运体上的结合位点相同,当可卡因存在时,它与钠离子竞争性结合同一位点,这就使得多巴胺转运体无法与多巴胺正常结合，导致多巴胺在突触间隙的累积，致使神经纤维持续性兴奋，从而让使用者产生快感。

2. 表观遗传学机制

可卡因影响“奖赏回路”中基因表达的持久性变化，而这些变化可能是可卡因成瘾的某些行为效应的基础。目前认为，可卡因成瘾的表观遗传学机制是，长期服用可卡因会导致神经元中转录因子 ΔFosB 的超表达，而 ΔFosB 的超表达会减少赖氨酸二甲基转移酶 G9a 及 GLP（G9a 相似蛋白）所对应的 mRNA 生成，从而减少 G9a 及 GLP 的合成，最后直接导致大脑 NAc 区域神经元中常染色体 H3K9 二甲基化作用减少。这种组蛋白修饰的减少会调节相应基因的表达，激活调节树突可塑性异常的基因，而这些基因编码的某些蛋白质的表达最终引起了神经元树突可塑性的改变和树突棘密度的增加，从而导致突触中的可卡因反应[6]。

8.2.2.3 可卡因戒断治疗现状

可卡因成瘾具有复杂的多神经生物机制。针对可卡因成瘾的戒断治疗药物主要有如下几类。①影响多巴胺系统的药物：如一些特异性靶向多巴胺受体亚型的药物；②影响与可卡因成瘾相关的其他神经递质：如去甲肾上腺素、5－羟色胺、乙酰胆碱、γ－氨基丁酸、谷氨酸、阿片类、内源性大麻素和促肾上腺皮质激素的药物；③对可卡因引起的脑功能障碍有效的药物：如抗癫痫药、钙通道阻滞剂、抗血栓药、环氧化酶－2 抑制剂和促智药；④可以改变可卡因药代动力学和减少其到达大脑浓度的药物：如免疫疗法的相关药物。

莫达非尼是一种具有警报作用的谷氨酸增强剂，其临床疗效与可卡因的戒断症状（如无力、嗜睡、运动机能减退、缺乏兴趣、增加食欲、烦躁不安等）正好相反，我们推测莫达非尼可以减弱可卡因的戒断症状。此外，莫达非尼能降低可卡因所致的兴奋性，减弱可卡因的引燃效果，增强普通人群对可卡因的免疫。临床研究表明，在可卡因成瘾患者中莫达非尼治疗组的可卡因使用量低于安慰剂组。

昂丹司琼是 5－HT 3 受体拮抗剂，它能间接抑制中脑边缘皮质多巴胺释放，减弱可卡因的强化效果。对门诊病人进行的随机双盲研究中，每天 2 次给予昂丹司琼组患者的成瘾后失控比率最低，与安慰剂组相比有显著差异。再者可卡因使用者感染艾滋病毒的概率很高，昂丹司琼还可用于治疗艾滋病毒感染者所产生的恶心、呕吐等相关症状。

托吡酯是一种抗癫痫药物，它可以增强 γ－氨基丁酸的功能，同时拮抗离子型谷氨酸受体。对可卡因成瘾患者戒断治疗的实验研究中，托吡酯（200mg/d）组的戒断率高于安慰剂组戒断率（分别为 59% 和 26%）。托吡酯还可以帮助那些已停止使用可卡因的患者维持在戒断阶段，因此它可能是预防可卡因复发的潜力药物。

N－乙酰半胱胺酸是人体新陈代谢形成的半胱氨酸。最近有研究显示，长期使用可卡因导致的大脑部分区域特定蛋白质的变化对谷氨酸和（或）γ-氨基丁酸的信号传递有调节作用，而N-乙酰半胱胺酸可以使谷氨酸水平正常化，并在不影响生物学奖赏效应行为的基础上修正可卡因所致的多巴胺中脑边缘系统的不平衡现象。目前，N-乙酰半胱胺酸治疗可卡因成瘾的疗效，仍处于临床试验阶段。

阿托西汀是一种选择性去甲肾上腺素（NE）再摄取抑制剂，它可与突触前NE转运体结合，从而有效抑制NE重吸收。由于其药理作用与可卡因类似，它很可能是潜在的可卡因戒断替代药物。最近的临床试验研究显示，可卡因成瘾患者对阿托西汀维持疗法有很好的耐受性。此外，鉴于可卡因成瘾与多动症（ADHD）的高共患病率，阿托西汀可能是合并ADHD的可卡因成瘾患者的有效治疗药物。研究者们推测，减少合并ADHD的可卡因成瘾患者的多动症状，将有助于减弱他们对可卡因的需求。

丁丙诺啡是μ-阿片受体激动剂和κ受体拮抗剂，它是美国FDA批准用于治疗阿片类成瘾的药物。目前有关其对合并阿片类成瘾和可卡因成瘾患者的治疗效果，正在研究之中。针对单独可卡因成瘾和单独海洛因成瘾患者的临床试验中，丁丙诺啡（16mg/d）可以安全有效地减少可卡因和海洛因的使用。另外，重复给予可卡因和酒精可能上调κ阿片受体系统，所以，针对性靶向这些系统的丁丙诺啡可能有助于两类药物成瘾的治疗。

利莫那班是大麻素CB1受体拮抗剂，也可能对可卡因成瘾患者的复吸具有一定的作用。在大鼠实验中，腹腔注射10mg/kg利莫那班可以明显减弱动物对可卡因的复燃效果。虽然该药物尚未进行临床试验，但是鉴于动物学模型结果（如纳曲酮）在海洛因成瘾治疗中的成功转化，我们有理由相信利莫那班在抗可卡因成瘾中的潜力。

免疫疗法是成瘾治疗中相对较新的一种治疗方法，特别是针对可卡因成瘾的治疗。TA-CD是一种可卡因衍生物，与重组霍乱毒素B结合作用于可卡因成瘾的循环，可以生成可卡因特异性抗体。可卡因是一种小分子物质，它进入大脑后可以使人产生愉悦的感觉并形成成瘾特性，而可卡因抗体复合物是一个巨大的分子，它不能进入大脑，从而在一定程度上可以阻碍可卡因进入大脑。在大鼠实验中发现，可卡因抗体可以消退可卡因的自身给药行为。临床试验研究表明，TA-CD具有特异的可卡因免疫原性，是医学上安全性较高的抗可卡因成瘾的潜力药物。

8.2.2.4 可卡因的毒性损害

1. 神经系统损害

可卡因导致神经胶质细胞数目减少，进而引起锥体细胞结构的紊乱和发育不良，最终导致海马功能发生障碍。长期使用可卡因会阻断对多巴胺的重吸收，同时还会导致大脑的多巴胺消失，导致吸食者成瘾。此外，无论是一次性急性使用或是长期小剂量使用可卡因，均会诱发临床癫痫发作或脑电改变。可卡因还会增加脑血管意外的发生率。

2. 生殖系统损害

可卡因对于女性生殖系统具有很大的负面影响，长期吸食会增加女性不孕和患妊娠期高血压疾病的概率。可卡因还可通过血胎屏障直接作用于发育中的胎儿，增加宫内死胎、流产及新生儿死亡的发生概率，还会使胎儿出现生长缓慢、中枢神经系统发育不全（会导致头围偏小、认知功能低下、抑制行为缺陷、记忆力低下等）及增加其对毒品摄取的倾向。

3. 心血管系统损害

由于可卡因对血管有复杂的药理学作用，它可直接收缩血管致心脏供血量下降，从而会出现心肌梗死症状。尸检结果显示，可卡因滥用者会有心肌病、乳头肌断裂、主动脉夹层、动脉瘤破裂及心内膜炎等症状。因此，长期滥用可卡因所致的最常见死因是心血管系统毒性损害。

4. 免疫系统损害

静脉注射可卡因可减弱白介素-6（IL-6）对前炎性攻击的反应，可卡因滥用与增加易感性和加速艾滋病的进展密切相关。研究人员检验了可卡因对激素和细胞因子反应的影响，发现可卡因使用者的免疫系统抵抗力下降5%以上；若同时有营养不良或高危行为，则可促使HIV感染的发生。

5. 角膜损害

国外有许多学者报道，长期应用可卡因对角膜有明显的毒性作用。临床上发现手术中应用4%可卡因溶液时间过长，可以出现受体角膜长时间水肿。也有许多学者报道，长期使用可卡因等表面麻醉剂，可以引起角膜上皮的永久性缺损，导致角膜组织水肿及角膜内皮的Na^+-K^+-ATP酶损害。

8.2.2.5 可卡因滥用与生物安全

可卡因会造成肝损伤增加肝炎的发病率，而因吸毒者共用针头造成血液污染会加速可卡因滥用者肝炎的传播。20世纪80年代，美国和瑞典的药物滥用者中暴发了几次甲型肝炎大流行。甲型肝炎是粪口途径传播的，其传播的可能为，品尝药物以确定其质量以及在收获或运输药物时粪便的污染；除病毒性肝炎外，滥用可卡因也会引起隐孢子虫造成的胃肠道感染、脾大、脾脓肿及内脏脓肿等。此外，自发性腹膜炎以及其他机会性病原体造成的口腔或小肠的感染也较常见。

滥用可卡因可对人体的心血管造成严重损害。现已肯定，大剂量静脉注射可卡因可以引起急性心脏扩张和左室功能下降，长期吸食可卡因会导致左室功能严重不良。当使用可卡因可以使血压快速明显升高时，破坏主动脉内膜，引起主动脉夹层动脉瘤。可卡因可增加心内膜炎的危险度，这可能与可卡因增加心率及血压使瓣膜及血管容易受损并被细菌侵入有关。

流行病学资料证实,毒品滥用和 HIV 感染及中枢神经系统疾病之间存在着一定的相关性。艾滋病在每个国家的流行都具有一定的规律,首先是在高危人群(如吸毒人群、同性恋人群和卖淫嫖娼人群)中开始,然后逐步蔓延至一般人群(如家庭妇女和儿童)。目前我国的艾滋病以血行传播为主,这主要是由于吸毒者共用注射器吸毒所导致,但 HIV 通过性传播的速度也在加快。可卡因能刺激性欲,导致性乱行为和性暴力,这也是导致 HIV 传播的主要因素之一。

可卡因滥用并 HIV 感染者的神经系统异常表现更为严重,并可引起艾滋病相关性认知障碍。可卡因可促进血小板激活、单核细胞与活化血小板相互作用,促进单核细胞血小板复合物(PMCs)的生成。HIV 感染并可卡因滥用人群与单纯 HIV 感染个体相比其血液 PMCs 更多,PMCs 可增强单核细胞黏附血管内皮细胞的能力,促进炎症反应的发生。研究显示,可卡因能增加 HIV－1 在神经系统中的复制,增加神经细胞毒性,促进艾滋病相关脑病的发生。

8.2.3 大麻

8.2.3.1 大麻的生物特性

大麻(*Cannabis sativa* L.),为大麻科大麻属植物,一年生草本植物,别称为山丝苗、线麻等,具有较高的经济价值和药用价值,原产于锡金、不丹、印度和中亚,我国各地也有生长。大麻的叶、花、茎含有大麻酚、大麻二酚和四氢大麻酚(简称 THC),主要有效化学成分为四氢大麻酚,吸食或口服后有精神和生理的活性作用。

大麻类毒品可分为三种。①大麻植物干品:由大麻植株或植株部分晾干后压制而成,俗称大麻烟,其中 THC 含量 0.5%~5% 左右;②大麻树脂:用大麻的果实和花顶部分经压搓后渗出的树脂制成,又叫大麻脂,其 THC 的含量为 2%~10%;③大麻油:从大麻植物或大麻籽、大麻树脂中提纯出来的液态大麻物质,其 THC 含量 10%~60%[7]。

1961 年,联合国设立了《联合国麻醉品单一公约》,这一国际通行的药物管制制度认为大麻是一种危险药物,就像海洛因一样需要被严格控制。国际上规定,THC 含量低于 0.5% 的属于娱乐型、药用型大麻,THC 含量超过 0.5% 的属于毒品。在我国,THC 含量超过 0.3% 即被视为毒品,THC 含量低于 0.3% 的不具毒品利用价值的大麻则被称为工业大麻(industrial hemp)。人们对大麻药用价值的开发已经有数千年历史,但是和其他娱乐性毒品一样,大麻的食用在 20 世纪上半叶开始受到严格的限制。当时大麻滥用所制造的恐惧是普遍可见的,大麻被认为是英国人大量精神错乱和犯罪的罪魁祸首[8]。

8.2.3.2 大麻的毒理机制

植物学研究发现,大麻植物中有一种化学物质——大麻素,它类似于人体产生的内源性大麻素分子。人类大脑和身体中有一个广泛的受体网络，它可以对植源性和人体内源性的大麻素分子作出反应。人体的内源性大麻素系统参与调节身体的许多方面，包括从疼痛到情绪、食欲、压力、睡眠和记忆。

到目前为止，人类已经在大麻中研究发现了 144 种不同的大麻素，其中大多数性能尚未得到掌握。不但如此，人类还在持续地发现大麻素的新种类，其中最重要的是 THC 和大麻二酚。THC 是一种能让人兴奋的活性成分，而大麻二酚则被广泛地被用作食品的添加剂和补充剂。多年来，来自临床试验和其他地方的证据表明，大麻在治疗多发硬化症引起的肌肉疼痛、化疗引起的恶心、难治性癫痫和成人的慢性疼痛等一系列疾病方面卓有成效[9]。如大麻经常被用作辅助某些晚期绝症（癌症、艾滋病）的治疗，或用来增进食欲、减轻疼痛，也可用来缓解青光眼、癫痫或偏头疼等神经症状。经过多年的动物试验及临床试验，人们发现大麻甚至可以杀死某些癌细胞，还能减小一些癌细胞的体积。

人吸食大麻后的主要表现以心理依赖为主，躯体依赖较轻，不易产生耐受性。抽吸大麻数分钟，可短暂出现中毒性谵妄，吸食者意识不清，同时伴发幻觉和思维障碍，出现莫名及模糊不清的烦躁和焦虑，重者达到恐惧程度，伴随有灾难感或濒死感。通常小量吸入或间歇大剂量使用大麻时不会产生戒断症状，戒断反应多见于广泛流行地区使用较大剂量者。人长期持续吸食大麻后骤然停用可发生激动、不安、食欲下降、失眠、体温下降甚至寒战、发热、震颤，一般持续 4 ~5 天症状逐渐消失。

有些大麻吸食者在焦虑的同时还会产生偏执意念，之后几分钟就进入爽朗期，感觉一切都很美好，充满幸福感，对人爽朗热情。此后会进入一个想要自我安静的时期，产生一过性的抑郁状态，悲观厌世，有自杀意念。在精神运动方面，大麻吸食者主要表现为动作反应迟缓，不能做协调运动性操作，长期滥用者表现为始动性不足，人格堕落，道德沦丧。

长期大量吸入大麻后，会对人的身体健康造成严重损害。①多数人吸食大麻后，可表现为心率加快，眼结膜血管充血扩张，出现典型的“红眼病”；②大量使用大麻可产生体位性直立性低血压；③长期吸入大麻可损伤支气管上皮细胞功能，导致支气管炎及喘息发生；④过量吸食可发生意识不清、焦虑、抑郁等，对人产生敌意冲动或有自杀意向；⑤长期吸食还可诱发精神错乱、偏执和妄想；⑥滥用大麻还会使大脑记忆力减退，注意力、记忆力和判断力退减，使人处于记忆混乱的状态，严重者还可导致退行性脑病；⑦吸食大麻还可以造成免疫系统损伤、细胞及体液免疫功能低下，使人易受病毒、细菌感染；⑧吸食大麻还可引起气管炎、咽炎、气喘发作、喉头水肿等呼吸道疾病。

8.2.3.3 大麻滥用与生物安全

吸食大麻者自身丧失劳动能力，严重破坏生产力，不仅会发生各种自身疾病，还会给家庭带来很重的经济负担。吸食者往往会产生家庭暴力，破坏家庭和睦，甚至导致家庭破裂。一些吸毒人员还会将毒瘾“传染”给家人，导致整个家庭的彻底毁灭。父母吸食大麻，会严重影响下一代的生理和心理健康，不论从哪一方面都必然会给儿女造成严重伤害。吸食大麻后，大多吸食者都无意从事生产劳动，不能创造社会财富，也容易发生种种意外事故。大麻对青少年身心健康具有更大的破坏性作用，严重影响成年人的心理素质和青春期发育，事业上缺乏进取心，或完全失去工作、生活和学习能力，并偶有无故攻击性行为。

为控制大麻滥用，世界各国在挽救、治疗、教育和科研以及加大缉毒力度等方面，都投入了大量的人力、物力和财力。目前有少数国家对大麻实行合法化，这也就造成大麻滥用人数的不断增加及大麻贩毒途径的不断扩张，这不仅给国家社会公共治安造成严重影响，同时给生物安全也带来了一定的隐患。

8.3 新型毒品与生物安全

8.3.1 苯丙胺类毒品

苯丙胺类毒品也叫作苯丙胺类兴奋剂，它是对所有由苯丙胺转换而来的中枢神经兴奋剂的统称，也是精神类药物，它会对人体的精神及脏器造成巨大的危害。苯丙胺类毒品的历史，可以追溯到19世纪中后期。世界上第一种苯丙胺类毒品是由罗马尼亚化学家最先合成的，后来和苯丙胺相似的兴奋剂摇头丸也在不断研发与改进后被作为药品进行推广。研究发现，这种兴奋剂有严重的服食后遗症，各国政府随即命令禁止了它的使用。

苯丙胺这一类毒品的化学结构都很相似，基本上都是以苯乙胺或者是苯丙胺做主体。它们也是这一系列毒品发展中最早出现的，都是合成毒品。是一系列对中枢神经系统具有显著作用的合成药物的原型，这一类毒品大多都是在一个基础上进行衍生，所以它们的效用都很相似。这些毒品可以让人警觉性增高、注意力强盛、精力旺盛，如果用量过度可以使人中毒。

8.3.1.1 甲基苯丙胺特征

甲基苯丙胺（methamphetamine），因其原料外观为纯白结晶体，晶莹剔透，故被吸毒、贩毒者称为“冰”，加之毒性剧烈，被人们便称之为“冰毒”。该药小剂量使用时有短暂的兴奋抗疲劳作用，故其丸剂又有“大力丸”之称。又因苯丙胺（amphetamine）有其译音名安非他明或安非他命之称，故甲基苯丙胺也有“甲基安非他命”之称。此外，甲基苯丙胺是在麻黄素化学结构基础上改造而来，故又有“去氧麻黄素”之称。由于冰毒的剧烈毒性，它又被称为“毒王”[10]。

甲基苯丙胺药用为片剂，作为毒品用时多为粉末，也有液体与丸剂。早期，人们发现甲基苯丙胺可以消除鼻塞，便用它来治疗鼻炎；发现它能令人兴奋，便用它治疗发作性睡病；发现它能抑制食欲，便用它来治疗肥胖症；还将它应用于精神分裂症、烟酒成瘾、偏头痛及小儿多动症等多种疾病的治疗。

8.3.1.2 甲基苯丙胺发展历史

第二次世界大战的时候，德军为了保持军队的战斗效率，便让战士们服用甲基苯丙胺，使他们几天几夜连续战斗都不疲倦。那时候人们以为这种药很安全，不会上瘾，所以即使有一些严重不良反应的病例，也没有引起人们注意。战争结束后，苯丙胺类兴奋剂在欧美等国家被进一步滥用，在日本甚至被称为“觉醒剂”，用来缓解国民的沮丧情绪。

20 世纪 80 年代，盐酸甲基苯丙胺在亚洲和欧美各国逐渐流行起来，甲基苯丙胺滥用出现新的高峰。随着精神障碍等严重反应病例的数量越来越多，人们才终于意识到该药物强大的副作用和危害，各国不断升级管制，直至将之列为毒品。甲基苯丙胺的毒性作用强于苯丙胺，毒瘾性强，具有强烈的药物依赖性。作为一种受到联合国公约管制的精神药品/兴奋剂，甲基苯丙胺及其衍生物在各国的滥用都非常严重。

8.3.1.3 甲基苯丙胺毒理机制

人吸食甲基苯丙胺后会导致大脑释放大量多巴胺，多巴胺刺激特定区域的神经中枢会给人带来欣快感，使整个人呈现近乎狂躁状态，产生各种妄想，脑内的认知功能也会受损。在我国滥用甲基苯丙胺的人数非常多，2018 年吸毒人员明显下降时，滥用甲基苯丙胺的人数仍在上升，占据毒品滥用的首位。苯丙胺类毒品滥用，已经成为当今毒品滥用的常见死亡原因。甲基苯丙胺的作用与可卡因相似，但却比可卡因更快产生欣快感，持续时间也比可卡因长数倍。

由于甲基苯丙胺具有较强的耐药性和依赖性，大量滥用甲基苯丙胺可引发严重的中毒征象甚至死亡，临床上也有不少在医疗过程中滥用苯丙胺类药物而造成死亡的病例。因为苯丙胺类兴奋剂可以抑制脑干饱食中枢神经的活动，让食欲减退而达到减肥的目的，常被用来制作减肥药或者降低食欲，甚至曾经一度有人用这类毒品来治疗自己的肥胖症，可人们不知道的是，它还可以引发肺动脉高压、心瓣膜受损及心力衰竭等严重的不良反应。

苯丙胺类药物可经口服、吸入和静脉注射等途径吸收。该药物口服后在胃肠道被吸收迅速，进入血液后可迅速分布至各个器官和组织，通过血脑屏障后，30 分钟内即可使机体出现中枢神经系统症状，并持续 16 小时以上。甲基苯丙胺在体内代谢主要是侧链水解，一部分在体内因甲基结构的退化只剩苯丙胺，苯丙胺进行氨基稀释后转变为苯丙酮，再经过体内的氧化作用成为苯甲酸形式；另一部分在体内进行羟基反应形成羟基苯丙胺，经过氧化的作用产生羟基去氧麻黄碱。

苯丙胺主要通过尿液排出体外，排泄速度较慢，大概需要4～7天。甲基苯丙胺进入体内后，最先刺激脑干以上的中枢神经系统，加快大脑的皮质层的兴奋性反应，进而增强中枢神经系统的活动，使体内单胺类的神经递质通过单胺氧化酶的作用从尿液中代谢。小剂量苯丙胺还可以氧化为苯丙醇胺，这些代谢产物均具有药理活性。

国内外大量研究证实，长期滥用甲基苯丙胺可对神经系统产生显著的毒性作用。甲基苯丙胺滥用者脑的病理改变包括单胺能神经递质突触终端变性、脑灰质萎缩、白质增生和胶质细胞活化。影像学研究显示，滥用者大脑眶额皮质、背外侧前额叶及尾状核－壳核多巴胺转运体水平下降；中脑、尾状核、壳核、下丘脑及丘脑5－羟色胺转运体水平下降[11]。

甲基苯丙胺导致神经系统受损的机制，包括氧化应激、单胺类递质（多巴胺、5－羟色胺、去甲肾上腺素）过度释放、高热、线粒体功能障碍和炎症反应等[12]。甲基苯丙胺滥用会造成不同程度的脑损伤，逐渐成瘾并进展为慢性复发性脑病，临床医疗处置大多只停留在对精神障碍的对症治疗上，难以标本兼治。采取药物和理疗结合的治疗途径，针对性地进行脑康复治疗，可以促进神经组织的修复，改善脑功能，预防复吸。

8.3.1.4 甲基苯丙胺滥用与生物安全

随着我国当前甲基苯丙胺滥用人数不断增加，甲基苯丙胺滥用所引发的公共安全问题风险亦随之上升，吸食甲基苯丙胺肇事、肇祸事件数量也在不断上升。公共卫生安全问题涉及人民生命安全、身体健康和社会稳定，毒品滥用本身就是一种公共卫生安全问题，同时与生物安全也息息相关，但甲基苯丙胺的滥用问题对生物安全的威胁作用更加突出。当甲基苯丙胺滥用人员的数量发展到一定规模时，艾滋病等严重传染性疾病也将透过滥用人群加速向社会传播开来。

长期滥用甲基苯丙胺会腐蚀吸食者的身心健康，刺激滥用者的神经系统，引发神经系统疾病。除此之外，甲基苯丙胺长期滥用者财产收入流向毒品消费而非医疗卫生，继而使社会公共卫生安全受到的威胁不断反复、升级，同时甲基苯丙胺滥用引发的公共安全风险也在不断扩张。诸如航空运输、船舶运输、危险物品运输储存、高空危险作业、重点场所安保等领域，一旦从业人员滥用甲基苯丙胺，将可能产生难以估量的危害和后果。

8.3.2 摇头丸

8.3.2.1 摇头丸的产生及滥用现状

摇头丸（MDMA）是人工合成毒品的一种，一般以摇头丸（3，4－亚甲基二氧甲基苯丙胺）、4，5－亚甲基二氧基苯丙胺（MDA）、苯丙胺（AM）及甲基苯丙胺（MAM）为主要有效成分。摇头丸是1912年德国默克化学药品公司（Merck Drugs & Biotechnology）作为抑制食欲的药物所研究出来的。因为它对人体会造成强烈的恶心、反胃等副作用，并没有投入市场。直到20世纪70年代,人们才发现摇头丸能让人短暂兴奋、产生欣快感,故将其转而用作精神病的治疗。由于摇头丸能使人生成幻觉、逃避现实,很快成为毒品泛滥的街头毒品。

外形上,摇头丸形状各异,有的被制作成丸剂、胶囊,但多数为形似药片的片剂状,如长方形、圆形、菱形,药片上还有刻有各式各样的花纹以及图案。有警察推测这些花纹图案为毒品商标,也有人猜想这些图案是迷惑和引诱人的标记。摇头丸经常以糖豆的身份出现,让人很难防范。

8.3.2.2 摇头丸的毒理机制

摇头丸主要作用于神经系统,食用后可引起运动神经兴奋,使头颈摇摆不停,对中枢神经的破坏相当严重。正像警示句所说,“摇头丸,摇断头”。摇头丸在口服几分钟后就会开始发挥药效,一般1小时左右会到达药效的最高峰值,能连续在人体作用4~6小时。摇头丸是苯丙胺类兴奋剂,能兴奋人的中枢神经系统,使人的神经与血管都极度亢奋、充血。在刚服食摇头丸后不久,就会出现控制不住自己的行为表现,疯狂地想摇头且停不下来,脑海里只有一个想法就是重复摇头,觉得“只有摇头才能让身体感觉到舒服”,行为极度偏执和疯狂。

在吸食摇头丸的后期,吸食者血压升高、身体发热、体温升高、心跳频率加快、肌肉紧绷无法放松、身体冒汗,还会伴随头晕目眩、头部剧痛、食欲不振、性欲亢奋等生理反应,很可能出现混乱的群体滥交和疯狂跳舞现象。群体的性行为混乱,还会使人群之间发生肝炎、艾滋病、性病等难以治愈传染疾病的传播,使人遭受更大的精神与肉体伤害。摇头丸具有强烈的兴奋和致幻作用,能诱导快感、提高自信心、增强爆发力,具有很强的精神依赖性。摇头丸上瘾后难以戒断,半年内复吸率高达95%以上。

摇头丸具有精神活性,它兼具兴奋和致幻双重作用。在药物的作用下,用药者的时间概念和认知都会出现混乱,表现出超乎寻常的活跃,整夜狂舞,不知疲劳,同时在幻觉作用下使人行为失控,还常常出现自残与攻击行为,并可诱发精神分裂症及急性心脑疾病。甚至有的人会出现无法自控的磨牙、紧张、心悸,还会出现偏执妄想、情绪激动。由于他们不由自主地想去跳舞,很多人就因为服用摇头丸在舞厅中死亡。

摇头丸的作用机制一方面与苯丙胺相同,另一方面可引起中枢5-羟色胺能神经末梢大量释放神经递质5-羟色胺,同时又抑制神经元合成5-羟色胺,降低色氨酸羟化酶的活性,造成脑内5-羟色胺和5-羟吲哚乙酸水平降低,使中枢神经系统5-羟色胺水平暂时大量减少。通常在用药24小时后5-羟色胺水平大量下降,几天后可出现5-羟色胺的骤减。吸食摇头丸能损坏5-羟色胺能神经元,甚至造成神经元的长期和永久性损伤。

8.3.2.3 摇头丸滥用与生物安全

近年来,社会上对于"摇头丸成瘾性小、对身体影响小"的传闻不断。这些虚假消息是吸毒者和贩毒者为了赚取金钱而散布的谣言。这些谣言使得吸食摇头丸的人员由过去的社会无业人员扩展为多个社会阶层,令人忧虑。随着社会的发展,新奇事物也会越来越多,更需要人们加强辨识能力,时时提高警惕,更新知识,坚决拒绝毒品。

摇头丸合成工艺简单,社会上滥用的摇头丸主要来自非法途径生产。由于原料不纯、化学处理方法粗糙、中间产物反应不完全及各反应步骤的副反应较多等原因,使得摇头丸的成分体系较为复杂。它在给环境、人们和社会带来负面影响的同时,也给国家生物安全带来了一定的威胁。因此,禁毒工作的大力度进行,不仅是给予国家和社会更大的治安维护,也是在为国家生物安全消除威胁,为国家的长治久安做出更多、更大的贡献。

8.3.3 麻古

麻古也称麻果、麻骨,系泰语的音译,实际是缅甸产的"冰毒片",属丙胺类兴奋剂,具有很强的成瘾性。麻古的主要成分是甲基苯丙胺和咖啡因,多为片剂,添加了不同色素和香料,通常为红色、黑色或绿色。此种毒品可以直接刺激人体中枢神经系统,增加多巴胺、去甲肾上腺素和5-羟色胺等神经递质的释放。

8.3.3.1 麻古的毒性特征

麻古是一种比较新型的毒品,并且拥有特殊的香气,这也是很多人选择吸食麻古的原因。

吸食麻古最开始时是感觉到很兴奋,然后会不吃、不睡但也感觉不到饥饿。由于长时间的兴奋,最终会使使用者疲劳过度,且容易产生幻听。大脑在极度超负荷运转的状态下还能够引发脑出血。如果长时间吸食麻古,它的抗药力也会增加,这时就需要更多的麻古才能满足自己。

麻古是当今新型毒品中毒性最大的一种,经常吸食者一旦停用马上会出现腰酸背痛及浑身无力的现象,也会伤及大脑神经器官和骨头。麻古吸食方便,蔓延迅速。一般来说,K粉、摇头丸等新型毒品都是在人多的迪厅才会吸食,而麻古则不限场地,不限人数。吸食麻古能够使吸食者将自己的秘密和隐私通过交谈等方式随意告诉他人,并促使吸食者受人支配、出现狂想等症状,极易被犯罪分子利用。因此,麻古又被称为"唠嗑药""抢劫药""强奸药"。

8.3.3.2 麻古的毒理机制

过量使用麻古会导致急性中毒,严重者会出现精神错乱,进入昏迷状态,最终导致死亡。麻古能给人们带来不同方面的危害,主要表现为服用后会使人体中枢神经系统和血液系统极度兴奋，能大量消耗体力，降低人体免疫力。导致高血压、血管破裂、心脏功能下降、心衰、肾衰竭、心律不齐，甚至出现抽搐、震颤，严重者可直接导致死亡。对胃肠道也具有一定的损害，可导致机体胃肠道功能障碍。有研究报道表明，大量吸食麻古后，吸食者会出现口干、口中有重金属味、食欲减退、恶心、呕吐、腹泻、腹痛等症状。长期服用会导致吸食者情绪低落、疲倦、精神失常，产生“精力无穷、不易受伤”的幻觉，降低人体自我抑制的能力，失去对危机状态的机警性，令人产生极强的依赖性。

麻古的戒断症状主要表现在心理和行为方面，成瘾者在突然停用后主要出现抑郁、困倦、疲惫、焦躁不安、行为失控以及强烈的渴求心理，运用麻古后强烈的快感和戒断后的不快感是人陷入麻古吸食恶性循环的主要原因。

8.3.3.3 麻古滥用与生物安全

麻古是新型毒品中的一种，它拥有致命的香味，对很多人充满着诱惑。吸食问题尤其是麻古滥用问题给社会治安稳定带来严重危害，其现实后果和潜在威胁的负面影响不可低估。麻古滥用的不断蔓延，除了损害吸毒者的身心健康、吞噬社会财富外，还会引起吸食者暴力杀人、劫持人质等危害公共安全的事件发生，严重危害社会治安。

在吸食完麻古后会引发诸多症状，如果这时还没有危机感，那么慢慢这些症状就会演变成并发症，性命就有可能被夺走。随着目前社会国际化、现代化和智能化发展水平的不断提高，各类公共安全隐患也相应增高，麻古滥用的问题日益严峻，对生物安全造成了严重的威胁。从维护社会治安、保障公民生命健康和财产安全的宏观全局来看，吸食麻古所造成的“寻衅滋事”“侵犯财产安全”及“自伤自残”事件，为社会公共治安带来了很大的威胁。

8.3.4 氯胺酮

氯胺酮是苯环己哌啶（phencyclidine，PCP）的衍生物，是非竞争性 N－甲基－*D*－天门冬氨酸（N－methyl－*D*－aspartate，NMDA）受体拮抗剂，是一种静脉全麻药，也是一种目前在青少年人群中广泛流行的毒品。氯胺酮具有中枢兴奋、中枢抑制、镇痛、抗焦虑、麻醉及致幻等作用。

8.3.4.1 氯胺酮历史演变及滥用现状

1962 年，美国首次人工合成氯胺酮。因其可抑制丘脑－新皮层系统和选择性阻断痛觉，故当时被作为麻醉药而广泛应用于野战创伤外科之中。1971 年，美国旧金山和洛杉矶市出现大量的氯胺酮滥用病例。1999 年，我国香港地区发现氯胺酮滥用病例，此后呈逐年迅速增加的趋势。2001 年，为防范可能发生的滥用和非法流失，氯胺酮被我国列为第二类精神药品管理。2003 年，氯胺酮被我国公安部列入毒品范畴。2004 年，为加强对氯胺酮临床制剂的管理，国家食品药品监督管理总局将氯胺酮制剂列为我国第一类精神药品，并由指定的药品生产企业定点生产。

《2019年中国毒品形势报告》指出，截至2019年底，我国登记在册的吸毒人员约为214.8万名。其中，不满18岁的吸毒者共约7151名，占吸毒人群总数的0.3%；18—35岁吸毒者约104.5万名，占48.7%；35岁以上的吸毒者约109.5万名，占51%。目前滥用氯胺酮者4.9万名，占毒品滥用总人数的2.3%。青少年毒品预防教育宣传成果显示，2019年全年新发现吸毒人员中青少年占比下降，但60岁以上吸毒人员同比增加3.5%；国内新精神活性物质问题突出。

无论是女性还是男性氯胺酮滥用者，其在吸毒前后的职业与就业状况变化都非常明显。相对而言，女性滥用者在吸毒前后的职业和就业状况变化更为明显。女性滥用者受教育程度普遍偏低，初中文化程度所占比例最大，吸毒者多以无业、待业人员为主，且这类人吸毒时间长，戒毒次数较多。

氯胺酮的滥用，以往主要集中分布于城市、乡镇等经济较为发达的中心地区，且集中在酒吧、KTV及夜总会等歌舞娱乐场所。近年来，随着公安机关禁毒、治安等执法部门对歌舞娱乐场所滥用毒品的打击力度加大，氯胺酮滥用的“主阵地”也发生了转移。目前氯胺酮滥用的“主阵地”正由歌舞娱乐场所向宾馆、出租屋、私人别墅及私人会所等私密性更强的场所转移和蔓延，隐蔽性也不断增强，这也给公安机关打击氯胺酮滥用带来了一定难度。

8.3.4.2 氯胺酮药理机制

氯胺酮是一种静脉全麻药，目前临床上主要用于全麻诱导、全麻维持以及小儿基础麻醉。氯胺酮可以选择性抑制丘脑的内侧核，阻滞脊髓至网状结构的上行传导，兴奋边缘系统，并对中枢神经和脊髓中的阿片受体有亲和力，其麻醉作用主要是抑制兴奋性神经递质（乙酰胆碱、*L*-谷氨酸）及NMDA受体的结果。

用氯胺酮麻醉后受者可出现睁眼凝视及眼球震颤，肢体肌力增强。呈木僵状态。氯胺酮还具有镇痛作用，其镇痛主要阻滞脊髓至网状结构对痛觉传入的信号及与阿片受体的结合，而对脊髓丘脑传导无影响，故对内脏疼痛改善有限。氯胺酮麻醉后可以出现痛觉消失，意识模糊而不是完全丧失，对周围环境的刺激反应迟钝，感觉与环境分离，呈现一种“意识和感觉分离”的状态，称为“分离性麻醉”。

氯胺酮还可通过改变单胺类神经递质的传递，导致欣快感，影响前额叶皮质对认知功能的调节，使正常人及精神分裂症病人出现精神病样症状。

8.3.4.3 氯胺酮毒理机制

1. 神经系统损害

（1）氯胺酮对滥用者认知和学习能力的影响。国内学者采用认知功能测试量表对氯胺酮依赖者和健康对照者进行测试，发现氯胺酮依赖者在数字符号测验和Stroop色词测验方面的得分都较正常对照者明显偏低，这说明长期使用氯胺酮会导致某些认知功能的损害。学习和记忆是脑的高级功能，是一个复杂的生理过程。在中枢神经系统内，海马富含 NMDA 受体，是参与学习记忆的重要部位，尤其是短期和近期记忆过程更是如此。有研究显示，对大鼠重复腹腔注射氯胺酮，在 5 天及 21 天后取大鼠大脑的海马组织，发现其齿状回及海马脚的细胞数均少于正常对照组。

(2)氯胺酮对滥用者心理及精神状态的影响。氯胺酮对滥用者的心理及精神状态有较大影响。有研究者对 187 名滥用氯胺酮者进行访谈后发现，使用氯胺酮出现的最常见急性效应是失重性漂浮或盘旋感、动感音乐环境下欣快感、兴奋话多和精力充沛，而长期使用后的常见慢性症状包括记忆力下降、人格改变、反应变慢。长期慢性使用、短期反复使用或一次性大剂量使用，除可导致慢性神经毒性外，还可出现精神分裂症样症状等阳性症状（如幻听、妄想等）以及某些阴性症状（如情感淡漠、社会交往退缩、焦虑、抑郁、自杀等）。据此，有学者利用氯胺酮诱导小鼠造成精神分裂症的模型而进行相关研究。

长期滥用氯胺酮，除了导致全身各个脏器的损伤以外，对神经系统的损伤尤为明显。对神经系统的损害包括神经元丢失、突触变化及 Tau 蛋白变异[13]。反复使用或者一次性大剂量使用氯胺酮，可出现精神分裂症样症状，如幻听、妄想等。此外，在吸食氯胺酮人员身上还发现其额叶、顶叶及枕叶的皮质出现萎缩，脑干和纹状体也受到损害，且这些损害会随着氯胺酮滥用的时间延长而扩大。

2. 泌尿系统损害

长期滥用氯胺酮可以导致全身各个脏器的损伤，泌尿系统也是其中之一。2007 年，香港首次发现吸食氯胺酮后出现严重的泌尿系统功能障碍，临床症状主要为排尿困难、尿频、尿急、血尿、夜尿增多以及急迫性尿失禁等。随后，世界各地均出现相关病例的报道。进一步使用膀胱镜检查，通常可发现氯胺酮滥用者的膀胱三角区出现白斑样改变，膀胱壁可见广泛的黏膜充血红肿，膀胱内充满絮状坏死物，甚至可见黏膜大片坏死区域。B 超、静脉肾盂造影及 CT 等辅助检查，均见泌尿系统发生不同程度的病变，如膀胱容量小、膀胱壁增厚、不同程度的输尿管扩张等，可伴有肾乳头水肿及坏死改变。

3. 其他系统损害

氯胺酮的毒性作用，不仅表现在引起心肌细胞组织学变化及心肌细胞凋亡增加进而导致心肌缺血，还能减慢心室传导、延长不应期，从而增加心脏性死亡的风险。氯胺酮滥用者还会出现消化系统的不良反应，主要表现为吸食后出现急性胃扩张、胃黏膜出血，并出现恶心、呕吐、腹胀、胃出血等症状。当氯胺酮用量过大、注射速度过快时，易引起使用者的呼吸抑制和呼吸暂停。此外，滥用氯胺酮还可以引起变态反应，如急性荨麻疹、眼结膜水肿、喉水肿及休克等，有药物过敏史者更易发生过敏性休克。

8.3.4.4 氯胺酮滥用与生物安全

氯胺酮滥用会导致严重的后果。①氯胺酮滥用导致了严重的社会和公共卫生后果：

氯胺酮的非法生产及交易,可导致与氯胺酮有关的刑事案件数持续上升;氯胺酮滥用和成瘾者情绪极其不稳定,且出现精神障碍,因此频发伤人、杀人等恶性案件;氯胺酮常被当作"迷奸药"使用,导致使用者遭受性侵害。②氯胺酮滥用导致了大量的社会财富发生流失:氯胺酮不仅对吸毒者身心造成了巨大损害,也使得滥用者成为毒品的奴隶,吸毒者沉浸在毒品的幻觉之中,难以从事正常工作;另外,为治疗、看护吸毒者的各种费用,缉毒、戒毒力量的投入以及药物滥用防治工作的开展,这些都给社会经济带来严重的损失[14]。

由于氯胺酮临床应用较广,可以引起使用者急性精神不良反应,多见于青壮年。有文献报道,在应用氯胺酮复合麻醉的 1125 病例中,术者精神症状的发生率为 19.5%,主要表现为梦幻、谵语及精神障碍,甚至出现精神分裂症状。氯胺酮致精神障碍的机制目前还不清楚,有人认为是由于长期使用氯胺酮致使神经元结构发生的病理性变化所致。氯胺酮对中枢神经系统的作用,主要是阻断痛觉冲动向丘脑和新皮层传导,同时又能兴奋脑干及边缘系统,引起意识模糊或不完全消失所致,此状态又称为分离麻醉。手术前给予术者苯二氮䓬类、巴比妥类及吩噻嗪类药物,可减少其氯胺酮引起的精神症状。

氯胺酮会导致艾滋病和其他传染性疾病的感染和流行,潜藏着造成更多公共卫生问题的隐患。氯胺酮往往被青少年在娱乐场所或私密性更强的场所群体滥用,加之氯胺酮所具有的致幻、刺激性欲作用,容易诱发滥用者的性冲动、增加不安全性行为的发生概率,从而发展出复杂的性伴网络,发生不良性行为。因此,氯胺酮滥用者面临着更大的艾滋病等传染性疾病的传播风险。

近年来在药物滥用与艾滋病防治方面,降低危害(harm reduction)的观念越来越受到人们的重视。降低危害是指根据实用主义的原则,评估药物滥用的现状,制定切实可行的目标,应用各种措施和方法以减少药物滥用及相关行为不良后果的整套防治策略。云南省某药物滥用防治研究所的研究人员,在一次会议上介绍了云南药物滥用与艾滋病防治工作的经验和教训。中英性病/艾滋病防治合作项目办公室官员,介绍了与吸毒有关的降低危害的工作经验。会议期间还举行了"降低危害论坛",与会者就我国开展美沙酮维持治疗的必要性、可行性以及可能存在的问题进行了交流和讨论。

笔者认为,要降低氯胺酮滥用的危害应当向氯胺酮滥用者讲授氯胺酮滥用的危害性;开展美沙酮维持治疗;宣传并提供戒毒治疗等相关工作开展。

8.4 新精神活性物质与生物安全

新精神活性物质是一种人工合成的致幻剂,又称实验室毒品或第三代毒品,它不同于人们通常所了解的海洛因、大麻等传统毒品和冰毒、摇头丸等合成毒品。目前第三代毒品多被滥用于娱乐场所,并且借助网络技术和现代物流业的发展,使毒品犯罪活动更趋隐蔽,打击难度更大。如何打赢这场新形势下的禁毒人民战争,就成为需要全社会共同面对的重大课题。

8.4.1 新精神活性物质种类

8.4.1.1 “奶茶”

“奶茶”是一种新型毒品,它呈白色粉末状,主要成分是氯胺酮及摇头丸等。因多用奶茶、咖啡等包装掩饰而得名。该毒品即冲即饮,与各种饮品混合后,口味都不会发生变化,甚至香味都很相似。此类新型毒品与“摇头丸”相似,迷惑性很强,毒品效果持续时间较长,对吸毒人员极具诱惑力,许多年轻人会在毫不知晓的情况下上瘾。

这类新型毒品“奶茶”往往模仿一些品牌奶茶、饮品,外观与小包装普通奶茶无异,但仔细观看这些“奶茶”制作粗糙,上面没有成分和食用方法的说明。此“奶茶”混合了冰毒及 K 粉等成分,成瘾性很强,毒性巨大,进入人体后会使饮食者产生中毒性精神障碍,情绪变得脆弱、不稳定,注意力无法集中,出现心慌、轻度意识模糊,还会产生日夜颠倒的幻觉,甚至陷入昏迷。

8.4.1.2 “邮票”

“邮票”是一个指甲盖大小的“小纸片”,被密封装在塑料袋里,看上去就像是一张小邮票,其实它却是新型毒品麦角胺二乙酸(LSD)。纯净的 LSD 是一种无色、无气味、味微苦的固体,是一种强烈的半人工合成致幻剂,毒性极强。“邮票”毒性是一般摇头丸的 3 倍,一次典型剂量只有几微克,哪怕只是皮肤接触也能被吸收,吸食过后会让人精神亢奋,产生幻觉。

“邮票”经口含后,通常几微克就足以让人心跳加速、血压升高,并出现急性精神分裂和强烈的幻觉,造成极大的心理落差,严重者可致人产生轻生念头,甚至有人跳楼,致幻效果长达 12 个小时之久。目前,在非法市场上发现的 LSD 剂型,一般都是纸型(如邮票型)或胶囊型。吸毒者只要将这种毒品含在口中,就可通过唾液将其中的毒品溶解吸收。口含约 $1cm^2$ 的毒品“邮票”,就能使人产生强烈的幻觉。此前这种“邮票”毒品主要集中出现在一些欧美国家,但目前它已经悄悄进入我国,甚至已经出现在未成年人之中。

8.4.1.3 “跳跳糖”

“跳跳糖”单纯从外包装上来看和普通的糖果几乎“一模一样”,它遇水即溶,可以即冲即饮,与其他饮料混合也不会发生口味香味的改变。“跳跳糖”的主要成分是氯胺酮及摇头丸等,作用与 K 粉和冰毒相似,使人极度亢奋,容易上瘾,对人体危害性大。

与海洛因、大麻和可卡因等传统毒品吸食者相比,“跳跳糖”吸食者一般是在吸食前为筹集毒资引发犯罪。人吸食该新型毒品后,往往出现幻觉和极度的兴奋、抑郁等精神病症状,从而导致行为失控造成暴力犯罪。更可怕的是该新型毒品还可以通过性途径,增加艾滋病传播的风险。

"跳跳糖"这种新型毒品披上了光鲜的外衣,具有极大的迷惑性,不仅让市民容易上当受骗,也增加了缉毒民警的查获难度。这些毒品不仅化身为"跳跳糖",还有可能化身变为果汁冲剂或咖啡等饮品,甚至可以成为一些其他小吃产品。制作完成后,毒品的伪包装上还被制毒者用工具印上生产日期等信息,以方便诱骗他人吸毒,也能迷惑警方、不易被查获。

8.4.1.4 "娜塔莎"

"娜塔莎"或"头发"作为近年来国际上最新出现的新型毒品,在年轻吸毒人员群体中占有一定的消费市场。绝大多数人在第一次吸食"娜塔莎"或"头发"时,都是怀着一种好奇的心理去尝试。他们以为自己吸食的是"新型香烟",结果却沉溺其中,丧失心智甚至丧失性命。"娜塔莎"的主要成分是合成大麻素,正常人吸食后会出现头晕、呕吐,导致精神恍惚、四肢无力,产生幻觉症状。长期吸食,则会导致心血管系统疾病以及精神错乱,同时也存在致癌风险。

8.4.1.5 "浴盐"

"浴盐"又称"丧尸浴盐",也是新型迷幻药——亚甲基二氧吡咯戊酮。它的外观看似普通浴盐,易使食用者躲避警方的检查。"浴盐"会增加脑部多巴胺及去甲肾上腺素分泌,从而令人兴奋,同时出现幻觉、妄想,还使人变得孔武有力,甚至令人产生暴力倾向,产生磨牙反应。"浴盐"属极度危险的毒品,药力长达8小时,长期服用可令肾、肝及呼吸道等器官衰竭。

8.4.1.6 "阿拉伯茶"

"阿拉伯茶"是新精神活性物质中植物类的一种,原名巧茶,为木兰纲卫矛科植物。新鲜的"阿拉伯茶"外观很像苋菜,区别在于它的茎都是红色的,叶子比苋菜更显"苗条"。在晒干之后,"阿拉伯茶"看上去就与茶叶非常像,很有迷惑性,但口感苦涩。"阿拉伯茶"的活性物质为卡西酮,使用后会让人产生欣快感、幸福感,使中毒者处于极度兴奋的状态,过量使用后会造成行为失控及意识失常。"阿拉伯茶"的效果与海洛因相似,毒性惊人,很容易精神成瘾。人长期吸食"阿拉伯茶"会变得身体消瘦、瞳孔缩小、免疫功能下降,更容易感染艾滋病及病毒性肝炎等。

8.4.1.7 "蓝精灵"

新型毒品"蓝精灵",又称"神仙水""开心水"或"听话水",其成分主要是氟硝西泮,也含有γ-羟基丁酸成分,属于国家严格管制的精神药物,是一种能让人陷入"极度亢奋"的毒品。γ-羟基丁酸是一种中枢神经系统抑制剂,可溶于水或饮料中,临床上被用作麻醉剂。其溶于水后与清水无异,可使服用者迅速陷入昏睡,失去抵抗力,出现短暂失忆。若与酒精被人一起喝下,会让肌肉产生过度镇静和精神运动损害,有时甚至会使人出现极度兴奋、神智错乱或精神迷乱等反应,任人摆布。该毒品起效快,2 分钟内便可让人进入昏睡状态,所以容易被犯罪分子所利用。滥用“蓝精灵”就和吸食冰毒等毒品一样,会使人产生强烈的依赖性。

8.4.2 新型毒品滥用与生物安全

新型毒品由于制造工艺相对简单,原材料又比较容易获取,导致近年来新型毒品在我国的传播和蔓延速度十分迅速。一些青少年在娱乐场所将“神仙水”“开心水”等新精神活性物质作为一件新奇潮流的事物,更愿意通过互联网获得所谓的“合法快感”“适度兴奋”等,导致吸食人群也大量上升,占比突出。当今互联网时代的发展,也给毒品的流通创造了条件。毒贩们根据不同地区和不同用户的需要,非法定制不同外观和药性的新精神活性物质,并非法贩运和销售毒品,从中牟利。他们竭力躲避各国的法律管制,使得各国缉毒部门防不胜防。新精神活性物质具有易溶、无色等物理特性,毒贩只需要将它添加到普通饮品之中(如饮料、矿泉水等),再使用快递包装运送即可,这种便携的运输方式,也给目前禁毒稽查造成了很大的压力。

面对新型毒品犯罪日益严峻的形势,我国不断把新型毒品纳入传统控制模式的管制范围之内,以减少此类毒品带来的各种生物安全危害。

8.5 毒品的生物安全与防控

毒品不仅危害吸毒者自身,更是危害吸毒者的家庭及整个社会。新型毒品泛滥已成为世界性公害,它消耗了大量的社会财富,影响了人类的安宁和社会稳定。本节主要从以下几个方面,提出积极应对毒品犯罪的对策和建议。

8.5.1 毒品防控与生物安全现状

毒品滥用问题已经成为弥漫全球的公害,严峻复杂的国际禁毒形势也为我国的禁毒工作带来了巨大的挑战。为了遏制不断泛滥的毒品危害,我们应当充分认识到当今世界禁毒斗争的艰巨性和复杂性,做好长期禁毒的准备,要综合考虑现实存在的各方面问题,制订符合我国国情的禁毒策略。只有结合目前的诸多因素,制订出具有可操作性的防范、监管和打击举措,才能有效降低毒品犯罪问题给我国社会稳定和人民身心健康带来的危害。

8.5.1.1 完善禁毒工作的法律法规

自从成为《1961 年麻醉品单一公约》《1971 年精神药物公约》和 1988 年《联合国禁止

非法贩运麻醉药品和精神药物公约》的缔约国,我国先后制定了《麻醉药品和精神药品管理条例》《易制毒化学品管理条例》《中华人民共和国禁毒法》和《戒毒条例》等。它们健全了我国禁毒相关的法律法规,对毒品管制、戒毒措施、毒品宣传及国际禁毒合作等都做出了详细规定,为我国的禁毒和戒毒工作均提供了有效的法律支持。1990年,我国成立了国家禁毒委员会,统一领导全国的禁毒事务。值得注意的是,我国法律还具有一定的滞后性,某一些法条已经不能适应当前的禁毒工作需要。因此,我们应当时刻注意毒品犯罪的发展趋势,适当补充和健全法律法规,以适应我国当前禁毒工作的需要[15]。

8.5.1.2 提高全民的禁毒意识

事先的预防和警示,是禁毒工作的关键。目前,青少年已成为毒品滥用的高危人群,我们应把禁毒教育宣传的重点放在青少年身上,让其及时得到禁毒教育,从而提高在校学生的禁毒意识。通过媒体及网络等有效宣传途径,可以对人民群众特别是对青少年进行宣传教育,提高全民的禁毒意识。近些年来,明星吸毒案件不断发生,我们也必须引起警醒。

笔者认为,要有效提高全民的禁毒意识,可以从以下几个方面着手。①常识的毒品宣传教育:应从毒品种类、作用机制、对人体的危害等多方面进行宣传,这些是毒品预防的基础工作。②禁毒法律知识宣传:目前我国已形成相对完善的禁毒法律体系,但法律宣传程度尚有欠缺。毒品具有非常大的成瘾性和巨大的隐蔽性,贩毒人员可以从中牟取很大的利润。我国目前涉毒人员的文化程度普遍偏低,以无业人员为主,其对涉毒违法犯罪所要承担的严重法律后果没有整体认识。因此,我国对禁毒法律的宣传教育应当因地制宜。③毒品在社会层面的危害:应着重加强我国历史上遭受毒品荼毒方面的教育,充分认清毒品祸国殃民的深重灾难,宣传毒品给当今社会带来的严重危害,提倡大众一心抵制毒品。④青少年毒品预防宣传:毒品预防教育,主要以未成年人特别是青少年群体为重点,引导他们提高自我辨析和防护能力,远离毒品。通过宣传抵制毒品的基本方法、基本手段和基本途径,告诫他们并通过他们影响亲人朋友,自觉保持与毒品的距离,避免受毒品侵害[16]。

8.5.1.3 加强强制戒毒工作

充分发挥强制隔离戒毒的作用,对减少吸毒人员的数量有十分重要的作用,但宣传教育更是控制吸毒人数增长的重要举措。只有使二者相互配合,才能达到有效减少吸毒人数的目的。

1. 加强对吸毒人员的管理

公安部门应当进一步加强吸毒人员的动态管理机制,建设运用全国信息共享、动态监控和网上跟踪等手段,规范和强化各地对吸毒人员的排查、登记等环节的管理。一方面需加强对流动吸毒人员的管理控制,及时掌握吸毒人员的各项情况,在全国范围内建立吸毒人员调查登记制度。另一方面，建立健全药物滥用的监测网络，定期收集新类型毒品、精麻药品滥用人员的数据资料并及时输入数据库，凭此与人口信息、旅店业信息、违法犯罪人员信息进行实时比对，最大限度地将吸毒人员纳入视线，减少失控吸毒人员的数量。

2. **强制隔离戒毒**

《中华人民共和国禁毒法》颁布后，强制隔离戒毒已经成为戒毒措施中仅有的一种带有强制性的措施，它在戒毒工作中发挥着重要作用。在实际工作中，有关部门一定要加强强制隔离戒毒装备、队伍、制度等方面的建设，应根据戒毒治疗的不同需要专门配备执业医生，并对其进行培训、加强管理和监督；强化隔离戒毒所内部管理，对不同阶段的吸毒人员区分对待，分别管理；加强戒毒机构的安全监控，对戒毒人员所携带的物品进行监督检查，对戒毒所以外的人员带进或邮寄进来的物品加强管制与监控。

3. **戒毒康复**

除强制隔离戒毒外，有关部门还应当深入推进社区的戒毒康复工作，改善戒毒者的康复条件。社区康复相比较于社区戒毒具有更强的自由性，更具人性化，主要通过戒毒者自己制订的生活和工作方案进行戒毒。在深化推进社区康复的工作中，有关部门要加大给予戒毒人员的自由度，由其自己决定居住地和交往人员；完善戒毒康复场所的劳动和生活管理，为戒毒人员提供劳动机会，并按照国家劳动用工制度的标准支付劳动报酬；加强戒毒康复项目建设，营造温馨的社会环境，真正为戒毒人员建立一个远离毒品、温馨和谐的新型家园[17]。

4. **积极深化医疗体制，完善自愿戒毒制度**

自愿戒毒是指国家设立戒毒医疗机构及戒毒康复场所，由吸毒人员自愿选择而设立的戒毒制度，是吸毒人员对其自身进行自我挽救的重要手段。自愿戒毒体制应为吸毒人员提供良好的戒毒出路，使他们可以在自主选择的基础上实现戒毒的愿望。

自愿戒毒场所的构建尤为重要。目前，我国的自愿戒毒场所均为具备医疗科研能力，并经相关审批通过的具备资质的医疗单位。为推进自愿戒毒制度的发展，我们可适度放宽对戒毒场所的资格限制，使有条件的医院都能开展戒毒药品和方法研究。针对条件较好的医疗机构，有关部门可以采用加大投资力度和推出优惠政策等方法，鼓励开展戒毒研究，完善和深化医疗体制，以促进自愿戒毒工作的进一步发展。

5. **积极做好戒毒人员戒断后的衔接帮教工作**

戒毒人员在完成戒毒后，特别需要戒毒单位的指导帮助和家庭亲友的关心爱护。这时候，社会的安置帮教部门和家属的正确引导就显得尤为关键。可建立和加强吸毒人员动态服务体系，完善救济、保障手段及措施，提高吸毒人员的帮教率，以降低复吸率。也可借鉴国外的先进工作经验，以深入开展就业为中心动员社会力量，使吸毒者回归家庭和社会。

综上所述，我们应开展自愿戒毒、强制隔离戒毒和社区戒毒相结合的戒毒模式，使社会各部门采取各种措施以帮助吸毒人员戒除毒瘾，以此来教育和挽救吸毒人员。另外，我国还需要加强各种毒品的科学研究，为我们更好地理解毒品的成瘾机制、健康危害、流行规律、临床治疗及干预措施，提供有力的科学支撑。

8.5.1.4 控制毒品源头供应

从我国的毒品形势来看，境外毒品渗透对我国危害极为严重，做好禁毒工作必须遏制周边毒源地毒品流入我国，并遏制走私、贩卖毒品，防止毒品在我国境内进一步蔓延。

边防部队、边境地区的公安机关以及海关部门，应当继续加大对毒品流入的边境堵截力度。近年来，在对毒品边境堵截工作中，边防部队起到了相当重要的作用，堵截并查获了一大批企图贩运到境内的毒品，在一定程度上遏制了境外毒品的渗透。然而，由于我国靠近世界上的两大毒源基地，且边境线较长，加之国家逐渐扩大边境地区的对外开放程度，导致境外毒品多头入境、全线渗透的势头进一步增强，以至于边境地区出现“堵截毒品效果显著，而毒品渗透却不断增长”的现象[18]。因此，必须增加边防部队的力量，增强边境地区公安机关以及海关部门的建设，适度增加人力和物力的投入，提高禁毒技术、装备的水平，加强边境地区的管理巡查，以提高对边境地区毒品的堵截能力。

过去贩毒人员常以“亲自携带”的传统形式进行毒品运输，目前新的走私形式则是利用“物流走私”和“网络走私”的贩毒走私。面对毒品走私活动的猖獗，公安禁毒部门应该进一步强化对电子商务领域的管控，设置涉毒信息关键词过滤词库和过滤设施，严密防范与毒品有关的可疑信息。针对毒品高发区域，禁毒部门可以通过大数据技术来预测犯罪发生的可能，利用分析出的犯罪规律来预测下一个可能发生网络涉毒行为的地点，将其清晰明确地标注出来，以便人们重点关注。

针对高风险人员，公安禁毒部门应及时标注、重点关注。公安禁毒部门可以对其网络涉毒行为进行监控和侦查，使用网络监听、定位技术对其上网习惯、联系方式、语言特点和活动轨迹进行研究并做到基本掌握，及时对贩毒分子的涉毒行为进行打击和管控，竭力堵住一切毒品流通的渠道。

8.5.1.5 加强与国际禁毒机构的合作

禁毒不是单靠一个国家就能完成的事情，除了做好国内的禁毒工作，我国还必须加强与国际禁毒机构的合作。

第一，认真履行国际禁毒公约。关于《1961 年麻醉品单一公约》《1971 年精神药物公约》和《联合国禁止非法贩运麻醉药品和精神药物公约》，它们不仅是精麻药物的国际法律制度的基础，同时也是指导着国际范围内打击毒品犯罪工作的指向标。20 世纪末，国际社会更清楚地认识到毒品及其相关的犯罪活动对各国人民的身心所造成的严重破坏，以及它对于一国治安、经济发展,乃至于政治经济方面的负面影响。作为已签署国际禁毒公约的一员,我国政府应切实承担起相关义务,保证禁毒工作的顺利进行。

第二,推行“毒品替代种植”计划。我国与东南亚多个国家接壤,应该始终把“毒品替代种植”作为区域禁毒工作的核心。应该积极地帮助边境农民寻找并探索可替代种植的作物品种,为执行替代种植的农户提供相关的优惠政策,解决他们的后顾之忧。只有这样,毒品的替代种植才能取得实效,才能给区域禁毒工作带来支持。

8.5.2 禁毒防控与生物安全的展望

8.5.2.1 毒品滥用防控工作与挑战

当前全球毒品问题继续呈现出一个不断恶化的态势,“金三角”“金新月”及“银三角”三大毒源地的传统毒品产能依然巨大,与冰毒等合成毒品和新精神活性物质形成三代毒品叠加供应的态势。“金三角”地区在继续向我国渗透海洛因、冰毒片剂的同时,冰毒晶体及氯胺酮的输入量也在急剧上升,占据了我国毒品市场的主导地位。与此同时,大麻及可卡因等毒品向我国的渗透也不断增多[19-20]。

任何一种毒品,无论是鸦片类毒品(鸦片、海洛因、吗啡、杜冷丁等),还是苯丙胺类兴奋剂(“冰毒”“摇头丸”等),或者是大麻、可卡因、K 粉、致幻剂等毒品,都会给使用者的身体和心理造成极大的伤害。毒品除极大地损害人体的神经系统之外,它们还会因其性质不同而伤害人体的心血管系统、消化系统、呼吸系统、免疫系统和泌尿生殖系统[21]。

随着毒品的滥用,艾滋病也随之逐渐成为影响全球卫生和社会经济发展的制约条件。由于艾滋病的隐蔽性强,人们对其了解还不够深入,对于艾滋病的传播途径、感染后的治疗问题都缺少认知,“谈艾色变”已经成为一种常态,HIV 所致的相关脑病也相继成为当今社会关注和研究的一个热点[22]。

8.5.2.2 禁毒防控工作任重道远

制作毒品和贩卖毒品的高利润让许多人铤而走险,以身试法。殊不知,无论是海洛因、冰毒还是其他新型毒品,只要一点点就足以摧毁一个人和一个家庭。不论制毒、吸毒或贩毒都会危害到整个国家的社会治安,同时也给国家生物安全带来不小的威胁。中国是禁毒力度最大的国家,不论你是谁,只要你敢吸毒、制毒或贩毒,都终将逃不出法律的制裁。当前我国正面临着现实而严峻的生物安全挑战,只有把生物安全与禁毒问题牢牢地结合在一起,才能对制毒、贩毒及吸毒的犯罪活动给予更有力的打击。

(曾晓锋)

参考文献

[1] 郝红霞,白凤波.甲基苯丙胺检测方法研究进展[J].分析试验室,2020,39(3):

364－372.
[2] 党珊，李玮，王玮. 甲基苯丙胺所致精神障碍及其潜在神经机制的多模态MRI研究进展[J]. 磁共振成像，2019，10(5)：388－392.
[3] 杨根梦，陈逊，曾晓锋. 甲基苯丙胺诱导神经细胞自噬的研究进展[J]. 中国药理学通报，2016，32(10)：1341－1344.
[4] 李岚林. 大麻合法化的欧洲逻辑：价值博弈与法律平衡[J]. 上海对外经贸大学学报，2020，27(4)：66－76，89.
[5] 曹怡. 全球再掀医用大麻革命[J]. 检察风云，2019(24)：50－51.
[6] 杨晶金，梁勇，胡诺恩，等. 氯胺酮滥用危害的研究进展[J]. 中国药物依赖性杂志，2016，25(1)：37－41.
[7] 刘柳，黄俭，李媛媛，等. 氯胺酮诱导细胞自噬的研究进展[J]. 生命科学，2020，32(8)：823－830.
[8] 黄筱钧，李宁，侯炜. 神经免疫、毒品滥用和神经艾滋病[J]. 中国药物依赖性杂志，2014，23(4)：248－251.
[9] 许梓枫，丁之德. 毒品对生殖系统及胚胎发育的影响[J]. 国际生殖健康/计划生育杂志，2016，35(1)：56－60.
[10] 闫冠韫，吴延丽，程伟. 从吗啡的研究历程看阿片类镇痛药物的发展与应用[J]. 黑龙江医药，2014，27(6)：1325－1328.
[11] 冯诗涵. 新型毒品亚文化背景下我国禁毒政策反思[J]. 山西警察学院学报，2019，27(2)：67－71.
[12] 赵诗雯，田学愎. 吗啡耐受的形成机制及治疗进展[J]. 中国疼痛医学杂志，2017，23(3)：210－214.
[13] 王瑨，侯柏村，刘宏亮，等. 可卡因成瘾机制的研究进展[J]. 中国康复理论与实践，2010，16(10)：942－944.
[14] 孙维来，郑晓雨，赵彦彪，等. 大麻组分检测及化学分型研究进展[J]. 中成药，2019，41(2)：402－411.
[15] 高璐，常霄巍. 我国药物滥用现状及趋势分析[J]. 实用药物与临床，2019，22(9)：985－989.
[16] 牛何兰，任周阳，陈彦奇. 总体国家安全观视域下的云南边境毒品问题分析[J]. 云南警官学院学报，2018(6)：1－7.
[17] 高铭巍. 青少年在新型毒品中的同辈预防教育[J]. 法制博览，2019(25)：181，183.
[18] 杨皓，朱长才，熊峰，等. 新型毒品与传统毒品吸食人员回归社会影响因素对比分析[J]. 中国健康教育，2017，33(5)：392－394，402.

[19] 陈莹莹,冯垂强. 论合成毒品防治难点及其治理对策[J]. 佳木斯职业学院学报,2016(11):429-430.
[20] 包雪梅. 我国药物滥用的现状及解决策略[J]. 科技风,2019(21):226.
[21] 刘良. 法医毒理学[M]. 5版. 北京:人民卫生出版社,2016.
[22] 廖林川. 法医毒物分析[M]. 5版. 北京:人民卫生出版社,2016.
[23] 丛斌. 法医病理学[M]. 5版. 北京:人民卫生出版社,2016:1-488.

第 9 章
毒蕈生物安全

毒蕈（toadstool）又称毒蘑菇、毒菌或毒苷，是指含有不同类型毒素的、不能直接食用的子实体大型真菌[1]。毒蕈的外观与可食野生蕈菌极其相似，在野外杂生情况极难分辨，故易造成人们误食中毒。近年来，我国毒蘑菇中毒事件的发生率呈上升趋势。据报道，因误食有毒野生蘑菇引起的中毒死亡事件已居各种中毒致死事件的第 2 位，而且仍呈不断上升的趋势。毒蕈的毒性有强有弱，有的毒蕈毒性虽小，但进食过多仍可发生严重中毒；有的毒蕈毒性非常强，误食中毒后一旦出现临床症状已属晚期，极易导致死亡。目前，毒蕈中毒尚无特效治疗措施，抢救治疗成功率较低，死亡率高。毒蕈生物安全防范，是当今社会一个极为重要的任务。

9.1 毒蕈生物安全概述

9.1.1 毒蕈中毒概述

全世界目前已知的蘑菇种类大约有 14000 种，我国已知蘑菇种类估计在 4000 种以上，其中食用菌有 936 种，药用菌 437 种，毒蕈有 435 种[2]。由于毒蕈种类繁多、分布广泛、形态特征复杂，因此经常有因误食毒蕈而引发中毒事件的发生。在每年公布的《全国食物中毒事件情况的通报》中，国家卫生健康委员会（原卫生部）将我国食物中毒按致病因素分为微生物性、化学性、有毒动、植物及毒蘑菇（2010 年以前该类别为有毒动、植物）、不明原因等 4 种。2015 年罗海波等根据通报统计分析了 2004—2013 年我国食物中毒情况，结果表明在这 10 年中，微生物性食物中毒人数一直是最多的，其次是有毒动、植物及毒蘑菇中毒。而导致中毒死亡人数的各相关因素比较结果显示,2004—2005 年化学性食物中毒的死亡人数最多,其次是有毒动、植物及毒蘑菇中毒人数,而微生物性和不明原因食物中毒死亡人数相对较少;2006—2013 年有毒动、植物及毒蘑菇跃居为导致食物中毒死亡的第一大原因。

陈作红等调查了 1994—2012 年我国南方地区 102 起蘑菇中毒事件,其中 852 人中毒,死亡 183 人,致死率为 21.48%。在蘑菇中毒事件调查中,发现误食蘑菇中毒事件有 2 种情况。第一种情况采食的是混杂的野生蘑菇,虽然大部分种类是可以食用的,但里面混杂有部分剧毒种类;第二种情况采食的是单一的毒蘑菇种类,在这种情况下如果误食的种类是剧毒蘑菇并且治疗不及时,那么往往会导致全部食用者死亡。在我国已经发生了多起导致 6 ~ 9 人因误食毒蘑菇而全部死亡的中毒事件,情形十分严重。

由于特殊的地理环境,我国云南省是全国发生毒蘑菇中毒最多的省份。有学者专门对云南省毒蘑菇中毒情况进行研究,统计得出:1985—2000 年,云南省共发生毒蘑菇食物中毒事件 378 起,其中中毒 2330 人,死亡 326 人,病死率 13.99%;2004—2010 年,云南省毒蘑菇中毒事件共报告 243 起,其中中毒 2395 人,死亡 280 人,病死率 11.69%(其中 2010 年中毒病死率高达 42.30%)。

我国蘑菇中毒的病死率过高的主要原因有:①百姓缺乏对剧毒蘑菇的鉴别能力;②多数基层医疗单位也缺乏对剧毒蘑菇的认识,错过了最佳的抢救和治疗时间;③我国医疗单位缺少治疗剧毒蘑菇中毒的有效方法和解毒药物。

9.1.2 毒蕈毒素种类、化学结构与性质

由于毒蕈种类不同,所含的毒素成分也不一样。根据所含成分化学结构及性质不同,毒蕈毒素可分为鹅膏肽类毒素、鹅膏毒蝇碱、色胺类毒素、异噁唑类衍生物、鹿花菌素、鬼伞毒素与奥来毒素 7 类[3]。

9.1.2.1 鹅膏肽类毒素

毒蕈中分离鉴别出的天然鹅膏肽类毒素均为环肽类化合物,根据氨基酸组成和结构的不同,分为 3 类。①鹅膏毒肽:是一种双环八肽,已经分离纯化的有 9 种;②鬼笔毒肽:是一种双环七肽,已经分离鉴定出的有 7 种;③毒伞素:是一类单环七肽化合物,目前已分离鉴定出 6 种。

鹅膏肽类毒素化学性质稳定,耐高温、耐酸碱、耐干燥,不易酶解,一般的烹调与加工均不能破坏其毒性,易溶于甲醇、乙醇、液态氨、吡啶和水。

含有鹅膏肽类毒素的蘑菇引起的中毒症状,明显表现出 5 个阶段,即潜伏期、胃肠炎期、假愈期、肝功能异常期和器官功能衰竭期。①潜伏期(8 ~ 12 小时):人在误食鹅膏菌后,一般发病较慢,有 8 ~ 12 小时的潜伏期,也有病例到 20 小时后才出现中毒症状,这一

点对于含有鹅膏肽类毒素蘑菇中毒的诊断具有很高的价值，因为其他大多数低毒蘑菇在食用后2小时以内就表现出症状；②胃肠炎期（8～48小时）：中毒者在潜伏期过后出现恶心、呕吐、腹痛、“霍乱型”腹泻等肠胃症状；③假愈期（48～72小时）：中毒者在胃肠期过后症状消失，看似康复，1～2天内无明显易见症状；④内脏损害期（72～96小时）：假愈期过后，患者重新出现腹痛、带血样腹泻等症状，病情迅速恶化，出现肝功能异常和黄疸、肝大，这种损害可通过肝脏酶血清浓度、谷草转氨酶（GOT）、谷丙转氨酶（GPT）和乳酸脱氢酶（LDH）的变化来加以诊断；⑤器官功能衰竭期：随着上述这些酶活性的增加，机体血凝性被严重扰乱，可引起内出血，最后导致肝、肾、心、脑、肺等多个器官功能衰竭，5～8天后中毒者死亡。

9.1.2.2　鹅膏毒蝇碱毒素

鹅膏毒蝇碱是一类具有致幻作用的神经毒素，学名为氧代杂环季盐，分子式为$C_9H_{20}NO_2$，共有L(+)－毒蝇碱、EPI毒蝇碱、EPI－ALLO毒蝇碱、ALLO毒蝇碱等4种异构体。鹅膏毒蝇碱无色无味，易溶于水和乙醇，主要作用于人体中枢神经系统，能加强腺体分泌，使人血压降低、瞳孔收缩、中枢神经异常兴奋。人误食含有鹅膏毒蝇碱的毒菌后，会引起精神兴奋、精神错乱及精神抑制，常表现为兴奋、流汗、流涎及流泪，中毒者会因肺部水肿而呼吸困难、昏迷，甚至死亡。

9.1.2.3　色胺类毒素

色胺类毒素属于神经精神型毒素，主要包括蟾蜍素、光盖伞素、去甲裸盖伞素及其脱甲基类似物、光盖伞辛和4－羟基色胺等。光盖伞素的分子式为$C_{12}H_{17}O_4N_2P$，分子量为284.25，性质相对稳定，具有较高的热稳定性和水溶性。光盖伞辛的分子式为$C_{12}H_{16}ON_2$，分子量为204.27。

花褶伞和钟形花褶伞中含有光盖伞素，人误食后可产生明显的幻觉、听觉和味觉错觉，还可以出现欢欣与焦虑、淡漠与紧张相交替的情绪变化及狂笑等。此外，光盖伞素可引起瞳孔散大、心跳过速、血压上升、体温升高等交感神经兴奋的症状，一般认为该毒素与LSD的毒性机理类似，当作用于中枢神经至脊髓后可导致交感神经和生理机能的变化。

9.1.2.4　异噁唑类衍生物

异噁唑类衍生物是从毒蝇鹅膏菌中发现并成功分离出来的一种致幻毒素，主要包括口蘑氨酸、鹅膏蕈氨酸、异鹅膏氨酸和异鹅膏胺4种鹅膏蕈氨酸。鹅膏蕈氨酸分子式为$C_5H_6N_2O_4$，分子量为158.11；其脱羧反应产物即为异鹅膏胺，分子式为$C_4H_6N_2O_2$，分子量为114.1。异噁唑类衍生物作用于中枢神经系统，可使中毒者神经错乱，出现幻觉和色觉紊乱。

9.1.2.5 鹿花菌素

鹿花菌素是鹿花菌中所含的一种毒素，分子式为 $C_4H_8N_2O$，分子量为 100.12，易溶于水，对光、热极不稳定，60℃以上即可分解为甲基肼，水溶性强。鹿花菌内也含有其他可以产生甲基肼的衍生物，因含量较少，对毒性的影响尚不明确。鹿花菌的毒素会与 5-磷酸吡哆醛产生化学反应形成肼，从而降低谷氨酸脱羧酶的活跃性而影响神经递质 γ-氨基丁酸的生成，造成神经系统症状。甲基肼会造成人体内的氧化压力，导致正铁血红蛋白血症。在代谢甲基肼时会产生 N-甲基-N-甲酰肼，经细胞色素 P450 氧化代谢后会产生甲基根，可导致肝脏坏死。当抑制二胺氧化酶时会令组织胺的水平上升，导致头痛、反胃、呕吐及腹痛。

鹿花菌素的致死量，儿童及成人分别为每公斤体重约 10～30mg 及 20～50mg，大概相当于新鲜鹿花菌 0.2～0.6kg 及 0.4～1kg。但是，中毒反应会因人而异，有人可以完全没有反应或出现严重的中毒反应。研究证据显示，儿童受毒素影响较为严重，但原因不明。虽然将鹿花菌煮成半熟可以大幅减少鹿花菌素的含量，但重复食用仍会增加中毒的风险。

9.1.2.6 鬼伞毒素

鬼伞毒素最早从毒蕈墨汁鬼伞[*Coprinus atramentarius*（Bull.）Fr.]中分离得到，分子式为 $C_8H_{14}N_2O_4$，分子量为 202.21。该毒素是水溶性的 1-氨基环丙醇的 γ-谷氨酰胺共轭物。当毒蕈墨汁鬼伞被人和动物摄入后，毒素可被水解为 1-氨基-环丙醇，进一步水解为有毒的环丙酮，它可以抑制肝脏中乙醛脱氢酶的活性。如果中毒者在中毒的抑制期摄入少量酒精，蓄积在血浆中的乙醛将产生一种双硫仑样反应的相似效应。如未摄用酒精，则这种蘑菇是无毒的，可以食用。如果在食用这种蘑菇的同时或两三天以内饮用酒精饮料，可能会出现 2～3 小时的短暂中毒症状。这些短暂中毒症状包括面部和颈部潮红、低血压、心动过速、心悸、呼吸过快、麻刺感、头痛、恶心、呕吐和出汗，有时也会有更加严重的情况发生。

9.1.2.7 奥来毒素

奥来毒素主要存在于丝膜菌属毒蕈中，其分子式为 $C_{10}H_{10}O_6N_2$，分子量为 252.18，纯品为无色、晶体状，易溶于稀氢氧化钠溶液、氨水和二甲基亚砜，微溶于甲醇，难溶于其他有机溶剂和水。奥来毒素是一种作用缓慢但能致死的毒素。该毒素中毒的特征之一是有很长的潜伏期。因患者经常不会想到此时的“生病”与前几天食用的蘑菇有关，通常会导致误诊。

奥来毒素主要作用于肾脏，其导致的典型中毒进展过程可分为 4 个阶段。①潜伏期：为食用后 36 小时到 17 天，潜伏期的长短与中毒的程度有关，潜伏期越短，中毒越严重。轻微中毒,潜伏期为10～17天,症状表现为口干舌燥、口渴及多尿,几天后很快恢复;中等程度中毒,潜伏期为6～10天,症状严重但没有严重的肾功能障碍,并且在3～4周就会恢复正常;严重中毒,潜伏期为2～3天,会引起肾衰竭,死亡率高。②未进肾阶段时期:此阶段会出现肠胃、神经和其他一般症状,通常持续1周,具体表现为厌食、恶心、呕吐、腹疼、便秘、腹泻、突然发冷、寒战、发抖、嗜睡、痉挛。③进入肾阶段时期:此阶段在未发生肾衰竭之前出现多尿症状,其中有的可出现蛋白尿、血尿及白细胞尿;随后发展为急性肾功能衰竭,出现少尿或无尿症状。对中毒者进行肾活体组织检查或死亡病例尸检可见肾小管间质发炎坏死。④恢复或后遗症阶段:患者康复很慢,一般需要几个星期甚至几个月的时间。

9.1.3 毒蕈中毒的主要临床表现

毒蕈中毒后的主要临床表现有肝损害型、神经精神型、胃肠中毒型及溶血型等几种类型。

9.1.3.1 肝损害型

可造成肝损害的毒素是原浆毒素,它能使人和动物体内大部分器官发生细胞变性,从而引起肝损害症状。此类毒素目前已知的主要有毒肽(phallotoxins)和毒伞肽(amatoxins)两大类。这种中毒主要由毒伞、白毒伞、鳞柄白毒伞以及褐鳞小伞引起,致死率高。这类极毒菌除对肝有严重损害外,对肾、心、脑及神经系统均有毒害作用,病程长,病情凶险而复杂,病死率高达60%～100%。肝损害型中毒的潜伏期长,中毒症状一般出现在食后6～24小时,开始先有呕吐,继之出现腹痛及腹泻。有些中毒者在吐泻后出现假愈期,这正是毒素入侵肝脏破坏肝细胞的时期,毒素有时也可以侵害肾脏。假愈期过后,中毒者开始出现肝痛、肝大、黄疸、出血,精神兴奋或抽搐,时而烦躁不安、谵妄或抽搐,时而嗜睡或昏迷,不思饮食。

9.1.3.2 神经精神型

神经致幻毒素包括有鹅膏毒蝇碱、异恶唑类衍生物及色胺类毒素等,如蟾蜍毒素、裸盖菇素及赛洛西宾,均能引起神经精神症状[4]。引起神经致幻的毒蕈有毒蝇伞、毒红菇、黄锈伞、红网牛肝菌及花褶伞等。

神经精神型中毒的潜伏期短,进食后10分钟至2小时内发病。大致可以分成以精神兴奋、精神错乱或精神抑制为主的类型,不同类型的症状往往是相互交替出现,难以截然分开。神经精神型中毒除表现为呕吐及腹泻外,还可出现幻视、幻觉、狂笑及精神错乱等神经兴奋的症状,同时还可有流涎、流汗、流泪、瞳孔缩小、血压下降、呼吸困难等症状。此类中毒病死率低,但也可使人死于呼吸衰竭或循环衰竭。

9.1.3.3 胃肠中毒型

胃肠毒素目前了解尚少,可能是类树脂物质(resin - like)、苯酚类(phenol)、甲酚类(cresol)和蘑菇酸(agaricinic acid)等。此类毒素诱发中毒的特点是发病快,潜伏期短(一般为10分钟至6小时),中毒后出现剧烈恶心、呕吐、腹痛、腹泻,也可出现疲倦、昏厥或谵语。本病病程短,一般病死率很低,严重者偶有死亡。

引起胃肠道刺激的毒蕈种类很多,主要有伞菌属(*Agaricus*)、牛肝菌属(*Boletus*)、青褶伞属(*Chlorophyllun*)、粉褶蕈属(*Entoloma*)、粉褶菌属(*Rhodophyllus*)、陀螺菌属(*Gomphus*)、黏滑菇属(*Hebeloma*)、湿伞属(*Hygrocybe*)、垂幕菇属(*Hypholoma*)、乳菇属(*Lactaris*)、高大环柄菇属(*Macrolepiota*)、类脐菇属(*Omphalotus*)、鬼笔属(*Phallus*)、鳞伞属(*Pholiota*)、枝瑚菌属(*Ramaria*)、红菇属(*Russula*)、硬皮马勃属(*Scleroderma*)、乳牛肝菌属(*Suillus*)、口蘑属(*Tricholoma*)和粉孢牛肝菌属(*Tylopilus*)等。这些毒蕈中偶尔有会引起死亡的,如毒粉褶菌、虎斑蘑、发光侧耳等;有些有毒蘑菇中毒后临床症状较为显著,但无死亡危险,如褐盖粉褶菌;其中还有毒性不大、发病不显著的,如红菇、乳菇、牛肝菌、橙红毒伞、毒光盖伞、月光菌、环柄菇及蜡伞等。

9.1.3.4 溶血型

已知的能引起溶血症状的毒素不多,如苄基毒肽,是原浆毒素中的一种溶血毒素;鹿花菌素或马鞍菌酸,系甲基联胺化合物,是一种原浆毒素,产生这种症状的毒蘑菇以鹿花菌、梭柄马鞍菌为主。溶血型毒蕈中毒的特征是出现腹胀伴恶心、呕吐,偶感头晕,在给予糖皮质激素免疫调节治疗后症状能暂时缓解,但1天后症状会再次加重。

溶血型的潜伏期一般为6~12小时。中毒者出现胃肠炎,以及头痛、疲倦及痉挛等神经症状。引起贫血、黄疸、血红蛋白尿、肝、脾大及心、肾受累等,严重时可引起死亡,死亡率为2%~4%。可在1~2天内由于红细胞大量破坏,引起急性溶血性贫血。多数在食用毒蘑菇后过一定时间,突然出现寒战、发热、腹痛、头痛、腰背肢体痛、面色苍白、恶心、呕吐、全身虚弱无力、烦躁不安和气促等症状。因机体大量溶血,可于短时间内出现黄疸、红血蛋白尿及血红蛋白血症,严重者可有昏迷或抽搐,并死于衰竭或休克。患者大多有脾大,网织红细胞增多。溶血以后有时引起肾脏损害,重者可因续发尿毒症而死亡。辅助检查提示重度贫血,肌酐值显著升高,彩超示肾肿大。

9.2 肝肾损害型毒蕈中毒与生物安全

9.2.1 肝损害型毒蕈中毒

肝损害型毒蕈中毒是各种毒蕈引发的中毒中最严重的类型,常并发多脏器功能损害，死亡率高达80%。由于该型中毒早期的临床表现与胃肠中毒型相似，故常因未能及早识别病情的发展而致处理不及时或不恰当，使中毒者失去救治的机会。以下结合具体的毒蕈中毒案例资料，对肝损害型毒蕈中毒加以讨论。

9.2.1.1　临床资料

1. 发病情况与临床表现

2008年，广东省共发生急性肝损害型毒蕈中毒8例。其中男性5例，女性3例，年龄为15～49岁。进食毒蕈数量1～50个，潜伏期6～24h。8例均在当地卫生院诊治4～6天，此后病情加重。所有中毒者早期均出现腹痛、腹泻、恶心、呕吐等消化道症状以及头晕、乏力等全身症状，持续2～3天后腹痛、腹泻减轻或缓解，第4～6天出现眼黄、尿黄、纳差、呕吐等类似急性黄疸型肝炎症状。之后黄疸逐渐加重，4例患者于病程的第2周出现消化道出血、急性肾衰竭及中毒性脑病等多脏器损害，5例患者于中毒后的第7～12天死亡。

2. 辅助检查与治疗

（1）辅助检查。中毒后48小时内查血常规，8例患者白细胞总数均轻中度升高，5例患者的酶学检查中4例谷丙转氨酶及磷酸肌酸激酶升高1～2倍。至病程第6～7天，所有中毒者肝功明显损害，谷丙转氨酶148～6190U/L，谷草转氨酶155～3760U/L，总胆红素76～366mmol/L，凝血酶原时间明显延长，4例延长至30～41秒。4例患者尿素氮、肌酐明显增高。心电图检查表现不一，7例患者ST段下移，3例患者心动过速，3例患者Q－T间期延长，2例患者窦性心动过缓，2例患者频发房性期前收缩。

（2）治疗与预后。对2例起病即来诊者早期予以催吐、洗胃及硫酸镁导泻，并进行大量补液、利尿，应用激素、护肝治疗及二巯基丙磺酸钠治疗，虽然第5天后出现肝功损害表现，但未发生多脏器损害，经2周治疗后痊愈出院。6例患者早期仅按急性胃肠炎予以补液、对症治疗，就诊时已发生明显肝功损害，来院后虽予以积极护肝治疗，如激素、强力宁、胰岛糖素及促肝细胞生长因子等药物，3例患者使用二巯基丙磺酸钠解毒，仍有4例患者发生多脏器功能衰竭，最终5例患者死亡，仅1例患者经20天治疗痊愈出院。

9.2.1.2　中毒机理

毒蕈种类多达100余种，所含毒素也不尽相同。肝细胞损害型主要是由于白毒伞、毒伞、鳞柄白毒伞及褐鳞小伞等毒蕈中原浆毒素（毒伞肽、毒肽）所引起，毒伞肽、毒肽是一种短链氨基酸，分子量约1000，能耐高温，其毒力与吲哚环上的硫醚键有关。当毒素吸收入血后，很快选择性与肝细胞结合引起肝细胞损害，部分毒素经胆汁排泄再经肠肝循环吸收入血，游离在血液内的毒素从肾脏排出，毒素本身对肾脏的毒性很小。

肝细胞损害型的发展一般可分为潜伏期、胃肠炎期、假愈期和肝损害期4个阶段。多数中毒者在进食后经过6～12小时的潜伏期开始出现胃肠炎症状，持续2～3天可自行缓解,故易被误诊为普通食物中毒或急性胃肠炎,从而忽视了对病情的观察治疗。此时若进行肝功检查可发现已有肝损害表现,只是临床未表现出来而已。经 1 ~2 天的假愈期后很快就出现黄疸,并持续性加重,转氨酶持续升高、凝血酶原时间延长,继而并发出血、酸中毒、心脑肾损害。死亡多发生于中毒后的第 2 周,如能安全度过这一时期,随着毒素的清除和肝细胞的再生,肝功能可以逐渐恢复正常而获救。

9.2.1.3 临床治疗

肝损害型毒蕈中毒者出现胃肠炎症状时毒素尚未完全吸收,加上从胆汁排入肠道的毒素,在起病后 48 小时内应积极地予以洗胃和导泻,以减少毒素的吸收。大量的补液可以稀释血液中毒素的浓度,利尿可以促进毒素的排泄。由于毒素的分子量很小,未进入细胞的毒素极易从肾脏排出,多数学者认为抢救时,血液透析或血液灌注的收效不大。

在对此类中毒者的药物治疗方面,美国学者主张大剂量使用青霉素,其机理不明。欧洲国家多用水飞蓟素(Silymarin,一种牛奶提取物),认为有保护肝细胞的作用(前述案例中早期用二巯基丙磺酸钠治疗 2 例均获救治)。其他可用药物包括大剂量激素、细胞色素 C、维生素 C 及西咪替丁等 ,也有人认为中药紫芝有效。

总而言之,早期处理是否及时、妥当是防止发展成多脏器损害的关键。如未能尽早、最大限度地清除毒素,中毒者很容易出现肝衰竭,并继发多脏器损害而死亡。前述案例中的 5 例患者死亡,均与早期处理不及时或不恰当有关。当然,中毒者的预后除了早期救治外,还与进食量、年龄以及防治多脏器损害的措施是否得当有一定关系。

9.2.2 肾损害型毒蕈中毒

9.2.2.1 肾损害型毒蕈中毒的临床表现

1. 潜伏期

1950 年,有学者在 135 例丝膜菌中毒者中研究发现,从误食到出现明显的肾损害有 7 天左右的潜伏期。有学者总结了 1979 年西欧及北美几乎所有的毒蕈致死病例,发现误食毒蕈中毒后潜伏期约为 12 小时,以后症状加重,可能发生致死性肝肾损害。兰佩在总结各属毒蕈中毒的潜伏期后发现,潜伏期短于 6 小时者,患者仅保守治疗,大多可顺利恢复,预后良好。廖立生等收治的 72 例毒蕈所致急性肾衰竭者,平均潜伏期为 11.2 ±6.0 小时。祖毅等收治的 65 例毒蕈所致急性肾功能竭衰者,平均潜伏期为 14 小时。

2. 临床症状

(1)毒伞中毒。误食毒伞后中毒的临床症状,大致分为 5 期。①一期:为潜伏期,从误食毒蕈到症状发作,中间间歇约为 12 小时。②二期:为胃肠炎期,中毒者可有恶心、呕吐、头痛、头晕及腹痛等症状,典型的症状表现为水样腹泻(廖立生等收治的 72 例中毒者中,首发症状为恶心、呕吐者占 90.3%)。③三期:为“假愈期”,胃肠炎症状常在 24 小时内明显缓解，中毒者一般情况好转。但在此期中，实验室检查可发现转氨酶水平升高，凝血酶原时间延长。廖立生等认为在出现急性肾衰竭前，已有血浆脂质过氧化物、谷丙转氨酶、肌酸磷酸激酶及乳酸脱氢酶等不同程度的升高。④四期：为肝肾损害期，中毒者可出现少尿型急性肾衰竭，并可出现暴发型肝坏死。廖立生等报道少尿型急性肾衰竭发生率为 95.8%，祖毅等报道为 82.4%。⑤五期：为恢复期，患者如能平稳渡过第四期，便可逐步进入肾、肝功能恢复期，但少数仍会转为慢性肾衰竭。

（2）丝膜菌中毒。误食丝膜菌后中毒的临床症状大致可分为 4 期。①一期：为潜伏期，食蕈后到临床发作大致有 2 ~6 天的潜伏期，少数患者可达 15 天左右。②二期：为胃肠炎期，中毒者可出现与毒伞中毒相似的症状，但典型的症状是极度口渴、寒战。③三期：为急性肾衰竭期，此阶段少尿或无尿是病情危急的标志。④四期：为恢复期，中毒者 3 ~4 周后症状消失。未经透析治疗，大约 10% 的中毒者死于肾衰竭，但与毒伞中毒不同的是无肝损害。

9.2.2.2　肾损害型毒蕈中毒的中毒机理

1. 自由基学说

有学者于 1961 年首次成功地从丝膜菌中提取出毒性物质奥来毒素。国外多位学者用与奥来毒素有相同结构基因，对人和动、植物有毒性的百草枯和杀草灵做实验，发现其双吡啶环具有氧化还原的属性，容易产生自由基并被分子氧与活性氧共同再氧化，发生细胞膜性结果损伤。有学者在实验中发现，在体外肾皮质匀浆中加入奥来毒素后，硫代巴比妥酸反应物会大量增加，提示自由基过多。自由基能与细胞的蛋白质和核酸交联，使之发生结构损害，使细胞膜上的不饱和脂肪酸脂质过氧化，导致细胞损伤。

2. 肾毒性学说

毒蕈被误食后，毒素在肾脏局部聚积，增加了其肾毒性。在实验动物中发现，有的动物仅表现出肾脏近曲小管受损。有学者在实验大鼠中发现，给予毒肽后，由于大鼠的肾脏近曲小管不具备重吸收功能，实验大鼠不表现出肾损害；当给予与白蛋白结合的毒伞肽后，由于毒素不能被肾小球排泄，则实验动物也无肾损伤。福尔斯蒂奇（Faulstich）等于 1987 年采用单克隆法，在分别观察 IgG－毒伞肽和 Fab－毒伞肽对小鼠肝肾损害的作用时发现，抗体能起到保护肾细胞的作用，Fab 复合物对肾脏的损害作用更大，其原因是 Fab 分子量小，易通过肾小球滤过而在肾小管被广泛重吸收，吸收率较未结合毒素增加了近 50 倍。

3. DNA 合成抑制学说

研究发现，奥来毒素对 DNA 合成有抑制作用。1987 年，有学者观察研究丝膜菌毒素对肾培养细胞融合现象的影响时，发现细胞膜无破坏，只是胞内 GTP 减少，使 DNA 合成的底物不能形成，合成减少，从而导致细胞死亡。

9.2.2.3 肾脏损害型毒蕈中毒的病理改变

毒伞和丝膜菌导致中毒后机体的共同形态学改变是肾脏体积增大,包膜下出血,肾小管坏死和间质淋巴浸润。有学者给大鼠灌喂丝膜菌匀浆液后,第2天见其肾脏近曲及远曲小管周围出现淋巴细胞等炎性细胞浸润,随之肾小管呈胞浆空泡变、核肿胀、核膜深染或溶解;中毒改变主要在内皮质区,第3天皮髓质区域均见严重坏死性病变;第7天可见小管再生现象。

有学者研究在丝膜菌中毒导致急性肾衰竭大鼠模型中发现,12小时肾脏近曲小管呈空泡变性,胞浆突入管腔内,微绒毛变短、变性、脱落;24小时后近曲小管线粒体肿胀变性;48小时近曲小管广泛肿胀、线粒体和微绒毛扭曲;72小时后近曲小管和远曲小管均呈坏死前改变,刷状缘完全消失,溶酶体大量肿胀,有时可见胞浆溶解。

9.2.2.4 肾脏损害型毒蕈中毒的临床诊断

1. 临床诊断

确认中毒者是否存在毒蕈中毒,重要的是根据病史、典型的临床表现和流行病学调查,而不是依赖实验室检查。对于中毒者所剩余蕈标本应送给真菌学家进行鉴定,对于有胃肠炎症状的中毒应与病毒性肠炎鉴别,出现急性肝损害时应与病毒性肝炎相区别。总之,最重要的是注意有无食用野生蕈史。

2. 实验室诊断

为了确定患者是否毒蕈中毒,可借助以下6种检查方法。①定量放免法:此法可在中毒后90~120分钟内可测出胃液中10~100ng/mL的毒伞肽,中毒后3天尿和十二指肠液中可测出毒伞肽;②高效液相层析法:此法可测出血液中5~10ng/mL的毒伞肽,但最好在中毒后30分钟内进行;③定性斑点试验法:将一滴新鲜蕈或干蕈的甲醇液,点滴在滤纸上,用墨迹圈定,干后,再在圈内点一滴稀盐酸,如存在毒肽,1~2分钟蓝色加深;④寻找孢子:将患者胃内容物或粪便离心、制片后,在光镜下观察有无孢子;⑤高效液相薄层层析法:如蕈标本存在毒伞肽,经此法后将出现鲜红色斑点;⑥反相高效液相色谱法:丝膜菌毒素会在270nm波长的紫外光下出现峰值。

由于毒伞中毒后病情严重且进展快,有学者认为应每天检查谷丙转氨酶(GPT)、谷草转氨酶(GOT)、乳酸脱氢酶(LDH)、尿素氮(BUN)、胆红素、肌酐、血糖及凝血因子情况,以确认中毒的严重性,方便指导治疗。血转氨酶水平增加是肝细胞损害最敏感的指标,毒伞中毒者该指标可比正常增加100倍。但在严重的肝坏死时,酶水平较低,如出现低酶高胆红素、低血糖、低纤维蛋白原血症,则是暴发性肝坏死的标志;纤维蛋白尿和A因子水平回升是肝坏死修复的首先征象。

9.2.2.5 肾脏损害型毒蕈中毒的治疗

近100多年来,人们做了许多针对肾脏损害型毒蕈中毒治疗上的探讨,但不幸的是到目前为止仍无特殊的解毒剂。以下治疗方法,可能对病情恢复有所帮助。

1. 潜伏期和胃肠炎期治疗

对于误食肾脏损害型毒蕈的中毒者,首先应尽量并尽快地减少毒素的吸收,具体可采取以下几种方法。①尽早洗胃、催吐、导泻、灌肠:可采用吐根诱发中毒者呕吐,呕吐时间应维持1小时以上,目的是减少毒素吸收。②活性炭应用:中毒后应立即使用活性炭,可口服给药,成人每4小时用药50~100g或每2小时用药20g,反复应用72小时以上。活性炭可结合未被吸收的毒素,减少毒素肠肝循环,减轻毒素对肝、肾的损伤。③大剂量应用青霉素G:青霉素G能取代与白蛋白结合的毒伞肽,增加肾排泄,与毒伞肽结合阻止其进入肝细胞,减少对胞核的毒性作用;但因毒素排泄增加可加重肾损害。④及时纠正水电解和酸碱平衡紊乱:在丝膜菌中毒后做到这一点尤为重要,有人认为可降低近10%的死亡率。

2. 肾损害期治疗

①山莨菪碱治疗:廖立生等在23例毒蕈中毒所致急性肾衰竭治疗中发现,山莨菪碱能缩短少尿期、通过抗氧化作用减轻毒蕈急性肾损伤,23例中毒者中无一例死亡。②透析疗法:血液和腹膜透析对已发生肾衰竭的中毒者,可大大改善他们的预后。③活性炭血液灌流疗法:该疗法对于误食致死量毒伞的中毒者(每50kg体重用药50g)尤为重要,最好在24小时内进行。

9.3 常见急性肝损害型毒蕈与生物安全

引起急性肝损害型的毒蕈主要是含有鹅膏肽类毒素的蕈类[5],包括鹅膏菌属、盔孢伞属以及环柄菇属的一些种类。在我国毒蕈中毒死亡案例中近80%是由该类毒蕈引起的,其中鹅膏菌属更是占据绝大多数。鹅膏菌属被误食后潜伏期长,具有假愈期,常导致急性肝损害并合并多器官衰竭,死亡率高。

致命鹅膏菌

致命鹅膏菌(*Amanita exitialis* Zhu L. Yang & T. H. LI)为担子菌门(Basidiomycota)伞菌纲(Agaricomycetes)伞菌目(Agaricales)鹅膏菌科(Amanitaceae)鹅膏菌属(*Amanita*)真菌(图9.1)。其菌体幼时卵形,后菌盖展开成伞状、白色。菌盖直径为4~7cm,凸镜形至平展形、白色,但中部奶油色。菌肉白色。菌褶白色至近白色,较密。菌柄

图9.1 致命鹅膏菌

长 7 ~ 9cm，粗 0.5 ~ 1cm，近圆柱形或略向上收细，白至近白色，基部膨大，近球形。菌环生于菌柄顶部或近顶部，质薄，膜质，白色，不活动或在菌盖张开时从菌柄撕离。菌托肥厚呈苞状。菌托薄，膜质，内外表面白色。致命鹅膏菌常在黧蒴树的树荫下群生或散生，为菌根菌，春季潮湿、温暖的 3 ~ 4 月多见，5 ~ 7 月也有少量出现。我国主要分布于河北、吉林、江苏、福建、安徽、湖南、广西、四川、云南、西藏。该菌有剧毒，毒素主要为毒伞肽和毒肽类，新鲜品毒素含量甚高。对人体肝、肾、血管内皮细胞及中枢神经系统的损害极为严重，可致使人体内各脏器功能衰竭而死亡，死亡率高达 95% 以上。一个约 50g 的致命鹅膏菌所含毒素量足以毒死一个体重 50kg 的成年人。

格纹鹅膏菌

格纹鹅膏菌［*Amanita fritillaria*（Bekk）Sacc］为担子菌门（Basidiomycota）同担子菌纲（Homobasidiomycetes）伞菌目（Agaricales）鹅膏菌科（Amanitaceae）鹅膏菌属（*Amanita*）真菌（图 9.2）。担子果小型至中等，有的大型。菌盖直径为 4 ~ 10cm，初期近半球形，后扁平至平展，浅灰色、褐灰色至浅褐色，中部色较深，具辐射状隐生纤丝花纹；菌幕残余锥状、疣状、颗粒状至絮状，菌盖边缘平滑无沟纹。菌肉白色，不变色。菌褶离生至近离生，白色，较密生，不等长。菌柄长 5 ~ 10cm，直径为 0.6 ~ 1.5cm，近圆柱形或向上稍变细，白色至污白色，内部实心至松软，白色，不变色；基部膨大呈近球状、陀螺状至梭形，直径为 1 ~ 2.5cm。有菌环，上位至近顶生，有时近中生，薄，膜质，上表面白色、浅灰色至灰色，下表面浅灰色至灰色，有时浅褐色。担孢子（7.0 ~ 9.0）μm ×（5.5 ~ 7.0）μm，宽椭圆形至椭圆形，稀近球形或球形，淀粉质，无色，光滑，薄壁；侧生小尖细小。夏、秋季于针叶、阔叶林中散生或群生。我国主要分布在四川、吉林、江苏、安徽、湖南、湖北、台湾、广东、广西。格纹鹅膏菌在有些地区的市场上被作为食用菌出售，但它含有微量鹅膏肽类毒素。

图 9.2　格纹鹅膏菌

灰花纹鹅膏菌

灰花纹鹅膏菌（*Amanita Fuliginea* Hongo）为担子菌门（Basidiomycota）同担子菌纲（Homobasidiomycetes）纲伞菌目（Agaricales）鹅膏菌科（Amanitaceae）鹅膏菌属（*Amanita*）真菌（图 9.3）。担子果小型至中等。菌盖直径为 3 ~ 6cm，幼时钟形至半球形，成熟时扁平，深灰色、鼻烟褐色、暗褐色至近黑色，中部色较深，具深色纤丝状隐花纹或斑纹，光滑或偶有白色破布状菌幕残片。边缘平滑无沟纹,一般无菌环残片菌肉白色,较薄。菌褶离生,白色,较密生,短菌褶近菌柄端渐变狭。菌柄长8~13cm,直径为0.5~2cm,近圆柱形或向上稍变细,白色至浅灰色,常被浅褐色细小鳞片;内部实心至松软,白色,不变色;基部近球形,直径为1~3cm。菌环顶生至近顶生,灰色,膜质。菌柄基部菌幕残余(菌托)浅杯状,游离托檐高达3~8mm,厚0.5~2mm,外表面白色至污白色,内表面白色。担孢子(8.0~10.0)μm×(7.0~9.5)μm,球形至近球形,稀宽椭圆形,淀粉质,无色,光滑,薄壁;侧生小尖长约1μm。夏、秋季生于针阔混交林或阔叶林地上。我国主要分布于华东、华中、华南和西南地区。该菌有剧毒,湖南、江西有多起因误食灰花纹鹅膏菌导致多人死亡的恶性中毒事件。

图9.3 灰花纹鹅膏菌

淡玫红鹅膏菌

淡玫红鹅膏菌(*Amanita pallidorosea* P. zhang & ZhuL. Yang)为真菌门(Eumycota)层菌纲(Hymenomycetes)伞菌目(Agaricales)鹅膏菌科(Amanitaceae)鹅膏菌属(*Amanita*)真菌(图9.4)。淡玫红鹅膏菌菌盖中等大小,白色,有时中央淡粉红色,边缘无沟纹,但有时有辐射状裂纹。菌褶白色,短菌褶近菌柄端渐变窄。菌柄白色、污白色至淡黄褐色,基部近球状。菌环近顶生至上位,膜质,白色。菌托浅杯状,白色。担子体遇5% KOH快速变黄色。担孢子(6~8)μm×(6~7.5)μm。夏、秋季生于各种针阔混交林中地上,有时生于阔叶林中地上。我国主要分布于东北、华北、华中西南和西北地区。

图9.4 淡玫红鹅膏菌

该菌有剧毒,严禁食用。在吉林、山东曾发生过误食淡红鹅膏中毒事件,有死亡案例。

细条盔孢菌

图 9.5 细条盔孢菌

细条盔孢菌(*Galerina filiformis* A. H. Sm. & Singer)为真菌门(Eumycota)层菌纲(Hymenomycetes)伞菌目(Agaricales)鹅膏菌科(Amanitaceae)鹅膏菌属(*Amanita*)真菌(图 9.5)。细条盔孢菌子实体小,呈褐色。菌盖直径为 2~4(7)cm,初扁平,后平展,中部稍下凹,光滑,水浸状,开始为土黄色,后为深褐色,边缘有明显的细条纹。菌褶初期浅黄色,后为黄褐色,窄且较密生,直生至稍延伸,不等长。菌柄长 3~9cm,粗 0.2~0.5cm,光滑,纤维质,上部浅黄色,下部深褐至褐红色。无菌环。孢子印锈色。孢子褐色,粗糙具麻点,顶部近光滑,具脐部,有盔状外膜,(1~8)μm×(4.5~5.6)μm,褶侧和褶缘囊体瓶状,(50~81)μm×(5.1~13)μm。秋季针叶树腐木堆上成群生长。我国主要分布于四川省。细条盔孢菌有剧毒,误食后会引起肝损坏(害)型中毒症状。潜伏期长达 8~24 小时。初期为急性胃肠炎,之后很快转为急性肝萎缩、肝昏迷、消化道出血、脑水肿等,死亡率达 50%。

纹缘盔孢伞

图 9.6 纹缘盔孢伞

纹缘盔孢伞[*Galerina marginata* (fr.) kühner]为真菌门(Eumycota)层菌纲(Hymenomycetes)伞菌目(Agaricales)丝膜菌科(Cortinariaceae)盔孢伞属(*Galerina*)真菌(图 9.6)。纹缘盔孢伞子实体小。菌盖黄褐色,边缘有细条棱,直径为 1.5~4cm,初期圆锥形,后期近平展,中部乳状突起。菌肉薄。菌褶直生至近离生,初期淡黄色,后呈黄褐色。菌柄细长,上部污黄色,下部暗褐色,长 2~5cm,粗 0.1~0.3cm,上部有膜质菌环。孢子椭圆形,粗糙,(8.5~9.5)μm×(5~6)μm,褶侧囊体及褶缘囊体近纺锤形,(31~64)μm×(6.5~13.5)μm。夏、秋季在针叶树腐木桩上群生。我国主要分布于云南、四川、新疆、西藏等地。本品有剧毒,含毒伞肽毒素,中毒后死亡率高。采食生腐木上的金针菇等食用菌时注意区别。

条盖盔孢菌

条盖盔孢菌[*Galerina sulciceps*(berk.) boedijn]为真菌门(Eumycota)层菌纲(Hymenomycetes)伞菌目(Agaricales)鹅膏菌科(Amanitaceae)鹅膏菌属(*Amanita*)真菌(图9.7)。条盖盔孢菌子实体小,菌盖边缘波状,具有可达顶部的明显沟条。菌盖直径为1.5~4cm,光滑,膜质,韧,半球形至平展,中部稍下凹且具一小乳突,表面黏,黄褐色,浅茶褐色,干后呈暗红褐色至暗褐色。菌褶稀,直生至稍延伸,带褐色,长短不一,老后褶间有横脉。菌柄圆柱形或扁压,似盖色,长3.5~7.5cm,粗0.2~0.4cm,无菌环,表面有松末,内部实心或松软。孢子椭圆形至杏仁形,褐黄色。具小疣,往往表皮脱离似盔状,(6.7~10.7)μm×(4.8~5.3)μm。褶侧囊体和褶缘囊体呈长颈瓶状,顶部钝圆,稍带黄褐色,(63~102)μm×(7.6~8.9)μm。夏、秋季生于热带至南亚热带林中腐殖质上或腐木上。我国主要分布于华中、西南地区。本品毒性强,可能含毒肽类毒素。中毒后发病慢、潜伏期长达6小时以上,严重者在7~50多小时死亡,据国外报道条盖盔孢菌的致死率可高达60%~80%。患者表现为针刺样疼痛、恶心、呕吐和腹泻,此外还有腹部痉挛、眩晕、心悸、气短、局部麻木及神志丧失等症状。1934—1939年在爪哇曾发生多起中毒事件,我国曾在江西发生过中毒事件,死亡率较高。

图9.7 条盖盔孢菌

肉褐鳞环柄菇

肉褐鳞环柄菇(*Lepiota brunneoincarnata* Chodat & C. Martin)为真菌门(Eumycota)伞菌目(Agaricales)蘑菇科(Agaricaceae)环柄菇属(*Lepiota*)真菌(图9.8)。肉褐鳞环柄菇子实体小,带浅肉粉红色。菌盖具褐红色或暗紫褐色鳞片。无菌托且有菌环。幼时菌盖半球形,开伞后平展,直径为2~4cm,中部鳞片密集色深,边缘有短条棱。菌肉粉白色,近表皮处带肉粉色。菌褶白又带粉色,离生,稍密生,不等长,受伤变暗红色。菌柄长3~6cm,粗0.3~0.7cm,同盖色,菌环以下具环带状排列的小鳞片,内部松软至空心。菌环生柄上部往往只留有痕迹。孢子印白色。孢子无色,光滑,卵圆至宽椭圆形,(7.8~8.8)μm×(4~5)μm。褶缘囊体棒状,较多,(20~26)μm×(7.5~10)μm。夏、秋季于林下、路边、

图9.8 肉褐鳞环柄菇

房屋周围的草地上均可生长，一般群生，有时单生。我国主要分布于河北、山西、北京、宁夏、江苏、黑龙江、安徽、上海、四川等地。本品有剧毒，含毒肽和毒伞肽。发病初期为胃肠道反应，然后肝、肾受损、烦躁、抽搐、昏迷，死亡率高。采食野生蘑菇时需注意。曾在河北、江苏、上海、黑龙江发生多次中毒事件。

栗色环柄菇

图 9.9　栗色环柄菇

栗色环柄菇（*Lepiota castanea Quél*）为真菌门（Eumycota）层菌纲（Hymenomycetes）伞菌目（Agaricales）蘑菇科（Agaricaceae）环柄菇属（*Lepiota*）真菌（图 9.9）。栗色环柄菇子实体小。菌盖直径为 2～4cm，幼时近钟形至扁平，后平展而中部下凹，中央凸起，表面土褐色至浅栗褐色，中部色暗，表皮裂后形成粒状小鳞片。菌肉污白色，较薄。菌褶离生，白色带黄，不等长，较密。菌柄细，柱形，长 2～4cm，粗 0.2～0.4cm，菌环以上近光滑而呈污白色，环以下同盖色有细小鳞片且往往呈环状排列，内部松软至变空心。菌环不很明显。孢子印白色。孢子近梭形，光滑，无色，(9～12.5)μm×(4～5.5)μm。褶缘囊体近棒状，(20～30)μm×(7～14)μm。夏、秋季生于林中或林缘地上，群生或散生。我国主要分布于青海、宁夏等地。本品有毒。此种与褐鳞小伞环柄菇及肉褐鳞环柄菇外形特征比较近似，且均属极毒菌。

褐鳞环柄菇

图 9.10　褐鳞环柄菇

褐鳞环柄菇（*Lepiota helveola* Bres）为真菌门（Eumycota）伞菌目（Agaricales）蘑菇科（Agaricaceae）环柄菇属（*Lepiota*）真菌（图 9.10）。褐鳞环柄菇子实体小。菌盖表面有褐色小鳞片，具菌环且无菌托。菌盖初期扁半球形，开伞后平展，中部稍凸起，直径为 1～4cm。表面密被红褐色或褐色小鳞片，尤其中部较多，往往呈环带状排列。菌肉白色。菌褶白色或带污黄，离生，较密生，不等长。菌柄细弱，长 2～6cm，粗 0.3～0.7cm，白色稍带粉红色，内部空心，基部稍膨大。菌环白色，小而易脱落，生柄之上部。孢子印白色。孢子无色，光滑，椭圆形，(5～9)μm×(3.5～5)μm。春季至秋季多在林中、林缘草地上单生或群生。我国主要分布于北京、河北、江苏、云南、青海、西藏等地。本品有毒性很强，含有毒肽及毒伞肽类毒素。发病初期多为急性胃肠炎，而后期出现烦躁不安、昏迷、抽搐、巩膜黄染、皮下出血及肝脏肿大等,抢救不及时则休克而死亡。必须在中毒早期,采取以解毒、保肝为主的治疗措施。曾在上海、天津、河北等地发生中毒事件。

近肉红环柄菇

近肉红环柄菇(*Lepiota subincarnata* J. Lange)为真菌门(Eumycota)伞菌目(Agaricales)蘑菇科(Agaricaceae)环柄菇属(*Lepiota*)真菌(图9.11)。近肉红环柄菇子实体小。菌盖直径为1.5~2.8cm,初期半球形,后扁半球形至近平展,中部稍凸,表面明显被肉红色鳞片,中央鳞片密呈暗褐红色,向边缘色浅近环纹状分布。菌肉污白色至粉红色。菌褶离生,较密生,不等长,近白色,或微带乳黄色。菌柄细长,直或稍弯曲,长2~5cm,粗0.2~0.4cm,呈白色至红褐色,表面被近白色棉絮状小鳞片。菌环易消失或仅有痕迹。孢子印白色。孢子近卵圆或椭圆形,光滑,(5~7)μm×(3~4)μm。秋季在针叶树等林下地上单生或散生。我国主要分布于云南等地。本品有剧毒,严禁食用。

图9.11 近肉红环柄菇

9.4 常见急性肾衰竭型毒蕈与生物安全

引起急性肾衰竭型的毒蕈有两类,即含奥来毒素的丝膜菌属(*Cortinarius*)和含有2-氨基-4,5-己二烯酸的鹅膏菌属(*Amanita*)。在我国主要由鹅膏菌属中的一些所引起,中毒特征为误食后超过8~12小时的潜伏期,肝功能中度受损,并出现急性肾功能损害。

拟卵盖鹅膏菌

拟卵盖鹅膏菌(*Amanita neoovoidea* Hongo)为担子菌门(Basidiomycota)同担子菌纲(Homobasidiomycetes)伞菌目(Agaricales)鹅膏菌科(Amanitaceae)鹅膏菌属(*Amanita*)真菌(图9.12)。拟卵盖鹅膏菌子实体一般中等大。菌盖直径为5~13cm,幼时半球形或扁半球形,后期扁平,呈污白色,湿时表面稍黏,有粉末状物,往往覆盖大片浅土黄色菌托残片,菌盖边缘无条纹,表皮延伸撕

图9.12 拟卵盖鹅膏菌

裂呈附属物。菌肉白色，稍厚，伤后稍暗色且带红色。菌褶白色带浅土黄褐色，离生，密生，不等长。边沿有细粉粒。菌柄长 8 ~ 14cm，粗 1.2 ~ 2.2cm，呈棒状，基部延伸后近纺锤状，白色至污白色，表面似粉状或棉毛状鳞片，下部菌托苞状，呈浅土黄色（同菌盖鳞片），内部实心或松软近白色。菌环呈一层棉絮状膜，逐渐破碎脱落。孢子宽椭圆形，无色，光滑，(8 ~ 10.5) μm × (6 ~ 8.5) μm。夏、秋季生林中地上。我国主要分布于云南、四川、西藏。本品有毒。2000 年在湖南新邵、安化、邵东等地发生 3 起 8 人中毒事件。

拟荷叶丝膜菌

拟荷叶丝膜菌（*Cortinarius salor* Fr.）为真菌门（Eumycota）伞菌目（Agaricales）丝膜菌科（Cortinariaceae）丝膜菌属（*Cortinariaceae*）真菌（图 9.13）。拟荷叶丝膜菌子实体中等大。菌盖直径为 6 ~ 11cm，圆锥形至钟形，后渐平展，老后边缘上翅，黏，光滑，蓝紫色，中间淡锈褐色。菌肉淡堇紫色。菌柄直生至弯生，较密生，不等长，呈蓝紫色，后期由于孢子成熟而渐变成紫锈褐色。菌柄长 4 ~ 6cm，粗 0.8 ~ 2cm，上部堇紫色，下部紫白色，基部膨大球状，内实。孢子印锈褐色。孢子近卵圆形或近球形，有小疣，(7.5 ~ 10) μm × (7 ~ 9.5) μm。褶缘囊体棒状或近棒状，无色，(32 ~ 48) μm × (8 ~ 10) μm。秋季于阔叶林中地上群生或单生。我国主要分布于安徽、四川、甘肃、青海、西藏等地。本品有毒，不建议食用。

图 9.13　拟荷叶丝膜菌

血红丝膜菌

血红丝膜菌［*Cortinarius sanguineus* (Wulf.) Fr.］为真菌门（Eumycota）伞菌目（Agaricales）丝膜菌科（Cortinariaceae）丝膜菌属（*Cortinariaceae*）真菌（图 9.14）。血红丝膜菌子实体小。菌盖直径为 0.6 ~ 4cm，扁半球形，后平展，有毛状细小鳞片，暗血红色。菌肉薄，淡红色。菌褶弯生到直生，稍宽，不等长，暗血红色，后变锈褐色。菌柄长 4.5 ~ 7cm，粗 0.2 ~ 0.6cm，圆柱形，与菌盖同色，内部松软，

图 9.14　血红丝膜菌

后变中空，有时扭曲，有近纤维状毛，有时基部色淡。孢子印褐锈色。孢子近椭圆形或卵圆形，有微细麻点，淡锈色，(7.5～8.5)μm×(5～5.7)μm。秋季于林中苔藓间群生。我国主要分布于黑龙江、辽宁、吉林、四川、西藏、安徽等地。本品有毒，不建议食用。

环带柄丝膜菌

图9.15　环带柄丝膜菌

环带柄丝膜菌（*Cortinarius trivialis* Lange）为真菌门（Eumycota）伞菌目（Agaricales）丝膜菌科（Cortinariaceae）丝膜菌属（*Cortinariaceae*）真菌（图9.15）。环带柄丝膜菌子实体中等至较大。菌盖直径为5～11cm，幼时扁半球形，后呈扁平至近平展，中部稍凸起，呈污黄色、土褐色，或赭黄褐色至近褐色，表面平滑而有一层黏液，初期边缘内卷且无条纹，干燥或老后可开裂。菌肉稍厚，呈污白色，无明显气味，菌褶直生至近弯生，不等长，呈浅黄褐色至锈褐色，稍密。菌柄细长，呈圆柱形，向下浅变细或稍膨大，长8～16cm，粗0.6～2.5cm，幼时上部污白有浅色小鳞片，中部以下有明显的鳞片，且裂成许多环带，实心，色暗，肉质至纤维质，丝膜生柄上部，呈蛛网状，易消失。担子棒状，(35～45)μm×(10～12)μm。孢子近椭圆形或柠檬形，呈锈黄色，表面粗糙具疣，(9～12)μm×(5.5～7.5)μm。秋季在阔叶林中地上群生。我国主要分布于四川、内蒙古等地。本品有毒，不建议食用。

9.5　常见神经精神型毒蕈与生物安全

引起神经精神型中毒的毒蘑菇种类较多，可以产生以下4种类型的神经中毒：①含毒蕈碱（muscarine）的种类，可产生外周胆碱能神经毒性；②含异噁唑衍生物（isoxazole derivatives）的种类，可产生谷氨酰胺能神经毒性；③含鹿花菌素（gyromitrin）的种类，可产生癫痫性神经毒性；④含裸盖菇素（psilocybin）的种类，可产生致幻觉性神经毒性。致神经精神症状的物质称为幻觉原，主要见于裸盖菇属，中毒症状为醉酒样感觉、视力模糊或觉得房间变小等，数小时后可恢复。中毒潜伏期短（3～6小时），临床表现为不同程度的幻觉、谵妄、烦躁不安、错觉及焦虑等症状。

小毒蝇鹅膏菌

小毒蝇鹅膏菌（*Amanita melleiceps* Hongo）为担子菌门（Basidiomycota）同担子菌纲（Homobasidiomycetes）伞菌目（Agaricales）鹅膏菌科（Amanitaceae）鹅膏菌属（*Amanita*）真菌（图 9.16）。小毒蝇鹅膏菌子实体较小，无菌环。菌盖表面呈浅黄或米黄色或浅土黄色，往往中部颜色较深，菌盖直径为 2 ~ 4cm，初期半球形，后渐平展中部下凹，湿润时黏，边缘具明显的条棱，表面具颗粒状白色鳞片。菌肉白色。菌褶白色，离生，较密生，不等长，褶缘有细粉粒。菌柄较短，长 2 ~ 6cm，粗 0.5 ~ 0.8cm，内部松软至实心，质脆易断，上部有粉粒，基部膨大并有不很明显的环带状菌托。孢子印白色。孢子无色，椭圆形至宽椭圆形，光滑，内含一大油滴，(10 ~ 12.5) μm × (7.5 ~ 8.8) μm。春季至秋季在马尾松林及混交林中地上成群或分散生长，可与壳斗科树木及马尾松形成菌根。我国主要分布于吉林、广西、福建、湖南等地。本品有毒，症状似豹斑毒鹅膏菌中毒，恶心、呕吐等胃肠道症状也比较明显。苍蝇对此毒菌毒性十分敏感，杀死力强。

图 9.16　小毒蝇鹅膏菌

黄盖鹅膏菌

黄盖鹅膏菌（*Amanita* subjunquillea）为担子菌门（Basidiomycota）同担子菌纲（Homobasidiomycetes）伞菌目（Agaricales）鹅膏菌科（*Amanitaceae*）鹅膏菌属（Amanita）真菌（图 9.17）。黄盖鹅膏菌子实体伞状，中等大。菌盖初期为近球形或半球形，后期近平展，直径为 3 ~ 10cm，呈黄色或污黄色，表面光滑或附有污白色不规则的小鳞片，湿润时黏，边缘具条纹。菌肉白黄色。菌褶离生，较密生，不等长，白色带黄色。菌柄近圆柱形，长 7 ~ 14cm，粗 0.8 ~ 1cm，白色带奶油黄色，靠近基部膨大成近球形，表面光滑或稍有鳞片。菌环生菌柄的上部，呈白色或黄色，膜质，易消失。外菌幕破裂后成小鳞片附于菌盖表面或菌柄基部，或在菌柄基部形成领口状菌托。担孢子宽椭圆形，(8.7 ~ 11) μm × (5.5 ~ 3.5) μm，无色，表面光滑，孢子印白色。夏、秋季在针阔混交林中地上单独生长或成群生长，并与树木形成菌根。我国主要分布于云南、西藏、安徽、江苏、浙江、福建、广东、广西、四川、海南等地。本品有毒，鹅膏毒素

图 9.17　黄盖鹅膏菌

含量较高，误食极易导致死亡，且易于可食的黄蜡伞混淆，故在野外采食野生菌时，要避免误食。

红托鹅膏菌

图 9.18　红托鹅膏菌

红托鹅膏菌（*Amanita rubrovolvata* Imai）为担子菌门（Basidiomycota）同担子菌纲（Homobasidiomycetes）伞菌目（Agaricales）鹅膏菌科（Amanitaceae）鹅膏菌属（*Amanita*）真菌（图9.18）。红托鹅膏菌子实体小。菌盖直径为2～5cm，初期半球形或近钟形，后扁平至平展，橘红色，边缘橘黄色，表面被一层粉状、疣状小鳞片，盖边缘有细条棱。菌肉浅黄色，较薄。菌褶白色至黄白色，离生，不等长，较密。菌柄细长，柱形，长5～11cm，粗0.3～0.6cm，表面同盖色有粉质小鳞片，基部膨大呈棒状，有明显的橘红色粉质鳞片，内部松软。菌环膜质，生柄之上部，黄白色。菌托不明显或在柄之基部残留橘红色环状物。孢子印白色。孢子光滑，无色，圆球形或近球形，(8.9～10.7)μm×(7.6～8.1)μm。夏、秋季在阔叶林或针阔混交林地上散生。我国主要分布于湖北、云南、四川。本品有毒。

土红鹅膏菌

图 9.19　土红鹅膏菌

土红鹅膏菌（*Amanita rufoferruginea* Hongo）为担子菌门（Basidiomycota）同担子菌纲（Homobasidiomycetes）伞菌目（Agaricales）鹅膏菌科（Amanitaceae）鹅膏菌属（*Amanita*）真菌（图9.19）。土红鹅膏菌子实体小至中等地。菌盖直径为3～12cm，初期半球形，渐开伞平展或边缘翻起，具明显长条棱。菌盖及菌柄密被土红色、锈红色粉末，老后渐脱落。菌肉白色，具清香气味。菌褶白色，离生，较密生，不等长。菌柄细长，柱状，长5～12cm，粗0.7～1cm，基部稍膨大且有几圈粉粒状鳞片组成的菌托。菌环生柄之上部，上面乳白色，下面有粉末，膜质或破碎和脱落。孢子印白色。孢子带黄色，近球形，光滑，含油滴，(7.5～10)μm×(6.3～8.8)μm，非糊性反应。在云南松、马尾松等林地上单生或群生。我国主要分布于湖南、福建、广西、云南。本品有毒。

粗鳞丝盖伞

粗鳞丝盖伞[*Inocybe calamistrata*(fr.)gill.]为担子菌门(Basidiomycota)同担子菌纲(Homobasidiomycetes)伞菌目(Agaricales)丝膜菌科(Cortinariaceae)丝盖伞属(*Inocybe*)真菌(图9.20)。粗鳞丝盖伞子实体较小。菌盖直径为1.5~4cm,呈钟形至扁半球形,中部凸起,不黏,表面暗褐或酱色,顶部栗褐色密集翘起的鳞片,边缘不开裂。菌褶直生,稍密生,不等长,呈褐色至锈褐色,边沿带白色。菌柄长6~11cm,粗0.3~0.5cm,实心,呈暗褐色,具毛状鳞片。孢子印褐色。孢子椭圆形或近肾脏形,光滑,呈浅锈色,(9~12)μm×(4.5~6.5)μm。褶缘囊体近棒状,(28~50)μm×(8~12)μm。夏、秋季在阔叶树或针叶树下单个或成群生长。我国主要分布于湖南。本品有毒,可能含有类似裂丝盖伞的毒素。

图9.20　粗鳞丝盖伞

暗毛丝盖伞

暗毛丝盖伞[*Inocybe lacera*(fr.)p. karst.]为担子菌门(Basidiomycota)同担子菌纲(Homobasidiomycetes)伞菌目(Agaricales)丝膜菌科(Cortinariaceae)丝盖伞属(*Inocybe*)真菌(图9.21)。暗毛丝盖伞子实体小。菌盖直径为1~3cm,钟形,后稍伸呈扁半球形,中部凸起,呈暗褐色,表面有纤毛状小鳞片。菌褶初期污白色,后呈污黄土至灰褐色。菌柄长2~6cm,粗0.2~0.5cm,纤维质,上部色浅,下部暗褐色,基部色浅,常弯曲。孢子椭圆形,光滑,(9.5~12.5)μm×(5.5~6.5)μm。褶侧囊体和褶缘囊体近纺锤形,顶部有结晶,(35~68)μm×(15~20)μm。夏、秋季生林中砂地上群生。我国主要分布于四川、西藏等地。本品有毒。

图9.21　暗毛丝盖伞

裂丝盖伞

裂丝盖伞[*Inocybe rimosa*(bull. fr.)quél.]为担子菌门(Basidiomycota)同担子菌纲

(Homobasidiomycetes)伞菌目(Agaricales)丝膜菌科(Cortinariaceae)丝盖伞属(*Inocybe*)真菌(图9.22)。裂丝盖伞菌肉白色。菌褶凹生近离生,淡乳白色或褐黄色,较密生,不等长。菌柄圆柱形,长2.5~6cm,粗0.5~1.5cm,上部白色有小颗粒,下部污白色至浅褐色并有纤毛状鳞片,常常扭曲和纵裂,实心,基部稍膨大。孢子印呈锈色。孢子呈锈色,光滑,椭圆形或近肾形,(10~12.6)μm×(5~7.5)μm。褶侧囊体瓶状,顶端有结晶,(76~107)μm×(20~28)μm。夏、秋季成群或单独生长在林中或道旁树下地上。我国主要分布于吉林、河北、江苏、青海、云南、西藏、新疆、香港等地。本品有毒,中毒后,潜伏期为0.5~2小时,主要为神经精神症状,表现为大汗、流涎、瞳孔缩小、视力减弱、发冷发热,牙关紧闭或小便后尿道刺痛、四肢痉挛,有的还有精神错乱,严重者可因大量出汗,引起虚脱而死亡。解该菌毒时,以早期催吐或用阿托品治疗效果较好。

图9.22 裂丝盖伞

芳香杯伞

芳香杯伞[*Clitocybe fragrans*(Sow.:Fr.)Quél.]为真菌门(Eumycota)层菌纲(Hymenomycetes)伞菌目(Agaricales)白蘑科(Tricholomataceae)杯伞属(*Clitocybe*)真菌(图9.23)。芳香杯伞子实体小。菌盖直径为2.5~5cm,初期扁平,开伞后中部有凹窝,薄,水浸状,呈浅黄色,湿润时边缘显出条纹。菌肉白色,很薄,气味明显香。菌褶白色至带白色,直生,较薄,较宽,不等长。菌柄细长,同盖色,圆柱形,光滑,长4~8cm,粗0.4~0.8cm,基部有细绒毛,内部空心。孢子椭圆或长椭圆形,光滑,无色,(6.5~8)μm×(3.5~4)μm。孢子印白色。无囊体。夏末及秋季在林中地上群生或丛生。我国主要分布于青海、内蒙古、西藏等地。本品可食用,具明显的芳香气味。但也有记载本品含毒,应慎用。

图9.23 芳香杯伞

深凹杯伞

深凹杯伞[*Clitocybe gibba*(Pers.)P. Kumm]为真菌门(Eumycota)层菌纲(Hymenomycetes)伞菌目(Agaricales)白蘑科(Tricholomataceae)杯伞属(*Clitocybe*)真菌(图9.24)。深

凹杯伞子实体较小。菌盖直径为 5 ~ 8cm，呈扁半球形至扁平，后中部下凹呈漏斗状，表面干，光亮，浅土红至浅粉褐色。菌褶延生，密生，呈污白色，不等长。菌柄细长，呈圆柱形，长 4 ~ 8cm，粗 0.4 ~ 1cm，光滑，较盖色浅，内部松软。孢子印白色。孢子无色，光滑，呈椭圆形，(5 ~ 8) μm × (3.5 ~ 5) μm。夏、秋季在阔叶林中地上生长。我国主要分布于云南、四川等地。本品有毒，不建议食用。

图 9.24　深凹杯伞

血红小菇

血红小菇[*Mycena haematopus* (Perr. Fr.) Quél.]为担子菌亚门(Basidiomycotina)层菌纲(Hymenomycetes)伞菌目(Agaricales)白蘑科(Tricholomataceae)小菇属(*Mycena*)真菌(图 9.25)。血红小菇菌盖直径为 1 ~ 4cm，初卵形后变钟形或圆锥形，边缘有条纹，湿时百合色，中部酒红色，干后变褐色；菌肉薄，乳汁血红色；菌柄长 2 ~ 9cm，粗 2 ~ 3mm，柱形，直生，光滑，软骨质，中空，与菌盖同色，伤后流出血红色汁液。菌褶近直生，呈白色后变桃色。担孢子卵形至圆筒形，(9 ~ 11) μm × (6 ~ 7) μm，褶缘囊状体(40 ~ 65) μm × (9 ~ 13) μm，呈圆锥形。夏、秋季生长于林内腐木上。我国主要分布于黑龙江、吉林、辽宁等地。本品有毒，不建议食用。

图 9.25　血红小菇

橘黄裸伞

橘黄裸伞[*Gymnopilus spectabilis* (fr.) sing.]为真菌门(Eumycota)层菌纲(Hymenomycetes)伞菌目(Agaricales)丝膜菌科(Cortinariaceae)裸伞属(*Gymnopilus*)真菌(图 9.26)。橘黄裸伞子实体中等大。菌盖橙黄色至橘红色，中部有红色细鳞片。菌盖初期半球形后近平展，直径为 3 ~ 8cm，边缘平滑。菌肉黄色，味苦。菌褶稍密生，先为黄色后变锈色。菌柄近柱形，长 3 ~ 10cm，粗 0.4 ~ 1cm，较盖色浅，具毛状鳞片，内部实心，基部稍膨大。菌环膜

图 9.26　橘黄裸伞

质。孢子印锈色。孢子椭圆或宽椭圆形，呈锈色，具麻点，(6～8)μm×(4.5～5.5)μm。褶缘囊体瓶状，(20～25)μm×(6～10)μm。夏、秋季在阔叶树或针叶树腐木上或树皮上群生或丛生。我国主要分布于黑龙江、吉林、福建、湖南、广西、云南、海南、西藏等地。本品有毒，中毒后可导致精神异常，如同酒醉者一样，手舞足蹈、活动不稳、狂笑，或出现意识障碍、谵语，或产生幻觉，有看到房屋变小、东倒西歪，视物不清及头晕眼花等。1964年，日本学者首先报道此种毒菌有致幻觉作用。

粪生花褶伞

粪生花褶伞(*Panaeolus fimicola* Fr.)为担子菌亚门(Basidiomycotina)层菌纲(Hymenomycetes)伞菌目(Agaricales)鬼伞科(Psathyrellaceae)花褶伞属(*Panaeolus*)真菌(图9.27)。粪生花褶伞子实体小。菌盖直径为1～4.5cm，半球形至钟形，表面平滑，呈灰褐色至灰白色，中部黄褐色至茶褐色，早期盖边缘有菌幕残片。菌肉污白，很薄。菌褶直生，灰褐色至黑色，褶沿白色絮状，不等长，且花斑黑白相间。菌柄细长，柱形，长5～15cm，粗0.1～0.4cm，呈污白色至茶褐色，顶部似粉物，内部空心。孢子印黑色。孢子光滑，呈褐灰色，(10～14)μm×(7～8)μm。褶缘囊体瓶状，顶部钝圆。春季至秋季单个或成群生长在厩肥、牲畜粪及肥沃地上。我国主要分布于山西、江苏、广东、台湾、内蒙古等地。本品有毒，毒素可能属于光盖伞素。

图9.27 粪生花褶伞

半卵形斑褶菇

半卵形斑褶菇[*Anellaria semiovata* (Sow.: Fr) Pers et Denn]为真菌门(Eumycota)层菌纲(Hymenomycetes)伞菌目(Agaricales)鬼伞科(Psathyrellaceae)花褶伞属(*Panaeolus*)真菌(图9.28)。半卵形斑褶菇子实体一般中等地。菌盖直径为一般4cm，有时可达8cm，近圆锥形、钟形至半球形，顶部有的略带土黄色，光滑而黏，有时龟裂。菌肉污白色。菌褶初期灰白，后期呈现灰黑相间的花斑，直生，稍密生，

图9.28 半卵形斑褶菇

长短不一。菌柄圆柱形，长 10 ~ 25cm，粗 0.4 ~ 1.2cm，呈白色至污白色，顶部有纵条纹，菌环以下渐增粗，内部松软变空心。菌环膜质，生柄的中上部。夏、秋季在草地林中空地牛、马粪上单生或群生。多见于高山牧场，如在青藏高原的松潘地区草地，而在内蒙古草原却未发现。我国主要分布于台湾、甘肃、陕西、新疆、青海、西藏、四川、河北等地。本品有毒，中毒后可引起幻觉。

铜绿球盖菇

铜绿球盖菇[*Stropharia aeruginosa*(Curt. : Fr.)Quél.]为担子菌门(Basidiomycota)担子菌纲(Basidiomycetes)伞菌目(Agaricales)球盖菇科(Strophariaceae)球盖菇属(*Stropharia*)真菌(图 9.29)。铜绿球盖菇子实体小至中等地。菌盖直径为 3 ~ 7cm，半球形至扁半球形，光滑，先为淡绿色至灰黄绿色，后呈黄带绿色，湿润时黏，往往近边缘有白色附属物。菌肉白色，中部稍厚。菌褶污白色至青褐色或带紫褐，中等密生，不等长，直生至弯生。菌柄白色，下部带淡绿黄色，直或稍弯曲，长 5 ~ 7cm，粗 0.3 ~ 0.7cm；幼时，菌环以下常有白色毛状鳞片，内部松软。菌环生中部或近上部，其上面有条纹，膜质。孢子光滑，近卵圆形或近椭圆形，(6.5 ~ 10) μm × (4 ~ 7) μm。褶缘囊体近纺锤状或近棒状，(25 ~ 50) μm × (4.5 ~ 10) μm。生林中腐枝落叶层或肥沃处，单生或群生。我国主要分布于台湾、陕西、甘肃等地。本品有毒，不宜食用。

图 9.29　铜绿球盖菇

鹿花菌

鹿花菌[*Gyromitra esculenta* (Pers.) Fr]为子囊菌门(Ascomycota)盘菌纲(Pezizomycetes)盘菌目(Pezizales)平盘菌科(Discinaceae)鹿花菌属(*Gyromitra*)真菌(图 9.30)。鹿花菌子实体大型，具菌柄和菌盖；菌盖近球形至不规则，直径为 2 ~ 12cm，表面微皱至高度扭曲呈脑状，初为红褐色，后变为暗褐色至近黑褐色，有时略带灰褐色或紫褐色，边缘或内面近边缘外与柄相连，内部中空，灰白色至乳白色，瓣片薄，脆骨质。菌柄白色至乳白色，有时带淡褐色或淡黄色，粗状，内部

图 9.30　鹿花菌

白色松软至近中空，长 2 ~ 6cm，直径为 1 ~ 3cm，表面近平坦至具数条纵沟。囊盘被组织不分层，全部为菌丝组成（交错丝组织型），菌丝近无色，有分枝，分隔，薄壁，直径为 3 ~ 7.5（10）μm；子囊圆柱状，（300 ~ 350）μm ×（16 ~ 18）μm，遇碘不变蓝；孢子椭圆形，无色，（18 ~ 26）μm ×（9 ~ 14）μm，内含 2 个油球，油球直径为 2.5 ~ 4.5μm，光学显微镜下近平滑，侧丝线形，少分枝，分隔，直径为 4 ~ 5μm，顶部膨大呈棒状，达 6 ~ 8μm，壁呈锈红色。鹿花菌生长在温带针叶林及落叶林的沙质土壤，多见于松树下，有时也会生于白杨树下。在一些已开发的地方也可以见到它们的生长，如溪流、木板、犁地、烧林及路边。采集期为 4—7 月，比其他菌早，有时甚至会在融雪期间长成。我国主要分布于东北、华中地区。本品有毒，不能食用。易与可食用的羊肚菌相混淆，要注意准确区分。

9.6 常见胃肠型毒蕈与生物安全

很多毒蕈被误食后可引起胃肠炎型中毒，大部分产生器官损害的毒蕈也具有胃肠炎型症状。这里所指的毒蕈种类主要是指产生胃肠炎型中毒的种类，不包括产生其他器官损害的毒蕈种类。

黄斑蘑菇

黄斑蘑菇（*Agaricus xanthodermus* Quèl.）为真菌门（Eumycota）层菌纲（Hymenomycetes）伞菌目（Agaricales）蘑菇科（Agaricaceae）蘑菇属（*Agaricus*）真菌（图 9.31）。黄斑蘑菇子实体较大，呈白色，受伤处可迅速变金黄色。有膜质菌环且无菌托。菌盖扁半球形，开伞后平展，直径为 6 ~ 13cm，呈白色，光滑，边缘无条棱。菌肉白色，较厚，靠近表皮处及菌柄基部变黄色最明显。菌褶离生，不等长，初期为白色渐变至黑色。菌柄较长，呈圆柱形，长 7 ~ 12cm，粗 1.5 ~ 2.5cm，为白色，受伤处可变金黄色，基部稍膨大。菌环膜质，生柄的上部。孢子印紫褐黑色。孢子紫褐色，光滑，呈椭圆形或近球形，（5 ~ 8）μm ×（3.5 ~ 5）μm。有褶缘囊体。与可食的四孢蘑菇（Agaricus campestris）相似，但后者菌柄较短，受伤处不变黄色。夏、秋季在林中地上或草原上单生或群生。我国主要分布于青海、河北、新疆、山西、西藏等地。本品有毒，含胃肠道刺激物，食后可引起头痛及腹泻等症。

图 9.31　黄斑蘑菇

大青褶伞

大青褶伞[*Chlorophyllum molybdites* (G. Mey.) Massee]为真菌门(Eumycota)层菌纲(Hymenomycetes)伞菌目(Agaricales)蘑菇科(Agaricaceae)青褶伞属(*Chlorophyllum*)真菌(图9.32)。大青褶伞子实体大,呈白色。菌盖直径为5~25(30)cm,呈半球形或扁半球形,后期近平展,中部稍凸起,幼时表皮呈暗褐色或浅褐色,逐渐裂为鳞片,顶部鳞片大而厚,呈褐紫色,边缘渐少或脱落,菌盖部菌肉白色或带浅粉红色,松软。菌褶离生,宽,不等长,初期为污白色,后期呈浅绿色至青褐色,褶缘有粉粒。菌柄为圆柱形,长10~28cm,粗1~2.5cm,纤维质,表面光滑,呈污白色至浅灰褐色。菌环以上光滑,环以下有白色纤毛,基部稍膨大,内部空心,菌柄菌肉伤处变褐色,干时有香气。菌环膜质,生柄的上部。夏、秋季生林中或林缘草地上,群生或散生,在家中花盆里、食用菌腐殖土中也能生长。我国主要分布于香港、台湾、海南等地。本品有毒,主要表现为胃肠道症状,进食量过大可致命。

图9.32　大青褶伞

棒瑚菌

棒瑚菌[*Clavariadelphus pistallaris* (Fr.) Donk.]为担子菌门(Basidiomycota)担子菌纲(Basidiomycetes)非褶菌目(Polyporales)珊瑚菌科(Clavariaceae)棒瑚菌属(*Clavaria*)真菌(图9.33)。棒瑚菌子实体中等大,棒状,不分枝,顶部钝圆;幼时光滑,后渐有纵条纹或纵皱纹,向基部渐渐变细,直生或变曲,高7~30cm,粗2~3cm,初呈土黄色,后期呈赭色或带红褐色,向下色渐变浅。菌肉白色,松软,有苦味。柄部细,呈污白色。孢子印白色至乳黄色。孢子无色,光滑,呈椭圆形,(11~14)μm×(6~8)μm。夏、秋季在阔叶林中地上单生、群生或近丛生。我国主要分布于黑龙江、河北、吉林、甘肃、云南、西藏、福建、广东、湖南、四川。本品有毒。

图9.33　棒瑚菌

墨汁鬼伞

图 9.34　墨汁鬼伞

墨汁鬼伞（*Coprinopsis atramentaria*）为真菌门（Eumycota）层菌纲（Hymenomycetes）伞菌目（Agaricales）鬼伞科（Psathyrellaceae）鬼伞属（*Coprinus*）真菌（图 9.34）。墨汁鬼伞子实体小或中等大。菌盖初期为卵形至钟形，当开伞时一般开始液化，流墨汁状汁液。未开伞前顶部钝圆，有灰褐色鳞片，边沿灰白色具有条沟棱，似花瓣状，直径为 4cm，或更大些。菌肉初期为白色，后变灰白色。菌褶很密生，相互拥挤，离生，不等长，开始呈灰白色至灰粉色，最后成汁液。菌柄污白色，长 8 ~ 15cm，粗 6 ~ 12mm，向下渐粗。菌环以下又渐变细，表面光滑，内部空心。孢子印黑色。孢子黑褐色，椭圆形至宽椭圆形，光滑；具有中心孔，(6.5 ~ 10.5) μm × (4 ~ 6.5) μm。褶侧囊体圆柱形，多而细长。春季至秋季（晚秋）在林中、田野、路边、村庄、公园等处地下有腐木的地方丛生，一丛可多达数十枚。我国主要分布于黑龙江、吉林、河北、山西、江苏、湖南、福建、台湾、四川、青海、甘肃、内蒙古、新疆和西藏等地。本品与酒一同食用可产生毒性。食用后 20 分钟至 2 小时会出现面红、反胃、呕吐及心律失常等症状。

黄裙竹荪

图 9.35　黄裙竹荪

黄裙竹荪［*Dictyophora multicolor* Bork. et Br.］为担子菌门（Basidiomycota）腹菌纲（Gasteromycetes）鬼笔目（Phallales）鬼笔科（Phallaceae）竹荪属（*Dictyophora*）真菌（图 9.35）。黄裙竹荪子实体高 6 ~ 16.5cm。菌盖钟形，高 2.2 ~ 2.8cm，宽 1.9 ~ 2.2cm。有显著的网络状凹穴，呈橘黄色，内有暗青褐色，黏性孢体，顶端平，中部具穿孔。菌裙柠檬黄色至橘黄色，长 6.5 ~ 7.5cm，直径为 2 ~ 5cm，网眼多角形。菌柄近白色或呈淡橙黄色，海绵状，中空，粗 1.6 ~ 2.3cm。菌托带淡紫色，(2.5 ~ 4) cm × (2 ~ 3.5) cm。孢子椭圆形，(3.5 ~ 4.5) μm × (1.5 ~ 2) μm，壁光滑，透明。生于竹林下或阔叶混交林下。夏、秋季单生或群生。我国主要分布于江苏、浙江、安徽、福建、台湾、湖南、广东、贵州、云南、西藏等地。本品有毒，不建议食用。此外，将本品子实体浸泡于为 70% 的酒精中，外用擦拭,可治疗脚癣。

浅褐陀螺菌

图 9.36　浅褐陀螺菌

浅褐陀螺菌[*Gomphus fujisanensis*(Imai)Parmasto.]为真菌门(Eumycota)非褶菌目(Polyporales)鸡油菌科(Cantharellaceae)陀螺菌属(*Gomphus*)真菌(图 9.36)。浅褐陀螺菌子实体中等至较大,呈喇叭状,高 7~12cm。菌盖直径为 4~7cm,呈肉色、土褐色、浅土黄色至淡褐色,中部鳞片较大,边缘较小,带土红色。菌肉白色。菌褶呈曲折棱纹,呈污白黄色。菌柄与菌盖无明显界线,从菌盖中央向下呈管状延伸至基部,粗 0.8~1.2cm。表面白色至污白色。孢子具细小的疣,近椭圆形,近无色,(12~15)μm×(6~8)μm。夏、秋季生于针阔林中地上,群生或单生。我国主要分布于云南等地。本品在虽在云南可作为食用品,但日本学者认为其有毒,食用后可出现腹泻、呕吐。煮水、浸泡后可食用。此菌与喇叭陀螺菌形态相近,均可导致中毒反应,野外采食时须仔细辨识。

网孢牛肝菌

图 9.37　网孢牛肝菌

网孢牛肝菌[*Strobilomyceretisporus*(Pat. et Bak.)Gilb.]为真菌门(Eumycota)层菌纲(Hymenomycetes)伞菌目(Agaricales)牛肝菌科(Boletaceae)松塔牛肝菌属(*Strobilomyces*)真菌(图 9.37)。网孢牛肝菌子实体中等或较大。菌盖有细绒毛,菌盖呈紫红色、枣红色至土红色。菌盖表面下菌肉带玫瑰红色,受伤处变蓝色,直径为 4~12cm,初呈扁半球形,后期稍平展,湿润时黏;菌肉淡黄色。菌管可长达 2.5cm,菌管相互易分离,幼时管口为鲜黄色至橘黄色,后呈黄绿色,多角形。菌柄向下渐粗,长 5~15cm,粗 1.5~2.5cm,具有明显的粗网纹,内部实心。孢子印青褐色。孢子褐色,外壁色淡,椭圆形至卵圆形,具明显网纹,(12.5~17.5)μm×(8.6~12)μm。囊体瓶状,(50~92)μm×(13~17.2)μm。夏、秋季在马尾松林、针阔混交林地上单个或成群生长。我国主要分布于吉林、四川、云南、江苏、广东、安徽等地。四川南部地区群众认为本品有毒,并有中毒案例报道。

纯黄白鬼伞

纯黄白鬼伞[*Leucocoprinus birnbaumii*(Corda) Sing]为真菌门(Eumycota)层菌纲(Hymenomycetes)伞菌目(Agaricales)蘑菇科(Agaricaceae)白鬼伞属(*Leucocoprinus*)真菌(图9.38)。纯黄白鬼伞子实体较小,呈柠檬黄色。菌盖直径为2~5cm,初期呈钟形或斗笠形,后期稍平展,表面有一层柠檬黄色粉末,边缘具细长条棱。菌肉呈黄白色,薄,质脆。菌褶呈淡黄色至白黄色,离生,不等长,稍密生,边缘粗糙。菌柄细长,向下渐粗,长4~8cm,宽0.2~0.5cm,表面被一层柠檬黄色粉末,内部空心,质脆。菌环膜质,薄,生柄之上部,易脱落。孢子印白色。孢子光滑,近卵圆形,无色,(9~10)μm×(5~8.5)μm。褶缘囊体薄壁,近纺锤形,(30~50)μm×(10.5~13)μm。夏、秋季在林地、道旁、田野等地上散生或群生。我国主要分布于福建、广东、云南、台湾、海南、香港等地。本品有毒。

图9.38 纯黄白鬼伞

红鬼笔

红鬼笔[*Phallus rubicundus*(Bosc.) Fr.]为真菌门(Eumycota)腹菌纲(Gasteromycetes)鬼笔目(Phallales)鬼笔科(Phallaceae)鬼笔属(*Phallus*)真菌(图9.39)。红鬼笔子实体中等或较大,高10~20cm。菌盖近钟形,具网纹格,上面有灰黑色恶臭的黏液(孢体),呈浅红色至橘红色,被黏液覆盖,顶端平,红色,并有孔口,盖高1.5~3cm,宽1~1.5cm。菌柄海绵状,红色,圆柱形,长9~19cm,粗1~1.5cm,中空,下部渐粗,色淡至白色,而上部色深,靠近顶部橘红色至深红色。菌托有弹性,白色,长2.5~3cm,粗1.5~2cm。孢子椭圆形,几无色,(3.5~45)μm×(2~2.3)μm。夏、秋季在菜园、屋旁、路边、竹林及腐殖质地成群生长。我国主要分布于广东、广西、海南、云南、贵州、湖南、河南、湖北、香港、西藏、陕西、新疆、甘肃、河北、辽宁、黑龙江、江苏等地。本品有毒。

图9.39 红鬼笔

黄粉末牛肝菌

图 9.40 黄粉末牛肝菌

黄粉末牛肝菌（*Pulveroboletus ravenelii* Berk. & Curt）为担子菌门（Basidiomycota）同担子菌纲（Homobasidiomycetes）伞菌目（Agaricales）牛肝菌科（Boletaceae）粉孢牛肝菌属（*Tylopilus*）真菌（图 9.40）。黄粉末牛肝菌菌盖直径为 4～10cm。湿润时稍黏，表面有一层柠檬黄色粉末，易脱落。菌肉白色，受伤时变浅蓝色。菌管浅黄色，伤后变暗褐色，管口多角形。菌柄近圆柱形，实心，长 6～10cm，径 1～1.5cm，近上部有珠网状菌环，易消失。孢子印青褐色。孢子平滑，椭圆形至长椭圆形，(8～14.5) μm × (6～6.2) μm。夏、秋季生于亚热带针叶林或针阔混交林中地上。我国主要分布于吉林、山西、江苏、安徽、湖北、湖南、广东、广西、四川、云南、西藏。本品有毒，不可采食。

毒红菇

图 9.41 毒红菇

毒红菇[*Russula emetica*(Schaeff.) Pers]为担子菌门（Basidiomycota）同担子菌纲（Homobasidiomycetes）伞菌目（Agaricales）红菇科（Russulaceae）红菇属（*Russula*）真菌（图 9.41）。毒红菇子实体一般较小。菌盖呈珊瑚红色，有时退至粉红色，菌盖直径为 5～9cm，初期呈扁半球形至平展，后期中部稍下凹，光滑，质黏，表皮易剥落，边缘有棱纹。菌肉白色，味辛辣，菌肉薄，近表皮处呈粉红色。菌褶白色，较稀，长短不一，菌褶近凹生，褶间有横脉。菌柄白色或部分粉红色，长4～8cm，粗 1～2cm，内部松软。孢子印白色。孢子无色，近球形，有小刺，(8～10.2) μm × (7～9) μm。褶侧囊体近披针形或近梭形，(58～110) μm × (7.6～15) μm。夏、秋季在林中地上散生或群生。我国主要分布于河北、辽宁、吉林、黑龙江、河南、江苏、安徽、福建、湖南、四川、甘肃、陕西、广东、广西、西藏、云南等地。本品有毒，主要引起胃肠道反应，如剧烈恶心、呕吐、腹痛、腹泻等，严重者可因面部肌肉抽搐，或心力衰竭或血液循环衰竭而死亡。

橙黄硬皮马勃

橙黄硬皮马勃（*Scleroderma citrinum* Pers.）为真菌门（Eumycota）腹菌纲（Gasteromycetes)硬皮马勃菌目(Sclerodermatales)硬皮马勃科(Sclerodermataceae)硬皮马勃属(*Scleroderma*)真菌(图9.42)。橙黄硬皮马勃子实体较小或中等大,近球形或扁圆形,呈土黄色或近橙黄色,直径为2~13cm,表面初期近平滑,渐形成龟裂状鳞片,皮层厚,剖面带红色,成熟后变浅色。内部孢子体初期呈灰紫色,后呈黑褐紫色,最后破裂散放孢粉。孢子呈褐色,多分枝,有锁状联合结构,2.5~5.5μm,孢体具网纹突起,9~12μm。夏、秋季生松及阔叶林砂地上,群生或单生。我国主要分布于福建、台湾、广东、香港、西藏等地。本品有微毒,能引起胃肠道反应。

图9.42 橙黄硬皮马勃

黄硬皮马勃

黄硬皮马勃(*Scleroderma flavidum* Ell. & EV.)为真菌门(Eumycota)腹菌纲(Gasteromycetes)硬皮马勃菌目(Sclerodermatales)硬皮马勃科(Sclerodermataceae)硬皮马勃属(*Scleroderma*)真菌(图9.43)。黄硬皮马勃子实体中等大,扁圆球形,直径为4~10cm,初期呈佛手黄或杏黄色,后渐为黄褐色至深青色或灰色,有深色小斑片和紧贴的小鳞片,成熟时呈不规则裂片。无柄或基部似柄状,由一团黄色的菌丝索固着于地上。孢体灰褐色或带淡紫灰色,后变深呈棕灰色。孢子球形,呈深褐色,多刺,刺长约1μm,常相连成网纹,7~10μm。夏、秋季在阔叶林地上群生或单生。我国主要分布于广西、香港、广东、福建、云南等地。本品有毒,能引起胃肠道症状。

图9.43 黄硬皮马勃

豹斑口蘑

豹斑口蘑(*Tricholoma pardinum* Quél.)为担子菌门(Basidiomycota)担子菌纲(Basidiomycetes)伞菌目(Agaricales)白蘑科(Tricholomataceae)口蘑属(*Tricholoma*)真菌(图9.44)。豹斑口蘑子实体较小至中等大。菌盖表面较干,并有灰褐色鳞片,直径为3.5~5cm。菌肉白色,稍厚。菌褶白色或污

图9.44 豹斑口蘑

白色，弯生。菌柄近圆柱形，直生或弯生，长5.5～10cm，粗1.5～2cm，表面粉白色，干燥，光滑无毛。孢子印白色。孢子宽椭圆形，光滑，(7.5～10)μm×(5.5～6.5)μm。在针叶或阔叶林中地上群生或散生。我国主要分布于云南、四川等地。本品有毒，中毒后可刺激肠道，产生恶心、呕吐等症状。

赭红拟口蘑

赭红拟口蘑[*Tricholomopsis rutilans* (Schaeff. Fr.) Sing.]为担子菌门(Basidiomycota)担子菌纲(Basidiomycetes)伞菌目(Agaricales)白蘑科(Tricholomataceae)拟口蘑属(*Tricholomopsis*)真菌(图9.45)。赭红拟口蘑子实体中等或较大。菌盖有短绒毛组成的鳞片，呈浅砖红色或紫红色，甚至褐紫红色，往往中部有浮色。菌盖直径为4～15cm。菌褶带黄色，弯生或近直生，不等长，褶缘锯齿状。菌肉黄白色，中部厚。菌柄细长或者粗壮，长6～11cm，粗0.7～3cm，上部黄色，下部稍暗，具红褐色或紫红褐色小鳞片，内部松软，后变空心，基部稍膨大。夏、秋季生于针叶树腐木上或腐树桩上，群生或丛生。我国主要分布于台湾、甘肃、陕西、广西、四川、吉林、西藏、新疆等地。本品有毒，误食后往往产生呕吐、腹痛、腹泻等症状。

图9.45　赭红拟口蘑

苦粉孢牛肝菌

苦粉孢牛肝菌[*Tylopilus felleus* (Bull. Fr.) Karst.]为担子菌门(Basidiomycota)同担子菌纲(Homobasidiomycetes)伞菌目(Agaricales)牛肝菌科(Boletaceae)粉孢牛肝菌属(*Tylopilus*)真菌(图9.46)。苦粉孢牛肝菌子实体较大。菌盖以褐色为主，直径为3～15cm，初呈扁半球形，后平展，呈豆沙色、浅褐色、朽叶色或灰紫褐色；幼时具绒毛，成熟后近光滑。菌肉白色，伤变不明显，味极苦。菌管层近凹生。管口之间不易分离。菌柄较粗壮，基部略膨大，上部色浅，下部深褐色，有明显或不很明显的网纹，内部实心，长3～10cm，粗1.5～2cm。孢子印肉粉色。孢子近无色或带肉色，呈长椭

图9.46　苦粉孢牛肝菌

圆形或近纺锤形，平滑，(8.7～11)μm×(3.8～4.5)μm。管缘囊体淡黄色，近棱形或披针形，(25～75)μm×(3.5～5)μm。夏、秋季在马尾松或混交林地上单个或成群生长。我国主要分布于吉林、河北、山西、江苏、湖南、安徽、福建、四川、云南等地。本品有毒。

9.7　溶血型毒蕈与生物安全

溶血型毒蕈主要有卷边桩菇、东方桩菇、红角肉棒菌等。其中卷边桩菇在欧洲较为常见，生食或未完全煮熟可导致中毒，一般30分钟至3小时即出现恶心、呕吐、上腹痛和腹泻等肠胃症状，随后溶血的发展会导致尿液减少甚至无尿，尿液中出现血红蛋白，以及贫血。此外，溶血还会导致包括急性肾衰竭、休克、急性呼吸衰竭及弥散性血管内凝血等并发症。

卷边桩菇

卷边桩菇[*Paxillus involutus*(Batsch) Fr.]为真菌门(Eumycota)层菌纲(Hymenomycetes)伞菌目(Agaricales)桩菇科(Paxillaceae)桩菇属(*Paxillus*)真菌(图9.47)。菌盖中央下凹，周边翘起，盖缘向下内卷，径宽4～15cm。盖表幼时微黏，成熟后干燥，中央多龟裂，呈褐色、黄褐色、橄榄褐色至黑褐色，后期盖表微被毛绒。菌肉厚，呈赭褐色，伤后变红色或黑褐色。菌褶下延，呈褐色，伤后初转红色再转黑褐色。褶片近柄处结联成网孔状。菌柄柱状，等粗，一般较短，表面光滑，色与盖同。孢子黄褐色、褐色，光滑，椭圆形，(7～10)μm×(4～6)μm。夏、秋季单生或群生于树桩上，或由地下的树桩而破土成丛，以栎树和桦木等林下木桩上多见。我国主要分布于黑龙江、吉林、辽宁、安徽、福建、广东、海南、西藏等地。本品有毒，亦可做药用，但应注意用量。

图9.47　卷边桩菇

东方桩菇

图 9.48　东方桩菇

东方桩菇(*Paxillus orientalis* gelardi et al)为真菌门(Eumycota)层菌纲(Hymenomycetes)伞菌目(Agaricales)桩菇科(Paxillaceae)桩菇属(*Paxillus*)真菌(图 9.48)。东方桩菇菌盖中等大小,直径为 4 ~ 5.5cm,浅漏斗状,边缘内卷,菌盖表面污白色至淡灰褐色,被褐色鳞片。菌褶下延,密生,呈污白色至淡褐色,伤后变为灰褐色。菌柄淡灰色至淡褐色,光滑。菌环缺如。担孢子(6 ~ 8)μm × (4 ~ 5)μm。夏、秋季生于亚热带针阔混交林中地上。我国主要分布于西南地区。本品有毒。

红角肉棒菌

图 9.49　红角肉棒菌

红角肉棒菌(*Podostoloma cornudamae*)为真菌门(Eumycota)肉座菌目(Hypocreales)肉座菌科(Hypocreaceae)肉棒菌属(*Podostroma*)真菌(图 9.49)。红角肉棒菌子实体呈红色,内部白色,外形为棒状、手指状或火焰放射状,高为 3 ~ 15cm。梅雨季节开始到夏季秋季之间,在山毛榉林地内单生至群生。我国主要分布于华中、华南地区。本品有剧毒。食用后约 10 分钟就会出现中毒反应。一开始表现为呕吐、腹痛、腹泻等症状,随后表现为目眩、手脚麻木、呼吸困难、言语障碍、血细胞减少、造血功能障碍、全身皮肤溃烂、肝肾功能不全及呼吸衰竭等,死亡率高。幸存者亦会有小脑萎缩、脱毛、脱皮、言语障碍及运动障碍等后遗症。

9.8　毒蕈的生物安全与防控

关于毒蕈的识别与鉴定,民间的一些识别方法仅可用来简单区别,不能作为鉴别毒蕈的通用方法。而毒蕈的毒素化学检测方法有些较为烦琐,加之还有不少的毒素性质不够稳定,故也不能作为可食蘑菇与毒蕈鉴别的唯一方法。目前比较科学和切实可行的方法是,先从分类学上认识毒蕈的种类,再通过形态特征和生态习性等生物学性状对毒蕈的全株(尤其是对孢子形状、颜色、大小及花纹等)进行观察,并在此基础上结合相关毒性试验和化学检验对菌种加以鉴别[6]。

9.8.1 毒蕈的识别与检验方法

随着科学技术研究深入开展,毒蕈的识别方法与检测手段越来越多,常见的有以下几种[7]。①形态特征识别法:该方法通过观察毒蕈子实体外形、颜色、气味及分泌物等形态特征进行识别,具有简便、直观的特点。②动物实验法:该方法是目前识别毒蕈最常用的方法,操作简单易行,但由于动物机体的生理机能和人类差异较大,条件控制较难,实用性较差。③真菌分类学鉴定法:该方法的发展经历了传统分类学和分子生物学分类两个阶段,传统真菌分类学为真菌物种的确定提供了重要依据,但由于真菌种类繁多、形态特征复杂,因而具有较大的主观性,在人工培养的真菌中尚不能应用。④分子生物学分类法:该方法操作简单、准确度高,为真菌分类学开辟了新的途径,但该方法专业性较强,推广难度大。⑤化学检验法:随着现代分析技术与仪器的发展,化学检验法在毒蕈识别与毒素检验方面的应用越来越广泛。根据检测原理不同,化学检验法主要包括试剂盒检测法、化学显色法、比色法、紫外吸收光谱法、荧光光谱法、红外光谱法、薄层色谱法、气相色谱-质谱法、高效液相色谱法、液相色谱-质谱法及毛细管电泳法等[8]多种方法。

9.8.1.1 试剂盒检测法

试剂盒检测法在毒蕈毒素检测中的应用,主要包括放射免疫法(RIA)和酶联免疫吸附测定法(ELISA)等。RIA 法最早由菲乌梅(Fiume)等人建立,检出限可达到0.5ng/mL,可用于血浆、尿液、十二指肠和胃液中鹅膏毒肽的检测。RIA 法虽然具有灵敏度高、特异性强的优点,但是由于使用放射性元素的危害性较大,故具有一定的局限性。

与 RIA 法相比,ELISA 法同样具有方便、快捷、灵敏度高、特异性强等优点,而且没有放射性,因而在毒蕈毒素检验方面也得到了广泛地应用。鹅膏毒肽 ELISA 试剂盒最早由瑞士 Bü hlmann Laboratories 公司开发研制、生产并被广泛应用于鹅膏毒肽中毒的临床检验,检出限约为80pg/mL。另外,有学者根据鹅膏毒肽专一性抑制 RNA 聚合酶Ⅱ的特点,建立了鹅膏毒肽定量检测的方法。张志光等人在此基础上建立了鹅膏毒肽检测方法——“抑芽法”[9],该方法具有简便、实用和准确的特点。

9.8.1.2 化学显色法

化学显色法在毒蕈毒素检测中的应用较早,主要包括浓盐酸显色法和肉桂醛显色法。浓盐酸显色法是维兰德(Wieland)等人于1949年建立的。该方法检测时可将浓盐酸滴在菌柄或者菌盖上,5~10分钟后,观察是否出现蓝色反应,据此判断蘑菇是否有毒;检测鲜菇时,可先将汁液压在纸上,待印迹晾干后滴加浓盐酸进行观察。该方法的检出限为50~100ng/mL。在盐酸环境下肉桂醛可与鹅膏毒肽反应呈深紫色,而鬼笔毒肽呈浅蓝色。以此为理论基础所建立起来的肉桂醛显色法在鹅膏肽类毒素分离与发现中发挥了重要的作用。

除以上两种显色法外，有学者研究发现奥来毒素能与3% $FeCl_3 \cdot 6H_2O$ 溶液（溶解在0.5mol/L 盐酸中）发生黑色反应，据此可以判断蘑菇中是否含有奥来毒素。此外，还有一些其他特异性显色反应试剂，如巴豆酸、茴香醛、1，2－二羟基环丁烯二酮、Ehrlich 试剂（对二甲基苯甲醛）及 Hopkins－Cole 反应（乙醛酸和浓硫酸）等，也可以用于毒蕈毒素检测。

9.8.1.3 比色法

比色法是基于吲哚环与对二甲基氨基苯甲醛的专一性颜色反应建立起来的[10]，主要用于检测毒蕈中的色胺类毒素。何培新等人在传统比色法的基础上进行了改进，用白灵菇子实体的稀醋酸提取液作为空白对照，可使检测结果更客观、更准确。比色法具有检测准确、快速、方便等优点，在神经精神型毒蕈检测、毒素不同部位含量比较，以及菌丝体产毒规律研究和毒素提取过程监测等方面，都具有广泛的应用价值。

9.8.1.4 紫外吸收光谱法

在利用紫外吸收光谱技术检测鹅膏肽类毒素时发现，鹅膏毒肽在300nm 波长处有最大紫外吸收峰，而鬼笔毒肽的最大吸收峰在290nm 波长处，因此可以利用该特征对鹅膏毒肽和鬼笔毒肽进行鉴定。

9.8.1.5 荧光光谱法

有学者研究发现，溴化乙啶的最大吸收峰波长为610nm，当加入鹅膏毒肽后，该吸收峰消失，分别在560nm、525nm 波长处出现能稳定保持15～30 分钟的新的波峰。利用该特征荧光光谱可以进行鹅膏毒肽的快速检测，检出限可达1μmol/L。

9.8.1.6 红外光谱法

红外光谱法在毒蕈识别方面也得到了应用[11]。借助傅立叶变换红外光谱仪，时有明等人发现红黄鹅膏菌变种和两个红黄鹅膏菌亚种的二阶导数光谱差别较为明显，而两个红黄鹅膏菌亚种的二阶导数光谱则较为相似。红外光谱法的研究结果，为红黄鹅膏菌等的区分提供了重要的依据。

9.8.1.7 薄层色谱法

薄层色谱法，多用于毒蕈毒素的分离与纯化。有学者将硅胶薄层色谱法用于分离检测鹅膏毒肽，选择硅胶G 吸附剂，展开剂为甲醇－甲基乙基酮（1∶1），显色剂为1%桂皮醛甲醇溶液，再经盐酸蒸汽熏蒸后，鹅膏毒肽呈现紫色斑点，鬼笔毒肽呈现蓝色斑点。有学者发展了用于检测绿盖鹅膏粗提取液中鹅膏毒素的高效薄层色谱法，使其检出限为50ng/mL。

9.8.1.8 气相色谱－质谱法(GC－MS)

有学者将GC－MS用于鹅膏毒蕈中异噁唑衍生物鹅膏蕈氨酸和异鹅膏胺的分析。将干燥的毒蕈经粉碎、提取后，利用硅烷化试剂(BSTFA＋1% TMCS)进行处理，得到硅烷化衍生产物IBO－tri－TMS和MUS－tri－TMS。通过测定衍生物发现，两种毒蕈中的鹅膏蕈氨酸和异鹅膏胺含量分别为10～2845ng/mL、46～1052ng/mL与188～269ng/mL、1554～1880ng/mL，菌盖及菌肉中含量高于表皮，菌柄中含量高于菌盖。

有学者建立了梅花菌GC－MS分析方法。梅花菌素经盐酸水解后得到甲基肼，再用五氟苯甲酰氯进行衍生化，得到衍生化产物Tris－PFB－MMH。分析结果显示，该方法测量误差小于10%，检出限为12pg/μL。

9.8.1.9 高效液相色谱法(HPLC)

HPLC在毒蕈毒素检测中的应用，涉及采集于不同地点的各种毒蕈的不同部位和不同发育时期，以及毒蕈中毒者体液中各种毒素的检测和鹅膏毒肽类毒素的分离、纯化和制备等方面[12]。有学者建立了尿液中α－鹅膏毒肽液相色谱－电化学检测分析方法，检出限为10ng/mL，线性范围为10～200ng/mL，平均回收率为78%。龚庆芳等人将反相高效液相色谱法用于蘑菇中毒者体液中α－鹅膏毒肽的定性及定量检测，血液中α－鹅膏毒肽进样在0.01～0.1μg范围内与峰面积呈良好线性关系，回收率为97.9%。

9.8.1.10 液相色谱－质谱法(LC－MS)

液相色谱－质谱法(LC－MS)，可以用于毒蕈毒素的检测[13－14]。有学者建立了经免疫亲和提取的尿液中α－鹅膏毒肽和β－鹅膏毒肽的LC－MS分析方法，检出限为2.5ng/mL。魏佳会等人采用液相色谱－高分辨质谱联用技术，对12种剧毒鹅膏菌中的毒素成分及其相对含量进行了比较研究，结果发现12种鹅膏菌中的毒素种类与含量差别很大，12种鹅膏菌中共检测出19种化合物，其中包括已知的鹅膏肽类毒素13种，未知鹅膏肽类毒素5种(1种为未知小分子化合物组分)。该研究为准确识别鹅膏菌的种类、鹅膏肽类毒素的鉴定、预防和鉴别鹅膏毒肽中毒，提供了科学的依据。肖绍震等人建立了同时检测血浆和尿液中6种鹅膏毒肽和鬼笔毒肽的高效液相色谱－串联质谱法，检出限分别为1.0μg/L、0.3μg/L；回收率均在76.8%～109.0%，相对标准偏差为1.30%～12.00%。

9.8.1.11 毛细管电泳法(CE)

有学者将毛细管区带电泳－光电二极管阵列检测器，用于绿盖鹅膏提取液和中毒者尿液中α－鹅膏毒肽和β－鹅膏毒肽的定量分析，该方法检出限为1μg/mL。有学者建立了鹅膏菌子实体中α－鹅膏毒肽、β－鹅膏毒肽和γ－鹅膏毒肽含量测定的CE－质谱检测法，检出限为 13 ~ 79ng/mL。

9.8.2 毒蕈的应用与生物安全

毒蕈毒素虽然存在部分毒性很大，能引起人和动物中毒甚至死亡，但是毒理研究证明该类毒素也有其有益的一面。它不仅可以作为细胞生物学、发育生物学及结构生物学等研究领域的重要工具性试剂（如荧光标记的二羟鬼笔毒肽，可被用于细胞形态与骨架结构和功能研究），也在生物医药和生物防治等方面得到应用（如治疗肿瘤及杀虫等方面）[15-16]。

9.8.2.1 毒蕈的肿瘤治疗

科学家们研究发现，毒蕈毒素具有杀死肿瘤细胞的功效，因此有关毒蕈毒素在肿瘤靶向治疗方面的研究一直在进行。有学者借助化学交联法得到毒蕈毒素的抗体－药物嵌合体，并利用体外实验法和体内实验法检测其抗癌活性。结果发现，毒蕈毒素对恶性肿瘤治疗具有一定的效果。有学者研究发现，鹅膏毒肽类毒素可以与 pH 敏感肽（pHLIP）结合，从而借助该敏感肽将毒素转运到肿瘤细胞内，并在 48 小时内使细胞死亡。该研究结果，也为毒蕈毒素成为 pH 选择性抗癌药物提供了理论依据。

还有动物实验发现，奥来毒素可以消除携带人类透明细胞肾细胞癌异种移植物的裸鼠体内 90% 以上的肿瘤，在治疗透明细胞肾细胞癌方面具有一定的潜力。光盖伞素在临床上被用来测试酒精中毒、戒烟和癌症晚期患者焦虑症，也被用作辅助药物用于心理治疗。这种药物辅助心理治疗，已经成为精神病学中药理和心理治疗的一种可能的替代方案。

9.8.2.2 毒蕈的农业杀虫功效

自然界存在的很多毒蕈，都具有杀虫和驱虫的功效[17]。如鹅膏蕈氨酸不仅具有致幻作用，而且还具有杀灭苍蝇的功效。杨永红等人发现 175 种毒蕈中有 79 种对果蝇和夜蛾幼虫的发育有不同程度的抑制作用。毒蕈毒素在生物防治方面具有用量少、无残留、无污染等优点，相关技术研究与产品开发应用前景可观。

9.8.2.3 毒蕈的研究进展

我国的毒蕈中毒事件频繁发生，但在调查时通常忽视了蘑菇标本的采集与正确鉴定，致使中毒蘑菇的种类不清，因此需要我国的各级疾病预防与控制中心、医院以及报道新闻的媒体和我国具有良好菌物分类基础的科研院建立高效的信息途径，以便及时采集标本和正确鉴定种类[18-20]。近年来报道的大部分剧毒蘑菇新种，也都来自中毒现场采集的标本。

随着我国菌物分类研究工作者对含毒蕈种类较多的科属，包括鹅膏菌科（Amanitaceae）、蘑菇科（Agaricaceae）、丝膜菌科（Cortinariaceae）、粉褶菌科（Entolomataceae）、丝盖伞科（Inocybaceae）、球盖菇科（Strophariaceae）、红菇科（Russulaceae）和牛肝菌科（Boletaceae）进行更深入的研究，并不断获得中毒现场标本，预计在未来还会有更多的毒蘑菇新种被发现。利用形态特征结合分子生物学手段，开展上述含有毒蕈种类较多的科属的地理起源和分子进化研究，也会成为未来的研究热点。

有学者最近几年利用α－鹅膏毒肽作为工具试剂，开展 RNA 聚合酶Ⅱ的结构与功能研究所取得的成就，α－鹅膏毒肽中毒的分子生物学和结构生物学机理也被基本阐述清楚。近年来人们发现了许多新的毒蕈及毒蕈毒素，比如发现了能引起中枢神经系统中毒的贝形圆孢侧耳，在亚黑红菇中发现了能引起横纹肌溶解的环丙－2－烯羧酸化合物，在云南能引起不明原因猝死的毒沟褶菌中分离获得了2－氨基－4S－羟基－5－己炔酸和2R－氨基－5－己炔酸两种毒素。目前这些毒蕈及毒素引起中毒的机理尚未明确，今后也许会成为未来研究新的热点。

也有学者研究发现，鹅膏肽类毒素是由核糖体合成的，它们的氨基酸直接由 DNA 编码。先合成34～40个氨基酸的前体蛋白，之后被脯氨酰寡肽酶（POP）切开，同时不同蘑菇种类所含毒素的编码基因以及不同毒素之间的编码基因，具有很大的遗传多样性。由于鹅膏肽类毒素的特殊结构，前体蛋白进一步修饰加工成天然毒素的过程还包括环化、色氨酸半胱氨酸桥键的形成、羟基化、磺化氧化以及鬼笔毒肽中一个氨基酸的 D 构型化。这些过程有哪些酶类参与，它们又是如何进行的，这一切目前尚不清楚。

由于鹅膏肽类毒素独特的结构以及它们不同于其他真菌环肽的原因，它们是由核糖体合成而不是通过非核糖体多肽合成酶合成。相信在未来的数年内，研究的重点是含有鹅膏肽类毒素的不同菌属，包括对鹅膏菌属（*Amanita*）、盔孢伞属（*Galerina*）、环柄菇属（*Lepiota*）以及锥盖伞属（*Conocybe*）所含毒素及脯氨酰寡肽酶（POP）编码基因的多样性及其分子进化问题加以研究。此外，开展前体蛋白进一步修饰加工成天然毒素过程中的些关键酶的基因和蛋白结构研究，也将成为新的研究热点，并有望产生一批高水平的研究成果。

毒蕈资源丰富多样，毒蕈毒素种类繁多。目前人们在该领域，尤其是在毒蕈毒素成分鉴别、药理与毒理作用方面还存有巨大的研究空间。随着现代科学技术的不断发展，相信不久的将来，人们不仅能在毒蕈毒素成分分析、生物转化、毒理作用和中毒机理解毒、减毒方面有所建树。在如何减少毒蕈对人类健康的危害，如何更好地利用并开发毒蕈资源，为人类及社会造福方面也会有所突破。

（张瑞林）

参考文献

[1] 陈作红,杨祝良,图力古尔,等. 毒蘑菇识别与中毒防治[M]. 北京:科学出版社,2016.

[2] 陈作红. 2000 年以来有毒蘑菇研究新进展[J]. 菌物学报,2014, 33(3): 493 -516.

[3] 李林静,李高阳,谢秋涛. 毒蘑菇毒素的分类与识别研究进展[J]. 中国食品卫生杂志,2013, 25(4):383 -387.

[4] 张富丽,宁红,张敏. 毒蕈的毒素及毒蕈的开发利用[J]. 云南农业大学学报,2004(3):283 -286,344.

[5] 杜秀菊,杜秀云. 毒蕈毒素及其应用[J]. 安徽农业科学,2010, 38(13):7172 -7174.

[6] 贺新生,张玲,康晓慧. 神经致幻毒菌及其毒性[J]. 中国食用菌,2004(2):10 -12.

[7] 王晶,史振霞,乔洁,等. 毒鹅膏菌和鹅膏肽类毒素研究进展[J]. 廊坊师范学院学报(自然科学版),2018,18(1):46 -53,57.

[8] 林佶,闵向东,袁玥,等. 超高效液相色谱 - 串联质谱法测定云南野生小豹斑鹅膏菌中的毒蝇碱和毒蝇母[J]. 预防医学,2017, 44(22):4066 -4068,4095.

[9] 陈作红,胡劲松. 鹅膏肽类毒素检测方法的历史与现状[J]. 食品科学,2014, 35(8):11 -16.

[10] 张志光,刘建强,张晓元,等. 一种简便、快速测定鹅膏多肽毒素的方法——抑芽法[J]. 菌物系统,2001(3):381 -386.

[11] 何培新,郭恒,何冬旭,等. 改良比色法在神经致幻型毒菌活性色胺类物质检测中的应用[J]. 菌物研究,2006(1):24 -28.

[12] 时有明,刘刚,周湘萍,等. 红黄鹅膏菌原亚种及其黄褐变种的傅立叶变换红外光谱鉴别[J]. 光谱学与光谱分析,2009,29(2):389 -392.

[13] 龚庆芳, 魏宝阳, 肖桂林, 等. RP - HPLC 法测定鹅膏菌中毒患者体液中的 α - amanitin[J]. 湖南师范大学自然科学学报, 2005(2):67 -69.

[14] 魏佳会,吴剑峰,陈佳,等. 12 种剧毒鹅膏菌的肽类毒素成分鉴定及其相对含量差异比较研究[J]. 分析化学,2017, 45(6):817 -823.

[15] 肖绍震,林锋,傅武胜,等. 血浆和尿液中 6 种鹅膏毒肽和鬼笔毒肽的超高效液相色谱 - 串联质谱法测定[J]. 食品科学,2018(22):312 -318.

[16] 张志光,张晓元,李东屏. 鹅膏菌多肽毒素在生命科学研究中的应用[J]. 卫生研究, 1999(1):60 -63.

[17] 龚庆芳,陈作红. 蘑菇毒素及其中毒治疗(Ⅱ)——奥来毒素[J]. 实用预防医学,

2003(3):432－434.

[18] 杨智，胡旭佳. 毒蘑菇中毒素的研究进展[J]. 天然产物研究与开发，2018，30(8):1461－1468.

[19] 杨永红. 蘑菇和毒蕈子实体的杀虫作用研究[J]. 中国食用菌,1998(6):40－43.

[20] 陈学国，常靖，邹波,等. 常见毒蕈毒素中毒与检测技术研究进展[J]. 刑事技术，2020，45(6):622－629.

第 10 章
热带地区有毒动、植物生物安全

随着科学技术的进步及“全球一体化”改变,新的热带有毒动、植物的种类和数量层出不穷,外来物种的入侵问题也变得较为突出,这对我国有毒动、植物生物安全防范提出了前所未有的挑战,也为全球生物安全的防范研究提供了一个新的发展空间。本章结合热带地区有毒动、植物专业知识,对其有关的生物安全问题进行阐述。

10.1 热带地区有毒动、植物生物安全概述

热带地区因其特殊的地理位置及气候条件,造就了与其他地区不同的特有自然环境。热带地区有毒动、植物的地理分布及环境特征,对人类的健康和疾病的传播有着十分密切的关系。热带地区人们的社会生活、居住条件、饮食习惯和风俗习惯,也都与有毒动、植物生物安全问题息息相关[1]。

10.1.1 热带地区环境特征及其对人类社会的影响

热带地区的环境特征,包括了热带地区地貌特征、热带地区气候特征和热带地区生物特征,这些对于人类社会均具有重大影响。热带地区环境特征对人类的影响,具体表现在对农业生产的影响、对居住条件的影响、对宗教信仰的影响和对风俗习惯的影响。热带地区环境特征同时还会对人体机能产生一定的影响,如出汗多、代谢快、应激反应迟钝及心理状态改变等。热带地区环境特征的研究,对于热带地区有毒动、植物生物安全的防范具有重要的现实意义。

10.1.1.1 热带自然环境概况

1. 热带地区地貌特征

“热带地区”为气象学专业术语，该地区是指在南北回归线之间的地带，位于赤道两侧南、北纬 23°26′之间，面积占全球总面积的 39.8%。在位于南、北两回归线上的广大地区，一年有一次太阳直射现象，其他热带地区一年内有 2 次直射现象。正是由于正午太阳高度终年较高，变化幅度不大，因而这一地带终年都能得到强烈的阳光照射，气候炎热，故被称为热带。从另一个角度来说，赤道上终年昼夜等长，从赤道到南北回归线其昼夜长短变化的幅度逐渐增大，在回归线上最长和最短的白昼相差仅 2 小时 50 分钟。由此可见，热带地区的特点是阳光充足、全年高温、温差变幅小，只有相对热季和凉季之分，或只有雨季及干季之分。

热带地区，包括了亚洲、大洋洲、非洲及拉丁美洲的部分地区。亚洲包括中国、越南、老挝、泰国、柬埔寨、缅甸、马来西亚、新加坡、文莱、菲律宾、印度尼西亚、东帝汶、印度（部分）、孟加拉国（部分）、斯里兰卡及马尔代夫；大洋洲除澳大利亚中南部及新西兰外，全属于热带；非洲地区除了北非诸国和南非外，大都属于热带；拉丁美洲除了阿根廷、智利大部和墨西哥北部外，其他地区都属于热带。我国南方部分地区位于热带，包括台湾和广东南部、海南岛及南海诸岛，以及云南南部和广西南部。

2. 热带地区气候特征

热带地区最显著的特点是全年气温较高，四季界限不明显，日温度变化大于年温度变化。南纬 25°至北纬 24°之间是热带气候区，在这个区域内由于地表及降水不同，热带气候又反映出不同的特点。根据不同气候特点，热带地区气候可分为赤道雨林气候、热带草原气候、热带沙漠气候和热带季风气候四种类型。

（1）赤道雨林气候。又名热带雨林气候，主要分布在赤道两侧的地区，如亚洲的马来半岛和马来群岛（印度尼西亚各岛屿）、非洲的刚果盆地、几内亚湾沿岸地带、马达加斯加岛东部、拉丁美洲的亚马逊平原和西印度群岛，以及澳洲的东北角、伊利安岛和太平洋上的各群岛。这种气候的特征是因太阳的垂直照射，终年高温多雨，气温没有季节变化，各月平均在 25 ~ 28℃（很少超过 30 ~ 35℃），气温年差较小（5℃以下），日温差比年温差大。全年潮湿，多对流雨，年降水量在 1000 ~ 3000mm，四季分布均匀。由于热量和水分全年充沛，森林高大茂密，植物四季常青。

（2）热带草原气候。主要分布于非洲和拉丁美洲赤道雨林气候带的南北两侧地区，以及澳大利亚的北部。这些地区全年长夏无冬，有短暂的凉季。年平均气温在 20℃以上，年降水量在 100mm 左右，一年中有明显的干、湿季节变化。夏季湿热多雨，冬季温暖干燥。在赤道以北一般以 5 ~ 10 月为雨季，11 月至次年 4 月为干季。

（3）热带沙漠气候。主要分布在南北回归线附近的大陆内部和大陆西岸，如非洲的撒哈拉沙漠和卡拉哈里沙漠地区、亚洲的阿拉伯沙漠地区、澳洲中部的沙漠地区和南美洲大陆西南的沙漠地区(北美大陆西南的沙漠地区属于亚热带区)。这些地区终年天气炎热干燥,最热的月份平均气温为32~36℃,白天最高可达50℃左右,夜晚降温,可到0℃以下,昼夜温差甚大。年降水量甚少,一般不超过数十毫米,甚至可连续多年无雨。水分蒸发量甚大,空气非常干燥,多风沙。地面植被稀少,呈荒漠景观。

(4)热带季风气候。分布在赤道南北两侧的信风带内,主要在印度和亚洲的中南半岛及菲律宾群岛。这里终年气温较高,每年5~10月为“夏季风”季节,盛行西南季风,高温多雨;每年11月至次年4月为“冬季风”季节,盛行东北季风。该地区全年降水量一般可达1500mm以上。

3. 热带地区生物特征

热带地区除沙漠外,多具有气温高、湿度大及生物资源丰富的特点,是一个巨大的动、植物天然王国。热带动物及植物的种类本就比较多,再加上赤道附近阳光常年直射,紫外线强度大,动物及植物发生变异的机会增多,这就使得动物及植物的种类更加繁多,其中已知和未知的有毒动、植物种类也非常多。由于热带生物种类众多,对于一个物种来说无论是种间竞争还是种内竞争都非常激烈。动、植物既要保证获取足够的食物来源,又要抵御天敌的捕食,一部分有毒物种就发生了变异,在其繁衍中出现“特异化特征”,这就使得其毒性及个体生存能力变得愈加强大,因而它们的种类及数量就变得更加繁多。正是由于热带地区独特的自然环境和动、植物生长特性,使得有毒动物和有毒植物无论是种类上还是数量分布上,都具有“从热带至亚热带、温带及寒温带逐步减少”的特点[2]。

由于热带地区独特的地理位置和自然环境特点,也使得有毒动、植物的生物安全问题变得突出。热带地区经济发展相对落后,人们的防卫意识相对薄弱,他们可能并不具有对有毒动、植物接触到机体后所应有的常规保护意识,更没有明确、系统的检测方法及预防规范,这就导致了热带地区动、植物中毒事件频发。因此,针对热带有毒动、植物生物安全问题进行探讨,其意义尤为重大。

10.1.1.2 热带环境特征对人类的影响

热带环境特征对人类具有较大的影响,这就催生了一门新的学科诞生——医学地理学。医学地理学是生物地理科学下的一门分支学科,它所包括的内容和范围很广,涉及疾病的地理分布、发病率和疾病传播等各种因素,其中也包括了人们的生活状况、居住条件、饮食习惯和风俗习惯等人类社会活动情况。作为社会学的一个分支学科,人类生态学对人类社会的影响也是巨大的。人们正在对这两个新兴学科进行深入研究,试图从热带环境特征的角度探讨热带环境对人类社会的影响。

1. 对农业生产的影响

农业生产与粮食补足和机体营养之间，具有重要的联系。热带地区的自然条件有利于动、植物的生长，而热带地区的国家绝大部分属于工业不甚发达的国家，其中 3/4 的居民以务农为生。热带各地所生产的农作物有明显的不同，这就造成了各国经济发展状况和生活方式也有所不同。

东南亚地区以稻谷作物为主，产量亦大，相对足以供当地居民食用，丰年或许还有余粮出口。在非洲和拉丁美洲，由于多年来受殖民统治者"单一经济发展"的影响，往往偏重于经济作物（如大豆、花生、甘蔗、香蕉、菠萝、柑橘等）的生产而牺牲粮食作物（如玉米、小米、木薯及高粱等）的生产，致使粮食作物不足自给，主要靠进口。热带经济作物可可、咖啡、橡胶、剑麻、棕榈、丁香、椰子及金鸡纳等，是热带地区发展中国家的主要经济收入。

2. 对居住条件的影响

热带居民的居住条件千差万别，即便在同一个地区或城市，其居住条件也相差甚远，这与当地的社会经济及历史传统息息相关。热带地区也曾有过一些部落过着游牧生活，他们经常需要迁移住址，以帐为居。他们的住宅有以羊毛、皮革或草席制成的圆帐，或是以棕榈叶覆盖的棚屋。这种原始的圆帐和棚屋仅仅是防御风雨及躲避风沙而已，并不能抵御各种热带病媒（如昆虫等）的侵袭，因而会有较多各类疾病，特别是虫媒传染病的发生。

3. 对宗教信仰的影响

热带地区人们的宗教信仰各有不同。佛教主要分布于东南亚各国，伊斯兰教主要分布于西亚、北非的大多数阿拉伯国家。拉丁美洲各国的居民大多数信奉基督教或天主教，而东南亚的菲律宾居民多信奉天主教。南亚的印度居民 80% 以上信奉印度教，10% 以上信奉伊斯兰教，其余信奉锡克教、佛教或鲁那教。原始宗教如拜物教仍盛行于非洲各国，包括中非的扎伊尔、东非的肯尼亚、南非的费比亚和莫桑比克等，以及西非的利比里亚、加纳、多哥和贝宁等国家。

4. 对风俗习惯的影响

(1)饮食习俗。无论热带或亚热带还是温带，酷暑时节人们都爱饮用清凉的饮料，很多热带地区的发展中国家，除较大的城镇备有安全适饮的自来水外，大部分农村依靠河流、泉、井、池塘等作为水源，而这些水源常被粪便等污染，导致肠道疾病的发生。还有一些地区的居民习惯于饮用未经消毒处理的生水，导致霍乱、伤寒、痢疾及肠炎等肠道传染病的流行。此外，包括热带和温带在内的许多地方，居民因为气候炎热都喜食生的或半熟肉食及蔬菜，这些食物常带有寄生虫，人们食用后会受到寄生虫的感染。例如猪肉的猪带绦虫及旋毛虫、牛肉的牛带绦虫、羊肝的舌形虫、鱼的肝吸虫，蟹及蝲蛄的肺吸虫，以及虾、蟹、鱼的圆线虫等，都是常见的热带地区寄生虫，可以导致该地区寄生虫病的普遍发生。

(2)卫生习俗。在亚、非、拉地区,居住在乡间的人们习惯于到住所附近的树林或四野去大小便。有些国家,人们常常于大便后即去池塘或其他水源用左手手指洗涤肛门,虽然他们严禁用左手喂食,但上述习惯大大助长了各种寄生虫病,如钩虫病及蛔虫病的感染,促进了各类肠道传染病的蔓延。

(3)其他习俗。在非洲、拉丁美洲、阿拉伯半岛南部、马来半岛和南洋群岛的很多地方仍居住着传统部落,他们依旧保留了很多部落习俗,有些习俗以现代医学观点来看是不科学、不卫生的,往往会导致疾病的发生,造成后遗症,甚至使人失去生命。

10.1.1.3 热带地区有毒动、植物对人体的影响

由于热带地区地域及人文的不同,使得热带地区的有毒动、植物生物安全防范面临着和其他地区不一样的难题。这些难题内容涵盖了热带地区特有的有毒动物及植物的种类、在热带气候中的生长发育特点、毒素来源、结构成分、理化性质以及中毒原因、毒理作用、中毒量和致死量乃至中毒性病变,同时也包括了如何通过毒素在体内的代谢情况,来进行有毒动、植物中毒的法医学鉴定。

同时,因为热带环境的自然条件差异,导致生活在该地区的人的生理机能与身体状态都与其他地区有所不同,具体表现在出汗多、代谢快、应激反应迟钝及心理状态改变等,因而更容易产生热带环境所特有的各类情况。

1. 出汗多、代谢快

热带环境对人体最直观的影响,就是出汗量多、代谢迅速。人是恒温动物,当周围环境的温度发生变化时,人体能通过体温调节功能使体温保持相对稳定。人体在炎热气候中的主要降温方法,就是通过皮肤汗腺出汗和汗水蒸发散热。还有一种“无感觉”的出汗,是从皮肤表皮渗出水分的蒸发形式。只有在进行十分繁重的体力劳动,或是因人体散热机制受到阻碍时,人体的体温才会超过正常范围。居住于热带的人们遇到这种情况的时候较多,故常有中暑、热伤风、热中风及腹泻等病症的发生。

2. 应激反应迟钝

热带环境由于较高的外界温度使得人体的“警觉性”下降,人体抵御外界和自身负面刺激的应激反应变得迟钝,容易造成热疲劳等疾病。另外,由于长期处于高温环境中,人的交感神经兴奋、大量出汗、血液黏稠度增加,使得心血管系统处于高负荷运行状态,消化系统功能减弱,从而引起原有疾病的加重。

3. 心理状态改变

据研究表明,在高温环境中大约有16%的人容易出现情绪和行为的异常,特别是中老年人更容易发生,这种情况被称之为“夏季情感障碍”。这种情况的出现,与高气温、出汗、睡眠不足和饮食不佳等因素有密切关系。当环境温度超过30℃、日照时间超过12小

时及环境湿度大于 80% 时，气象因素对下丘脑情绪调节中枢的影响明显增强，导致情感障碍的发生率明显增高。加之有出汗等多种因素的存在，使得人体电解质代谢障碍，从而影响了大脑的活动，最终产生情绪和行为方面的异常。

10.1.2　热带地区有毒动、植物生物安全

10.1.2.1　热带地区有毒动、植物生物安全基本概念

由有毒动、植物所致的安全威胁，伴随着人类社会的发展从未停止，呈现出从简单到复杂、从偶发到频发的趋向，其防范难度也渐次加大。

针对“热带有毒动、植物生物安全”的概念，我们可以理解为“由热带常见有毒动、植物等危险物质及相关活动所引起的生物危害”，“它是使人类的生命和健康、生物的正常生存以及生态系统的正常结构和功能不受侵害和损害的一种状态”。

综合全国人大环境与资源保护委员会提交的《关于〈中华人民共和国生物安全法（草案）〉的说明》中对“生物安全”的定义，我们可将生物安全的含义归纳为，“国家等行为体有效防范由各类生物因子、生物技术误用、滥用及相关活动引起的生物性危害，确保自身安全与利益相对处于没有危险和不受内外威胁的状态以及保持持续安全的能力与行为”。构成生物安全的理论范畴，至少应由引起生物危害的内部因素（安全客体）、外部条件、生物危害表现形式及发生规律（生物安全危害形态）、安全主体与相应的防控策略等四个部分组成。

10.1.2.2　热带地区有毒动、植物生物安全的研究内容

热带地区有毒动、植物生物安全是以该地区有毒动物、植物为研究对象，研究该地区有毒动、植物的毒素种类及其在热带气候中的生长发育特点，并结合有毒动、植物的毒素在体内代谢的情况，解决热带地区与有毒动、植物生物安全相关的实际问题。热带地区有毒动、植物的毒素，主要包括以下 3 类：热带动物毒素（包括河豚、毒蛇等的毒素）、热带植物毒素（包括见血封喉、马钱子、鱼藤等的毒素）及其他种类毒素（包括热带常见毒品中毒）等。热带地区有毒动、植物生物安全的研究任务是：确定是否发生了中毒；确定是何种毒物引起的中毒；确定进入体内毒素的量，并判断是否足以引起机体中毒或死亡；分析毒物进入机体的途径和形式；推断中毒方式及死亡方式，是否因自杀、他杀或意外引起中毒。药物滥用、环境污染、医源性药物使用及食物中毒等涉及个体或群体人身伤亡的，也属于这部分研究的内容[3]。

10.1.2.3　热带地区有毒动、植物生物安全在实践中的意义

热带不仅气候温暖，食物也相对丰富，因此热带生物种类众多。为了能够适应环境生存下来，各类生物都在不停地进化着，加之赤道附近阳光常年直射，紫外线（可诱发基因突变）强度高，增加了动、植物发生变异的机会。一部分动、植物发生变异后带有毒性，

生存能力变强，就会在繁衍中产生“特异化”，有毒动、植物的种类及数量也会越来越多。因此，热带地区的有毒动、植物所致中毒事件发生较温带及寒带地区更为频繁，尤其是一些热带特有的动物、植物引起的中毒反应，与温带、寒带等其他地区差别很大。这些毒物引起中毒的防治研究，就构成了热带有毒动、植物生物安全研究的核心内容。

然而对于一些热带特有的有毒动、植物，并不属于常规的毒物或药物筛查范畴，加之越来越多的犯罪分子应用这些非常规的毒物进行投毒，在很大程度上加大了毒物检测分析的难度。当下由于交通运输的迅速发展，每天有成千上万名乘客乘坐飞机前往不同的国家和城市，也有无数吨货物经由空中、陆地和海洋运往世界各地。因此，热带有毒动、植物往往只需要几个小时，就可以出现在世界的任何一个地方。热带毒品在全世界的广泛蔓延，便是一个最有说服力的例子。热带有毒动、植物生物安全研究已经不能仅局限在热带地区，其安全防范研究应该面向全世界全面展开，其研究内容也将成为全球性行课题。

10.1.2.4　热带地区有毒动、植物生物安全的发展之路

过去对热带环境中有毒动、植物的研究，主要集中在与热带农业等相关的热带药用动、植物培育研究。近几十年来，生命科学在分子、细胞、组织及个体层面的研究已有许多新的突破和进展，人工合成有机化合物的出现和进展也使毒物的品种和数量也随之迅速地增加。与此同时，愈来愈多的有害物质也被随之被引入人类生活和生产环境，从而被人体所摄入。人类对毒物的认识，已经逐渐扩展和延伸到那些一时不易被察觉的物质，延展到对人类健康和繁衍有远期毒害作用的物质，其中也包括了那些可能对人类具有致突变、致癌、致畸以及加速衰老的物质。

热带毒物的分布虽然在区域上具有一定的局限，但它们在多个国家和地区均有分布。而目前生物安全的研究与防范在发达地区进行的相对较多，在一些发展中国家及一些相对落后的国家还未引起足够的重视。我们有理由相信在不久的将来，基于国际间的密切沟通与协作以及现代科学技术的专业支持，一定会使针对热带毒物进行跨地区、跨国家的研究成为可能。我们仍需不断地创新思维、开拓进取，充分利用国内外相关学科的新技术、新方法和新思路，很好地解决热带环境条件下的热带有毒动、植物生物安全问题。

10.2　热带地区有毒动物与生物安全

世界上有毒动物及有毒植物的种类与数量繁多，因有毒动物及有毒植物导致中毒甚至死亡的事件频频发生。相比之下，热带地区动、植物毒物中毒事件的发生较温带及寒带地区更为频繁，其带来的生物安全问题，给我国乃至全世界都带来了空前的挑战。

10.2.1 热带地区有毒动物概述

10.2.1.1 热带有毒动物的种类

热带动物毒素(tropic animal poison)是指那些热带地区特有的或者热带地区常见的具有毒性的动物及分泌物或其加工品。有毒动物体内的有毒物质属于天然毒素,按成分结构大致可分为蛋白质多肽、甾体及其衍生物、生物碱和其他(如烷基酚衍生物等)成分。自然界中存在着的30余类、数百种之多的含有对人体有毒成分的动物,主要包括水生类、爬行陆生类和昆虫类动物,而这些有毒动物如河豚、蟾蜍、水母、毒蛇、斑蝥、蜈蚣、毒蜂、蝎子等在热带地区均有分布。

有毒动物的毒素既可通过动物噬咬、蜇等行为主动输入人体,也可因被当作食物或药物误用进入人体,从而引起人体中毒甚至导致死亡。有些有毒动物具有一定的药用价值,可直接制成中药复方制剂或药酒,少数已提取出有效成分制成中成药、西药。据不完全统计,全世界每年被毒蛇咬伤而中毒的人有170多万,其中4万多人死亡;因食用有毒鱼类和贝类而中毒的人每年也有2万多人,死亡300余人。其中,半数以上的中毒案件发生热带地区。正是由于热带地区的自然气候给有毒动物提供了良好的生长繁衍环境,也给人类生活带来了巨大的隐患。

10.2.1.2 热带有毒动物中毒原因

1. 意外中毒

有毒动物毒素与其他毒物相比较,具有中毒原因复杂、毒素成分复杂以及化学结构与理化性质差异性大等特点。热带有毒动物导致中毒最多见的原因是意外中毒。意外中毒的原因可有误食中毒、药用过量及动物咬伤等多种原因,其中误食中毒为有毒动物中毒最常见的原因。①误食中毒:也称动物性食物中毒,即食入动物性食品引起的中毒(如有毒鱼类和贝类的中毒)。误食中毒的一种情形是将天然含有有毒成分的动物或动物的某一器官当作食品,另一情形是将在一定条件下产生大量有毒成分、原本可食用的动物食品食入体内。②药用过量:中医有许多有毒动物被作为药用记载,一旦使用不当或过量服用可导致中毒或死亡。③动物咬伤:在野外活动中被毒蛇或毒蜈蚣等咬伤,或被蜂类、毒蝎蜇伤以及被海洋中的鬼毒鲉、赤魟、海蜇等蜇伤,均能引起中毒甚至死亡。

2. 他杀及自杀中毒

他杀指有意将有毒动物制成毒酒或隐匿混入食品及药品中使他人中毒,也有服斑蝥酊、斑蝥虫体而自杀者,偶有以蛇毒皮下注射自杀死亡的案例。

10.2.1.3 热带有毒动物的中毒机制

热带有毒动物中毒机制主要表现在6个方面,分别为对人体局部作用、对神经系统作用、对心血管系统作用、对血液系统作用、对器官组织作用及其他作用。一些动物毒物含有多种有毒成分,且同类毒物也因动物种类不同毒性成分也有所差别。若不同毒性成分的化学结构和理化性质差异大,其毒理作用和毒性也存在较大差异。

10.2.1.4 热带有毒动物中毒的死因及死亡性质鉴定

由于热带有毒动物的毒性机制特点,使得天然动物毒素的分析也较为复杂,需要充分掌握常见动物毒素来源、中毒特点及毒素成分,才能明确死因及死亡性质。虽然有报道称有毒动物中毒或死亡的人数仅占实际中毒或死亡人数的极少部分,但对于有毒动物中毒致死的案例必须认真做出死因和死亡性质的鉴定。对于死因不明或中毒经过不清,甚至怀疑为他杀案件的,必须进行尸检和毒素实验室检查。详细了解案情及中毒症状、体征,进行细致的尸检,针对毒素成分的理化性质提取必要的检材进行病理学检查和毒物检测,有时还需要完成动物实验以及免疫方法等实验,以帮助完成相关的鉴定工作。必要时还需要采取可疑动物标本,聘请相关专家进行动物品种的识别与鉴定。

10.2.2 河豚毒素的鉴定

河豚为亚热带及热带近海底层鱼类,栖息于海洋的中、下层,有少数种类进入淡水江河中。在盛产河豚的地区,经常有因食用河豚导致中毒或死亡的案例报道[4]。由于前文已就河豚毒素及其中毒症状进行了阐述,本部分主要就河豚的安全证据与司法鉴定进行讲解。

10.2.2.1 检材采集和处理

怀疑河豚中毒时,应采取剩余食物、呕吐物、胃内容物、血液、尿液及肝脏等检材。由于热带地区气温比较高,检材容易腐败,久置的河豚会因内脏中的毒素渗入肌肉使其含有毒性,所以内脏取材要尽早进行以尽量保证检材的新鲜,同时也可以进行肌肉的取材。河豚毒素的极性较大,在碱性和强酸条件下不稳定,故不宜按照一般有机毒物的提取方法进行检材的处理。

取材时,检材中可加入适量的1%乙酸乙醇溶液,离心后分别提取上清液,残渣再以酸性乙醇重复处理一次。将提取液浓缩挥干,残渣用少量1%乙酸溶解,再用氯仿、乙酸乙酯等有机溶剂萃取去除脂溶性杂质,水相置氮气吹干仪上60℃吹干。尿液可加入少量稀乙酸酸化,用氯仿、乙酸乙酯等萃取去除杂质,置氮气吹干仪上60℃吹干。血液、尿液、组织匀浆也可加入适量1%乙酸甲醇溶液,混匀后离心,取上清液在已活化后的MCX固相萃取小柱上样,依次以乙腈、甲醇、水各1mL洗涤,抽干小柱,以0.2mol/L盐酸和20%甲醇的混合溶液洗脱,洗脱液置氮气吹干仪上60℃吹干。也可将样品在碱性条件下加热,使河豚毒素分解生成2-氨基-6-羟基-8-羟基·喹唑啉(C9-碱基),以有机溶剂提取,用荧光法或气相色谱法、气相色谱质谱法等进行检测。同时可进行动物实验,以观察其毒性反应。

10.2.2.2 检测方法

1. 生物检测法

(1)小鼠生物测定法。小鼠生物测定法是日本官方最早用于检测河豚毒素(TTX)的方法。它是对小鼠进行腹腔注射 TTX 后,通过观察小鼠的死亡时间来计算 TTX 剂量的一种检测方法。这种方法是目前 TTX 检测的标准方法,它规定对 20g 的 ddY 小鼠皮下注射 0.2mL TTX 溶液,10min 死亡剂量为 1 个鼠单位(1MU)。部分学者也尝试用不同系列的小鼠来做对比测试。比如说,王静等选用昆明小鼠为受试对象,对不同体重的昆明小鼠注射不同剂量的 TTX,得出注射剂量与小鼠死亡时间的关系。此方法对 TTX 的最低检测量为 0.20μg TTX,对样品的检出限为 0.56μg/g。用小鼠生物测定法测定 TTX,方法准确、稳定,但是操作过程烦琐,尤其对小鼠的要求比较高,检测结果容易受小鼠个体差异的影响,而且小鼠价格昂贵。由于小鼠的个体差异,不同种小鼠的半数致死量(LD_{50})也有差异。

(2)其他生物试验法。其他生物试验法与小鼠生物测定法原理基本相同,是以小鼠生物试验法为基础构建的,主要是将其他敏感生物作为受试对象,通过注射不同浓度的毒素观察受试生物的症状与死亡时间,得到浓度与死亡时间的关系。张伍金等利用红色鸡泡眼金鱼为受试对象,分别注射不同浓度的 TTX 溶液以观察金鱼出现的症状及时间,同时记录死亡时间,得到其死亡时间与体重、注射剂量之间的关系表及回归方程。与小鼠生物测定法相比,其他生物试验法具有操作简便、价格便宜等优点。

2. 理化检验法

(1)荧光测试法。荧光测试法是较早研发出来的检测 TTX 的方法,方法原理是将 TTX 加碱水解产生 C9 碱,将水解产物在特定波长下进行荧光检测。郑典元等用荧光分光光度法试测 TTX 的浓度,实验条件为在 370nm 激发,激发狭缝为 10nm,在 495nm 处出现特征峰。将荧光分光光度法与小鼠测定法进行比较,发现两种方法均具有较好的相关性,可以满足 TTX 检测的需要[5]。

(2)液相色谱法。色谱法是 TTX 检测常用的理化方法,其中以高效液相色谱法应用最为广泛,后来又发展为多项色谱方法联用的检测技术,比如液相色谱法与气相色谱法联用、液相色谱法与质谱法联用等检测方法。谭桂莉等利用高效液相色谱法测定 TTX 的含量,所选择的液相色谱条件为 Zorbax C18 色谱柱,流动相为体积比 1000∶0.005 的庚烷磺酸钠－三氟乙酸,30℃柱温,流速 1.0mL/min。结果发现,此法在 0.1～15.9μg 范围内有很好的线性关系。王智等采用 Quattro PremierXE 超高效液相色谱－串联质谱仪测定烤鱼片、鱼干等干制水产加工食品中的 TTX 毒性,结果表明此方法的线性范围为 2～200ng/mL,加标回收率为 71.2%～102%,相对标准(偏)差(RSD)为 5.23%～12.4%。

(3)气相色谱法。由于气相色谱法具有较高的分离效率和灵敏度,该方法已成为近年来发展较快的领域。它可与多种高选择性检测器联用,比如与液相色谱柱后衍生系统进行联用,因而该法可以用于痕量分析。后来发展的气质联用检测方法,使色谱的应用范围更为广阔。吴平谷等采用气质联用的方法测定河豚鱼肉、内脏中的河 62 环境监测与污染防治河豚毒素，选择的色谱柱为 HP－5MS 5% 苯基甲基聚硅氧烷弹性石英毛细管柱，进样口温度为 300℃；载气为高纯氦气，流速 110mL/min，不分流进样。该实验方法结果准确，灵敏度高，自动化程度强，测定实际样品效果良好。

（4）薄层色谱法。薄层色谱法适合于较高浓度 TTX 的检测，此方法操作过程较液相色谱法简单，对实验设备的要求也相对较低。林乐明等用薄层色谱扫描法测定 TTX，发现激发光波长在 230nm 时出现荧光峰值。此方法与其他色谱法相比，具有样品用量小和操作步骤简单的特点，可以用于多个样品同时分析。

10.2.3 热带毒蛇的生物安全证据与司法鉴定

蛇类属于变温动物，惧怕寒冷，热带不仅气候温暖，食物也丰富，比较适合蛇类的生存，所以蛇毒中毒事件在热带地区经常发生。一部分发生变异的毒蛇生存能力变强，在繁衍中具有“特异化”特征。许多剧毒毒蛇如尖吻蝮、眼镜蛇、金环蛇及银环蛇多分布在热带、亚热带地区，海蛇分布于近海。

因此，在该地区蛇毒中毒的发生率居高不下，其中最常见的原因是被毒蛇意外咬伤引起中毒。

蛇毒对人的致死量因毒蛇种类不同而有较大差异，如银环蛇蛇毒的致死量为 1mg/kg，眼镜蛇蛇毒为 15mg/kg，蝮蛇蛇毒为 25mg/kg。蛇毒只有通过咬伤部位、肌内注射或静脉注射进入人体，才会引起机体中毒，通过消化道摄入一般不会造成伤害。动物实验表明，蛇毒经注射途径进入小鼠、兔的体内后，可分布于肾、肺、脾、肝等脏器，主要经由尿排出。蛇毒在人体的分布、代谢情况尚不明确。蛇毒中毒的致死量，不同种类的毒蛇其每次放毒量不同，对人及小鼠的致死量也不同（表 11.1）。

表 11.1 我国常见毒蛇咬伤死亡率及蛇毒致死量

	小鼠半数致死量（mg/kg）	人致死量（mg/kg）	死亡率（%）
眼镜王蛇毒	0.34	12	100
眼镜蛇毒	0.53～0.71	15	8
银环蛇毒	0.09	1	23
金环蛇毒	2.4	10	30
蝮蛇毒	2.0	25	7
尖吻蝮蛇毒	8.9	–	24
竹叶青蛇毒	3.3	100	1
蝰蛇毒	1.6	4.2	30
烙铁头蛇毒	–	–	8
海蛇毒	0.52	3.5	35

10.2.3.1 检材采取和处理

怀疑患者为蛇毒中毒时,应采取咬伤处或注射部位的肌肉组织、现场可疑注射液、注射器等作为检材,同时对咬伤部位要进行病理学观察。将咬伤部位或注射部位的肌肉组织剪碎后,用少量水涡旋振荡、离心,分取水液,重复用水提取 2 次,合并提取液,并用适量乙醚将提取液萃取 2 或 3 次,除去脂溶性杂质,水相在室温下以氮气流适当浓缩、滤过,滤液存留备检。注射液适当稀释,注射器以少量水洗涤,稀释液、洗涤液存留备检。

10.2.3.2 检测方法

由于蛇毒的主要毒性成分为毒性蛋白质及肽类化合物,相对分子质量较大,极性较大,稳定性差,故蛇毒的检验不宜采用气相色谱法及色谱 - 质谱联用法。目前毒物分析常用的蛇毒检验方法,主要为酶联免疫吸附法、毛细管区带电泳法和高效液相色谱法。由于每种毒蛇的蛇毒组成均较为复杂,难以得到较为纯净的单一组分作为对照品,故当今法医毒物分析一般只作定性分析,且需要以相应蛇毒作为对照。

(1)毛细管区带电泳法。如五步蛇毒蛋白 C 的分析,采用库尔特(Coulter)石英毛细管柱(50cm ×75μm,i. d),分离电压 25kV,二极管阵列检测器,检测波长 198nm,进样压力与时间为 3.45kPa ×0.5s,运行缓冲溶液为 50mmol/L Tris - HCL 溶液(pH 7.4)。

(2)高效液相色谱法。如蝮蛇蛇毒分析,常采用 Octyl 液相色谱柱(75mm ×4.6mm,3μm),紫外检测器,检测波长 280nm,柱温 25℃,流动相 0.1% 三氟乙酸水溶液 - 乙腈,流动相流速 1.0mL/min,梯度洗脱。

10.2.4 贝类中毒

近年来,海洋环境污染日益加重。尤其是在热带地区,海水中的一些藻类、原生动物或细菌呈现爆发性增殖或高度聚集,导致有毒赤潮在热带地区海域内频繁爆发,而热带地区贝类中毒的情况也变得较为突出,严重影响着该地区的水产经济,威胁着人类的身体健康。

10.2.4.1 贝类中毒情况

赤潮期间的海域由于生态环境遭到严重破坏,造成了某些生物的生长异常,使得其中的一些藻类产生毒素。海洋中成千上万种的贝类,如织纹螺、贻贝等都以这些藻类为食物,在摄入这些含毒的藻类后将毒素蓄积在体内。随着藻类摄食量的不断增加,毒素在体内的累积量也不断增加。当人类食入这些贝类,就可导致中毒。由于此类毒素的毒性较大,误食后出现中毒反应的时间较短,加之食物中毒后无特效的解毒药,给贝毒的防治带来了许多困难。

到目前为止,世界范围内已经发现了几十种贝毒,其中较为常见的贝毒包括麻痹性贝毒(paralytic shellfish poisoning, PSP)、神经性贝毒(neurotoxic shellfish poisoning, NSP)、记忆丧失性贝毒(amnesic shellfish poisoning, ASP)及腹泻性贝毒(diarrhetic shellfish poisoning,DSP),其中麻痹性贝毒是所有贝毒中分布范围最为广泛、毒性作用最为强烈、对人体危害最为严重的一类毒素。

10.2.4.2 麻痹性贝毒的成分及理化性质

在全世界范围内,因误食含有麻痹性贝毒(PSP)的贝类而引发的死亡事件每年超过2000起,死亡率为15%,并且呈逐年上升的趋势,因此,这里对麻痹性贝毒进行专门介绍。

1. 麻痹性贝毒的来源

赤潮一般分为有毒赤潮和无毒赤潮,海洋中主要是双鞭甲藻属能够产生PSP。目前已知有30多种甲藻可产生PSP,主要包括塔玛亚历山大藻(Alexandrium tamarense)、微小亚历山大藻(Alexandrium minutum)、链状亚历山大藻(Alexandrium catenella)等分泌产生。另外,细菌、蓝藻、红藻中的一些种类也可以产生PSP。染毒贝类不能通过外观与味道的新鲜程度来加以分辨,而且冷冻和加热不能使其完全失活,这就给生物安全的防控带来困难。

产毒藻类的种类不同会产生不同成分、不同含量的毒素,即使是同一种类的毒藻,在其各个分支上的藻株在其各个生长阶段所产生的毒素也不同。另外,细菌、光照及温度等因素对毒素的产生也会有一定的影响。将产毒藻中的暂时性孢囊和休眠孢囊分离出来之后检测其中成分,发现其PSP含量是营养或游动性细胞的10倍以上。海底生物以这些孢囊为食,随着它们的活动,这些PSP就在海洋中形成广泛传播。目前可形成孢囊的短裸甲藻有80种以上,其中确定能产生PSP的有7种。由于热带海域适合贝类及藻类生长,引起人类中毒的现象也就较其他海域多。

2. 麻痹性贝毒的分子结构及理化性质

麻痹性贝毒(paralytie shellfish poisoning ,PSP)是一类四氢嘌呤的三环化合物,胍类毒素,分子式的主体是$C_{10}H_{17}N_7O_4$,分子量为299,呈白色固体状,极易溶于水,部分溶于甲醇和酒精,容易从酸性溶液中萃取,在大多数非极性溶剂如乙醛、石油醚中不溶,在氢氯化盐中的分子量是3720。一般情况下,PSP化学性质比较稳定,但在碱性环境中会降解为芳香族的腺嘌呤衍生物,经氧化后毒性消失;在强酸性水溶液中,部分毒素易发生转化;毒素在pH值为3时最为稳定,在-18℃以下能够较长时间保存。

PSP是一类烷基氢化嘌呤化合物,到目前为止发现28种以上的该类毒素,根据取代基的不同进行分类,发现其C10上存在同分异构现象。在贝类体内异构体可以转化成更加稳定的异构体,其摩尔比可以用来分析贝类的染毒时间。根据其结构中R4基团的不同,可将该毒素分为以下四类:①N-磺酰氨甲酰基类毒素(N-sulfocarbamoyl toxins),包括C1-4,GTXS (B1),GTX6 (B2);②脱氨甲酰基类毒素(Decarbamoyl toxins),包括dc-

STX 和 dcGTXl－4；③N－羟基类毒素（N－hydroxycarbamoyl toxins），包括 hySTX 和 hyneoSTX；④氨基甲酸酯类毒素（Carbamate toxins），包括新石房蛤毒素（neoSTX）、膝沟藻毒素 1－4（GTX1－4）、石房蛤毒素（STX）。其中，最常见的 PSP 毒素为 STX（占 85% 以上），被人类视为研究 PSP 的主要对象。

10.2.4.3 贝类中毒的中毒症状

PSP 中毒后临床症状主要表现为嗜睡、口中发苦、口唇及舌头发麻、头颈部发硬、恶心、头晕等，继而周身麻木、四肢无力、站立不稳，呈酒醉样的下行性神经麻痹症状，体温及大小便一般正常；情况严重者，最终会因呼吸衰竭而死亡。若摄入量不是很大，仅感恶心、头痛和头晕，中毒者一般在 24 小时后逐渐恢复，48 小时后身体复原。

PSP 是膜神经毒素的一种，作用于细胞膜的钠离子通道，结合在钠离子通道中的 α 亚基上，以改变细胞膜对离子的选择透过性，打破膜内外正常离子平衡，导致神经冲动传导异常（主要是阻碍钠离子传导），从而达到阻断钠离子通道的作用。随着细胞膜选择透光性的改变，中间载体表现出积累效应，使得中毒风险大大提高。

世界卫生组织以小鼠生物法（MBA）为依据，规定 PSP 的限量标准为 80μg STX eq/100g，即 400MU（MU 为鼠单位），同时将 MBA 确定为 PSP 安全性评价的标准方法。这个标准被认为是 PSP 毒素安全问题的最低标准，当今世界各国都广泛采用。

10.2.4.4 贝类的生物安全证据与司法鉴定

1. 小鼠生物法

小鼠生物法，由安本（Yasumoto）等人于 1978 年建立。作为美国官方分析化学师协会推荐的生物检测方法，小鼠生物法在许多国家被普遍用来定量检测麻痹性贝毒的毒力。小鼠生物法的工作原理是将贝类样品的酸提液腹腔注射进小鼠体内，并记录实验小鼠的死亡时间，根据麻痹性贝毒标准品建立的剂量效应曲线进行样品毒力的计算，结果用鼠单位（mouse unit，MU）表示（使体重 20g 的小鼠在 15 分钟时死亡的毒力为 1 个鼠单位）。小鼠生物法的优点是：样品的总毒性可以被测得而不需要分析其组成成分；以 MBA 法测得的实验结果可对 PSP 毒素危害性加以分析，这对建立其安全性评价体系具有直接的指导意义[6]。

小鼠生物法应用广泛，但其不足之处也是显而易见的。比如，使用实验动物所带来的伦理问题；方法的灵敏度低，可比性差；结果不具有特异性，无法确定毒素的成分和含量等。这些不足使人们希望能有更为有效的检测方法来取代或补充小鼠生物法，从而推动了高效液相色谱法及相关联用技术、免疫测定法、细胞生物法等检测技术的发展。

2. 细胞毒性测试法

细胞毒性测试法，是根据 PSP 的毒理作用机制设计的。在细胞培养过程中先加入藜芦碱和乌本苷这两种物质，它们分别是钠离子通道活化剂和钠钾泵（$Na^+ - K^+$ －ATP 酶）

的抑制剂。在这两种物质的作用下,钠离子内流异常可造成细胞肿胀死亡。此时加入钠离子通道阻断剂 PSP,可以与上述两种物质产生拮抗作用,限制细胞内钠离子内流,使得细胞成活,因而可以依据细胞的存活率对毒素进行定量分析。此法与 MBA 法相比优点甚多,不仅提高了实验的灵敏度,而且准确度也提高了很多。

细胞毒性测试法的实验对象由动物变为细胞,符合 3R 原则,其所得结果与 MBA 法高度一致。但是细胞培养期间是需要无菌操作的,需要专门的培养间和细胞培养人员,细胞培养和染毒所需时间较长,细胞易受到污染。想要拥有理想的实验灵敏度,就需要精确控制细胞状态和毒性物质的吸收程度[7]。

3. 高效液相色谱法及相关联用技术

高效液相色谱法及相关联用技术,是应用最广泛的进行 PSP 检测的非生物检测方法。这类技术的工作原理大多是基于离子交换层析分离毒素及后置柱反应器氧化洗脱液产生可检测的稳定衍生物,然后再进行相关检测。高效液相色谱法常与荧光检测或质谱分析联用,以提高灵敏度和准确性。由于 PSP 分子本身生色基团很弱,不能直接进行荧光检测,通常要将 PSP 分子的环状结构氧化成荧光生色基团。

对 DSP 的检测,主要是针对其主要成分大田软海绵酸(okadaic acid,OA)及其衍生物:相继用甲醇、乙醚和氯仿对样品进行提取后,再用 9 - 蒽基重氮甲烷(9 - anthryldiazomethane,ADAM)进行衍生化标记,经过 Sep - pak 柱净化后进行高效液相色谱及相关联用技术分析。由于在采用液相色谱分析 DSP 时,常常受到不饱和脂肪酸的干扰,因此如何消除实验干扰就成为今后研究的重点。

高效液相色谱法及相关联用技术通过对样品中的毒素进行定性、定量分析,给出各组分的毒素含量,适用于各种贝毒的检测。液相色谱 - 质谱法是目前检测复合毒素最有效的方法,然而当洗脱液中含有磷酸盐或能形成离子对的试剂时,就会限制液相色谱 - 质谱法的使用。

4. 酶联免疫法

酶联免疫法(ELISA)作为世界范围内各国采用的、已经成熟的抗原抗体反应的定量检测方法,其优点是检测快速、操作简便且灵敏度高,对于单一组分的化合物来说,检测结果尤其准确。已经商业化生产,用来检测 PSP 的 ELISA 试剂盒有 Ridascreen 试剂盒(主要针对 STX)和 Abraxis 试剂盒(针对不同 PSP 毒素)。酶联免疫法对于 PSP 的检测具有以下优点:实时且处理量大;灵敏度远高于 MBA;操作简便,适合样品的快速检测。但是因为酶联免疫法易受到交叉反应的影响,实验结果往往会出现假阴性或假阳性,其准确度相对较差。对于基质复杂和拥有多种组成成分的 PSP 来说,进行定量检测的结果准确性还有待提高。

5. 生物传感器检测法

生物传感器是利用生物化学作用产生的高亲和力,将敏感物质的浓度转换为电信号进行检测的仪器。大多数用于贝毒检测的生物传感器,是以免疫学为基础。表面等离子共振传感器针对溶液中的 PSP,对抗体结合到 STX 芯片表面的抑制情况进行 PSP 的检测。经特定的提取及蛋白质结合,表面等离子共振技术可定量检测 PSP 中的大部分成分。基于 OA 和 DTX-1 是蛋白磷酸酶抑制剂这一特性,可以用电化学传感器进行检测,或用表面等离子共振技术进行抗体检测。

生物传感器的主要优点是快速、容易操作,且灵敏度高。生物传感器的小型化和自动化使得毒物的原位监测成为可能,便于对毒物进行更及时、准确的监控。生物传感器法可以用来进行快速、批量地检测,但至今尚无法完全取代小鼠生物法。

近年来,贝毒的检测方法被广泛研究。尽管小鼠生物法存在不少缺陷,但仍是当前大多数海产毒素检测的参考方法。蛋白磷酸酶法和色谱-质谱联用技术这两种方法,目前被欧洲食品安全管理局认为是最有可能代替小鼠生物法的检测方法,然而这两种方法均有待进一步完善。快速检测方法和准确验证方法的联合使用可以做到优势互补,这将是贝毒检测的发展方向[8]。

10.2.5 其他热带动物毒物中毒

10.2.5.1 蜈蚣与生物安全

蜈蚣广泛分布于世界各地,特别是热带和亚热带地区。蜈蚣畏日光,昼伏夜出,喜在阴暗、温暖、避雨及空气流通的低山地带生活。蜈蚣大型种类主要生活在热带,平原地区虽然有分布,但数量较少。蜈蚣为典型的肉食动物,性凶猛,食物范围广泛,尤喜食小昆虫类,但也会攻击人。

蜈蚣蜇伤(centipede sting)是一种常见病,由蜈蚣的毒液引起,其毒液中含有组胺类物质、溶血素及蚁酸等,呈酸性,有溶血作用。毒液进入体内后可导致局部组织血管、淋巴管内皮细胞变性和坏死,血管通透性增高,引起局部组织的充血、水肿甚至坏死,并可出现淋巴管炎。人被蜈蚣蜇伤时,临床特点主要是伤处可见两个出血点,局部充血、肿胀、疼痛;毒性大时可出现发热、头痛、呕吐、心悸、眩晕、痉挛,甚至谵妄等全身症状;极少数可出现过敏性休克。小型蜈蚣如地蜈蚣、耳孔蜈蚣和石蜈蚣,它们的毒腺不明显,毒力很小,偶然咬人,稍觉疼痛,1~2 小时即可消失。

10.2.5.2 蝎与生物安全

蝎属蜘蛛纲蝎目,全世界约有 1500 种蝎,毒性大小不一,其中约 30 种对人类有害。蝎畏光,白天潜伏于碎石、土堆等缝隙处,夜间活动,主要分布于热带、亚热带。蝎毒贮存于尾节的毒囊中,毒囊通过导管与中空的尾刺相连,蝎毒通过尾刺刺入人体。蝎蜇伤常发生在热带及亚热带毒蝎多见的地区,多见于夏季。全球每年被蝎蜇伤的报道的次数多达一百余万次,其中部分会导致机体死亡。

蝎毒是一种成分复杂的混合物，主要成分是蝎毒素和各种酶类，包括透明质酸酶、乙酰胆碱酯酶、神经毒素、明胶酶及磷脂酶等。其中神经毒素最为常见，与神经细胞的钠离子通道结合，使神经－肌肉接头；肾上腺素能使神经末梢、副交感神经和肾上腺髓质的突触前活性增强，从而改变神经、肌肉及心肌细胞的通透性，导致细胞损伤。

蝎蜇伤（scorpion sting）是指蝎子尾部蜇伤，毒液进入人体，以局部疼痛，甚或伴寒战、呕吐、恶心、抽搐等全身症状为主要表现的急性中毒性疾病。蝎蜇伤的临床症状，可分为局部症状和全身症状两种。①局部症状：蝎蜇伤后首先出现局部疼痛，局部表现为伤处红肿、有烧灼感、剧烈疼痛，偶有麻木，个别患者蜇伤部位出现水疱，甚至坏死。②全身症状：约1/3蝎蜇伤者可出现，一般于蜇伤后1～2小时出现。轻者仅见一般神经及消化系统的中毒症状，如头痛、头晕、全身不适、出汗、肌肉疼痛、感觉异常，无功能障碍。严重者可出现寒战、高热、胸闷、心悸、呼吸困难、血压升高、肌肉痉挛等。个别出现低血压、全身大片皮疹等过敏性休克表现。儿童被蜇伤尤为危险，容易损害中枢神经系统，出现偏瘫、构音困难及心肺损害。致死的主要原因为急性心衰、心源性猝死、急性肺水肿及休克等，多在蜇伤后4～8小时死亡。

蝎蜇伤中毒可提取被蜇伤者的尿液进行尿常规检查，表现为蛋白尿、血尿及尿糖升高。凝血功能可发生异常。当胰腺受损时，淀粉酶、血糖及脂肪酶均升高。出现全身中毒症状者，乳酸脱氢酶（LDH）、血清肌酸磷酸激酶（CK）、谷丙转氨酶（GPT）、碱性磷酸酶（ALP）、谷草转氨酶（GOT）及γ－谷氨酰转肽酶（GGT）均有升高。重症患者会发生电解质紊乱，出现低钙、低钠及高钾血症。

10.2.5.3　海蜇与生物安全

海蜇（rhopilema esculenta，jellyfish）是根口水母科海蜇属动物，是一种暖水性的腔肠动物，多分布于热带及亚热带河口附近的近海岸浅水中。海蜇触手上长有多个刺丝囊，有棘丝与囊相通。囊内含有毒液，与人皮肤接触后其中空的棘丝从囊中弹出并射入皮内，引起人体中毒[9]。

海蜇毒素对哺乳动物的心脏有损害作用。海蜇毒素为四氨络物、5－羟色胺及多肽类物质，可引起较强的组胺反应，可扩张血管及增强毛细血管通透性，还可使平滑肌收缩，或发生超敏反应，导致严重的肺水肿及过敏性休克。

海蜇皮炎（jellyfish dermatitis）是由海蜇的刺丝囊刺伤皮肤引起的皮肤反应。轻者1～2天皮疹消退，多数患者1～2周皮疹结痂而愈。少数患者出现胸闷不适、口吐白沫、血压下降、呼吸困难和肺水肿，严重者可导致死亡。

通常被海蜇蜇伤后，多数人立即感到触电样刺疼、麻木、瘙痒及烧灼感，但不甚严重。经过数小时后，局部产生线状排列的红斑、丘疹，甚至出现瘀斑、水疱。个别严重者可伴有全身症状，如倦怠、肌肉痛、胸闷气短、呼吸急促、心慌、低热、口渴、出冷汗等。极少数对毒素敏感者，若抢救不及时会因肺水肿、过敏性休克而死亡。儿童被蜇最为危险，常可出现肺水肿、无症状性心肌炎以及心律失常、低血压或休克等，可因心律失常猝死。

在近岸海域，海蜇这轻柔飘逸的动物常引起人们的极大兴趣。游泳者很难辨别在海水中透明的海蜇，故容易被蜇伤。我国海域广阔，每年7－9月均有相当数量的海蜇蜇伤案例发生，以前主要为捕捞海蜇的渔民，近来亦有在海滨游泳戏水的被蜇伤者。据统计，近20年来沿海旅游地区约有2200例海蜇蜇伤事件发生，其中13例死亡，死因均为蛰伤致过敏性休克。而在澳大利亚海岸每年约有10000人被海蜇蜇伤。

因食用海蜇造成食物中毒的事件也较为频发。早在明代渔民们就已经懂得"新鲜海蜇有毒，必须用食盐及明矾腌制；当浸渍去毒滤去水分后方可食用。"古往今来，南粤海边渔民因食用鲜海蜇致中毒的案例屡见不鲜。海蜇也和其他海产品一样，很容易受到诸如嗜盐菌等细菌的污染，致使凉拌海蜇丝引致细菌性食物中毒。广东省江门市一家大酒店，就曾经发生一起73人因食用凉拌海蜇而引起细菌性食物中毒的事故。

10.3 热带地区有毒植物的生物安全

10.3.1 热带有毒植物的概述

热带植物毒物，指热带地区常见或特有的具有毒性的植物及其加工品。大部分有毒植物中的毒性成分同时也具有药物活性，这些植物及其加工品（包括源于有毒植物的中草药、中成药及由其活性成分制成的西药制剂等）也是中西医临床治疗疾病的常用药。有些植物的活性成分毒性剧烈，中毒量与治疗量非常接近，因此较容易造成有毒植物中毒。

植物毒物中毒的原因除了误食或误用外，更多的是由于用药不当所致。与其他有毒药物相比，植物毒物具有以下特点：①毒物来源及成分复杂；②检材性状、成分性质及毒物浓度差异较大；③生物检材中毒性成分的浓度较低且杂质干扰较大；④标准对照品难以获得。长期以来，植物毒物中毒一直是生物安全领域比较重视的问题。由于有毒植物及中草药的种类繁多，因而有毒植物安全防范和死因鉴定就成为司法鉴定中的一个难点。

法医司法鉴定中常遇到的有毒植物中毒，主要包括以下类别：毛茛科的乌头；马钱科的马钱子、钩吻；茄科的颠茄、曼陀罗、莨菪；卫矛科的雷公藤；豆科的鱼藤；百合科的秋水仙、藜芦；马兜铃科的马兜铃；夹竹桃科的长春花、夹竹桃、羊角拗；天南星科的半夏、天南星；伞形科的毒芹；马桑科的马桑；桑科的见血封喉；小檗科的八角莲；大戟科的一叶秋、京大戟、巴豆；银杏科的白果；玄参科的洋地黄等[10]。

有毒植物的毒性成分所涉及的化合物种类较广，包括生物碱类、毒蛋白类、苷类、内酯类及萜类等，其中以生物碱类化合物最为多见。因篇幅有限，本章仅选常见的几种有毒植物进行介绍。

10.3.2　见血封喉与生物安全

10.3.2.1　见血封喉的概述

1. 关于见血封喉的传说

见血封喉具有一个古老的传说。传说在云南西双版纳，有一位傣族猎人最早发现见血封喉汁液含有剧毒。一次狩猎时，一只硕大的狗熊突然从密林跳出，猎人正要举枪瞄准，饥饿的狗熊扑了过来，他丢掉猎枪拔腿就跑。眼看没路了，猎人眼疾手快爬上了一棵大树，狗熊依旧咆哮着追逐不放，也开始爬树。情急之下猎人折断一根树枝进行驱赶，正好捅入狗熊张开的巨嘴，狗熊立即落地而死。猎人掰开狗熊嘴巴仔细观察，发现狗熊口中的伤口不大，伤口处有乳白色树汁。他恍然大悟，杀死狗熊的原来是见血封喉的树汁。从那以后，西双版纳的猎人在狩猎时都会用见血封喉的汁液涂在箭头。

云南傣族民间还流传着另外一个古老的见血封喉的传说。据说在千百年前，一次洪荒过后傣族人民为重建家园上山伐木。不料在森林里碰上77只猛虎。上山伐木的人有的被活活咬死，有的被咬伤，村民对猛虎无比恐慌。一名男子带了几瓶毒药上山，在恶虎出没的地方将毒药一饮而尽，老虎们吃了男子的肉后全都毙命。男子的鲜血浸入地下，长出了一棵含有剧毒的树，这棵树就是见血封喉。

2. 见血封喉的毒性特征

见血封喉是自然界毒性最强的乔木，有“林中毒王”之称。见血封喉为桑科见血封喉属植物，别名为加布、剪刀树和箭毒木，是世界上木本植物中最毒的一个树种。见血封喉属的植物有4个种和3个变种，分布于东南亚地区。我国仅产1种，分布于海南、云南、广东及广西等地。见血封喉在我国已被列为三级濒危珍稀植物。

见血封喉鲜树的汁乳白色，有剧毒，具有导泻、催吐、强心的作用，还可用作麻醉剂。其种子也有毒，可解热止泻，用于治疗痢疾。因为见血封喉的乳白色汁液含有剧毒，一经接触人畜伤口顿时出现心脏停搏、血管封闭及血液凝固，最后因窒息而亡，所以在印度尼西亚、马来西亚、缅甸以及我国的海南和云南等地，当地人多用见血封喉的乳汁作箭毒，射杀野兽。当汁液溅到眼睛时，可导致失明，甚至当燃烧见血封喉树木时，烟气飘入眼睛也会导致失明。云南西双版纳有“七上八下九不活”的说法，指的是“野兽被涂抹了见血封喉的毒箭射中时，上坡路最多跑七步，下坡路最多跑八步，第九步一定会毙命”[11]。

10.3.2.2　毒性成分及理化性质

见血封喉的化学成分的研究始于20世纪40年代，至今已经分离鉴定出37个化合物，包括26个强心苷及其苷元，10个黄酮类化合物和1个其他类型化合物。见血封喉的化学成分，最主要的是强心苷及其苷元和黄酮类两类。

1. 强心苷及其苷元

见血封喉的乳汁和种子，均富含强心苷类化合物。见血封喉强心苷的苷元结构类型有 7 种，而苷元的 3 位羟基所连的糖基有 9 种，通过苷元与糖基的不同组合产生了种类繁多的强心苷。目前报道的见血封喉强心苷的苷元均为五元内酯环型，并且以弩箭子苷元（antiarigenin）和毒毛花苷元（strophanthidin）为主，而糖基部分除了铃兰毒原苷（convalloside）连接的是双糖外，其余均为单糖。见血封喉种子中的强心苷糖基，除了氯李糖为二者共有外，其余的均不相同。

早期从见血封喉乳汁中鉴定的强心苷的糖基，主要是 6 - 去氧 - β - *D* - 古洛糖和 α - *L* - 鼠李糖，而从种子中鉴定的强心苷的糖基有 α - *L* - 鼠李糖、6 - 去氧 - β - *D* - 阿洛糖、β - *D* - 加拿大麻糖以及首次发现的 2 位羟基被甲基化的 6 - 去氧 - 2 - O - 甲基 - β - *D* - 阿洛糖（javose）。通常糖上的羟基被甲基化在自然界中较为少见，虽然在一些强心苷化合物中曾有出现，也大多在 3 位或者 4 位被甲基化，如见血封喉种子中的强心苷糖基 β - *D* - 加拿大麻糖，即是 3 位羟基被甲基化。

1997 年，卡特报道从乳汁中得到的毒素见血封喉苷 A ~ C，其糖基均为天然产物中较为少见的 2 位羟基被甲基化的糖，即 2 - O - 甲基 - β - *D* - 海藻糖、6 - 去氧 - 2 - O - 甲基 - β - *D* - 葡萄糖和 6 - 去氧 - 2 - O - 甲基 - β - *D* - 古洛糖，其中最后两个强心苷的糖基不同于以往鉴定的任何强心苷类化合物的糖基，首次报道出现于强心苷类化合物中。强心苷化合物的组成，在见血封喉的乳汁和种子中也存在较大差异，如 α - 见血封喉苷、β - 见血封喉苷在乳汁中作为主要成分大量存在，在种子中则只有极少量的 β - 见血封喉苷，而 α - 见血封喉苷未在种子中发现。目前发现同时存在于乳汁和种子中的强心苷，只有弩箭子苷和铃兰毒苷。

2. 黄酮类

1990 年，日本科学家从印度尼西亚产的见血封喉根皮中分离得到系列具有异戊二烯基的新的黄酮类化合物弩箭子苷 A ~ I 和一个已知的黄酮化合物（±）- 乌拉尔宁 A，其中弩箭子苷 A ~ B 为噢弄酮，弩箭子苷 C ~ E 为查耳酮，弩箭子苷 F ~ I 和乌拉尔宁 A 为二氢黄酮。乌拉尔宁 A 据报道有抗炎的活性。

10.3.2.3 中毒症状和体内过程

1949 年，国内学者报道见血封喉乳汁的乙醇提取物具有强心、升压及增加心输出量等作用。见血封喉所含苷类中很多具有洋地黄样强心作用，还能使猫心电图依次产生与黄夹苷作用后相似的变化，出现心搏减慢、P - R 间期延长、异位节律、心动过速，最后因心室纤维性颤动而死亡。

见血封喉强心苷样的强心治疗作用（加强心肌收缩力）和毒性作用（导致心律失常）

具有不同的原理。治疗作用在于增加心肌细胞内钙离子的浓度,而毒性作用则主要在于抑制 Na^+-K^+-ATP 酶而减少心肌细胞内的钾离子。当心肌细胞内的钾离子减少到一定程度时,可表现为快速型的心律失常,最后可导致心室颤动和停搏而死亡。

10.3.3 马钱子与生物安全

10.3.3.1 马钱子药用的历史沿革

马钱子的药用信息,最早记载于明代李时珍的《本草纲目》中。李时珍以“番木鳖”为正名将马钱子收入《本草纲目》卷十八草部蔓草类,释名马钱子、苦实把豆、火失刻把都,并注明“番木鳖生回回国,今西土邛州诸处皆有之。”《本草纲目》明确提出,马钱子是从阿拉伯国家传入我国的外来药。

李时珍在《本草纲目》中描述了马钱子的形状和生态学特征,“蔓生,夏开黄花。七、八月结实如栝楼,生青熟赤,亦如木鳖。其核小于木鳖而色白。”马钱子因种子如木鳖子稍小,颜色更浅,故又名番木鳖。李时珍在“气味”项中记载马钱子“苦,寒,无毒”,“主治伤寒热病,咽喉痹痛,消痞块,并含之咽汁,或磨水噙咽。”《本草纲目》虽然在“气味”项中记载马钱子“无毒”,但在“集解”项中却表示“彼人言治一百二十种病,每证各有汤引。或云以豆腐制过用之良,或云能毒狗致死。”既然马钱子“能毒狗致死,经豆腐加工炮制后再用比较好”,实则提示马钱子存在毒性。

李时珍所言“无毒”也许与马钱子给药途径及用量有关。“含之咽汁”“磨水噙咽”与“每证各有汤引”显然用法不同。李时珍用药和观察非常细致,基于其亲身历验,当采取“含之咽汁”“磨水噙咽”用于治疗咽喉肿痛时,由于用量小而且是局部用药,因而认为马钱子“无毒”;当以汤药用于治疗其他病症时,其毒性便自然显现出来。特别是用马钱子直接给狗食用时,可以产生致命的毒性。随着马钱子的广泛使用,其毒性在明代逐渐得到认识。明代李中立在《本草原始》中记载番木鳖有大毒,“能毒狗至死,亦能杀飞禽,今人多用毒乌鸦。”“番木鳖形圆,色白有毛,细切捣烂,和肉内,毒鼠即死。勿令猫食之。”这些记载,也可能与李时珍的“彼人言”来源一致。

到清代,张锡纯在其所著《医学衷中参西录》治肢体痿废方“振颓丸”中提及使用马钱子法制一两时描述道,“马钱子即番本鳖,其毒甚烈,而其毛与皮尤毒。然制之有法,则有毒者可至无毒;而其开通经络,透达关节之力,实远胜于他药也。”该描述既肯定了马钱子对疾病的特有治疗作用,也认识到了马钱子的强毒性,又指出“经过炮制可减少马钱子毒性甚至使其无毒”。此后,“马钱子可引起毒性反应”这一理论得到了公认。

由上可见,明清时期有关马钱子毒性的记载,经历了从“无毒”到“有毒”到“大毒”的认识过程,这也表明历代医家经过在实践中的细致观察,确证了马钱子除了治疗作用之外的显著的不良反应,以大毒作为概括。除上述药学著作外,《本草纲目拾遗》《植物名图考》《本草品汇精要》《本草经解》《药鉴》《本草蒙筌》《本草新编》及《神农本草经疏》等，均未见马钱子的相关记载。

马钱子因其具有独特的药用价值而被广泛应用于治疗方面，其主要药用成分为马钱子生物碱。含有马钱子生物碱的植物广泛分布于印度、越南、缅甸、泰国及斯里兰卡等热带和亚热带地区。我国该类植物大约有 10 种，主要分布在云南、广东、广西、海南、福建及台湾等地。除普通马钱和云南马钱外，还有海南马钱、密花马钱及吕宋果等。马钱子生物碱具有中枢神经毒性，在热带地区因其被广泛应用，中毒情况时有发生[12]。

10.3.3.2 毒物成分及理化性质

马钱子通常指马钱科马钱属植物马钱子（*Strychnos nux - vomica* L.）或云南马钱子（*Strychnos pierriana* A. W. Hill）的干燥成熟种子，又名番木鳖。马钱子的主要成分为吲哚类生物碱，统称为马钱子生物碱，总碱含量在 1.5%～5%，其中士的宁（strychnine）又名番木鳖碱，含量最高，占总碱的 35%～50%；其次为马钱子碱（brucine），又名布鲁生。除此之外，马钱子还含有少量的士的宁氮氧化合物（strychnine N - oxide）和马钱子碱氮氧化合物（brucine N - oxide）、伪士的宁（pseudosstrychnine）和伪马钱子碱（pseudosbrucine）等[13]。

马钱子属于剧毒及国家管制品种，口服 7g 可导致死亡，内服需要经过炮制。马钱子中的士的宁既是马钱子的主要药效成分，也是其主要的毒性成分（士的宁的中毒量与治疗量非常接近，成人口服治疗量为 1～3mg，5～10mg 可引起中毒，30～100mg 可导致死亡），马钱子碱的毒性仅为士的宁的 1/8～1/10。马钱子经过炮制，部分士的宁和马钱子碱可转化成士的宁和马钱子碱的氮氧化物及异士的宁（isostrychnine）和异马钱子碱（isobrucine），其毒性仅为生马钱子的 1/10～1/15。

马钱子中毒多因用药不当（如过量使用、炮制不当、生品内服、长期服用等）所致，马钱子浸膏或粗制士的宁也有被掺加到毒品或毒鼠和猎兽饵料中，偶尔也见用于自杀或谋杀案例。

10.3.3.3 中毒症状和体内过程

1. 对神经系统作用

马钱子能兴奋整个中枢神经系统。首先是兴奋脊髓反射功能，其次是兴奋延髓的呼吸中枢及血管运动中枢，提高大脑的感觉中枢功能。脊髓对士的宁的敏感性较高，受试动物在接受硝酸士的宁实验用药后能加强脊髓反射。在实验观察中发现，中剂量的士的宁能增强脊髓内神经的传导，提高脊髓的反射兴奋性，增强反射强度，但不破坏脊髓中枢的交互抑制过程。目前士的宁在临床用于治疗腰椎骨折及脊髓损伤，获得较好疗效。因马钱子能增强皮质的兴奋性，且能缩短处于抑制状态患者的苏醒期，故目前也用于脑震荡患者的后遗症恢复期[14]。

士的宁是极强的中枢兴奋剂，尤其对脊髓具有高度的兴奋作用，大剂量可反射性引起强烈的脊髓冲动，造成全身骨骼肌收缩和剧烈痉挛。典型的士的宁中毒症状有颈项僵直、牙关紧闭、痉笑、双目凝视、瞳孔散大、全身强直性痉挛、角弓反张等，对声、光、风等因素极为敏感，最后因窒息而死，尸体僵直。尸僵发生早而强，持续时间长，常出现四肢痉挛性屈曲，足趾明显内翻伸展，手臂位于胸前呈握拳状等较特殊的尸体征象。

2. 抗心律失常作用

给大鼠静脉注射乌头碱、家兔静脉注射肾上腺素，制成心律失常模型，用马钱子碱和生理盐水对照观察室颤发生率、心律失常维持时间和心律失常潜伏期。结果显示，马钱子碱除了能缩短用药组大鼠乌头碱诱发心律失常的持续时间，还能延长肾上腺素诱发家兔心律失常的潜伏期和心律失常维持时间，说明马钱子碱对心律失常有一定的拮抗作用。

马钱子质地较硬实，口服吸收的快慢与摄入药物的形态有很大关系。一般来说，药酒的吸收最快，药粉或药丸次之；直接服用粒状马钱子则吸收较慢，中毒症状可能几小时后才出现。士的宁在各脏器组织和体液中均有分布，以肝、肾中分布较多。士的宁主要通过尿液排泄，以原型和葡萄糖醛酸结合物存在。马钱子碱主要代谢物为去甲基马钱子碱，马钱子碱在活体内可逐渐被氧化分解，但在尸体中性质稳定，埋葬数年的尸体中仍有被检出的可能性。

10.3.3.4 马钱子的生物安全证据与司法鉴定

1. 检材采集和处理

人体发生马钱子中毒时，一般可取胃内容物、血、尿、肝、肾等生物检材及吃剩的药物和药渣等具有形态特征的检材。对于入土时间较长的尸体，可开棺取胃、肝等部位的腐泥进行毒物检验。

参考方法：取血 1mL，用 4mL 去离子水稀释，加 30μL 磷酸酸化，漩涡混合，离心取上清液过 Oasis MCX 固相萃取柱(预先用 1mL 甲醇和 1mL 去离子水活化)，依次用 0.1mol/L 盐酸 1mL 和甲醇 1mL 淋洗杂质，再用 1mL 70% 的甲醇(内含 5% 氨水)或 90% 的甲醇(含 5% 乙二胺)洗脱，洗脱液于 60℃ 挥干，残渣用甲醇或流动相溶解后供检。

2. 检测方法

(1)气相色谱法和气相色谱质谱联用法。马钱子碱的热稳定性较好，可用气相色谱法和气相色谱质谱联法检测。但由于分子量较大，沸点较高，且碱性较强，检测时需较高的气化温度和柱温，灵敏度较易挥发性化合物的低，一般在微克级。

气相色谱法参考条件：100% 聚二甲基聚硅氧烷的非极性毛细管柱或含 5% 苯甲基聚硅氧烷的弱极性毛细管柱；柱温 240℃(3 分钟)—10℃(1 分钟)—280℃(5 分钟)，进样口及检测器温度 280℃；载气流速为 2mL/min，检测器为 FID 或 NPD。气相色谱质谱联参考条件:5%苯甲基聚硅氧烷弱极性色谱柱(30m×0.25mm,0.33μm);柱温为120℃—20℃/min—280℃(15min),进样口温度为270℃;柱流量(氦气)为1.8mL/min,离子源(EI),温度为250℃,传输线温度为280℃,电压为70eV,扫描范围为40~450AMU。士的宁和马钱子碱性质稳定,基峰即为分子离子峰,分别为m/z 334和m/z 394,当样品成分复杂或浓度低微时可用作选择离子监测或筛查。

(2)形态学鉴定。如有疑似马钱子的中药,可分拣出来进行形态鉴定。生马钱子为扁圆纽扣状,直径1~3cm,厚3~6mm;表面呈灰绿色或灰黄色,密生匍匐银色丝状茸毛,从中央向四周散射;一面微凹,另一面稍隆起,中央有一稍突起的点状种脐,边缘有微尖突的珠孔,种脐与珠孔间隐约可见一条隆起线;质地坚硬;种子剖面有淡黄色胚乳,肥厚;近珠孔处有明显的腔,内有菲薄的心形子叶2枚,子叶下胚根约4mm。

刮取种子被毛置显微镜下观察,种子表皮细胞分化向一侧斜伸,单细胞毛,基部膨大,似石细胞,壁极厚,强烈木化,有纵向扭曲的纹孔,毛体有数条脊状增厚,胞腔断面类圆形。马钱子与云南马钱子主要区别,就在于前者表皮细胞毛茸平直不扭曲,毛肋不分散;后者平直或多扭曲,毛肋常分散。用间苯三酚-盐酸试剂封片,可使木化的表皮细胞壁染成红色,便于观察。

10.3.4 鱼藤与生物安全

鱼藤,为豆科鱼藤属(*Derris*)多年生藤本植物,别名毒鱼藤,其根、茎、叶有毒;该属植物约70余种,主要分布于热带地区。鱼藤属植物在热带地区大多被作为民间药用植物,以全株或根状茎入药,有散瘀止痛、杀虫止痒之功效,常用于跌打肿痛、关节肿痛、疥癣和湿疹等病症的治疗。鱼藤属植物可选择性的作为杀虫剂及杀螨剂,主要用于农作物防虫害,也有用作毒鱼剂的。因鱼藤在热带地区的广泛分布与应用,致使鱼藤中毒事件时有发生。

10.3.4.1 毒性成分及理化性质

最早从鱼藤属植物中提取出来的具有杀虫活性的化合物为鱼藤酮(rotenone),又名鱼藤精。继鱼藤酮之后,各国学者又从鱼藤植物中提取出灰叶素(tephrosin)、鱼藤素(deguelin)、灰叶酚(toxicarol)及毛鱼藤酮(elliptone)等多种母体结构与鱼藤酮相似且具有杀虫活性的化合物,它们被统称为鱼藤酮类化合物(rotenoid)。

含有鱼藤酮的植物还有其他种类,如豆薯。豆薯又名白地瓜、沙葛、地瓜、凉薯及地萝等,是热带普遍栽培的豆科根菜作物,其种子含有鱼藤酮。由于种子炒熟后可产生一种香味,故常使人因误食而中毒。一些中草药如地瓜子、苦檀子及昆明鸡血藤根中也含有鱼藤酮,当使用不当或误用也可能导致鱼藤酮中毒。随着鱼藤类农药的广泛应用,用其投毒、自杀及意外情况等原因引起的中毒事件也随之增加。

10.3.4.2 中毒症状和体内过程

1. 中毒症状

鱼藤酮为细胞毒性化合物,能与细胞内线粒体还原型烟酰胺腺嘌呤二核苷酸(NADH)脱氧酶结合并抑制其活性,阻断细胞呼吸链的递氢功能和氧化磷酸化过程,进而抑制细胞呼吸链对氧的利用,造成内呼吸抑制性缺氧,导致细胞窒息死亡。因其脂溶性较强而较易穿过血脑屏障,进入中枢后迅速与多巴胺能神经元结合,并特异性抑制线粒体复合物 I 的活性,导致多巴胺能神经元对氧的利用障碍,使机体产生的能量不能被利用。

鱼藤中毒后,临床上会表现出消化系统和神经系统中毒症状,主要表现为恶心、呕吐及阵发性腹痛,以及头晕、头痛、口唇及肢体麻木、视物模糊、烦躁不安、肌肉震颤、全身痉挛、意识障碍、血压下降,呼吸先快后慢,严重者因呼吸中枢麻痹而死亡。一次大剂量摄入鱼藤酮导致急性中毒时,主要表现为对心血管系统方面的损伤,而对中枢胆碱能系统的选择性损伤不明显;小剂量长期持续给药时,在对机体其他系统功能影响不明显的情况下,胆碱能系统的损伤则较为明显。

2. 体内过程

鱼藤酮为高度脂溶性化合物,易通过消化道和皮肤被吸收,且能透过血脑屏障。鱼藤酮在细胞色素氧化酶 P450 的作用下,可在 12d 位加羟基而氧化代谢成极性较大的鱼藤醇酮(rotenolone)。

10.3.4.3 生物安全证据与司法鉴定

1. 检材采集及处理

检材采取:当涉及鱼藤酮中毒时,应注意收集现场农药,以及现场剩余食物、胃内容物、血液等常规检材。鱼藤酮遇光不稳定,提取的检材和对照品溶液应避光保存,检材处理和检测过程也应避光操作。

检材处理:鱼藤酮样品主要指鱼藤酮原料药、制剂和生物样品,鱼藤酮类为中性非极性化合物。鱼藤酮原料药一般只需要用相关溶剂进行溶解,即可直接进行分析测定。成分较简单的检材,如鱼塘水、血清等,可直接用非水溶性有机溶剂萃取,经浓缩后用于分析。浓度低微的水样,也可直接过 C18 固相萃取小柱富集和净化。胃内容物、肝、死鱼等含油脂较多的检材,处理时可采取 ODS 或 Florisil 柱与液 - 液萃取法联合使用,或极性与非极性有机提取溶剂联合使用,以减少脂溶性杂质对检测的干扰。

2. 检测方法

这里主要谈谈液相色谱 - 串联质谱法(LC - MS/MS)。该法灵敏度高、选择性强,可简化样品处理过程、缩短分析时间、减少见光降解提高复杂检材中鱼藤酮类化合物的检出率和测定结果准确性。正离子扫描模式下，全扫描一级质谱中，鱼藤酮的基峰即 $[M+H]^+$ (395)；二级质谱中，属于"V"字形态分子结构的鱼藤酮，因分子拉紧易从 6 位和 12 位断开，生成 m/z 192 和 m/z 203 碎片，可选择 395 > 192 和 395 > 203 离子对监测。鱼藤素和鱼藤酮的分子量相同，且有相同的空间结构和裂解方式，主要碎片离子也相同，需通过保留时间区别。鱼藤酮的代谢产物鱼藤醇酮，因 12 位上多一个羟基，裂解规律与鱼藤酮和鱼藤素不同，全扫描图谱中的基峰不是 $[M+H]^+$ m/z 410，而是脱去一分子水的m/z 393 离子，二级质谱中的强峰也是由 m/z 393 裂解得到 m/z 365、m/z 336 和 m/z 334 等碎片，可选择 393 > 365、393 > 336、393 > 394 作为检测离子对。

参考条件：色谱柱为 C8 柱（150mm × 4.6mm，5μm），流动相为甲醇 – 水（75∶25，V/V），流速为 0.4mL/min；离子源（ESI +），毛细管电压为 3500V，碰撞氮气为 49mTorr，多反应离子检测模式（MRM）。

3. 形态学鉴定

鱼藤为豆科藤本植物，攀缘灌木，全体秃净。单数羽状复叶。总状花序腋生或侧生于老枝上；花柄聚生，稍长于萼；萼钟形；花冠蝶形，粉红色。荚果扁平而薄，斜卵形或矩圆形。花期 8 月，果期 9 月。各地产不同种类鱼藤植物的花果，颜色或形态有所不同。

含有鱼藤酮植物的豆薯种子，其大小近 1cm，外壳棕色，形状近扁圆或卵圆形，皮薄易剥离，剥去外壳后肉白色，用手挤捏，有白色乳汁流出。

10.3.5 其他热带植物毒物中毒

10.3.5.1 麻风树中毒

麻风树（*Jatropha curcas* L.）为大戟科麻风树属灌木，全株有毒。该植物主要分布于热带及亚热带地区，如中美洲和南美洲、亚洲南部及非洲地区。麻风树的茎、叶、树皮、种子均有丰富的白色乳汁，内含大量毒蛋白，以种子含量最高；种子中还含有少量氢氰酸及川芎嗪[15]。

麻风树种子中毒多因误食引起，其毒蛋白有强烈的胃肠道刺激作用，可导致出血性胃肠炎。这种毒素能抑制人体蛋白质的合成，最终导致死亡。川芎嗪是一种生物碱，能够抑制血管运动中枢，引起血压下降；还可抑制呼吸中枢，出现呼吸困难。麻风树种子食 2 ~ 3 粒即可中毒，7 ~ 8 粒可致死。

进食麻风树种子后 1 小时至 10 余小时发病，多为 2 ~ 4 小时。主要表现为头痛、头晕、恶心、呕吐、腹痛、腹泻等消化道症状，也可出现畏寒、发热、腰痛、酱油色尿、黄疸、贫血、溶血等。部分患者还可表现出阿托品样作用，如皮肤干燥、口干、面部皮肤潮红、瞳孔轻度扩大及心率增快等。

10.3.5.2 钩吻中毒

钩吻[*Gelsemium elegans*(Gardn. et Champ.)Benth.]是马钱科胡曼属植物,又称断肠草、胡蔓草、火把花、野葛及大茶药等,是一种剧毒常绿的藤本植物,主要分布于热带及亚热带地区,在亚洲南部地区常见。钩吻全株有毒,其根、茎、叶含多种生物碱钩吻素,尤以根部含量最高。钩吻碱是强烈的神经毒素,对中枢的作用尤为强烈,主要抑制延髓呼吸中枢,并抑制脑和脊髓的运动中枢,使呼吸机麻痹,出现呼吸衰竭。还可作用于迷走神经,直接刺激心肌,引起心律失常和心率改变[16]。

钩吻亦被视作中草药的一种,有祛风、攻毒、消肿、抗炎等功效,目前已从过去仅供外用发展到用于抗肿瘤、免疫调节及镇痛镇静等方面。钩吻中毒多为误服,主要途径为经口服中毒:常见于错认为其他外形相似或同名异种的草药或者野菜误服;或食用含有钩吻花粉粒的带巢蜂蜜;也有用以治病内服超过治疗剂量;或者误采钩吻叶当作凉茶饮用;或误用其根蒸猪脚作为方药。用钩吻嫩叶或根服毒自杀或投毒他杀的案例,在该植物分布地区多有发生。

钩吻中毒潜伏期短,中毒后可立即出现症状,一般在5~30分钟内发病。主要中毒症状为恶心、呕吐、腹泻、腹痛、吞咽困难,言语含糊、眩晕、构音不清、肌肉松弛无力、四肢麻木、嗜睡,复视、视物模糊、眼睑下垂,继而出现呼吸肌麻痹、呼吸衰竭、心律失常、血压下降,最终发生循环衰竭。死亡多发生在中毒后8小时左右。

成人食用钩吻根2~3g,新鲜嫩芽7个,钩吻碱0.15~0.3g,即可引起死亡。因主要中毒途径为经口服用,故法医检验多提取胃内容物、呕吐物、药渣、喝剩药液及剩余食物等。毒物检测的检材提取,主要采用肝脏及血液。

10.4 热带有毒动、植物生物安全与防控

热带地区有毒动、植物的生物安全防控,给医学、植物学、动物学乃至环境学带来了极大的挑战,其需要解决的核心问题就是早预警、早拦截、早监测和快速检测。

10.4.1 热带有毒动、植物中毒预防措施

解决热带地区有毒动、植物生物安全问题的首要任务就是安全防范,把可能出现的问题控制在问题发生之前。通过对较为敏感的热带地区进行全面的卫生检疫及生态评估,做到实时监测。加强药用动、植物监管,尤其是有毒动、植物中药的使用与监管,同时提高医疗水平,加强医务人员素质及责任感。加强有毒动、植物分布区域的食品安全管

理，将防范工作做到生物安全问题发生之前。

10.4.1.1 全面实行检疫及生态评估和监测，隔离有毒动、植物

监测工作是动、植物中毒控制的重要基础。只有建立起及时、灵敏、高效的监测系统，才有可能及时掌握中毒个体的动态趋势和异常变化，并对这些变化的原因加以分析。采取有针对性的预防控制措施，这对于防范热带地区动、植物中毒也是十分重要的。发生动、植物中毒后，医务人员能及时做出临床诊断。

除以上原则，还需做到以下几点：①明确地方常见有毒动、植物的种类，发现有毒动、植物中毒事件要进行及时处置。②当发生动物疫情时，要对疫情动物进行适当隔离，对于引入的及本土的动、植物进行生物安全评估，定期开展动、植物负面影响的相关研究。③在有疑似或确认中毒事件发生的情况下，应根据可能的中毒种类有针对性地采取预防控制措施，以努力减少毒物的扩散，具体措施包括加强地区动、植物监测、发现有毒动、植物要尽快查明毒物的来源和性质、积极隔离和治疗患者，对接触者进行严密的医学观察和药物预防等。

10.4.1.2 加强药用动、植物监管，提高医疗水平

热带地区许多常见动、植物也可作为药物使用。针对常见中药，要严格按照国家《医疗用毒性药品管理办法》植物中药品种的安全剂量对其进行使用。禁止一次性使用的药物剂量过大、使用时间过长，防止药物蓄积中毒。要清醒地认识到，一些有毒植物，如马钱子、乌头、附子、半夏、天南星、巴豆、狼毒、藤黄及洋金花等，往往会造成药物在体内的蓄积，导致蓄积性药物中毒的发生。对于民众还要引导其科学就医，避免误服伪品及劣品，广泛宣传就医常识，打击非法行医，告诫患者到正规合法的医疗机构就医，避免到游医点及黑诊所就医，以免误服伪劣药品而导致中毒乃至死亡事件的发生。

正确炮制毒副作用较强的中药，降低药物的毒副作用，保证用药安全。杜绝使用未经炮制的乌头、附子、半夏及天南星等药物，同时加强炮制药品的管理，避免将生药直接使用。临床应用时，要根据临床经验和现代药理学研究结果，合理配伍，避免将有相反配伍的药物同用，以免毒性增加。要掌握药物的服用方法，避免随意使用不同煎药方法、煎药时间和服用方法的药物。如川乌、草乌及附子中毒，多因煎药时间过短，或者因服药后受寒或者服药同时进食生冷等所致。

部分植物类中药，因含生物碱、毒苷、毒性蛋白、萜与内酯等成分而具有毒性，容易引起中毒。掌握中药中毒的基本临床表现，正确判断是否发生了药物中毒、是何种药物中毒，这对于临床安全用药和及时采取针对性救治措施都具有重要的临床意义。

10.4.1.3 加强食品安全管理

食品安全是一个严重的、遍及全球的公共卫生问题。近几年我国各类食品安全事故频频发生,食品安全问题引发了全社会的广泛关注。我国自 2010 年起,正式启动了食源性疾病监测系统进行监测,但是通过监测系统发现的事件数目相对于实际发生的数目只是冰山一角。由于各种原因导致食源性疾病暴发事件的漏报率依然较高,或者由于一些特殊的原因致使食源性疾病根本无法统计。

食物中毒是指摄入了含有生物性、化学性有毒有害物质的食品,或者把有毒有害的物质当作食品摄入后所出现的中毒情况,有专家认为它们是属于一种非传染性急性、亚急性疾病,属于食源性疾病的范畴。由于人们的生活水平不断提高,许多人把食物指向了"山珍海味",希望通过食疗来增强人们的体质。加之人们对于某些所谓的"温补药物"或者"温补食物"中的具体成分不够了解,往往出现盲目食用的情况,从而导致中毒。热带地区因其优厚的自然环境,孕育着丰富的动、植物资源,其食源性疾病的发生较其他地区多。

针对食源性因素导致的问题,应大力加强食源性疾病的监测和防治。根据食源性疾病发生的流行病学特点,有针对性地开展动、植物中毒防治知识的健康教育宣传,有效降低食源性疾病引起人员的伤亡。在高发地区的村宣传栏、农村集市及农贸市场等地,通过采取张贴宣传标语、分发宣传单及悬挂横幅等形式进行宣传。在有毒动、植物密集的地带立警示牌,提高人民群众对有毒动、植物危害的风险防控意识,提醒广大市民切勿靠近、采摘、购买和进食自己辨识不清的野生动、植物,以减少中毒事件的发生。

10.4.2 热带有毒动、植物中毒的处置

在热带地区工作的医护人员,必须要了解当地的动、植物中毒的处置问题。首先是要储备足够批量的血清、充足的药物和设备,以保证出现突发事件时,能对中毒者进行有效救治。②当出现中毒事件时,应及时对病人及病畜采取保护措施,并便于集中收治。由医务人员进行专业诊疗,对症下药。控制毒素的传播,避免患者与他人的接触并加强消毒,积极配合疾控中心的医务工作者进行专业治疗,直至症状消失。③做好疫区消毒工作,在疫区周围设置警示标明,实行封锁。组织医务人员或防化分队对尸体、排泄物及污水等进行无害化处理,对污染物及场地等进行彻底消毒。④对于恶意投放的生物战剂及其媒介物,通常要采取泥土掩埋、烈火烧煮、药水浸渍及烟雾熏杀等措施进行处理,其中最有效、最彻底的办法是器具蒸煮和烈火焚烧。

10.4.3 有毒动、植物生物安全的立法现状

从当前来看,热带有毒动、植物中毒事件频发在很大程度上是人类追求经济利益或

者物质享受，而有意或者无意地忽视了生态规律的结果。我国现有的与动、植物生物安全相关立法，大多旨在推进经济效益和维护人体健康，但对生态利益的关注远远不足，未能将维护生态安全和生物安全保障作为重要的目标。目前很多法律规范也是以控制外来物种带来的病虫害为目标，并未从生物安全角度对生物入侵进行专门的防治和监管。在实践活动中，有关防止生物入侵的规定大多数只是通过农、林、牧、渔业主管部门基于实施本部门行政执法来落实，还没有一个远大的目标。我们应当对有毒动、植物生物安全的立法现状有一个清醒的认识，这对于我国有毒动、植物生物安全的立法，具有重要的帮助。

（曲一泓）

参考文献

[1] 国家中医药管理局《中华本草》编委会. 中华本草：第 5 卷[M]. 上海：上海科学技术出版社，1999.

[2] 戴好富，梅文莉. 海南药用植物现代研究 [M]. 北京：中国科学技术出版社，2007.

[3] 梁嘉珮，乔东访，曲一泓，等. 甲基苯丙胺对大鼠心肌损伤作用的毒性影响机制初探[J]. 毒理学杂志，2014，28(4)：291－294.

[4] TANU M B，MAHMUD Y，TSURUDA K，et al. Occurrence of tetrodotoxin in the skin of a rhacophoridid frog Polypedates sp. from Bangladesh [J]. Toxicon，2001，39 (7)：937－941.

[5] NEAGU D，MICHELI L，PALLESCHI G. Study of a toxin－alkaline phosphatase conjugate for the development of an immunosensor for tetrodotoxin determination[J]. Analytical and Bioanalytical Chemistry，2006，385(6)：1068－1074.

[6] 邬建勇，王金辉，程祥圣. 上海市海产品市场的麻痹性贝毒检测和分析[J]. 毒理学杂志，2006(1)：52－53.

[7] 江天久，尹伊伟，陈菊芳，等. 大亚湾麻痹性贝类毒素 HPLC 分析[J]. 海洋环境科学，2000(3)：16－19.

[8] 邵全蓬. 一起织纹螺引起食物中毒的调查[J]. 浙江预防医学，2009，21(12)：52，54.

[9] 张重阳，孟庆义，邱泽武. 2014 年中国海蜇蜇伤救治专家共识[J]. 临床误诊误治，2014，27(10)：1－5.

[10] 黄光照. 法医毒理学[M]. 3 版. 北京：人民卫生出版社，2004.

[11] 董成琪. 林中“毒王”——见血封喉[J]. 广西林业，2016(5)：35－36.

[12] 张莉，李莉，杜冠华. 中药马钱子毒的历史认识与现代研究[J]. 中药药理与临床，

2018,34(4):191 - 194.

[13] 秦静海.中药马钱子对佐剂性关节炎大鼠血清中炎症因子的干预作用[J].中国实用医药,2012,7(19):52 - 53.

[14] 赵利民,袁惠中,徐恒卫,等.马钱子碱及其中药复方制剂神农丸的抗炎镇痛作用研究[J].中华中医药学刊,2012,30(8):1874 - 1876.

[15] 韩钧凌,黄伟平,俞力军,等.急性麻风果仁中毒23例临床分析[J].中国急救医学,2007(11):1020 - 1021.

[16] 沈舶宁,王文忠,曹娜,等.钩吻的本草考证[J].中国民族民间医药,2019,28(10):30 - 34.

第 11 章 国外动、植物生物安全

生物安全是保障国家安全的重要一环。生物安全水平反映着一个国家的综合国力，直接关系着本国生态环境、生物物种多样性、生物安全及相关经济产业的发展。在国家生物安全问题上，不仅应考虑传染性病原体、有害动、植物在治安、疫病等安全问题上对人类社会的影响，还应考虑本国生物物种安全，在保障人类和其他动、植物物种安全的同时，维护地球生物多样性防止生物物种锐减，让生态系统中的生物安全问题和人类社会的发展问题同时得到解决。

11.1 欧洲动、植物生物安全

11.1.1 欧洲生物安全实验室建立、管理与防控

随着科技的不断进步，生物技术已经实现了巨大的发展，包括医学科学的技术方面，譬如诊断学和治疗学。与此同时，病原微生物的快速繁殖和对危险的高度适应也为生物安全带来了巨大的威胁，特别是对抗生素产生的耐药性。作为许多疾病的病原体，微生物病原体在基因突变的加持下，可产生多重耐药性(multidrug resistance，MDR)。目前，这些具有 MDR 的传染性病原微生物正逐渐变得难以控制。

为了寻找克服病原体的 MDR 的解决方案，全球范围内的相关领域科学家和医务人员正不断地研究这些病原体及其所带来的问题。在此过程中会造成巨大的生物危害，同时引发相关“生物安全”问题的探索，即在生物安全环境中的科学实践、方法和适当设备的使用。生物安全的必要性体现在方方面面，比如在诊断和研究过程中需要在医院各科

室、检验中心、动物护理系统以及生物实验室等多个环节中采取预防措施。

11.1.1.1 生物安全实验室

生物安全实验室作为保障生物安全的桥头堡，主要用于具有传染可能性的微生物或动物实验，这是开展生物研究工作和传染病预防与检测的实验场所。由于潜在的传染性病原体和寄生虫的存在，那些涉及啮齿类、节肢动物及微生物等动物实验室安全的问题逐渐引起了各国的重视。研究人员正在不断思考如何在实验室中安全地开展各类动物相关的研究工作，建立完善的动物生物安全防护体系标准及其相关的规范化操作程序，从而最大程度降低以动物为模式生物的研究中的生物安全风险。

20 世纪 60 年代，以美国和英国为代表的西方发达国家陆续建造了生物安全实验室。根据受试生物及其相对危害程度，世界卫生组织在《实验室生物安全手册》中将感染性微生物的危险度等级划分为 1 ~4 级，相对应的生物安全实验室也分为 4 级。四个实验室生物安全等级水平（BSLs）由联邦疾病控制和预防中心设定，其设定依据包括微生物实践和技术的组合、安全设备以及实验室处理潜在的传染性微生物设备的设计等[1]。

11.1.1.2 规范化实验室

BSL－1 实验室包含适用于对健康成年人无致病作用的微生物的实验室操作规程和实验室设备，例如枯草芽孢杆菌、耐格里原虫和传染性犬肝炎病毒。BSL－2 级实验室适用于对人员和环境有中度潜在危害的病原体，比如麻疹、沙门氏菌、弓形虫和乙型肝炎病毒等，该等级的实验室对工作人员的主要危害在于偶然的经皮或黏膜接触，或感染性材料的摄入。BSL－3 级实验室适用于可能导致严重传染性疾病的，可以通过吸入空气传播的病原体，这些病原体包括肺结核杆菌、圣路易斯脑炎病毒和贝氏柯克斯体等。

BSL－4 级实验室承担着极高风险的致命病原体的相关工作，这种病原体可能通过气溶胶传播，且目前针对该类疾病还没有疫苗或有效的治疗方法。对于 BSL－2 或 BSL－3 级实验室，所有的实验室操作必须在 BSC 二级或者其他密闭设备内进行，而 BSL－4 更是要求实验过程中接触的笼盒和动物需在手套箱内操作，或者工作人员必须穿着一套带有正压的防护服（类似于宇航员的宇航服），并匹配专用生命支持系统进行通风。BSL－4 实验室作为处理对生物和环境具有高致病性微生物的最高研究场所，已成为体现一个国家确保生物安全能力的重要标志。

截至 2023 年，全球有 27 个国家和地区对外公布拥有 51 个 BSL－4 实验室。通过实验室安全设备的防护和个人防护等防护屏障，以及科学规范的管理、操作，竭力避免或管控有可能造成的生物危害，进而取得保障实验室生物安全的目标。

11.1.1.3 实验室管理

针对节肢动物生物实验室，自 2009 年起欧盟便启动首项关于节肢动物媒介研究基础设施相关的项目，即 Infravec－1 项目。该项目的总体目标是整合节肢动物研究相关的关键专业研究设施，为研究人员提供基础设施，并研究和开发新的媒介控制方法和策略，以应对人类健康和动物产业领域产生的新的威胁。随后，Infravec－2 项目启动会议于 2017 年 3 月在巴黎举行，2018 年发布了《节肢动物生物安全二级和三级防护实验室设计和运行指南》（以下简称《指南》）。该《指南》是欧盟首个专门针对节肢动物生物安全实验室的设计、建造和运行相关的指导性文件。该文件共包含 5 个部分，即前言、危险等级和防护水平的相关定义、适用的节肢动物和病原种类、节肢动物实验室的布局和设备、一般注意事项。《指南》中主要涉及的节肢动物均为容易导致疾病流行的外来种，包括伊蚊、库蚊和按蚊，或是经过基因修饰或感染共生微生物（如沃尔巴氏体）的媒介；病原主要为寄生虫（如疟原虫和利什曼原虫等）和虫媒病毒或昆虫特异性病毒（如布尼亚病毒目、披膜病毒科、呼肠孤病毒科和黄病毒科等成员）。

《指南》着重介绍了用于研究外来的、基因修饰的和感染病原体的媒介蚊虫的二级防护水平和三级防护水平（ACL－2 和 ACL－3）实验室的设计建造原则，并针对实验室的一般事项以及应急处置等措施提出了标准的操作程序规范。《指南》这个指导性文件，也可以为研究其他类型的节肢动物，如蜱和白蛉提供借鉴。

2017 年，英国技术与研究安全研究所（Institute of Safety in Technology and Research，ISTR）、英国健康与安全执行局（Health and Safety Executive，HSE）和危险病原体咨询委员会（Advisory Committee on Dangerous Pathogens，ACDP）联合发布了第一份英国关于节肢动物和转基因昆虫安全工作的行业指南，即《节肢动物研究的安全操作》。该行业指南针对具飞行能力的可传播人和动物病原体，以及植物病原体的节肢动物研究活动相关实验室设计和运行的基本原则，进行了详细的介绍。

对于啮齿类动物实验室而言，寄生虫是影响啮齿类实验动物质量的重要病原体，也是此类实验动物在生产和实验过程中最难于控制的病原体。因为可感染小鼠等啮齿类实验动物的寄生虫种类较多，致病性也有较大差异，因而在控制此类实验动物寄生虫时很难把握合适的尺度。针对此问题，欧洲实验动物学会联合会制定了统一的欧洲标准，专门用于检测小鼠、大鼠、豚鼠及兔等啮齿类实验动物的寄生虫病原体，主要测定对象涉及节肢动物、蠕虫、鞭毛虫、线虫及弓形虫等多个病原体种类[2－3]。

11.1.1.4　微生物实验室

微生物实验室，是一类最具特殊性的实验室类型。实验菌种和动物细胞系作为此类实验室的重要组成部分，不仅要求对工作对象有一个严格的管控，还需要对实验室环境实行全面有效的监控。早在 19 世纪初，国外技术发展较为先进的实验室就已经开始使用细胞组织培养开展相关实验，但在当时还没有生物安全相关的管控措施。随后，动物细胞培养逐渐成为科学研究、疾病诊断和生物技术活动必要的实验方法之一。此后，动物细胞培养所带来的生物安全问题也接踵而至，主要包括对实验人员健康的风险，以及动物细胞培养物废弃物处理的相关环境风险。在研究过程中，菌株间的交叉污染以及传染性微生物的无意或有意传播（细菌、真菌、酵母菌、病毒和朊病毒）不断困扰着相关研究人员，经常导致无用的数据以及大量时间和精力的浪费。

微生物实验的细胞培养物是否基因改造，以及是否存在无意或有意感染病原微生物的可能性这一问题，同样需要严格的逐案评估。针对此类实验室的生物安全管理主要包括两大部分，一是实验人员操作要有生物安全意识，严格按照实验要求避免样品污染，同时要保证自身的人身安全；二是废弃物的处置问题，实验结束后相关的废弃物不得自行丢弃，通常需要进行高压蒸汽灭菌处理后放于专门的回收垃圾袋中统一处理。

11.1.1.5　细胞培养实验室

2004 年，欧盟委员会颁布了 2004/726/EC 法规及其修订案，该修订案对涉及生物制药相关的人用和兽用药品的细胞培养活动的授权和监督程序，进行了文件化规范。同年颁布的 2004/23/EC 法规中，规范了“使用人体细胞的实验活动应用于人体的组织和组织培养”的行为规范和准则。欧盟委员会在 2009 年颁布的 2009/41/EC 相关指令中明确指出，微生物及组织培养实验在多数情况下涉及使用转基因细胞系，对于此类实验室研究对象和废弃物处理，需要进行严格的风险评估。该法规还指出，应用于此类动物细胞培养的风险评估主要依赖于对细胞培养的内在特性，即包括由于基因改造而带来的后续风险，以及对“微生物和细胞培养时可能无意被污染或故意感染生物体”这一可能性的全面评估。

对含有病原体的细胞培养物的评估以及对病原体本身的评估，遵循相同的原则。通常需要通过考虑以下参数，来评价培养物的主要生物体特征（即对潜在病原体的全面描述）：①病原体的致病性和感染剂量；②病原体的传播方式；③病原体的宿主范围；④流行病学参数，包括可能的宿主和媒介，以及动物传染病的能力；⑤病原体在菌株或组织培养物中的稳定性，以及在实验环境中的可持久性（即在宿主之外的生存能力）。

上述评估体系，还考虑了多种与病原生物物理、化学特性相关的信息，包括：①对消毒剂的敏感性；②物理灭活能力；③药物敏感性（例如对抗生素或抗病毒化合物的敏感性和已知抗性）。生物安全评估还涉及病原体引起疾病的相关方面，主要包括有效预防措施的可用性、有效治疗的可用性以及任何已报告的实验室获得性感染（laboratory - acquired infection，LAIs）病例。除此之外，其他科学机构或地方主管部门（如世界卫生组织、瑞士生物安全专家委员会）也陆续发布了旨在减轻微生物实验室工作人员、公共卫生和环境生物风险的指南。

11.1.2 防范重大新发突发疫情，控制生物安全风险

目前自然界中存在的病毒、细菌、真菌、原生动物和后生动物（寄生蠕虫和节肢动物），多数属于人畜共患病的病原体。自然环境中携带未知病菌的野生动物，或是暴发瘟疫的家禽/牲畜，其体内的病原体或变种也可能通过空气、水源及节肢动物等介质感染周围人群，从而对人类健康造成威胁（如甲型禽流感病毒）。

11.1.2.1 欧洲的动物疫情

近年来，非典、甲流、禽流感及埃博拉等重大新发突发传染病疫情已经在全球化背景下迅速成为全人类共同的威胁，新型冠状病毒感染疫情的发生更是凸显了生物安全的复杂性和重要性。回顾20世纪至21世纪欧洲地区的重大动物疫情，很长时间内禽流感、口蹄疫、非洲猪瘟和蓝舌病疫情持续蔓延。

1. 禽流感

禽流感（avian unfluemza）是由A型流感病毒引起禽类的一种从呼吸系统到严重全身败血症等多种症状的传染病，过去在民间称为“鸡瘟”。禽流感于1994年、1997年、1999年和2003年曾在意大利及荷兰等地暴发。2007年9月13日，葡萄牙在中部圣塔伦地区两个养鸭场发现了鸭子感染低致病性H5N2禽流感病毒。2007年11月19日，英国在萨福克郡一处家禽养殖场，发现了高致病性H5N1型禽流感病毒。当地兽医总局在发现疫情后迅速采取了一系列防控措施，将发现疫情的场饲养里的家禽全部扑杀。

2. 口蹄疫

口蹄疫（Foot－and－mouth disease，FMD），又名口疮、辟癀。口蹄疫作为A类传染病之首，是一类猪、牛、羊等主要家畜和其他家养或野生偶蹄动物共患的急性、热性和高度接触性传染病，易感动物达70多种。该病传播途径多、传播速度快，曾多次在欧洲范围内暴发流行。自20世纪90年代开始，口蹄疫便作为一种牛羊等家畜的常患传染疾病，持续威胁着以英国为首的多个欧洲国家和地区。2003年，英国境内家畜口蹄疫暴发，超过7000头（只）牲畜因患病被宰杀和焚烧，严重影响了英国牲畜肉制品的出口。欧美官员表示，口蹄疫在未来时间里，将会给欧洲大陆带来一场比疯牛病更加严重的灾难性影响。

3. 非洲猪瘟

非洲猪瘟（African Swine Fever，ASF）于1921年被首次发现于肯尼亚，之后出现过多次跨国和越洋的长距离扩散。但在进入21世纪后的很长一段时间内，疫情仅局限于非洲和意大利的撒丁岛地区。2007年4月，ASF从非洲东南部跨越传播至黑海沿岸的格鲁吉亚共和国，并逐步蔓延至亚美尼亚、俄罗斯和阿塞拜疆等国家[4]。2012年，ASF又从俄罗斯蔓延至乌克兰和白俄罗斯。2014年，ASF进一步扩散到了立陶宛、波兰、拉脱维亚和爱沙尼亚等欧洲国家。2015年，ASF继续在欧洲波罗的海的周边和北高加索地区

流行[5]。

4. 蓝舌病

蓝舌病(bluetongue,BT)是由蓝舌病病毒引起的一种主发于反刍动物的虫媒传染病。蓝舌病病毒可在某些库蠓体内长期生存和大量增殖,且可越冬。绵羊最易感,牛和山羊也对部分血清型的蓝舌病病毒易感。目前,蓝舌病已被世界动物卫生组织列为法定报告的多种动物共患病之一。早在20世纪50年代,蓝舌病就开始在欧洲出现。此后相当长的时间里,蓝舌病主要发生在欧洲南部,包括西班牙、葡萄牙、意大利、法国南部、希腊和土耳其等国家和地区,且一直没有得到有效的控制[6]。

5. 牛海绵状脑病

自1986年以来,英国发生了牛海绵状脑病(bovine spongiform encephalopathy,BSE)的暴发性流行。截止至1997年,约有166000头牛受到该病的影响,其中1992年至1993年间发病率最高。根据发病的主要症状(神经肌肉协调丧失),该流行病被非正式地称为"疯牛病"(又称之为"痒病")。

该病大规模扩散是由于在牛的饲料中添加羊肉骨粉,这些羊肉骨粉有些来源于死羊,而其中一些羊尸体在死亡时已经感染了牛海绵状脑病。这种牲畜疾病,自1732年以来在英国就有所报道。在1986年之前,人们在牛身上从未观察到一种类似于牛海绵状脑病的疾病。1988年以前,英国曾广泛使用反刍动物(如羊、牛等)的内脏和下脚料等制成的饲料喂牛,这些致病因子便通过这些饲料传染给牛。在20世纪90年代,这些致病因子显然克服了物种障碍并适应了牛,发生了"宿主跳跃事件"。

6. 克-雅病

克-雅病(Creutzfeld-Jakob disease,CJD)是由于朊蛋白感染所导致的一种快速进展的神经系统变性疾病。这种疾病十分隐匿,进展迅速,临床表现复杂多样,症状没有特异性,诊断起来十分困难。早在1920—1921年,克-雅病就被发现并报道。这是一种罕见但绝对致命的疾病,平均发病率约为每1000万人口中有0.4例。

人类CJD的新变种(新变异型克-雅病,nvCJD),1994年在英国被观察到。与经典CJD的不同之处在于,该病的潜伏期明显更短(数月而不是数年),发病率更高(发病率的原始年际增长为20%~30%),并且也会影响到年轻人(经典CJD发病人群多为50~70岁中老年)。调查显示,这种nvCJD在BSE流行地区和与病牛接触后的家庭农民中被检测到的频率更高。因此,可以合理假设nvCJD实际上是牲畜BSE传播给人类,即人畜共患病。

病牛的脑(中枢神经系统)、骨髓、神经节、回肠、视网膜和所谓的机械回收肉(从脊椎和肋骨分离的肉的残余物,用于制备人类和宠物用罐头的汉堡包、香肠和碎肉),被视为食用后有染病风险的生物组织。截至 2010 年 8 月，欧洲境内统计有 206 人死于 nvCJD，其中 35 名患者来自英国以外的地区（法国 25 例，爱尔兰 6 例，荷兰 2 例，西班牙 1 例，葡萄牙 1 例）。

常见疫情病原体代表种类、传染源及其生物安全防护措施，和全球高致病性人畜共患病病毒种类，详见表 11.1 和表 11.2。

表 11.1 常见疫情病原体代表种类、传染源及其生物安全防护措施

病原体	代表种类及流行病	传染源	生物安全防护
朊病毒	“疯牛病”牛海绵状脑病（BSE）朊病毒； 疾病：克－雅病（CJD）及其变种	病牛的脑（中枢神经系统）、骨髓、神经节、回肠、视网膜等生物组织	①BSL－2 以上等级实验室安全管理体系； ②预防：欧盟设立疯牛病检测机构，对牛群、饲料、屠宰产品等进行严格防控，避免朊蛋白潜在隐患造成疯牛病的四散
病毒	披膜病毒：东部马脑炎病毒（EEE）、西方马脑炎病毒（WEE）、委内瑞拉马脑炎病毒（VEE）、登革热 1～4 型病毒（DEN）、乙型脑炎病毒（JE）、风疹病毒、猪瘟病毒； 疾病：脑炎、风疹	鸟类（EEE、WEE）、啮齿动物（VEE、EEE、WEE）、有袋动物（VEE，EEE）、蝙蝠（VEE）、蛇和青蛙（VEE，WEE）；哺乳动物（野生灵长类、蝙蝠）（DEN、JE）	①BSL－2 以上等级实验室安全管理体系； ②预防：加强监测，疫苗免疫牲畜（马、猪），必要时野外大面积灭蚊
细菌	衣原体：鹦鹉热衣原体、羊牛流产衣原体； 疾病：鹦鹉热（“鹦鹉病”）； 疾病：泌尿生殖道感染、肺炎、流产等	鹦鹉热衣原体：家养、野生和外来（宠物）鸟类/家禽； 羊牛流产衣原体：绵羊、山羊、牛（偶见于猪、马、鹿）	BSL－2/3 实验室安全管理体系
真菌	裸囊菌科：须毛癣菌、疣状癣菌、毛癣菌、犬小孢子菌、生色小孢子菌； 疾病：脚气、脚癣	啮齿动物（小鼠、黑鼠、褐鼠、麝鼠、海狸鼠、松鼠）、刺猬和其他哺乳动物	①BSL－2 以上等级实验室安全管理体系； ②预防：动物疫苗

续表 11.1

病原体	代表种类及流行病	传染源	生物安全防护
原生动物	疟原虫科：镰状疟原虫、诺氏疟原虫； 内阿米巴科：耐格里属、棘阿米巴属、哈曼属、Vablkampfia 属和 Sappinia 属； 疾病：疟疾；阿米巴脑膜炎	疟原虫：蚊； 阿米巴原虫：自然水源	BSL－2 以上等级实验室安全管理体系

表 11.2　全球高致病性人畜共患病病毒种类

病毒种类	来源	宿主	公共安全风险	感染疾病	死亡率/%
查帕雷病毒	玻利维亚	啮齿动物	未知	出血热	未知
克里米亚－刚果出血热病毒	非洲、亚洲	牛	蜱虫叮咬	出血热	未知
东方马脑炎病毒	美洲	马	蚊子叮咬	脑炎	≥25
埃博拉病毒	中非	蝙蝠	蝙蝠	出血热	70
瓜纳里多病毒	巴西	短尾甘蔗鼠	啮齿动物	出血热	23.1
亨德拉病毒	澳大利亚	马、猪、蝙蝠	蝙蝠体液	严重呼吸道疾病	≥30
胡宁病毒	阿根廷	暮鼠	啮齿动物体液	出血热	20～30
拉沙热病毒	非洲	多乳鼠	啮齿动物体液	出血热	30
Lujo 病毒	非洲	啮齿动物	啮齿动物	出血热	80
马秋波病毒	玻利维亚	胼胝暮鼠	啮齿动物	发热、鼻子和牙龈出血、胃肠内出血	30
马尔堡病毒	中非	蝙蝠	蝙蝠	红疹、高烧、腹泻、呕吐	≥25
猴痘病毒	中非	猴	蚊子叮咬	高热、皮疹	10
尼帕病毒	亚洲	蝙蝠	蝙蝠尿液	脑炎或呼吸系统疾病	≥40
科萨努尔森林病病毒	东南亚	猴	蜱虫叮咬	高烧、剧烈头痛和肌肉疼痛并出血	3～5
鄂木斯克出血热病毒	西伯利亚	啮齿动物	蜱虫叮咬	出血热	1～10
里夫特裂谷热病毒	非洲	牛	蚊子叮咬	出血热	未知
萨比亚病毒	巴西	啮齿动物	啮齿动物	出血热	≥30
蜱传脑炎病毒	未知	蜱虫	蜱虫叮咬	蜱传脑炎综合征	未知
委内瑞拉马脑炎病毒	美洲	马、斑马、驴	节肢动物叮咬	脑炎	未知

11.1.2.2 世界范围的疫情防控

1. 欧洲疫情防控措施

针对上述病原体感染疾病的暴发与流行情况,欧洲各国疾控中心和欧盟消费者健康与保护委员会不断研究并颁布控制疫情疾病的新措施,其内容涵盖了预防、监测、诊断、隔离、控制、扑杀、追溯和后期处理等多个方面。在发生疫情后,欧盟委员会会立即要求在发病疫点周围,划定半径为 20km 的疫区。

欧洲各国采取的防范措施,主要包括以下方面:①发病国须根据 82/894/EEC 指令的要求,第一时间将疫情的相关信息向欧盟和相关国际组织通报;②对传播媒介(如库蠓、鼠)进行控制;③对病禽/畜进行扑杀,并对尸体进行销毁或处理;④在疫情发生地进行全面消毒,限制该地区家禽/畜和相关动物产品的流动,限制与病禽/畜接触的人员和设备的流动;⑤对疫情发生地进行流行病学调查,追溯其源头;⑥在疫情发生地周围方圆 100km 范围内设置保护区,限制保护区内的家禽/畜和相关产品的流动并对保护区内的家禽/畜进行疫苗注射,同时限制其他家禽/畜进入保护区;⑦在疫情发生地周边方圆 150km 范围内设置监视区,限制监视区内的家禽/畜和相关产品的流动,监视区内不得进行活畜交易;⑧所有控制区内的家禽/畜在移动前 30 天需进行隔离检疫,并对已经注射疫苗的家禽/畜进行标记,只有在疫情彻底消失 60 天后控制区内的家禽/畜才可解除隔离;⑨根据 2003/845/EC 的相关规定,禁止从暴发疫情的国家进口活禽/畜或相关产品。

根据上述规章制度要求,2006 年 8 月欧洲北部在发生蓝舌病疫情后立即采取了一系列管控措施。欧盟委员会还禁止 2006 年 5 月 1 日以后注册的监控区内所有反刍动物的胚胎、精子和卵子的运出,区内其他家畜的运输和屠宰也受到严格的控制,同时还规定,如有必要有关成员国应在该国其他地区采取相同的防控措施。此后,欧盟委员会分别于 2008 年和 2009 年发布了 2008/655/EC 决议及其修订,为欧洲各国的蓝舌病免疫接种制定了详细的方案,并编制了预算案。通过严格管控疫情区域并积极注射疫苗,欧洲国家根据疫情的不断变化,及时总结经验和教训,为成功应对疫情提供了参考方案。

2. 新型冠状病毒感染防控策略

新型冠状病毒于 2019 年 12 月被发现,并迅速蔓延至全球。截至 2020 年 5 月 14 日,共有 214 个国家/地区报告了新型冠状病毒感染疫情,占全球国家/地区总数的 91.85%。世界卫生组织宣布 COVID - 19 是一种大流行病,疫情规模仅次于 1918 年西班牙甲型 H1N1 流感大流行,且未呈现出被较好控制的势头。

冠状病毒是一类线性单股正链 RNA 病毒,作为一个大型病毒家族,已知可引起感冒及中东呼吸综合征(MERS)和严重急性呼吸综合征(SARS)等较严重疾病。新型冠状病毒则是以前从未在人体中发现的冠状病毒新毒株,其 S 蛋白位于病毒表面,形成独特的突起,具有较高的突变率特性,可通过基因重组或变异以使自身具备较强的适应能力。

自 COVID－19 疫情在意大利暴发以来，欧盟多国迅速遭受波及，人员的自由流动加速了疫情的扩散，致使感染率居高不下。

截止至 2020 年 4 月 12 日，英国、意大利和西班牙 COVID－19 总确诊人数约为 40 万人次，总死亡人数超过 4.6 万人次。欧盟在疫情初期未能及时有效地协助和引导成员国抗疫，但随后在资金投入、资源共享和配套支持等方面加以弥补并加强整合。欧盟的疫情治理在公共卫生治理框架之下行事，其中既包含欧盟应对疫情的举措及经社领域的扶植措施，也包括欧盟对成员国的医疗卫生支援及行动协调，既包含对外卫生援助，又体现为积极参与全球卫生治理进程[7]。

2020 年 2 月以来，随着意大利北部新型冠状病毒感染病例的增加，欧洲理事会主席宣布全面启动综合性政治危机响应机制（IPCR）。2020 年 3 月初，理事会召集卫生部长特别会议，提出将保护公共健康作为首要任务，加强对高危人群的保护。随后理事会主席与成员国举行了视频会议，确定了限制病毒传播、确保医疗设备供应、促进疫苗研究以及应对社会经济问题等四个优先事项。

2020 年 4 月，欧盟委员会、欧洲分子生物学实验室、欧洲生物信息学研究所、欧洲生命科学大数据联盟基础设施和 COMPARE 项目，联合开发创建了新型冠状病毒感染数据共享平台，为欧洲乃至全球提供开放的、可信赖的包含新型冠状病毒 DNA 序列的共享数据库。同时，欧盟委员会下辖的欧盟疾病预防与控制中心分别制定了欧盟与成员国的疫情监测战略，评估近期疫情，并出台适当缓解措施，追踪病毒的变化以配合药物和疫苗研发，监测疫情对医疗保健系统的影响，以确定医疗资源的分配、急救力量的调动和对紧急情况的支持。此外，疾病预防与控制中心还出台了风险评估报告，呼吁建立一个强大的监测框架，扩大检测范围，将病毒传播控制在较低水平。

11.1.3　生物入侵与生物安全

据统计，目前存在于欧洲的入侵种涉及多种植物、无脊椎动物、鸟类以及哺乳动物等，其中最严重的包括以下几种：杉叶蕨藻（*Caulerpa taxifolia*）、獭狸（*Myocastor coypus*）、北美水貂（*Mustela vison*）、巨型猪草（*Heracleum mantegazzianum*）、棕硬尾鸭（*Oxyura jamaicensis*）和黑海杜鹃（*Rhododendron ponticum*）等。

面对严峻的局面，欧盟积极应对。1979 年，欧盟成员国及部分非洲国家在瑞士伯尔尼签署了《保护欧洲野生动物与自然栖息地公约》（简称《伯尔尼公约》），包括了以下内容。①建立早期预警体系和快速反应体系：欧盟建立了较完善的早期预警体系（EWS），对主要的监测点如机场、港口、码头、车站以及旅游者经常光顾的地点进行定期监测并上报。在快速反应方面，欧盟要求成员国授权地方当局采取及时有效的措施，在第一时间内清除或控制入侵种，在必要时考虑紧急命令等。②减轻入侵种的负面影响：相关措施包括防止入侵种进一步扩散，进行生态与经济损失评估，并对受影响的国家和地区给予各种支援。③恢复原有生态及生物多样性：欧盟要求尽量采用本土的物种，减少再引进所带来的风险；对于退化生境则鼓励自然恢复而非过多人为干预。此外，欧盟《环境影响评价指令》(85/337/EEC)明确规定，要对可能引起物种入侵的造林项目进行科学全面的评价。在欧盟相关政策法规规范下，各国采取措施积极应对对整个生态系统安全有威胁或干扰的物种(多为外来的动、植物物种)，加大对本国及本地区生物物种的保护[8]。

2006 年，欧盟制定了《应对生物入侵欧盟行动策略》，该策略也是欧盟为执行《伯尔尼公约》行动纲领的一部分，其主要内容包括如下几部分。①强化教育，提高公众警觉性：为了提高广大群众、各级官员、科学界人士以及其他相关人员的警觉性，欧盟采取了四项措施。一是针对不同的受众开展了有效的宣传普及项目；二是将生物入侵问题融入其他的宣传普及项目，如自然保护、野生动物贸易及栖息地保护等；三是向从事有可能引起生物入侵活动的人员提供必要的指导和相关信息；四是对相关的研究机构和人员提供经济帮助。②及时收集、整理和共享相关信息：欧盟要求成员国建立已入侵种的目录并及时更新，与全球入侵种信息网络(Global IAS Information Networks)相连以确保成员国之间的信息共享；以及与国际自然保护与自然资源保护联盟(IUCN)及欧洲分支机构密切合作等。③加强成员国的政策、法规及制度框架建设。④加强区域合作：依次加强《伯尔尼公约》成员国和次区域之间的合作。⑤预防为主，加强检疫、海关和边境人员的培训，改进工作效率。

11.1.4 生物安全立法及国家战略部署

11.1.4.1 欧盟立法与战略部署

当前欧盟与生物安全有关的法律法规，主要涉及转基因生物安全、人类传染病和动、植物疫病疫情防控、食品卫生安全、防范外来物种入侵、实验室生物安全、防范生物恐怖主义等多个方面。

1976 年 12 月 21 日，欧洲共同体理事会颁布了《关于防止危害植物或植物产品的有害生物传入欧共体并在欧共体境内扩散的保护性措施》(77/93/EEC)，规范了跨境植物检疫行为，并对检疫要求进行标准化，之后该指令历经数次修订。2000 年 5 月 8 日，欧盟修订了《关于防止危害植物或植物产品的有害生物传入欧盟及其在欧盟境内扩散的保护性措施》(2000/29/EC)。2002 年 11 月 28 日，欧盟颁布了《关于防止危害植物或植物产品的有害生物传入欧盟及其在欧盟境内扩散的保护性措施修订的指令》(2002/89/EC)，规定了承认植物卫生等效性的程序等内容。2002 年 12 月 16 日，欧盟颁布了《规定生产、加工、销售及引进供人类消费动物产品的动物卫生法规》(2002/99/EC)[9]。

2013 年 10 月 22 日，欧洲议会和欧盟理事会颁布了《关于对健康的严重跨界威胁和废止第 2119/98/EC 决定的决定》(1082/2013/EU)。该决定总共 7 章，分别为总则、应急预案、流行病学监测和专项监测、早期预警和应对、紧急状态、程序性条款、最后条款以及附录。

2016 年 3 月 9 日，欧盟颁布了《关于动物传染病与动物健康领域若干法律的修改和废止的条例》（2016/429/EU），即欧盟《动物卫生法》，规定了预防和控制可传染给动物或人类的动物疾病的要求，旨在改善动物卫生；支持欧盟可持续的农业和水产养殖生产；内部市场的有效运作；减少某些疾病对动物卫生、公共卫生和环境的不利影响；预防和控制疾病的措施等。此外，还有欧盟成员国签署并通过的相关国际协定，如《生物多样性公约》[10]《技术性贸易壁垒协议》《实施卫生与植物卫生措施协定》。

2019 年 12 月 14 日，欧盟《植物卫生法规》生效，旨在使植物卫生规制现代化，加强生物安全防控，防止有害生物输入，保护欧盟免受检疫性有害生物的侵害。

11.1.4.2 英国立法与战略部署

在欧洲各国当中，英国长期以来一直关注生物安全问题。2015 年，英国《国家安全风险评估》中将人类健康危机（如流行病和新发传染病）列为一级风险，将使用生物、化学、放射性和核武器的攻击列为二级风险。在 2018 年发布的《国家安全能力评估》中，英国将“影响英国的疾病和自然灾害”提升为未来 10 年可能推动国家安全优先事项的六大挑战之一。

2018 年 7 月，英国出台了《英国国家生物安全战略》，该战略首次汇总了英国政府致力于保护英国及其利益免受重大生物风险影响所开展的工作。该战略概述了 4 个方面的行动方案：①加强信息的广泛收集、共享、评估以及国际合作，了解当前和未来可能面临的生物风险；②加强政府部门及国际协作、边境控制、开展负责任的生物科学研究，预防威胁到英国的生物风险出现；③完善监测系统、提高信息处理能力来尽早且可靠地发现、检测和报告生物风险；④通过制订高风险应对计划、应对重大国际疾病暴发的计划、建设灾难应对和恢复的能力、保障医疗储备、加速疫苗开发和应用等，积极应对生物风险。该战略要求英国环境、食品和农村事务部负责生物技术相关政策的制定，包括转基因生物环境安全相关政策，动植物卫生部和农业、环境和农村事务部负责对引入动物健康威胁的可能性进行风险评估，并对动物重大疾病监测系统进行完善，以识别生物威胁；新成立国家卫生防护研究所，以加强应对当前新型冠状病毒感染以及未来重大传染病的能力。

11.2 美国动、植物生物安全

20 世纪下半叶生物科技领域发展迅速，美国作为科技强国一直处于全球的领先地位。美国在生物安全实验室发展、外来动、植物生物安全及防控、动物传染性疫病生物安全防控、专项资金及物资储备支持等多个方面都做了大量的工作，取得了不菲的成绩。

11.2.1 美国生物安全基本情况

1972 年，美国斯坦福大学保罗·伯格博士（Paul Berg）及其研究团队，运用限制性核酸内切酶和 DNA 连接酶，在体外对猿猴病毒 SV40 的 DNA 和 λ 噬菌体 DNA 进行切割、链接并获得了两者的重组 DNA 分子，成功完成了世界上第一次 DNA 体外重组实验，与其他两名科学家共同分享了 1980 年度的诺贝尔化学奖。

1973 年，斯坦福大学的斯坦利·科恩（Stanly Cohen）和加州大学旧金山分校的赫伯特·博耶（Herbert Boyer），将被卡那霉素抗性基因重组的抗四环素 PSC101 质粒（一种环状双链 DNA 分子）嵌入大肠杆菌，获得具有双抗性的大肠杆菌，成功完成了世界上第一个基因克隆实验，标志着基因工程的诞生。与此同时，科学家们意识到生物科技的迅猛发展可能会带来衍生生物灾害等一系列问题，相继在 1973 年新罕布什尔州的高登（Gordon）会议和 1975 年加利福尼亚州艾斯罗马（Asilomar）会议上引发广泛探讨。

1976 年，美国督促美国国立卫生研究院（National Institutes of Health, NIH）于 1976 年 6 月发布了《重组 DNA 分子研究准则》，“生物安全”的概念首次被正式提出，美国也成为全球最早在生物安全领域开展研究并针对生物安全进行立法的国家。此后，美国政府又相继出台了包括《21 世纪的生物防御》《国家安全战略》《国家生物防御战略》《国际卫生安全战略》等多项战略举措，足见其对生物安全的重视程度[11]。

11.2.2 美国生物安全实验室发展

20 世纪 50 至 60 年代，随着对传染病病原体的大量实验室研究，美国率先建立了生物安全实验室。1974 年，美国疾病预防控制中心（Center for Disease Control and Prevention, CDC）和 NIH 联合出版了《基于危害程度的病原微生物分类》，首次提出生物安全实验室的 4 级分级体系。1983 年，CDC 和 NIH 两家再次联合出版了《微生物和生物医学实验室生物安全准则》并已多次更新版本，被国际公认为实验室生物安全的“金标准”。截至 2020 年，美国对外公布共拥有 14 个 BSL－4 级别实验室。

近年来，美国生物安全实验室多有因意外或蓄意导致的生物因子感染、泄露及盗窃等事件发生。因此，生物安全管理程序的建立，具有很大的必要性。

2014 年 6 至 7 月，CDC 宣布美国境内陆续发生了三起重大实验室生物安全事件，引发了人们对 CDC、NIH 和 FDA 有关生物安全和生物安全指南执行情况的强烈关注。这三起安全事件之一，发生在美国佐治亚州亚特兰大的 BSL－2 级实验室内，来自生物恐怖主义快速反应和先进技术实验室（Bioterrorism Rapid Response and Advanced Technology, BRRAT）的一名科学家制备了炭疽芽孢杆菌孢子，在对其进行快速检测评估实验阶段时，需要进行孢子灭活操作，但该实验室贸然采取未经证实的灭活方法，将处理后的孢子在其他实验室内进行转移,使得具有活性的炭疽芽孢杆菌孢子较长时间暴露在实验室环境内,造成70多名员工可能存在接触炭疽芽孢杆菌孢子的风险。

上述事件发生后,CDC对BRAAT实验室展开了全面调查,暴露出该实验室在生物安全实验室管理中存在的多处漏洞,包括:①炭疽实验未经领导部门审批,未确认研究设计及安全要求符合相关规定;②实验过程中灭菌技术未经批准;③缺乏必要的无菌验证;④实验室存在未经授权的试剂样品;⑤缺乏技术培训,未对相关参考文献进行深入研究;⑥缺乏不同生物安全级别实验室间试剂运输的标准化操作程序。

针对上述问题,有学者指出应将实验室生物安全管理程序与安全意识等同对待。实验室生物安全管理程序针对易出现安全隐患的灭活、转移运输和样品交叉污染等环节,必须由同行建立和规范实验室操作的标准操作流程,常规记录日常操作活动,并且应该把重点放在对科研人员的全面基础培训、年度进修课程、定期培训和实验室安全隐患警示教育等方面。同时,应当重视事故及可能风险事件的上报和机制审查,采取有效的预防措施。

11.2.3 美国外来动、植物生物安全及防控

美国外来生物入侵问题在19世纪中期出现,目前已有超过7000种外来入侵物种对美国造成损害。据不完全统计,美国每年入侵生物造成的经济损伤高达1300多亿美元,相当于其国内农业生产总值的53%[12]。为了治理和防止外来生物对农业和环境生物安全及国家经济安全的影响,美国联邦政府通过立法、管理体制、防止引入、应急处理及灭除防治等多种措施,对外来生物入侵进行了系统部署,形成较为全面的国家战略。

11.2.3.1 国家立法

目前,美国政府已出台包括《外来有害水生生物预防与控制法》《国家入侵物种法》《植物检疫法》《动物危害控制法》和《濒危物种保护法》等30余项关于物种入侵的法律及条例,涵盖了植物、动物、有害杂草、濒危物种以及某些单一入侵物种的防治,内容涉及范围广泛,针对性强。

11.2.3.2 管理体制

为解决美国入侵生物管理体制问题,美国采取了联邦政府统筹及协调各州政府相关部门的管理模式。克林顿政府在1999年设立了国家入侵生物委员会(National Invasive Species Council,NISC),作为入侵生物管理体制的国家级中心协调机构,委员会主席由农业、商务及内政部长共同承担。除此之外,其成员还包括国务卿、国防部、交通部、环境保护局等13个部门和机构的代表,旨在确保联邦各部门机构工作的协调一致,以高效处理物种入侵问题。美国各州也相应成立了州立物种入侵委员会,在当地设立监测点,实现监测和上报机制。

11.2.3.3　防止引入

外来生物安全的第一道防线是防止生物引入。美国农业部下属的动、植物卫生检疫局(Animal and Plant Health Inspection Service)主要负责防止外来生物进入本土,所采取的方式包括:①对进口货物进行强制检疫,拦截外来生物;②对怀疑外来生物污染的进口货物进行灭除处理;③限制或禁止高危入侵物种的来源途径贸易;④对外来生物进行风险和环境影响评估。

事实证明,防止引入活动在防止有害生物入境方面具有显著成效。例如,美国所有国际港口入境处都建立了检查站,并有专业人员检查乘客和机组人员的行李、商业货物和邮件。这些检查人员用 X 光机和专门培训的小猎犬,帮助寻找可能违禁的农业产品。此外,兽医人员也会检查可能带有病虫害的活畜和动物产品。据统计,通过这种边境控制和检疫措施,美国平均每年至少能防止 137 种非本土植物病虫害进入国内。

11.2.3.4　应急处理

应急处理包括早期发现和快速反应,这是防止外来生物入侵的第二道防线,它能够及时发现和制止外来生物引入后短时间内普遍建立种群,并有效减缓种群扩散范围、避免长期防治。美国在对于外来生物的应急处理方面,拥有十分丰富的成功经验。以下两个事件,充分体现了美国在对外来入侵生物的早期应对措施,尤其体现了美国政府早期发现和快速反应方面的显著成效。

1998 年,海洋生态学家安德鲁・科恩到美国华盛顿西南部的威拉帕湾,对一种入侵该地区浅水水域的绳草展开调查。他无意中发现了一个脱落的蟹壳,并认出该蟹壳是来自一种外来入侵物种——欧洲绿蟹。当地州政府紧急部署开展宣传、防治和监测措施,并在设立监测点的同时大力铺设诱捕设施,有效降低了绿蟹种群的蔓延。

2001 年 8 月初,美国华盛顿州塔奇拉的一个苗圃主在一批从韩国进口的日本枫树盆景中,发现了一只外形特殊的天牛,后者被送到了位于西雅图机场的动、植物检疫站。随后几小时内,华盛顿州生物学家又在附近的一片绿林地带发现了更多的天牛,并经确认该类天牛为具有重大危害性的入侵物种——柑橘星天牛。华盛顿州和联邦官员针对该天牛的生命周期,制定了为期 12 个月的灭除计划。他们砍除了邻近绿林内的所有敏感树种,并对周围树林带的所有树木都注射了预防性农药。同时,通过对周围居民开展教育活动和提供经济补贴,避免了居民因搬运、修剪树木导致的天牛扩散。在此项灭除计划实施后的 5 年中,美国农业部每年都对该地区的柑橘星天牛迹象进行广泛性调研分析,最终于 2006 年 12 月正式宣布成功彻底消灭了柑橘星天牛[13]。

11.2.3.5　灭除和防治

灭除和防治是对已入侵外来生物的全面治理,包括短期内彻底永久性消灭某一外来生物,或长期以压制和防治的方式限制外来生物的蔓延和数量,使其对当地物种和环境不再造成损害影响的一种状态。由于外来生物的生物学特性各不相同,并非所有物种都适用于灭除处理,往往大多数早已建立种群的外来生物仅能采取防治的处理方式进行长期治理。通常用于消灭和控制外来生物的方法,包括机械去除、物理隔离、化学杀毒剂喷洒、天敌或病原体生物防治及栖息地生态环境治理等。

果蝇入侵美国夏威夷群岛的案例,就是美国对外来生物防治的成功案例。1940 年,果蝇因意外经非洲被引入美国夏威夷群岛,并很快在当地建立起多个种群。因果蝇主要攻击农副产品,对当地水果出口产业造成了严重影响。为了达到防治果蝇的目的,美国农业部于 1999 年启动了为期 5 年的"夏威夷全区果蝇管理工程",将多种防治方法组合成为一个综合治理方案。该方案实施后,果蝇的危害率及有机磷农药的使用率均大幅减少,当地农业经济得到恢复。

11.2.4 美国动物传染性疫病生物安全防控

美国是世界畜牧业生产大国,肉类、禽蛋和奶类的产量均位居全球第二。同时,美国高度重视动物疫病防控体系建设,从行政机构管理体制、法律法规、疾病大数据、出入境检疫、资金及物资等多方面发力。在多个部门机构的共同协作下,最终形成了"可预防、可追溯、常监督、快反应"的动物疫情防控体系,有效控制了动物疫病的发生和传播[14]。

根据 2017 年美国向世界动物卫生组织(World Organization for Animal Health, WOAH)提交的报告,美国口蹄疫的最后一次暴发时间可追溯到 1929 年;古典猪瘟最近一次在 1976 年暴发,境内未发生非洲猪瘟疫情;2017 年暴发的高致病菌禽流感也被迅速扑杀。从以上传染性极强且不易控制的动物性疫病的防控效果,足以说明美国疫病动物防控体系的有效性。

11.2.4.1 管理体制

在联邦政府层面,动物传染性疫病防控由美国农业部下辖的动、植物卫生检疫局(Animal and Plant Health Inspection Service, APHIS)负责,其中重大动物疫情由国家动物卫生应急管理中心(National Center for Animal Health Emergency Management, NCAHEM)具体负责应对。此外,美国国土安全部和卫生与公众服务部等部门也会在突发疫情时,为应急防疫工作提供信息、运输等方面的信息支持。美国各州农业厅下设的动物处作为畜牧兽医管理部门,政府兽医负责监督当地异常防疫工作、发放养殖场许可证执照以及组织动物疫情应急处理。为弥补政府基层兽医人员数量严重不足的问题,美国实行认证兽医制度,认证兽医可以通过相关学位考试、执业培训考试和联邦审核后执证上岗,上岗后承担着包括感染疫病动物检测、对跨州运输和出口动物检疫出证等工作。依赖庞大的认证兽医体系，美国形成了畜牧业的疫病安全服务网络，实现了全产业链疫病防控的监督、检验和认证的一体化工作。

11.2.4.2 法律法规

美国针对畜牧疫病防控建立了完备的法律法规体系，包括现行动物卫生法律 15 部，行政规章 134 部，内容涉及兽医机构组织、动物疫病防控、动物源性食品安全、兽药与饲料管理、动物福利及兽医管理等多个方面。同时，美国还专门为十余种重大动物疫病（如高致病性禽流感、口蹄疫等）制定了应急行动指南。

11.2.4.3 大数据分析与应用

美国十分重视疫情的监控和数据的收集工作。通过对国家动物健康报告、动物健康紧急报告诊断、紧急疾病事件管理响应和监控疾病事件的数据流报告等一系列数据的信息整合，组建成庞大的数据库系统——国家动物健康监测系统（National Animal Health Surveilance System，NAHSS），专门作为动物疾病日常检测和疫情防控的重要数据平台。

国家动物健康报告系统通过对收集数据的分析处理，形成“国家可报告动物疾病清单”，为支持生成出口证书、协助评估和报告所列的人畜共患病和地方性动物疾病以及促进应对在美国出现的疾病或问题，提供充足的依据。同时，动物健康紧急报告诊断系统能够实现国家动物实验室与州实验室数据、国家数据库与各州数据库之间进行互联互通、信息公开，及时上报疑似案例，以便有效启动紧急疾病事件管理响应系统。

通过完善的应急管理响应数据库系统以及疾病检测系统，配合兽医储备管理机制和动物卫生应急部队，人们能够在出现疫情时做到依托数据平台精准应对疫情变化，保障基础和医用物资供应充足，及早提供疾病预测和早期检测服务。为了实现动物标识和疫病可追溯性，2004 年美国农业部启动了国家动物标识建设系统，包括养殖场标识、动物标识和动物追溯 3 部分。该系统的运作能够保证 48 小时内对本地和外来疫病的暴露和动物感染溯源，也可对各州之间运输动物的卫生健康状况进行了解。

11.2.4.4 出入境检疫

防范外来动物疫病最有效的方法，是对入境货品进行严格的检验检疫措施。美国高度重视港口检验检疫工作，特别对进口港口的隔离设施的标准化提出了严格要求。美国农业部还与国土安全部、海关边境保护局（U. S. Customs and Border Protection，CBP）开展密切合作，联合制定动、植物检疫质量保证方案，开展打击走私犯罪行动，加强边境检疫新技术领域的合作，确保所有输入口岸动、植物检疫的实效性。

11.2.4.5 专项资金及物资储备支持

动物传染性疫病的防控，需要依托庞大的经费物资支持。美国一直以来以联邦财政拨款为主，实行财政年度预算和议会审定。以2019—2022财年为例，美国提供了1.2万亿美元的信贷资金用于动物疾病保护和管理，其中用于国家动物疾病防控和应对计划的贷款和对动物疫病防控体系建设的专项资金，均不少于3000万美金。

防疫物资储备，是进行快速应急响应时的重要基础保障。美国农业部为应对重大动物疫情，部署了国家兽医物资储备计划。该部门在国内多个配发中心储备了包括疫苗、诊断试剂盒、个人防护与洗消装备等在内的大量物资，并且具备24小时应急空运和陆运能力，可以满足各州间防疫物资的调配和供应。

11.2.5 美国有毒植物生物安全

除动物传染性疫病可能会对美国畜牧业造成重大危害外，畜牧业生态环境的恶化（尤其是有毒植物的泛滥）也会对畜牧业造成重大损失。据报道，1978年美国西部有毒植物造成的经济损失超过1.07亿美元；1984年及1992年美国西部每年家畜因有毒植物造成的经济损失超过3.4亿美元。

11.2.5.1 美国有毒植物研究的历史

美国对有毒植物开展研究，最早可以追溯到18世纪末南北战争结束后。当时因盲目掠夺式土地资源开发，导致美国西部草场生态恶化、毒草泛滥，多次发生严重的有毒植物灾害。1894年，光叶七叶树（*Aesculus glabra Willd*）造成大量动物中毒的事件，正式拉开了美国有毒植物研究的帷幕。1954年，美国农业科学院有毒植物开放研究实验室在犹他州州立农学院正式成立。

2004年，美国投资85万美元在犹他州州立大学建立了新的有毒植物研究所，这是当时世界上有毒植物研究的权威机构，主要从事有毒植物种类调查、生态分布、毒性灾害评估、植物毒素分离与鉴定、中毒机理与动物有毒植物中毒诊断、草场管理及预防控制技术研究等多方面研究。此外，美国还建立了有毒植物图谱网络数据库、食物与营养网络数据库、植物毒素数据库等有毒植物公共信息服务平台，开展有毒植物基本知识、毒性灾害事件处理及植物毒素利用等信息服务咨询。

11.2.5.2 美国有毒植物的种类

据报道，美国有毒植物超过2500种，主要分布于98个科的312个属，包含有黄芪属（*Astragalus*）、棘豆属（*Oxytropis*）、毒参属（*Conium*）、毒芹属（*Cicuta*）、羽扇豆属（*Lupinus*）及飞燕草属（*Delphinium*）等[15]。其中含苦马豆素的黄芪属和棘豆属植物，当动物采食后可使动物“发疯”，故形象地把这类毒草称为“疯草”（表11.3），由此引起的动物中毒称为“疯草病”（locoweed disease）。

表 11.3 美国疯草类有毒植物的种类、生存环境与在美国境内的主要分布情况

中文名	生存环境	主要分布
异色黄芪	沙漠草地	亚利桑那州、新墨西哥州
萨珠肯氏黄芪	一年生草场	加利福尼亚州
二沟黄芪	石灰质、页岩质等含硒量高的土质	蒙大拿州、北达科他州、怀俄明州、科罗拉多州、新墨西哥州、犹他州
双子黄芪	碳酸型沙漠	加利福尼亚州、亚利桑那州、内华达州
德拉蒙德黄芪	草原、鼠尾草灌木丛、橡树林、矮松/杜松林	蒙大拿州、怀俄明州、科罗拉多州、新墨西哥州、犹他州
埃默氏黄芪	碳酸型地质、牧豆树林、矮松/杜松林	新墨西哥州、得克萨斯州
覆地黄芪	矮松/杜松林	亚利桑那州、新墨西哥州
斑荚黄芪	盐土沙漠灌木丛、鼠尾草、矮松/杜松林	亚利桑那州、犹他州、内华达州、爱达荷州
尖荚豆黄芪	矮松/杜松林	科罗拉多州、犹他州、亚利桑那州、内华达州
密苏里黄芪	矮草草原	加拿大边境到得克萨斯州
软毛黄芪	矮草草原	科罗拉多州、阿拉斯加州、俄克拉荷马州、得克萨斯州、新墨西哥州
有喙黄芪	橡树林灌木丛、矮松/杜松林	亚利桑那州
迪亚波罗黄芪	沙漠草地	加利福尼亚州
臭黄芪	高硒的砂岩页岩地质	犹他州、新墨西哥州、亚利桑那州
格林河黄芪	盐土沙漠灌木丛	科罗拉多州、怀俄明州、犹他州
普氏黄芪	鼠尾草灌木丛、矮松/杜松林	怀俄明州、蒙大拿州、爱达荷州、内华达州
黄花黄芪	盐性沼泽和湖滩	加利福尼亚州
灰白毛黄芪	橡树林灌木丛、矮松/杜松林	亚利桑那州、新墨西哥州
瑟伯黄芪	碳酸型土质、橡树林、矮松/杜松林	亚利桑那州、新墨西哥州
沃顿黄芪	碳酸型沙漠	亚利桑那州、新墨西哥州、得克萨斯州
柏斯氏棘豆	大丘陵顶端	蒙大拿州、怀俄明州
平原棘豆	草原、山地草甸	蒙大拿州
兰伯氏棘豆	矮草/中等草草原	蒙大拿州、北达科他州、南达科塔州、怀俄明州、科罗拉多州、新墨西哥州
绢毛棘豆	岩性土壤、丘陵、山脉	蒙大拿州、南达科塔州、怀俄明州、科罗拉多州、新墨西哥州、犹他州

1. 黄芪属和棘豆属有毒植物

黄芪属和棘豆属有毒植物在美国分布最为广泛，对美国草原畜牧业危害最为严重。根据毒性成分的不同，黄芪属和棘豆属有毒植物可以分为三类。

(1)含吲哚里西啶类生物碱的苦马豆素类。美国受疯草危害的历史由来已久。19世纪至20世纪，美国国内曾多次报道牲畜因误食疯草中毒导致大范围死亡的新闻。疯草病是动物长期误食疯草，使得吲哚里西啶类生物碱苦马豆素在体内蓄积所致。因为苦马豆素能够抑制α－甘露糖苷酶的活性，使细胞内富含甘露糖的寡聚糖代谢和蛋白糖基化异常，导致细胞内富含甘露糖的寡聚糖蓄积，导致组织器官的功能紊乱，尤以腺体和神经组织最为敏感。

疯草病一般为慢性中毒，牲畜采食初期可无症状，待毒素浓度达到中毒阈值后逐渐表现为典型的神经机能障碍。中毒早期多表现为精神萎靡、反应呆滞和运动失调；中毒中期除上述症状外还出现被毛粗乱、体形消瘦及生长缓慢等；中毒后期出现头部震颤明显、四肢麻痹瘫痪、视力丧失，最终衰竭死亡。此外，疯草还具有生殖毒性，可导致母性牲畜不孕、早产、畸胎等。

(2)含脂肪族硝基化合物类。含有脂肪组硝基化合物的黄芪(表11.4)，在美国西部有13种能引起动物中毒。这种有毒植物的主要毒素成分是3－硝基－1－丙醇－β－*D*－吡喃糖苷或3－硝基丙酸。根据中毒发作情况，该毒物中毒可表现分为急性中毒或慢性中毒。①急性中毒：表现为心率加快、呼吸性窘迫、昏迷甚至死亡，血液学变化呈现高铁血红蛋白血症，亚甲基蓝可以作为特效解毒药缓解症状。②慢性中毒：表现为肌无力、动作不协调、神经性的关节运动障碍，直至最后死亡。

表11.4　美国含脂肪族硝基化合物的黄芪属主要有毒植物种类、生境与分布

中文名	生存环境	主要分布
凯尔斯黄芪	碎石河滩	爱达荷州、蒙大拿州
加拿大黄芪	引入物种	整个美国
尖果黄芪	鼠尾草灌木丛	爱达荷州、内华达州、犹他州、怀俄明州
埃默氏黄芪	矮草草原	亚利桑那州、新墨西哥州、得克萨斯州
黄石黄芪	鼠尾草灌木丛/树林	怀俄明州、蒙大拿州
华沙黄芪	山地，鼠尾草灌木丛	犹他州、科罗拉多州
翼瓣黄芪	鼠尾草灌木丛	加利福尼亚州、内华达州
四翼瓣黄芪	鼠尾草灌木丛	加利福尼亚州、内华达州
图阿努斯黄芪	盐土沙漠灌木丛	大盆地地区
大荚黄芪	高低起伏的山地	加利福尼亚州、内华达州

（3）聚硒类。聚硒类的黄芪作为富硒的标示性植物，只有在富硒的土壤中才能生存，它能将土壤深部的无机硒转化成有机硒（表 11.5）。据资料报道，美国聚硒黄芪数目较少，其中造成毒性灾害的主要有 21 种。由于聚硒黄芪适口性差，动物多数因被迫采食而中毒，中毒表现与疯草病类似。尸体解剖，肉眼可见肺充血、肺出血、肺水肿，组织学观察有心肌多处坏死、肺小泡血管炎症等改变。

表 11.5　美国聚硒类黄芪属主要有毒植物种类、生境与分布

中文名	生存环境	主要分布
丝柏拉黄芪	盐土沙漠灌木丛	新墨西哥州、亚利桑那州
比尔氏黄芪	荒芜之地	亚利桑那州、内华达州、犹他州
二沟黄芪	鼠尾草灌木丛	蒙大拿州、怀俄明州、北达科他州、南达科塔州、科罗拉多州、犹他州、新墨西哥州
萨顿黄芪	沙漠	亚利桑那州、加利福尼亚州
卡特氏黄芪	蕨类、木贼、石松等	犹他州
戴比奎氏黄芪	蕨类、木贼、石松等	科罗拉多州
伊斯特伍德黄芪	荒芜之地	怀俄明州
黄花黄芪	碱性土壤	科罗拉多高原
灰黄芪	荒芜之地	怀俄明州、蒙大拿州
孟科匹黄芪	荒芜之地	犹他州、亚利桑那州
纳尔逊氏黄芪	碱性平原	怀俄明州
奥卡雷斯卡黄芪	鼠尾草灌木丛	科罗拉多州、新墨西哥州
奥斯特豪特黄芪	丘陵粘土质	科罗拉多州
帕特森氏黄芪	橡树林灌木丛	洛基山山脉
小叶黄芪	北部草原	蒙大拿州、北达科他州、怀俄明州、科罗拉多州、阿拉斯加州
臭黄芪	荒芜之地	怀俄明州
泰勒黄芪	荒芜之地	大平原地区
萨博鲁斯黄芪	荒芜之地	犹他州
萨乌瑞纽氏黄	荒芜之地	亚利桑那州
图阿努斯黄芪	盐土沙漠灌木丛	大盆地地区

2. 毒参属有毒植物

毒参为两年生草本植物，早年被作为一种观赏植物引入美国。截至目前，已从毒参中分离出 8 种哌啶类生物碱，其中毒芹碱和 γ－烯毒芹碱与动物中毒和致畸有关。γ－烯毒芹碱在植物生长初期为优势生物碱，后期使得早春生长的植物和秋季二次生长植物具

有很大的危险性。食用毒参后，初期表现为兴奋、频尿、排粪增多、脉搏加快、暂时性瞬膜功能障碍、肌无力、肌肉震颤、共济失调，随后出现抑郁、卧床不起、呼吸衰竭直至最后死亡。此外，毒参种子能引起动物的骨骼畸形（关节挛缩、脊柱弯曲）和腭裂。

3. 毒芹属有毒植物

毒芹为两年生植物，美国常见的有 9 种，外观和毒人参相似，其主要有毒成分是毒芹素。毒芹素为长链高度不饱和烯醇，毒性大，发作快，主要作用于中枢神经系统。毒芹素所致中毒表现包括神经敏感、口吐白沫、呼吸困难、肌肉震颤无力、失去知觉，可呈现间歇性癫痫发作，严重者死于精力耗竭或呼吸衰竭。尸体解剖，肉眼观可见心肌和骨骼肌出现灰白色坏死区，镜下可见慢性心肌纤维变性、坏死。同时，血清乳酸脱氢酶升高，天冬氨酸氨基转移酶及肌酸激酶也发生明显变化。

11.2.5.3 美国有毒植物研究成果及生物安全防控

随着对有毒植物研究与防控方面的大量深入研究，美国现已基本完成对境内有毒植物的统计工作，并建立了美国有毒植物数据库，实现信息检索及共享。有研究者基于分子学基础的有毒植物 DNA 标记研究，筛选出 3 个叶绿体 DNA 片段和 2 个细胞核 DNA 片段，用于有毒植物的鉴定。还有研究者从分子生物学的角度研究有毒植物的微生物环境，以期解决有毒植物的应用和防治。

目前有毒植物生物安全的防控措施，主要是针对有毒植物的灭除防控，相较于以往采用人工挖除及化学除草剂防除的方式，运用生物学方法进行治理的方式更加环保、长效。目前生物学防控方法主要是指利用植物种群竞争或生物天敌的方式抑制有毒植物的生长，从而达到有效防除的目的。例如美国有毒植物研究所发现了一些耐寒、根系发达、地上覆盖面积较大的冷季型牧草品种，它们能有效抑制疯草、帚蛇草（*Gutierrezia sarothrae*）、旱雀麦（*Bromus tectorum*）及禾本科野草的生长。研究者在疯草蔓延的草原上种植了数种冷季型牧草，一个生长周期后发现其覆盖面积竟达 60%，这不仅抑制了疯草的蔓延，还造成大量疯草幼苗的死亡。

通过引入啃食有毒植物的昆虫，也可以做到有效的生物防控。美国曾利用朱砂蛾等，专门采食千里光的昆虫来防止千里光的蔓延。有毒植物中毒还可以通过疫苗免疫、药物避食等技术，做到有效的生物防控。

11.3 其他国家动、植物生物安全

11.3.1 日本动、植物生物安全

日本作为亚洲太平洋地区的重要发达国家，拥有较强的科技实力和工业基础，经济

总量居世界第三位，近年来仅次于美国和中国。日本在微生物学、细菌学和预防医学等方面的研究起步也较早。

11.3.1.1　日本传染病防范发展历史

作为一座位于亚欧大陆东部、太平洋西北部的岛国，出于自然灾害频发的客观环境与条件，使得日本从政府到民间都锻炼出较强的忧患意识和防灾能力，并逐渐发展出世界先进的灾害预警、信息发布、应急响应和灾后复兴系统。日本对广义生物安全领域课题的关注由来已久，较早与世界卫生组织等国际组织和美国等发达国家接轨互动，逐渐发展形成了战略规划与法律法规体系，并制定了相关的管理政策和指南。

日本在传染病预防方面起步较早，20 世纪初，生物学家野口英世就在蛇毒、梅毒等病原学研究方面获得重大发现。为了做到依法防控传染病，日本早在 1890 年明治政府就制定了《传染病预防法》。1998 年 10 月，日本又把《传染病预防法》《性病预防法》和《艾滋病预防法》这三部传染病相关法律合并为《传染病预防和传染病患者医疗相关法律》（简称《传染病法》）。2003 年，针对重症急性呼吸综合征在东亚地区的传播，日本又对《传染病法》进行了修改。2007 年，日本把《结核预防法》合并进《传染病法》。2008 年，日本针对 H5N1 型禽流感和新型禽流感在世界的蔓延情况，修改了《传染病法》，新增了新型流感等传染病。2012 年，针对中东呼吸综合征和 H7N9 型禽流感，日本把两种传染病指定为二类传染病。2020 年初，日本针对暴发的新型冠状病毒感染，把新型冠状病毒感染列为“指定传染病”和“检疫传染病”[16]。

为了防止传染病通过船舶、飞机等运输工具和人员一道入境而到达日本，日本于 1951 年颁布了《检疫法》。该法规定了被规定为“检疫传染病”的传染病名称、检疫的程序和针对不同传染病的应对办法，以及针对船舶、飞机采取预防传染病的必要措施。当检疫所在机场、港口发现疑似感染病例时，有权命令其接受检查和诊断，如拒不配合将受到法律处罚[17]。

为了保护国民的生命健康，将新型流行性感冒等传染病对民众生活及国家经济的影响降至最小，日本于 2012 年制定了《新型流感等对策特别措施法》。该法在防止病毒传入、储备疫苗、禁止人员使用集中场所等方面，均做出了相关的规定。2020 年 3 月，日本通过了《新型流感等对策特别措施法》修正案，增加了新型冠状病毒感染相关内容。该修正案通过后，日本首相可根据疫情随时宣布进入紧急状态，各都道府县知事可采取“民众避免外出、学校紧急停课、限制民众使用娱乐设施”等措施。

日本还高度重视动、植物生物安全的防疫检疫，制定了《家禽传染病防治法》《食品卫生法》和《植物防疫法》等一系列法律法规，针对存在潜在生物安全风险的国内畜禽类和海外入境的动、植物等，实行严格的检疫和卫生防疫制度[18]。

日本《家禽传染病预防法》最早出台于 1951 年，后几经修改，共包括以下章节内容：

总则、家畜传染病的发生与预防、家畜传染病的蔓延与预防、进出口检疫、杂则、罚则和附则。该法规定一旦发现家畜传染病,必须向有关部门报告,相关部门要立即采取环境消毒、宰杀家畜、进行无害化处理、隔离疫区等措施。

为了有效应对和防御疯牛病,日本还于2003年6月颁布了《牛海绵状脑症对策特别措施法》。该法规定全国各都道府县必须根据该法制订防范疯牛病蔓延的计划和措施;规定18个月以上牛死亡必须经过兽医检验,发现疫情时须立即向当地政府报告,且在没有建立必要的卫生保障时,屠宰场设置者和管理者不得擅自焚烧牛脑及骨髓。日本还颁布了《关于食鸟处理事业规定及食鸟的法律》,不准私自屠宰猪、牛、羊、马等兽畜。对屠宰食用鸡、鸭、火鸡等家禽类屠宰场所的设置、卫生管理、兽医资格、内脏羽毛等废弃物处理等,均做出了明确的规定。上述法律法规自颁布实施以来取得了显著成效,成功控制了禽流感、口蹄疫及疯牛病等重大动物疫病。

11.3.1.2 日本实验室生物安全管理规范

日本在实验室生物安全管理法规体系中,将"病原体等"定义为病毒、细菌、真菌、寄生虫、朊病毒以及微生物产生的毒素,将其视为危害人体健康的主要因素之一。日本对于病原体生物安全问题的关注,起始于20世纪70年代拉萨热病毒在西非地区的流行以及重组DNA研究的兴起和迅速发展。1976年,日本国立预防卫生研究所(国立传染病研究所的前身)开始研究病原体等的安全管理体系。1981年,日本制定并开始执行《国立预防卫生研究所病原体等安全管理条例》。1984年,日本生物危害委员会总结并公布了《日本生物危害防治指南》。

在高等级生物安全实验室管理方面,日本早期建设了200多家生物安全3级(BSL-3)实验室设施,目前全国共有17个支持危险病原体封闭实验的3级实验室设施。正在运转的BSL-4实验室有2处,其中一个位于东京都武藏村山市的国立传染病研究所村山厅舍。该实验室于1981年建成,但直到2014年埃博拉病毒在西非地区传染扩散后,才于2015年8月宣布正式启用。日本第二个BSL-4实验室位于茨城县筑波市的理化学研究所筑波研究所,于1984年建立。此外,位于长崎县坂本第一大道的长崎大学BSL-4实验室将成为东京大学、长崎大学、大阪大学、庆应义塾大学及北海道大学等9所大学的传染病共同研究中心,并可作为政府指定的全国性传染病研究开放设施。

11.3.2 澳大利亚动、植物生物安全

澳大利亚是世界上生物安全领域立法较为完备的国家之一。澳大利亚地处南半球,四面环海,海洋运输业和农牧业十分发达,通过贸易、旅游、运输等途径有意或无意引进有害外来物种的风险较大。因此,澳大利亚政府高度重视外来入侵物种的管理工作。正是由于有害入侵生物会破坏澳大利亚生物多样性的平衡状态,进而对该国的环境、经济

及国民健康造成难以弥补的损失，所以澳大利亚将生物安全防御的重心放在对外来入侵病虫害的防疫，并注重动、植物输入的生物安全问题。

11.3.2.1 澳大利亚《生物安全法》的产生

早在 1908 年，澳大利亚州（领地）政府就根据《澳大利亚宪法》将检疫管理权移交联邦政府并制定了《检疫法》。该法的涵盖范围广泛，它授权联邦政府采取有效保护及预防措施，阻止人畜疾病及害虫的侵入与扩散。在制定该法的 20 世纪初，人员和货物大部分是通过轮船到达，政府保护的重点在于使澳大利亚免受检疫疾病暴发的威胁。而面对日益增长的国际贸易和旅游规模，以及技术革新、农业扩张和其他新兴生物安全的威胁，该法案也在不断地更新。在该《检疫法》制定后的 108 年里，澳大利亚联邦政府对其进行了近 60 次修订，但其原则和体系并没有根本的改变。在整个 20 世纪及 21 世纪早期，澳大利亚在生物安全领域一直维持着以《检疫法》为核心、主要由联邦政府控制的检疫监管体系，其管理机构即澳大利亚检疫检验局（Australian Quarantine and Inspection Service，AQIS）。

2014 年，澳大利亚联邦政府向议会提交了《生物安全草案》，该草案于 2015 年 5 月 14 日获得议会两院通过，成为《生物安全法》。《生物安全法》的诞生，标志着澳大利亚生物安全管理进入了新纪元。从那时起，澳大利亚开始构筑以《生物安全法》为中心的国家生物安全体系。澳大利亚《生物安全法》共计 11 个章节，其法案的结构布局非常清晰，可操作性很强。与《检疫法》不同的是，该法将单个生物安全风险列出，分成不同的章节来加以描述，分别对人类健康、货物、飞机和船只等交通工具以及压载水和沉积物的生物风险等，都进行了风险管理。

将生物安全管理工作转变为一种基于风险的路径，是澳大利亚生物安全体系改革最为关键的内容。该路径可以简单地定义为：根据客体对社会的风险（如健康、安全或环境风险）按比例分配资源，同时考虑这种风险的影响本身及其发生的可能性，以建立适当程度的控制。所以，基于风险的管理路径不是消灭风险，而是将风险降到合理的水平。

澳大利亚《生物安全法》提出了适当保护水平保护（appropriate level of protection，ALOP）的目标，指出要将生物安全风险降到非常低的水平，但不是零风险，同时强调这是一种高水平的卫生与植物检疫保护。目前，澳大利亚在生物安全领域正在形成一套综合性的风险管理方法。通过建立科学高效的生物安全风险分析体系，在保证对低风险物质和行政相对方进行监管的同时，将重点放在高风险物质和行政相对方之上，这样既有利于降低政府的监管负担，也有利于合规企业及个人降低资本成本，节省检疫费用和避免运输延误（表 11.6）。

表 11.6 澳大利亚《生物安全法》风险管理框架

《生物安全法》风险管理类别	对象
人类健康	一般防范和人类疾病清单;预防人类健康风险;人类生物安全控制令;其他生物安全措施
货物	货物入境管理;生物安全进口风险分析
飞机和船只	入境交通工具;第一入境点和生物安全入境点;飞机和船只入境点;船舶卫生
压舱水和沉淀物	应用与解释;澳大利亚领海压舱水排放公告;压舱水排放管理;压舱水管理计划和管理证书;压舱水记录;处置沉淀物罪;遵守和执行;杂项

11.3.2.2 澳大利亚的安全管理体系

澳大利亚以风险管理为中心,进行了一系列的安全管理制度建设。在动、植物生物安全方面,对进口货物实行生物安全进口风险分析(biosecurity import risk analyses,BIRA),分级制定货物进口清单与风险管理策略。在人类生物安全领域,澳大利亚卫生部发布了具有传染性的、可能对人类健康带来重大风险的疾病清单,并规定相关行政人员可以对符合法定条件的个人发布人类生物安全控制令,从而对其实施疫苗接种、个人行为限制与隔离等风险控制措施[19]。

澳大利亚卫生部还对于进出境航班及船只,实行入境无疫通行证制度和出境报告制度,必要时可以对存在问题的航班及船只采取生物安全风险预防措施。最为关键的是,澳大利亚还建立了入境前、入境时、入境后的生物安全风险控制连续体。该风险控制连续体的具体目标按阶段设定:入境前的措施旨在防止生物安全风险到达澳大利亚边境;入境时的措施旨在对机场、海港、邮件中心及澳大利亚海关等场所存在的生物安全风险进行拦截;入境后的措施重在监控,旨在降低澳大利亚本土发生生物安全事件的概率。澳大利亚生物安全风险控制连续体的建立,改变了以往"以入境时的检验检疫为中心"的风险控制体系。通过将绝大多数风险排除在国门之外的方式,提高了生物安全的防护效率,节省了防护成本。

澳大利亚政府还一直重视实验室安全领域,自 2005 年以来在实验室规划和操作、化学、电离辐射、工厂和设备、循环通风柜以及微生物安全及防护等方面,分别制定了相关标准并予以规范。2010 年 9 月 17 日,澳大利亚和新西兰标准(Australian/New Zealand Standard)《实验室安全 第三部分:微生物安全与防护》得以颁布。该标准由澳大利亚和新西兰标准联合委员会(Joint Standards Australia/Standards New Zealand Committee)CH –

026(实验室安全)制定,以取代 AS/NZS2243.3:2002 标准中相应部分,同时新标准对 BSL-4 和ABSL-4 收容设施等提出了要求。

11.3.3 加拿大动、植物生物安全

11.3.3.1 加拿大实验室生物安全相关规定

加拿大对实验室生物安全的关注也比较早。1977 年,加拿大医学研究委员会(Medical Research Council,MRC)出版了《处理重组 DNA 分子、动物病毒和细胞的指南》,对相关主题做了生物安全条例说明。在此基础上,加拿大 MRC 于 1990 年,出版了《实验室生物安全指南》,并分别在 1996 年和 2004 年进行修订和完善。2015 年 3 月 11 日,加拿大颁布了《加拿大生物安全标准(第二版)》,更新了《加拿大生物安全标准和准则》,进一步将包含实验室生物安全指引等在内的相关内容进行了更新和统一。2016 年 5 月 26 日,《加拿大生物安全手册(第二版)》作为 CBS 的随附文件被发布。该文件对有关“如何操作”等进行了阐述,以实现 CBS 概述的生物安全及其要求,这是在加拿大处理或储存人类和陆生动物病原体及毒素的统一国家标准。

2018 年 8 月 17 日,加拿大公共卫生局(Public Health Agency of Canada,PHAC)和加拿大食品检疫局(Canadian Food Inspection Agency,CFIA)制定并发布了《新型和新兴 A 型流感病毒的生物安全指令》,旨在帮助实验室确定合适的收容水平和其他生物安全要求,以安全处理怀疑或确认含有新兴的 A 型流感病毒的样品。这些指南及安全指令的发布,确保了加拿大 BSL-4 实验室的安全使用,为加拿大国家生物安全提供了保障。

对于动物及动物产品检疫工作中涉及的生物安全问题,由加拿大农业和农业食品部(Agriculture and Agri-Food Canada,AAFC)下设的加拿大食品检验局(the Canadian Food Inspection Agency,CFIA)主管负责。作为加拿大最大的以科学为基础的执法机构,CFIA 的任务是提高联邦管理的食品安全性,同时也是保护动物健康以及保护植物资源。CFIA 负责执行并实施 14 项法案以及根据这些法案制定的 32 套规章,以处理诸如食品安全、动物健康、植物保护和消费者保护等相关问题。

在动、植物检疫生物安全方面,CFIA 主要负责的工作内容具体包括以下各个部分:①制定标准和政策,风险分析、项目规划;②国内和进口检验,出口认证;③联邦动物和植物检疫体系和实验室体系;④产品和生产企业注册;⑤质量保证体系;⑥动物卫生、公共卫生和植物卫生咨询服务;⑦审计活动等。截止至 2021 年,授权 CFIA 的法律共有 14 部,其中直接涉及动物检疫的法律有《动物卫生法》《加拿大农产品法》《鱼类检验法》《肉类检验法》《加拿大食品检验检疫署法》和《农业及农业食品行政处罚法》等 6 部法律以及一系列的配套法规[20]。

11.3.3.2 加拿大动、植物生物安全相关规定

1990 年,加拿大制定了《动物卫生法》。该法律规定了疫病和有毒动、植物的控制(规定疫病通报和采样)禁止事项、动物及产品进口和出口、国际援助、疫区和控制区、管理部门,以及检疫员和官员职责、封条、检查、搜查、没收动物和物品的处置、染疫动物处理及治疗、扑杀动物赔偿与收费、支出和成本、条例制定、违法与制裁以及证据收集等诸多内容。

《动物卫生法》项下的条例内容,包括《动物卫生条例》(CRC, c. 296)、《疫病报告条例》(SOR/91 - 2)、《出口检疫和认证豁免条例》(SOR/91 - 3)、《扑杀动物赔偿条例》(SOR/2000 - 233)和《孵化场禁止条例》(SOR/91 - 4)等,都从不同的角度规定了加拿大的动物疫病防控措施。

11.4 国外生物安全体系对我国的启示

近年来,我国生物科技发展成果斐然,尤其是在新型冠状病毒的研究和疫苗研制方面成绩突出。然而,我国在生物安全领域配套的法律法规、战略体系、管理机制、风险识别防御、应急响应措施、实验室建设等方面,与欧美发达国家相比仍存在着较大的差距,亟须我们在思考的基础上进行全面的部署。

11.4.1 生物安全防控体系建设

11.4.1.1 完善的法制建设和战略体系是保障生物安全的根本

从美国颁布《重组 DNA 分子研究准则》及《生物技术管理协调大纲》等相关文件体系可以看出,法律必须与时俱进,才能防控由生物风险带来的可能威胁。2020 年之前,我国生物安全防控体系建设还不够完善。相较于欧美等发达国家,我国虽然已经出台了一系列涉及生物安全的法律法规,如《植物检疫条例》《国境卫生检疫法》《传染病防治法实施办法》(包括 2004 年修订版)等,但一直缺少一个系统性的生物安全专项法律作为基本法,以指导和协调国家生物安全的治理。

2020 年 10 月 17 日,我国第一部真正意义上的国家生物安全法治体系的基本法——《中华人民共和国生物安全法》颁布,并于 2021 年 4 月 15 日起正式实施。该法的正式颁布与实施,标志着我国生物安全治理进入了一个新的阶段。

我国的《生物安全法》作为基本法,其主要防控内容涵盖了重大新发突发传染病、动、植物疫情、生物技术研究、开发与应用、病原微生物实验室、人体遗传资源与生物资源、生物恐怖与生物武器威胁、生物安全能力建设等多个方面。以《生物安全法》为依托,我国

还应尽快启动修订相关领域配套的法律规范，以保障生物安全战略体系的建设和完善。

11.4.1.2　机构部门和管理机制是推进协调生物安全工作的基石

生物安全因涉及包括军事、科技、国防、农业、医学、应急管理等多个领域，亟须一个综合管理部门作为中枢，并形成一套完善的协调工作机制，保障跨部门协作的实效性。美国在制定生物安全战略时，政府部门成立了由内阁成员组成的生物防御指导委员会负责监督生物安全风险，并协调各部门工作。我国《生物安全法》第二章第十一条也有相关规定，“国家生物安全工作协调机制由国务院卫生健康、农业农村、科学技术、外交等主管部门和有关军事机关组成，分析研判国家生物安全形势，组织协调、督促推进国家生物安全相关工作。国家生物安全工作协调机制设立办公室，负责协调机制的日常工作。”

美国 2018 年 9 月发布的《国家生物防御战略》报告，标志着美国生物安全防御战略正式形成，这一举措的提出得益于美国成立多年的生物安全智库——两党生物防御委员会（Bipartisan Commission On Biodefense，以下简称 BCOB）。自 2015 年至 2020 年期间，BCOB 陆续发布了 6 份研究报告，皆对美国生物防御战略构建实施有重要参考价值。我国目前军事科学院、中国科学院以及部分高校均成立了生物安全实验室或研究中心，但其战略定位及研究方向等尚待统一。

我国应从各实验室、研究中心遴选出高水平专家，形成国家级的生物研究防御智库。研究方向应紧扣国家生物安全需要，研究成果应能为政府决策提供高水平、符合国情的建议方案，如我国生物安全防控与国家治理体系、生物安全风险研判、评估、协同机制等方面。同时，还应注重借助大数据库、人工智能及云计算等计算机网络技术，对生物风险的实时监测及预警等领域进行研究。注重与政府职能部门的合作与沟通，让政府部门和研究部门共同参与到国家生物安全的治理工作之中，及早推进生物安全研究成果的转化和实施。

11.4.1.3　风险识别和应急响应是生物安全工作的重要措施

近年来我国生物安全风险事件频发，暴露出我国生物风险识别能力的弱点，尤其体现了我国在风险信息的获取、数据分析以及预警应用等方面与欧美等发达国家间的差距，具体表现为：①生物安全风险监测体系建设时间短、缺乏足够的基础信息积累，不足以支撑生物安全风险识别所需的比对和筛查需要；②生物安全统筹协调难度大，生物安全风险往往涉及多个领域，监测工作协同性不足，监测所获取的信息数据无法得到充分研究和分析；③监测手段的技术支撑水平不高，尤其欠缺突发、新发生物安全风险有效识别的能力。

生物安全的风险识别，在很大程度上依赖于对各类大数据的分析和研究。我们应当对美国建立的各类生物安全数据库系统加以学习，统筹各相关部门及生物监测系统[21]，扩大风险识别范围和数据积累量级，建立专门的生物安全风险识别数据库，实现数据的实时更新、获取、分析和共享。搭建与生物学、公共医学等多学科专家的协同咨询平台，及时反馈风险分析及评估结果。同时，我国应高度注意风险识别与应急响应的衔接和协同，可以通过数据库系统搭建与国防、海关、卫健、农业、林业、反恐、环保等多部门的协同平台，实现风险识别与应急响应的高效对接。

11.4.1.4 生物安全实验室建设是生物安全工作的科技支撑

生物安全实验室在抗击新型冠状病毒感染中起到了至关重要的作用，为疫情防控提供了重要的数据支持。我国目前在生物安全实验室建设方面，仍然存在的诸多问题。首先，生物安全实验室数量不足、级别不够、分布不均，难以应对大规模疫情的暴发和应急响应。其次，生物安全实验室的日常安全运行缺乏标准化和规范化监管，实验室工作人员的生物安全防护意识还比较欠缺。此外，法律体系和技术标准体系还比较薄弱[22]。

我国目前已经出台了《传染病防治法》和《病原微生物实验室生物安全管理条例》等针对病原微生物实验室的生物安全法律法规和技术标准，这对病原微生物实验室的建设和发展起到了关键性的指导作用。但相较于欧美国家完备的生物安全法制建设相比，我国的法律体系和技术标准体系建设工作任重道远。

结合我国实验室生物安全的现状，笔者提出以下实验室建设思路。①在国家生物安全法律法规和管理规范的总体框架下，尽快出台和更新适应我国国情的实验室建设和运行的相关标准、规范或认可准则，为生物安全实验室的建设和管理提供明确的指导。②目前我国已经拥有了国际一流水平的生物安全实验室，但是在数量及地域分布方面远落后于发达国家，实验室的管理和运行经验还远远不足，需要进一步加强我国生物安全实验室的建设和管理水平。③针对从事研究活动生物安全实验室的特点，对实验室相关人员进行深入、专业的培训和考核，建设实验室安全文化，积累相关经验，加强专业技术人才的队伍建设，确保实验室的安全运行。

生物安全，关乎民族安危、国家安全乃至人类命运共同体的发展。在此背景下，我国将借鉴其他国家在生物安全战略规划和法律法规体系建设方面的先进做法，加快建立和完善符合我国国情的生物安全防御体系，加强生物安全科技创新和配套体系建设，同时重视发展与他国的战略协作伙伴关系，在公共卫生和生物安全领域开展互信合作，共同推动地区乃至世界的健康和平发展。

（崔文）

参考文献

[1] 宋琪，丁陈君，陈方，等. 国际生物安全四级实验室建设和实验室安全管理现状[J]. 世界科技研究与发展，2021，43(2)：169－181.

[2] RLATG M S,卢凤珠,李燕燕,等. 啮齿类动物实验室生物安全[J]. 畜牧兽医科技信息,2015(8):10-12.
[3] 王艳蓉,刘云波. 海外啮齿类实验动物寄生虫控制标准介绍[J]. 医学动物防制,2013,29(7):755-757.
[4] 中国动物卫生与流行病学中心国际兽医事务综合分析室. 2007年8-9月全球重大动物疫情综述[J]. 中国动物检疫,2007(10):49.
[5] 孙洪涛,彭程,庞素芬,等. 2015年全球非洲猪瘟流行状况分析[J]. 中国动物检疫,2016,33(12):1-3.
[6] 王栋,滕翔雁,王伟涛,等. 欧洲地区蓝舌病疫情综述及对我国的启示[J]. 中国动物检疫,2010,27(10):63-65.
[7] 杨娜. 欧洲模式的韧性:新冠肺炎疫情与欧盟卫生治理[J]. 外交评论(外交学院学报),2020,37(6):74-98,6-7.
[8] 刘春兴. 欧盟应对生物入侵的管理策略[J]. 世界环境,2006(6):63-64.
[9] 陈亨赐,刘洋,尹军,等. 欧盟生物安全法律法规和管理现状的思考[J]. 口岸卫生控制,2021,26(1):50-53,57.
[10] 何力立,徐平. 欧盟林业有害生物防治管理的研究与启示[J]. 环境保护,2018,46(Z1):107-111.
[11] 李雪枫,姜卉. 美、英、澳生物安全的发展路径及对中国的启示[J]. 科技管理研究,2021,41(2):16-27.
[12] PIMENTEL D,MCNAIR S, JANECKA J, et al. Economic and environmental threats of alien plant, animal and microbe invasions[J]. Agriculture, Ecosystems and Environment,2001,84(1):1-20.
[13] 吴金泉,SMITH M T. 发达国家应战外来入侵生物的成功方法[J]. 江西农业大学学报,2010,32(5):1040-1055.
[14] 付饶,胡钰,王莉. 美国动物疫病防控体系建设的经验借鉴[J]. 世界农业,2020(4):23-30,142.
[15] 荣杰,路浩,赵宝玉,等. 美国有毒植物概述及其对畜牧业生产的影响[J]. 中国农业科学,2010,43(17):3633-3644.
[16] 陈方,张志强. 日本生物安全战略规划与法律法规体系简析[J]. 世界科技研究与发展,2020,42(3):276-278.
[17] 尹晓燕,鞠永涛,贾颖杰. 日本生物安全法律法规及管理现状简析[J]. 口岸卫生控制,2021,26(1):54-57.
[18] 王威,方志权. 日本的动物防疫法制建设与管理机制[J]. 上海农村经济,2004(8):

38－39.

[19] 翟欢. 澳大利亚生物安全体系及其启示[J]. 世界农业,2020(10):27－35,135.

[20] 沈向华. 动物检疫制度比较研究[D]. 呼和浩特:内蒙古农业大学,2008.

[21] 刘光宇,付宏,李辉. 情报视角下的国家生物安全风险防控研究[J]. 情报杂志,2021,40(7):94－100.

[22] 刘琦,卢耀勤,刘涛. 国内外生物安全实验室的研究进展[J]. 职业与健康,2021,37(12):1724－1728.

索 引

Y

Z